图4-23 色相环

图4-24 无彩色与有彩色对比

图4-25 同种色相对比

图4-26　无彩色与同种色相对比

图4-27　邻近色相对比

图4-28　类似色相对比

图4-29　中差色相对比

图4-30　对比色相对比

图4-31　补色对比

高明度　　　中明度　　　低明度

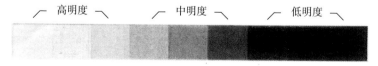

图4-32　明度序列

图4-33　长调

图4-34　短调

图4-35　高调

图4-36　低调

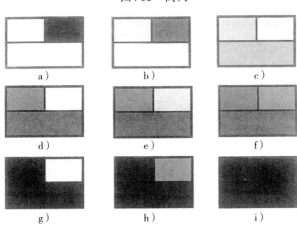

a)　　　　　b)　　　　　c)

d)　　　　　e)　　　　　f)

g)　　　　　h)　　　　　i)

图4-37　明度对比中的九个调子

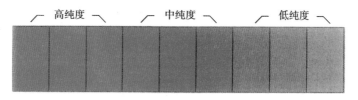

图4-38 色彩的纯度

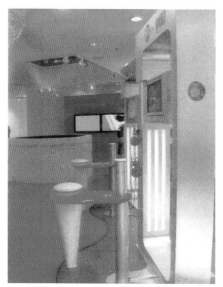

图4-39 鲜（高）强调

图4-40 鲜弱调

图4-41 相同面积色彩对比

图4-42 明度推移

图4-43 综合推移

图4-44 透叠

图4-45 鲜色调

图4-46 灰色调

图4-47 浅色调

图4-48 同一调和

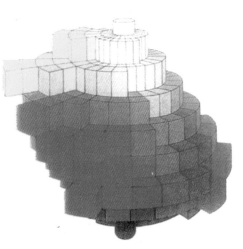

图4-49 孟塞尔色立体

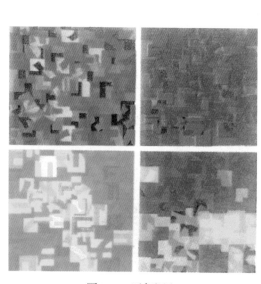

图4-50 近似调和

图4-51 对比调和

图4-52　中性色配色方案

图4-53　黑白配色方案

图4-54　单色相配色方案

图4-55　相似色配色方案

图4-56 对比色配色方案

图4-57 三色组配色方案

图4-58 四色组配色方案

图4-59 同色调配色方案

室内设计元素集

沈百禄　编著

机　械　工　业　出　版　社

本书共分七章，三十三节，内容包括：概论（室内设计元素概述、如何应用室内设计元素、室内空间与界面概念元素）、家装室内设计元素（玄关、客厅、餐厅、卧室、厨房、卫生间、书房、儿童房）、公装室内设计元素（概述、现代商场建筑室内设计、餐饮建筑室内设计、中式茶楼建筑室内设计、酒店建筑室内设计、服装店建筑室内设计）、装饰艺术构成元素（平面、立面构成元素、色彩构成元素）、风格与流派设计元素（流行性的装饰风格、历史性的装饰风格）、室内工程元素（人体工程学概论、室内设计与人体工程学相关的尺寸元素、建筑物理基础知识元素）和装饰材料元素（建筑装饰材料概述、装饰石材、建筑装饰陶瓷、建筑装饰玻璃、建筑装饰塑料、建筑木材及其装饰制品、建筑涂料、室内软装饰材料、金属装饰装修材料）。

本书的内容不仅包含了室内设计所必需的大量设计元素，以及与这些元素相关的性质和知识，而且包含了室内设计的实施过程，以及在设计中运用设计元素的方法。因此，本书不仅可以作为室内设计专业人员的工具书，也可以作为大、中专和职业高中相关专业学生的教学辅导书。

图书在版编目（CIP）数据

室内设计元素集/沈百禄编著． —北京：机械工业出版社，2013. 5
（2016. 9 重印）
ISBN 978-7-111- 42100-9

Ⅰ.①室… Ⅱ.①沈… Ⅲ.①室内装饰设计 Ⅳ.①TU238

中国版本图书馆 CIP 数据核字（2013）第 071236 号

机械工业出版社（北京市百万庄大街 22 号 邮政编码 100037）
策划编辑：薛俊高 责任编辑：薛俊高 王 一
版式设计：霍永明 责任校对：王 欣
封面设计：马精明 责任印制：常天培
北京中兴印刷有限公司印刷
2016 年 9 月第 1 版第 3 次印刷
169mm×239mm · 27.25 印张 · 5 插页 · 605 千字
标准书号：ISBN 978-7-111-42100-9
定价：69.00 元

凡购本书，如有缺页、倒页、脱页，由本社发行部调换
电话服务 网络服务
服务咨询热线：010-88361066 机 工 官 网：www.cmpbook.com
读者购书热线：010-68326294 机 工 官 博：weibo.com/cmp1952
           010-88379203 金 书 网：www.golden-book.com
封面无防伪标均为盗版 教育服务网：www.cmpedu.com

前　言

　　《室内设计元素集》终于面世了，它是我多年纠结后的作品，也是抛向室内设计领域的一块小砖头，当然希望能引来许多亮丽美玉。

　　纠结的原因是这本书难于编著。首先，涉及室内设计的元素包罗万象，不仅涉及室内外建筑和环境设计方面的知识，还涉及建筑施工及装饰材料方面的知识，声、光、热、电等建筑物理方面的知识，色彩学、人体工程学和环境心理学等方面的知识，以及各类人文艺术知识、经济预算和设计规范等方面的知识。

　　其次，家装要涉及不同个性特点的各种个性元素；公装要涉及三百六十行的各种行业元素，这又是一个林林总总、数不胜数的元素群。

　　再者，元素的分类较难，例如，家具既可归于家装类，又可归于公装类；家具的材料颜色既可归于精神功能的色彩类，也可归于物质功能的设施设备类等。

　　还有一个使我纠结的是"建筑风水"，这一既很时髦又很迷惑的概念，有人很喜欢，有人则不以为然，是编入还是舍弃？我的观点是：建筑风水与现代科学、人文礼仪有相通的，也有相悖的，那就取之精华，去之糟粕。

　　综合以上原因，本书只能先选择一些最新的、常用的、较系统的元素，一则为了不想使本书变得非常厚重，二则考虑到本人的能力有限。本书的不足有待于以后，有待于来者。

　　另外，有几点说明：

　　一、针对目前在室内设计领域中，室内设计元素和个性化元素的概念还较含混的情况下，我在本书的第一章中提出了较明确的定义，供各位同仁商榷。

　　二、在第二章——家装室内设计元素中，因为考虑到功能的范畴很大，有些功能的专业性很强，故本着为设计服务的宗旨，在本书中就不一一罗列了，如设施设备元素就没有从专业角度去展开。有些功能在这章中说不透的，则在其他章节中再加以强调或补充，如色彩元素。

　　三、对于第三章——公装室内设计元素，因公共建筑室内设计类型繁多，本书选择了有较强代表性和典型性的几类加以阐述，即现代商场建筑室内设计、餐饮建筑室内设计、中式茶楼建筑室内设计、酒店建筑室内设计和服装店建筑室内设计。

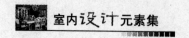
四、对于第五章——风格与流派设计元素中的各类风格与流派，都一一明确了概念和设计元素两个内容，这就方便了设计师的应用，但设计元素还不够丰富，有待于补充完善。

最后，考虑到室内设计的将来，诚请各位同仁与行家不吝赐教，对本书的不足与错误恳请指正。

编者

目　录

第一章

概　论

第一节　室内设计元素概述

一、什么是室内设计元素

室内设计是以满足人们在室内环境中的物质和精神生活需要为目的一项工作，要求设计师不仅应当具备建筑和环境设计方面的知识，还应当具备建筑及装饰材料方面的知识，声、光、热、电等建筑物理方面的知识，人体工程学和环境心理学等方面的知识，以及较高的人文素养等。

一位室内设计师不仅要面对不同人群组成的家庭，不同住宅建筑的环境特点，来设计不同个性特点的家装室内空间，还要面对不同行业的业主，不同服务目的的公共建筑，来设计不同行业特点的公装室内空间。这就涉及"设计元素"这么一个概念。

什么是室内设计元素？就是既要实现上述人们对室内生活空间所共需的各种基本要素，即包括要满足人们生理需求和生活使用的各种物质元素，又要满足人们因兴趣爱好、审美观念、民族文化等个性差异所需求的各种心理方面的精神元素等。另外，在设计中既要符合人体工程学、建筑物理学等现代科学元素，又要体现不同设计风格或流派中的设计元素，以及设计必须掌握的各地预算指标及必须服从或符合的各种设计规范、标准等元素。

二、室内设计元素的分类

（一）按室内设计内容分类

1. 建筑室内功能分析

（1）物质功能

1）空间元素。空间元素涉及空间的面积、大小、高低、形状、空间分割和利用率，以及空间美的形式原理元素、空间分隔材料元素等，如空间中的比例、尺度、平衡、韵律、和谐与对比及突出重点等概念。

2）设施设备元素。设施设备元素涉及选用适当的家具、灯具及设备，家具和设备的布置等，如家具的尺寸元素、材料元素、功能元素及灯具的照度元素、材料元素等。

3）交通安全元素。交通安全元素涉及交通的平面和空间组织、通行及疏散、消防、安全等措施，如商业柜台之间的尺度元素、消防通道的长度与宽度等。

4）物理环境元素。物理环境元素涉及科学地创造良好的采光、照明、通风、隔声、隔热等物理环境，如隔声、隔热的方式、方法元素及材料元素等。

（2）精神功能

1）色彩元素。色彩元素包括色彩的装饰性元素、色彩的情感性元素等。

2）兴趣爱好元素。兴趣爱好元素包括文艺、体育、书籍、美术、收藏、车迷等，如足球迷喜爱的各种足球造型的装饰品等。

3）文化元素。文化是指一个国家或民族的历史、地理、风土人情、传统习俗、生活方式、文学艺术、行为规范、思维方式、价值观念等，包括设计风格，如喜爱中国明清装饰文化的一些装饰家具和挂件——博古架、木雕窗棂、仿明清桌椅等。

4）心理元素。心理元素是由触觉、听觉、嗅觉、视觉等感觉引起的心理反应，如心理空间——可以借助各种隔断、家具、陈设、绿化、水体、照明、色彩、材质、结构构件及改变标高等元素形成，如色彩心理元素等。

5）个性元素。什么是个性？这里指的是个性化的设计。个性既是与众不同，也必须建立在共性之中。例如，有个设计师把窗框设计成曲线形，这就极有个性，是一种打破常规、追求自由和猎奇的设计理念，而这种解构主义的个性设计还必须满足建筑功能的要求，即尽管把窗户设计成曲线形的，但它必须还是窗户，必须满足光照与通风等功能要求，追求自由的个性必须建立在满足功能的共性之中。

个性的范畴也很大，它既体现在设计理念上，也体现在审美观念上；既体现在兴趣爱好上，也体现在性格修养上。因此，可以说，什么元素都可以作为个性化设计的元素，但不是随便运用什么元素就能设计出一个好的个性化的作品。

2. 风格与流派分析

风格就是一定时期社会元素在哲学、建筑、艺术等领域中具有的个性化特征。流派是指在这一时期由于对个性化特征的不同认识而形成的派别。室内设计中主要的风格与流派元素有：

1）流行装饰风格元素。

2）古典风格元素。

3）现代主义风格元素。

4）后现代主义风格元素。

5）装饰流派元素。

3. 人体工程学与家具（含灯具）概念分析

1）人体工程学各种概念及词汇元素。

2）人体工程学的尺寸元素。

3）常用家具功能及尺寸元素。

4）家具及灯具的性能及类型元素等。

4. 界面与饰品要素分析

1）室内空间三大面（地面、墙面和顶面）设计元素。

2）隔断与玄关设计元素。

3）各种风格的饰品设计元素。

5. 规范与标准要点分析（常用部分，未包括地方性规范与标准）

1）《民用建筑设计通则》（GB 50352—2005）。

2）《托儿所、幼儿园建筑设计规范》（JGJ 39—1987）。

3）《办公建筑设计规范》（JGJ 67—2006）。

4）《商店建筑设计规范》（JGJ 48—1988）。

5）《饮食建筑设计规范》（JGJ 64—1989）。

6）《疗养院建筑设计规范》（JGJ 40—1987）。

7）《住宅设计规范》（GB 50096—2011）。

8）《老年人居住建筑设计标准》（GB/T 50340—2003）。

9）《高层民用建筑设计防火规范》〔GB 50045—1995（2005 版）〕。

10）《建筑设计防火规范》（GB 50016—2006）。

11）《建筑内部装修设计防火规范》（GB 50222—1995）（2001 年修订版）。

12）《建筑照明设计标准》（GB 50034—2004）。

13）《建筑装饰装修工程质量验收规范》（GB 50210—2001）。

14）《住宅装饰装修工程施工规范》（GB 50327—2001）。

15）房屋建筑室内装修设计制图标准等。

以上各规范与标准中的规定与要求都是所要遵从的设计元素。

（二）按室内设计元素的性质分类

1. 通用性元素

许多室内设计元素都具有通用性，比如涉及建筑室内功能的元素包括通风、保温、隔声等，再如涉及人体工程学与家具的元素包括椅子的坐高、靠背的倾角等。无论是家装还是公装的室内设计，都要考虑这些元素的运用。

2. 个性化元素

在家装设计中，很强调个性设计。如何来体现个性？往往就要恰当地运用一些个性化元素。例如，有针对性的墙壁涂鸦设计就会让业主惊喜。涂鸦产品涉及的类型很多，大多是装饰物和小的功能产品。比如餐垫、餐盘、容器、床品、靠包、水杯、窗帘等都是具备涂鸦元素的成品，当然也可自己在墙上或餐具上制作。不管是购买的，还是制作的，都要达到个性化设计的目的。再如，采用混搭的方法来体现个性。混搭是把一些不同风格的元素有主有次地组合在一起，最简单的方法是先确定家具的主风格，再用配饰、家纺等来搭配。

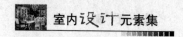

3. 风格性元素

各种设计风格都有一些代表性的元素，如日式风格中必不可少的榻榻米、镶嵌着稍透亮的白纸皮的深色木方格墙体等。再如伊斯兰风格中有一种拱券，其形式有双圆心的尖券、马蹄形券、海扇形券、复叶形券、叠层复叶形券等。

4. 民族性元素

不同民族的室内装饰风格都有其独特的一些元素。比如蒙古族，在蒙古包中常见的民族性元素有羊毛地毯、马鞍等；另外，其民族服饰也很有特点，男女老幼皆穿长袍腰带、高腰靴子等。

5. 民俗性元素

民俗是指各民族传统的、传承的、劳动大众的、非官方的习俗，如民间生活、民房装饰、民歌、民谚、民风等元素。

6. 装饰性元素

室内设计中运用的各种装饰图案元素、装饰品元素（如织物、器皿、艺术品、绿化等），可丰富设计的内容，深化设计的内涵。

第二节　如何应用室内设计元素

一、室内设计的一般程序

（一）设计分析阶段

1. 沟通分析

（1）了解业主概况

1）家装。家庭结构形态包括新婚期、发展期、养老期，主要成员数量、年龄、组成形式、经济条件等；家庭综合背景包括籍贯、教育、信仰、职业、人文素养等；家庭生活方式包括家庭主体生活方式、主体个人生活方式（休闲娱乐、社会交往、接人待物等）；家庭性格类型包括个别性格、共同爱好、兴趣偏向等。

2）公装。业主单位结构形态包括开业期、发展期、转型期、连锁、分部或独立、主要员工数量、人员组成形式、经营社会效应等；业主单位综合背景包括行业性质、所在市场规模、市场地理位置、市场人气、营业执照性质等；业主单位经营管理方式包括经营规模、经营理念、管理模式、营业时间、服务人群等。

（2）了解业主需求

1）家装。设计风格方面包括流行风格、简约风格等；空间分隔方面包括厨房的开放形式、客厅、餐厅及玄关的空间分隔等；设施设备方面包括厨卫设施的档次及样式，家具的样式及数量等；建筑物理功能方面包括通风、光照、保温、隔声等；材料选用方面包括材料的档次、质感及色彩，材料环保性质及性价比等。

2）公装。需要了解其经营风格、市场期望、行业档次、空间分隔、设计风格、设施设备及家具的样式和数量、材料选用，以及通风、光照、保温、隔声等。

2. 建筑条件分析

1）家装。需要了解建筑的形态、结构（一般多层结构包含不可拆除的承重墙、框架结构包含可拆除的填充墙）、环境、自然条件（采光、通风、声扰等）、流线分析等。

2）公装。需要了解建筑的形态、结构、环境（排水、排气、施工噪声等对周围的影响）、自然条件（采光、通风、声扰等）、流线分析、水、电、暖等隐蔽工程等。

3. 踏勘、初步设计

踏勘是指对项目实施现场的自然环境、生活环境、室内外建筑概况、建筑物理概况等进行的现场调查。通过建筑室内平面图（或手工绘制草图），结合前面的沟通分析、建筑条件分析和现场踏勘，做出初步方案，对设计方案的装修档次初步定位，并做出室内平面、立面的初步设计。

（二）设计实施阶段（举例说明）

1. 方案设计

以家装为例：某住宅建筑面积在 $90m^2$ 左右，为二室二厅一厨一卫。

（1）沟通分析

1）家庭结构形态。三口之家，一对年轻夫妇和一个三岁男孩，夫妇俩均为白领，经济条件较好，家中偶尔有亲友小住。

2）家庭综合背景。夫妇俩人学历较高，均为南方人，女方在大公司工作，女方爱好艺术（如音乐、舞蹈、美术等），男方爱好体育（如每天跑步、偶尔打球、关心体育消息等）。

3）家庭生活方式。该家庭生活方式是典型的小家庭式，因为有一个可爱的儿子，他们的业余时间都是环绕着他来设计的，一般他们会全家一起逛商店、游公园，只在休息日偶尔会有朋友来访或聚会。

4）家庭性格类型。女主人性格较外向，爱陪儿子做游戏，色彩偏素雅。男主人较内向，但也爱陪儿子去游乐场、书店。小主人活泼聪明，天真好学。

（2）了解业主需求

1）设计风格方面。业主喜欢现代的西式简约风格，家具要有古典造型。

2）空间分隔方面。业主希望在具有客厅、餐厅之外，还有一个小书房及一个儿童天地。

3）设施设备方面。家具要符合简约风格，用现代主义手法表现。厨卫设施要先进，品质要高档，价格要适中，材料要环保。

4）建筑物理功能方面。采光与通风状态良好，阳台封闭，不要影响夏天的防晒和冬天的阳光。

2. 建筑条件分析

（1）建筑形态与结构　该建筑为多层砖混结构，居室位于四楼，客厅与主卧朝南，有一较大的阳台将客厅与主卧连通。南北向的墙体均为承重墙，只有厨卫处有非承重的单体墙。

（2）环境与自然条件 （采光、通风、声扰等）各方面情况良好。

（3）流线分析 要在踏勘后，结合业主的要求——"还有一个小书房及一个儿童天地"，进行流线分析。

3. 踏勘、初步设计

（1）踏勘的重点

1）该居室建筑的外环境。了解其通风、采光情况——涉及室内空间分隔、阳台封闭与色彩设计等，了解其上下水情况——涉及淋浴器类型选择、给水排水管路设计等。

2）该居室建筑的结构与空间分隔。了解其墙体及结构梁的情况——涉及室内空间分隔及打洞等，了解其客厅、餐厅的大小、形状、位置等情况——涉及室内空间分隔（安排玄关、书房）、客厅、餐厅平面布置等，了解其厨卫及阳台情况——涉及空间利用、厨房、餐厅分隔定性等。

3）玄关设计、书房设计与客厅、餐厅的关系。根据进门与客厅、餐厅的关系设计玄关及客厅、餐厅的空间形式与平面分隔。

（2）初步设计

1）确定整体设计风格。

① 新古典主义。新古典主义的特征是：

a. 追求典雅的风格，并用现代材料和加工技术去追求传统的风格特点。

b. 对历史中的样式用简化的手法，且适度地进行一些创造。

c. 注重装饰效果，往往会使用古典家具、灯具及陈设艺术品来烘托室内环境气氛。

② 后现代主义。后现代主义有三个特征，即采用装饰；具有象征性或隐喻性；与现有环境融合。

二者设计通过草图与业主商榷后确定。

2）确定室内平面布置及客厅、餐厅、卧室、书房的家具形式，以及墙面、地面用材。

3）确定整体色调及各功能空间的基色与点缀色。

4）确定在阳台设置一书房，在次卧室设置一个儿童天地（图1-1）。

5）确定玄关形式。

6）确定厨房为半开放式。

7）确定客厅背景墙的布置形式。

8）确定卫生间的色彩主调及墙面、地面

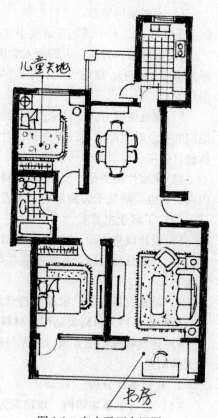

图1-1 室内平面布置图

用材。

9）确定各功能空间顶棚的形式。

10）确定软装饰及各功能空间的装饰品风格、类型等。

11）对以上内容进行初步预算。

12）进一步与业主商榷。

二、各阶段的元素收集

（一）设计分析阶段（设计元素初步收集阶段）

1. 沟通分析

通过与业主的沟通了解，初步确定采用哪种设计风格元素，如何应用空间分隔元素，以及业主有哪些兴趣爱好元素，喜欢哪类文化装饰元素，哪种主色调及协调色等。

2. 建筑条件分析

通过对居室的建筑结构、建筑水、电等环境、建筑物理条件等的了解和分析，初步确定采用哪种设计方案不会影响建筑结构，以及选择哪些光照元素和灯具品种元素。

3. 踏勘、初步设计（含风水设计）

通过对现场的踏勘，了解项目实施现场的自然环境（含风水环境）、生活环境、室内外建筑概况、建筑物理概况等，就可以在初步设计中确定运用哪些分隔元素、哪些建筑结构元素等，来分隔并组成使用空间；再运用上述分析确定的元素，来绘制室内平面布置图。

（二）设计实施阶段（设计元素筛选、确定阶段）

1. 方案设计

将初步设计与相关专业设计人员进行商榷并经审核后，再与业主详谈，最终经修改后定稿。这里可能会有多次反复，并且可能要出数套方案以供讨论和商榷。这一过程也就是设计元素最终筛选、确定的过程。其后即可进行施工图设计。

2. 施工图设计

施工图设计内容省略。

第三节　室内空间与界面概念元素

一、空间的形状及尺度概念

（一）空间形状的感觉元素

空间形状是指空间长、宽、高三者的比例关系，不同的空间形状会使人产生不同的感受。因此在设计空间的形状时，必须把使用功能要求与精神功能要求统一起来考虑，使之既具备使用功能，又能按一定的艺术意图给人以某种精神感受。室内空间的形状基本取决于其界面形状及构成方式。比如平面规整的，像正方形、六边形、正八边形、圆形，令人感到形体明确、肯定，稳定、无方向性。这类空间适于表达严肃、庄重等气氛，在空间序列中有停顿或结束的感觉。其上部覆盖形式可以是平的、球面穹隆的、角锥或圆锥体等。矩形平面的空间，横向有展示、迎接的感觉，纵向的一般具有导向性，其上部覆盖形式可以是平的、三角形的或拱形的。半圆形平面的空间有围抱感，用在空间序列中有结束的感觉。三角形平面较罕见，会造成透视错觉。还有不规整的形状，如任意的曲面、螺旋形或比较复杂的矩形组合，则令人感到自然、活泼、无拘无束，也许会有向某方向运动或延伸的感觉（视形状而定）。常见的空间形状，如图1-2所示。

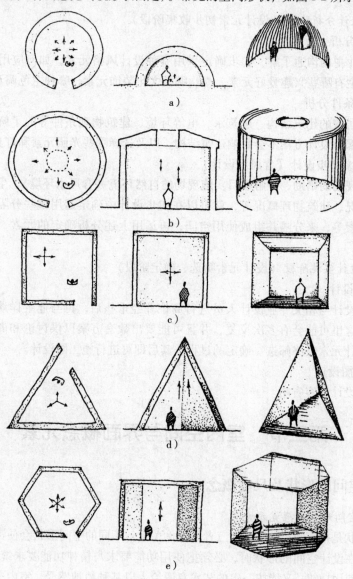

图1-2　常见的室内空间形状

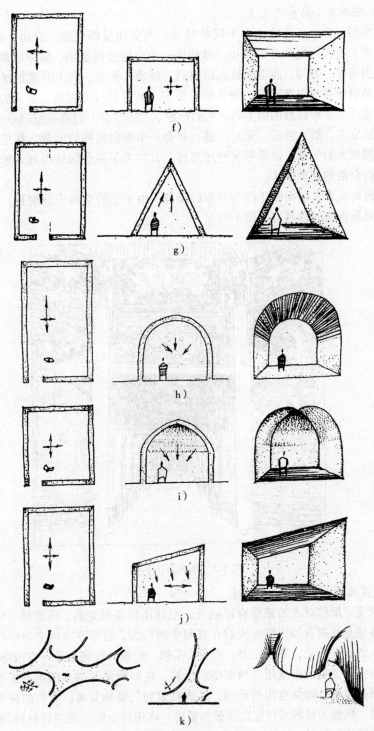

图1-2 常见的室内空间形状（续）

（二）空间大小的感觉元素

室内空间的大小、高矮也有不同的特点：大空间显得气派、自由、舒展、开朗，过大则空旷，令人产生自身的渺小、孤独感；小空间显得亲切、围护感强、富于私密性，过小则局促、憋闷。高空间给人以崇高、隆重、神圣、向上升腾的感觉，如哥特式教堂，其窄而高的内部空间，细长的尖旋窗，高耸挺拔的钟塔，空灵的飞扶壁，这一切使教堂产生一种强烈的向上感，从而形成宗教的崇拜，过高的空间令人有恐怖感；低空间尺度宜人，给人舒适、安全之感，并会产生侧向延伸的感觉，利用这种空间可以形成开阔博大的气氛，过低则又有压迫感。有时为了使空间获得高大的效果，采用将墙面纵向分格的处理手法。

颐和园的长廊自东而西环绕万寿山的南麓，由于它的空间十分细长，给人以无限深远的感觉和极强的诱惑力（图1-3）。

图1-3　颐和园的长廊

（三）其他影响空间的感觉元素

除了尺度、形状对人的感受有影响外，空间还具备触觉感、听觉感、嗅觉感、温度感，这些感觉元素直接影响着人们在空间中的行为。通常在室内空间中应充分考虑触觉带给人的心理感受，要以光滑、圆润、柔软、舒服为准则去设计室内陈设及家具。另外，室内空间气氛的形成还受到明暗、色彩、装饰效果等诸多因素的影响。利用装修材料的质感也可以调整空间的比例，形成特定的气氛和意境。光洁的材质容易使空间显得开敞，粗糙的材料可以使空间显得紧凑。在用材上应注意两种材料的合理搭配，以取得满意的空间效果。

在室内空间中，人们还可以通过听觉系统去感知室内空间的变化。隔声效果好，会使人感受封闭空间的乐趣。将室外轻风掠过的响动、小鸟的啼鸣引入室内，可以使人们享受开敞空间的舒畅。在室内空间中所散发的气味可以直接影响人们的嗅觉感官，清新的气味、花草的香味、大自然的气味都可以给人们带来愉悦的心理感受，如果通风不畅、空气混浊，则会影响人们的情绪。室内的温度感是保证人在室内正常生活的前提条件。温度变化直接与人的生理变化、心理变化联系在一起，所以室内温度的设计是一项很重要的工作。

空间感又常常因人而异，不同的人有着不同的心理特点。因此，对于同一室内空间，不同的人可能会有完全相反的反应。

二、室内空间的类型元素

自然界的空间是无限的，而室内空间则根据不同空间构成所具有的性质分为固定空间和可变空间、封闭空间和开敞空间、静态空间和动态空间、实体空间和虚拟空间、共享空间、母子空间、下沉空间与上升空间等几大类别。

（一）固定空间和可变空间

1. 固定空间

固定空间是指建筑结构（墙面、地面、顶棚）形成的空间，也叫结构空间，不可改变。

2. 可变空间

可变空间就是在固定空间内，在结构、构造、设备许可的条件下，利用隔断、隔墙、家具等，把空间再次分成不同的空间。这样改变了原来空间的形状和大小，或形成一定的空间层次感。可变空间具有空间功能的模糊性和不确定性，能够增加空间的利用率，并以此增加空间效果的趣味性、空间的动感和可变度，尽可能地挖掘室内空间的表现力。

（二）封闭空间和开敞空间

1. 封闭空间

用限定性比较高的围护实体（承重墙、轻体隔墙等）包围起来的空间，无论是听觉、视觉、小气候等都有很强的隔离性的空间称为封闭空间，其性格是内向的、拒绝性的，具有很强的领域感、安全感和私密感，与周围环境的流动性差。随着围护实体限定性的降低，空间的封闭性也会相应减弱，而与周围环境的渗透性相对增强。但与虚拟空间来比，封闭空间仍然是以封闭为特色。在不影响特定封闭机能的原则下，为了打破封闭的沉闷感，经常采用灯窗、人造景窗、镜面来扩大空间感，增加空间的层次（图1-4）。

2. 开敞空间

室内的开敞与封闭在很大程度上会影响人的精神状态，开敞的程度取决于有无侧界面，侧界面的围合程度、开敞的大小及启闭的控制能力等。开敞空间是外向性的，

图1-4 采用镜面、人造景窗来扩大空间感

限定度和私密性较小，强调与周围环境的交流、渗透，与大自然或周围的空间融合。开敞空间与同样面积的封闭空间相比，要显得大些，心理效果表现为开朗、活跃，性格特征是接纳性的。

开敞空间经常作为室内外的过渡空间，具有一定的流动性和很高的趣味性，是开放心理在环境中的反映。图1-5所示为范斯沃斯住宅，它是置于田园诗般环境中的精巧玻璃盒子，用钢架做结构，四周用厚玻璃围合而成，视线极为开阔。

（三）静态空间和动态空间

1. 静态空间

静态空间比较稳定，常采用对称式或垂直水平界面处理，空间构成比较单一，且较为封闭，视觉常常被引导在一个方向或落在一个点上，空间清晰明了。静态空间一般有下列特点：

1）空间的限定性较强，趋于封闭型。

2）私密性强。

3）多为对称空间，除了向心以外，较少有其他的倾向，达到一种静态的平衡。

4）在空间处理手法上多采用弱对比，使空间尺度与陈设的比例协调，色泽光线等因素很协调，没有明显的视觉转换因素。图1-6表现出室内空间与陈设的适宜比例，绝对对称的平衡构图和舒缓的线型，淡雅的色调和柔和的灯光，平静得似乎空间都凝固了。

2. 动态空间

动态空间又称为流动空间，具有空间的开敞性和视觉的导向性等特点，界面组织具有连续性和节奏性，如曲面、斜面等，空间构成富有变化，空间的流动常常带来视觉的导向，活动的事物和富有动感的其他要素（如瀑布、喷泉）能使室内空间环境具有生机和活力，也利于人展开思维和遐想。应该说，动态空间是室内空间机能发展的必然。特别是公共性空间在适当划分的条件下，可大大地提高平面利用系数。通过各

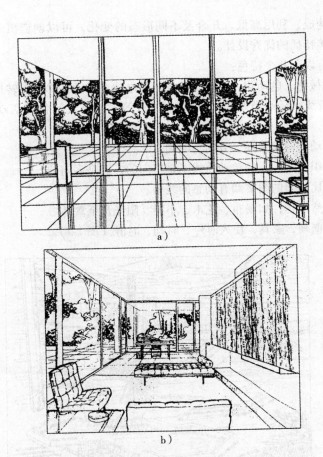

图 1-5 范斯沃斯住宅

a）从起居室看门厅与阳台　b）从起居室看门厅

图 1-6 静态室内空间

种流动空间的构成，利用高低、开合及不同形态的变化，可以创造出多种理想的、具有空间和时间美特征的优秀设计。

动态空间有以下几个特色：

1）利用机械化、电动化、自动化设施，如电梯、自动扶梯、旋转地面、可调节的围护面、各种管线、活动雕塑及各种信息展示等，加上人的各种活动，形成丰富的动感。

2）引入流动的空间系列，方向性明确。

3）空间组织灵活，人的活动路线不是单向的，而是多向的。

4）利用对比强烈的图案和有动感的线型。

5）引进自然景物，如瀑布、花木、小溪、阳光乃至禽鸟。

6）楼梯、壁画、家具，使人时停、时动、时静（图1-7）。

图1-7　厅内的流水，高低错落，给人以动感

（四）实体空间和虚拟空间

1. 实体空间

由于室内空间是各界面的围合，空间的限定程度因界面的种类不同而有所区别。有些界面可以把空间范围限定得非常明确，如一个由地面、墙面和顶棚构成的起居室，人们习惯上把它称为实体空间。

2. 虚拟空间

虚拟空间是一种既无明显的界面，又缺乏较强的限定度，只是靠部分形体的启示，依靠联想和视觉完形性来划定的空间，所以又称为心理空间，如沙发围成的休息区，再如镜子也可以作为构成虚拟空间的重要元素。镜面是透明、反光的物体，有扩大空间、增加深度的视觉效果。而其平滑、光亮的表面，可形成水晶般的室内空间效果。镜中的空间影像是虚拟的，因此玻璃可用于墙面、顶棚、家具等，以增加空间的通透感。虚拟空间是一种简化装修而获得理想空间感的空间，它往往处于母空间中，与母空间流通而又具有一定的独立性和领域感。虚拟空间的处理手法还可借助各种隔断、家具、陈设、地毯、绿化、水体、照明、色彩、材质、结构构件及改变标高等因素形成（图1-8）。

图1-8 环形地毯与圆形灯池限定了舞厅的休闲空间

（五）共享空间

共享空间是为了满足各种频繁的社会交往的需要，往往处于大型公共建筑内的公共活动中心，含有多种多样的空间要素和设施，是综合性的灵活空间。它的空间处理是小中有大、大中有小，外中有内、内中有外，相互穿插交错，极富有流动性。通透的空间充分满足了人人共享的心理要求。共享空间改变了人们对空间的"内"与"外"的看法，内外空间的划分强调了空间的流通、渗透、交融，使室内环境室外化（图1-9）。

（六）母子空间

母子空间是在原空间（母空间）中，用实体性或象征手法再限定出的小空间（子空间）。许多子空间（如在大空间中围起办公的空间，或在大餐厅中分隔出的小包厢座），往往因为有规律地排列而形成一种重复的韵律，它们既有一定的领域感和私密性，又与大空间有一定的沟通，闹中取静，能很好地满足群体与个体在大空间中各得其所、融洽相处的一种空间类型（图1-10）。

凹入空间与外凸空间是母子空间的另一种常见类型。凹入空间是在室内某一墙面或角落局部凹入的空间，通常只有一个面或两个面开敞，具有一定的私密感，可作为休憩、交谈、进餐、睡眠等用途的空间。相反，外凸空间是室内凸向室外的部分，可以

图1-9 室内共享空间

与室外空间很好地融合，视野非常开阔。

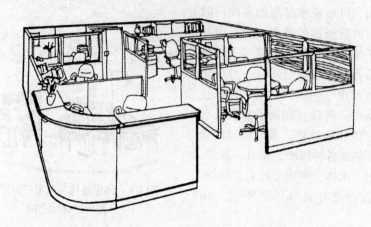

图 1-10　母子室内空间

（七）下沉空间与上升空间

1. 下沉空间

室内的地面局部下沉，可以限定出一个范围比较明确的空间，称之为下沉空间。这种空间的底面标高较周围低，有较强的围护感，体现出一种内向的情景。处于下沉空间中，视点降低，环顾四周，别有情趣。

2. 上升空间

上升空间也称为地台空间（图 1-11），是将地面局部抬高限定出的一种空间，表现出一种外向的情景。处在地台上的人会有一种居高临下的优越方位感，视野开阔，情趣盎然。在室内设计中可利用适当抬高的地面来创造这种情趣，如餐厅等。

三、室内空间的组合及处理手法

室内设计的空间组织，既包括平面布置，即需要对原有建筑设计的意图充分理解，对建筑物的总体布局、功能分析、人流动向及结构体系等有深入的了解，在室内设计时对室内空间和平面布置予以完善、调整或再创造，又包括对室内空间各界面围合方式的设计，以及从单个空间的设计到群体空间的序列组织，要求达到适用、美观、经济、科学的综合空间效果。

（一）分隔与联系

空间的分隔与联系是室内空间组合的重要内容。分隔的方式决定了空间之间联系的程度，不同的分隔方式能够创造出空间不同的美感、情趣和意境。

1. 绝对分隔

用承重墙、到顶的轻体隔墙等限定度高的实体界面分隔空间，称为绝对分隔。其中的限定度是指隔离视线、声音、温湿度等的程度。例如在卫生间内，把坐便区或淋浴区用一定的实体与外面的卫浴空间完全地隔离开来，既保证了隐蔽性，又可以做到

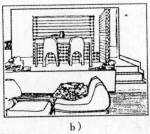

a)　　　　　　　　　b)

图 1-11　下沉空间与地台空间

a）下沉空间　b）地台空间

干湿分区。

2. 局部分隔

用片段的面划分空间，称为局部分隔。这里所说的片段的面主要包括屏风、翼墙、不到顶的隔墙和较高的家具等。限定度的强弱与界面的大小、材质和形态等有关。局部分隔可以分为四种分隔形式，即 L 形垂直面分隔空间、平行垂直面分隔空间、U 形垂直面分隔空间和一字形分隔空间（图 1-12）。

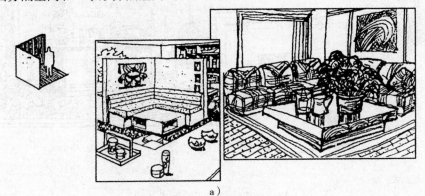

a)

图 1-12　局部分隔的四种形式

a）L 形垂直面分隔空间

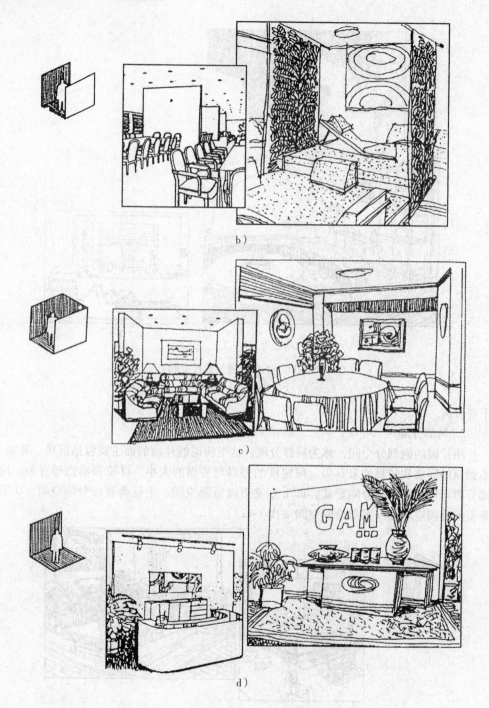

b）

c）

d）

图 1-12　局部分隔的四种形式（续）
b）平行垂直面分隔空间　c）U形垂直面分隔空间　d）一字形分隔空间

3. 象征性分隔

用片段、低矮的面，罩、栏杆、花格、构架、玻璃等通透的隔断，以及家具、绿化、水体、色彩、材质、光线、高差、悬垂物、吊顶、音响、气味等因素分隔空间，属于象征性分隔。这种空间分隔方式的视觉感不强，空间界面模糊，在很大程度上要通过人们的联想和视觉完形性而感知，侧重心理效应，具有象征意味和虚拟感觉。在空间的分隔上，更是隔而不断，具有很强的流动性和层次感。例如中国传统室内中的碧纱橱、落地罩、飞罩、屏风、博古架、帷幕等，其最大的特点就是似分非分、似断非断、隔而不断，不仅装饰性强，而且往往意境深邃。

图 1-13　美容店的装饰隔断

图 1-13 所示的一家美容店的装饰隔断是以人脸部形状构成的，既突出了美容店的特点，又使空间独具创造性。

4. 弹性分隔

利用拼装式、直滑式、折叠式、升降式等活动性的隔断来分割空间，而且空间的大小、分合可以根据使用者的要求自由调节，这种分隔方式称为弹性分隔。用来进行弹性空间分隔的物件可以是家具、帘幕、陈设等。这种分隔方式由于具有很强的灵活性，可根据使用要求随时启闭或移动，所以在设计与应用中比较受欢迎（图 1-14）。

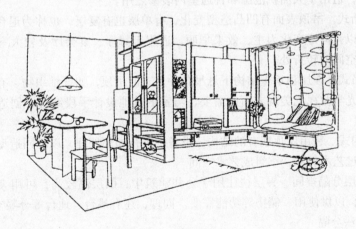

图 1-14　弹性分隔

5. 水平型分隔

在室内设计中，如果室内空间环境过分高大，或因功能需要，可以将室内空间高度按水平方向分隔。经过水平方向的空间分隔可以增加空间的丰富性。

水平型分隔的方法包括利用吊顶、地台、阶梯、挑台、夹层等。

（1）吊顶分隔空间　吊顶分隔空间是指利用吊顶的方式对室内顶面做不同程度的分隔（图1-15）。吊顶是以高低变化、凹凸曲折变化来满足不同功能上的需要。吊顶有以下几种方式：

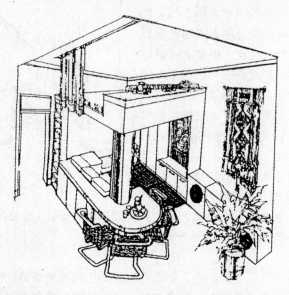

图1-15　用吊顶分隔空间

1）平顶式。吊顶表面平整、无凹凸面。这种吊顶构造简单，装修便利，风格简洁，造价低，适用于大面积范围和普通室内装修之用。

2）凹凸式。吊顶表面有凹凸造型变化，有单层也有复层，也称为退台。其造型富有变化，多以几何形变化为主，效果华丽，适用于舞厅、宴会厅及较大室内空间中的重要部分与空间的转折处。

3）悬吊式。在屋顶承重结构下悬吊各种形式的吊顶，如纤维织物、有机玻璃，来满足声学、光学及视觉美观方面的需要，与室内其他设计手段结合，创造出富有个性的艺术效果。

4）结构式。利用屋顶现有的结构、设备，进行局部处理，以不同造型、颜色将现有的构件经过艺术加工，重组成艺术空间。

（2）夹层分隔空间　夹层往往用于公共建筑中，因层高较高，可用夹层分隔出上下两个部分，以供使用、储物等功能需要。同理，还有挑台、地台等分隔空间的方法。

6. 综合法分隔

综合分隔法包括采用各种花盆架、装饰织物、绿化植物，配以发光顶棚，以照明、音响等不同组织来分隔空间。图1-16所示的理发店，用花木限定了等候区域，用立柱限定了理发区域，使空间分隔清晰；图1-17所示为利用花罩、花盆架分隔出的就餐空间；图1-18所示为用装饰构架分隔空间常采用柱廊式构架、各种几何形构架、各种形式的花架、多宝格来划分空间；图1-19所示为采用不同形状和色彩的光柱、光带，以及各种不同的灯饰、灯帘来划分空间。

图1-16　用花木、立柱分隔空间

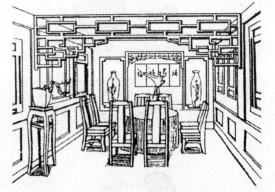

图1-17　用花罩、花盆架分隔空间

图1-18　用装饰构架分隔空间

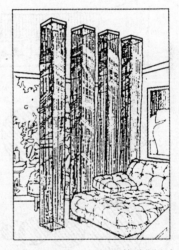

图1-19　用垂直的灯饰柱体分隔空间

（二）过渡与引导

过渡空间也称为灰空间，是由建筑引用至室内的空间概念，旨在以空间过渡空间的概念来代替传统的以门、廊道等来进行空间过渡，使之成为前后空间、内外空间的媒介、桥梁、衔接和转折点。过渡空间不仅是一个单纯的空间概念，它存在于一切空间范畴内的各种元素中，比如踏步、楼梯、隔断、家具等，包含了实用性、私密性、安全性、礼节性、等级性等多种性质，不仅能起到功能分区的作用，还常常作为一种艺术手段起到空间引导作用，是对空间的起承转合，也可以给人带来柔和的心理感受（图1-20）。居室中的玄关处于室内与室外、动与静的交汇处，如果精心打造，则能形成特殊品位的过渡空间。空间的引导更多的是通过视线的吸引起到暗示作用。比如在空间转折处布置小品，能起到空间引导的作用。

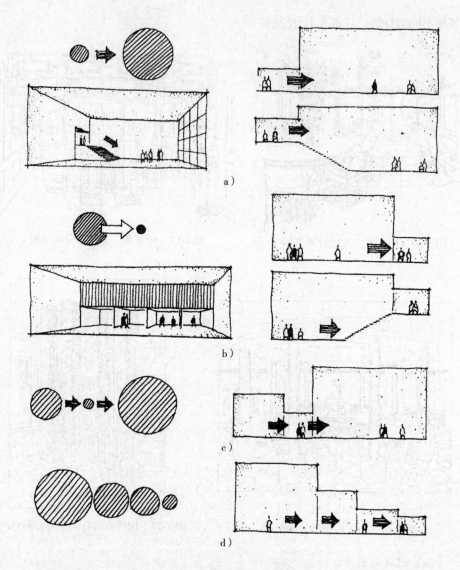

图 1-20　空间的过渡与引导

a) 小空间过渡到大空间或通过空间的下沉来引导

b) 大空间过渡到小空间或通过空间的上升来引导　c) 压低过渡空间　d) 加强空间的秩序

在室内空间设计中，空间的过渡与引导往往采用欲散先聚、欲广先窄、欲高先低、欲明先暗的处理方法和逐步过渡的表现形式，如公共性→半公共性→半私密性→私密性，室外→半室外→半室内→室内。

（三）空间的序列

在多个空间组合时，各功能空间之间存在或多或少的对比和变化，并形成一定的序列，就像写文章必然有起承转合，有头、有尾、有高潮。空间序列是指在室内按一定的流线，组织空间的起、承、开、合等转折变化。中国传统的空间分布是非常讲究序列的，如以十字轴线展开的坛庙建筑，以纵轴为主、横轴为辅的民居和宫殿建筑，以曲折轴线展开的园林建筑等。不同性质的建筑有不同的室内空间序列布局。影响空间序列的关键主要有序列的长短、序列的布局类型、序列中的高潮。

在典型的单一或双重正交的空间布置中，空间的序列也可以通过家具和陈设的限定，让人体验不同角度的空间感受，并将这些内部体验与"交错"的总体设计概念联系起来。

四、室内界面处理

空间与界面是相互依存的共生体，犹如物体与其影子的关系一样，没有界面则不成空间。室内界面处理是指对室内空间的各围合界面——地面（楼面）、墙面、隔断、顶面（平顶、吊顶、顶棚）等的使用功能和特点进行分析，对界面的形状、图形线脚、肌理构成，以及界面和结构的连接构造，界面和通风、水、电等管线设施的协调配合等方面进行设计，特别是各表面的造型、色彩、用料的选择和构造处理。因此，室内界面的设计，既有功能和技术的要求，也有造型和美观的要求。但界面处理不一定要做"加法"。从建筑的使用性质、功能特点方面考虑，一些建筑物的结构构件也可以不加装饰，作为界面处理的手法之一。这正是单纯的装饰和室内设计在设计思路上的不同之处。

（一）各类界面功能要求

绝大多数的室内空间里，界面之间的边界是分明的，但有时因某种功能或艺术需要，边界并不分明，甚至浑然一体。室内设计中，对地面、墙面、顶面等界面有一些共同的要求，如耐久性及使用期限、耐燃及防火性能、无毒无害、便于施工安装及更新、必要的保温、隔热、隔声、吸声性能、装饰及美观要求、经济性等。此外，各类界面根据不同的使用功能又有各自的特殊要求：

1. 地面（楼面）

地面的设计必须让使用者觉得安全和稳定。所用材料要求平整、耐磨、防滑、易清洁、防静电、承受荷载等。

2. 墙面（隔断）

墙面和隔断在室内空间中更容易显示其作为界面的边界特性。材料要求遮挡视线、采光，或担当活动背景的作用，具有较高的隔声、吸声、保温、隔热要求，同时还具有钉挂要求。

3. 顶面（平顶、吊顶、顶棚）

顶面作为区别室内外空间的重要界面，不仅是室内设计的重要内容，也承担了照明、空调、报警等设备功能，因此其材料要求质轻、光反射率高、隐蔽设备，有较高的隔声、吸声、保温、隔热要求，如图1-21所示。

（二）各类界面材质特性

室内设计中，通常强调和运用不同肌理、质感的材料，利用其色彩、光泽、粗细、纹理、软硬、透与不透的特性形成对比，构成不同的界面材质，直接影响室内设计整体的实用性、经济性、环境气氛与空间审美。界面装饰材料还应具有良好的适用功能和环保性，并应遵循"优材精用、中材广用、低材巧用、废材利用"的原则。材料的环保概念一是指材料自身的环保性（材料内不存在会向外发散的有害物质）；二是指材料的再生性，即材料能否循环使用的性质。

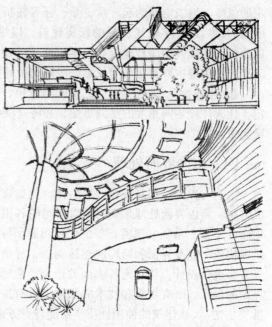

图1-21 顶面与风口、灯具的协调

1. 地面（楼面）材料

常用的地面铺装材料有水泥地、地毯、各类实木地板、复合地板、马赛克、石材、地砖、塑料地板、无缝地面材料等。

2. 墙面材料

室内墙面材料可以保护墙体，使室内美观、舒适，在一些特定的室内空间，如音乐厅、演播室等，还能辅助墙体起到吸声、反射等声学功能。墙面装饰材料有木质、涂料、壁纸、石材、铝合金、瓷砖、玻璃、织物等，其装饰效果通常取决于具体材料的质感、线条、图案及色彩等。

3. 隔断材料

隔断材料视具体位置而定，作为分隔空间的一种形式，隔断既可以把空间一分为二，起到分割作用，又可以成为联系两个空间的纽带。常用的隔断有铝合金隔断、塑钢隔断、木质隔断及玻璃隔断。

4. 顶面材料

与其他界面相比，顶面在设备上扮演着许多重要的角色，如照明设施、空调的出风口、回风口、音响系统、消防报警系统等，因此顶面的高度和造型与顶面上的设备布置有密切关系，甚至与建筑的结构系统联系在一起。顶面除了直接表现结构造型外，一般还有平板吊顶、异形吊顶、局部吊顶、格栅式吊顶、藻井式吊顶五大类型。

平板吊顶一般采用PVC板、石膏板、矿棉吸声板、玻璃纤维板、玻璃等材料。格栅式吊顶先用木材做成框架，镶嵌透光或磨砂玻璃，光源在玻璃上面，这也属于平板吊顶的一种，但是造型要比平板吊顶生动和活泼，装饰效果较好。

（三）界面线型处理

1. 材料的质地

材料的质地是通过材料表面致密程度、光滑程度、色彩及线条变化，以及对光线的吸收、反射强弱不一等产生的观感。室内空间的界面材料要满足使用功能和人的审美的双重要求。例如法国巴黎蓬皮杜艺术中心的金属结构顶棚、居室中的木屋架等，都是材料与结构对室内环境产生的综合影响。同时，一些新材料构件的应用也改变了传统空间的形式和设计方法，如大型玻璃隔断的应用使室内空间出现通透感，大大丰富了室内空间的层次变化。

另一方面，材料的质地和肌理可以加强空间的环境效果（图1-22），并使空间的基本形象更具有意义。比如，平整光滑的大理石给人以整洁、华丽的感受，纹理清晰的木材给人以自然、亲切的感受，具有斧痕的石材给人以粗犷、有力的感觉。全反射的镜面不锈钢给人以精密、高科技的感受，清水勾缝的砖墙给人以传统、乡土的感受等。可以用在室内环境中的材料很多，但要合理运用则是设计师面临的一大难题。例如，砖是一种普通的材料，在空间界面设计中，人们更喜欢把它用于清水砖墙，来表达一种自然品格。所以，对于室内界面材料的研究，除了掌握其功能特点外，主要应研究材料本身的素质和艺术表现力，以及人的视觉、心理反应等。

2. 界面的线型

界面的线型是指界面上的图案、界面边缘、交界处的线脚及界面本身的形状。

（1）界面的图案　界面各种材质的划分及界面上的图案设计是界面线型处理的重要内容，它会给人生理上和心理上较强的长时间、近距离的直接刺激（图1-23）。界面的图案必须从属于室内环境整体气氛的要求，起到烘托、加强室内精神和功能的作用。根据不同的场合，图案可以是具体的或抽象的、彩色的或灰度的、有主题的或无主题的、静态的或动态的。图案的材料可以与界面材料同质或异质。图案表现手法也可以是传统的手绘、雕刻或是现代化的灯光投影、多媒体投影。

图 1-22　顶面的凹凸肌理处理

图 1-23　界面图案形成空间的视觉中心

（2）界面的线脚　界面的边缘、交界处的线脚，即通常所说的"收头"，包括不同断面造型线脚的处理和界面之间的过渡及材料的"收头"，其花饰和纹样是室内设计艺术风格定位的重要表达语言（图1-24），如各式各样的装饰线板在室内空间中的应用，常见的有檐口线脚（墙面与顶棚的交接部分，具有过渡、衔接的作用）、挂镜线（除了用做挂画、挂镜框的功能外，还有与檐口线脚相同的作用）、踢脚板（分隔地面和墙面的作用，使整个房间上中下层次分明，富有空间立体感）、护墙板（除了保护墙面，还使墙面显得更有层次，围护的气氛感也更强）。

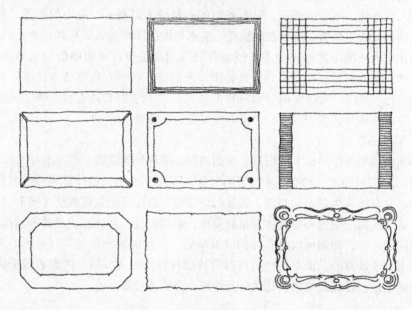

图1-24　顶面的花饰、纹样

（3）界面的形状　在界面设计中可以重点运用某一种手法，使界面本身的形状显露出结构体系构成的轮廓，形成平面、拱形、折面等不同形状的界面。也可以根据使用功能对空间形状的需要，脱开结构层单独考虑界面的形状。例如剧场、音乐厅的顶界面——顶棚部分往往根据几何声学的反射要求，做成反射的曲面或折面（图1-25）。而人民大会堂的穹顶则是体现水天一色、满天星斗、众星捧月的艺术效果。所以，界面的形状有时也可按所需的环境气氛设计。

3. 界面的不同处理与感受

室内界面不同的线型、色彩、材质、形状、比例、明暗等，会给人不同的视觉感受。一般来说，垂直的线型划分空间显得紧缩、增高，水平的线型划分空间显得开敞、降低；深色顶面显得空间降低，浅色顶面显得空间增高；大尺度花饰显得空间缩小，小尺度花饰显得空间增大；石材、面砖、玻璃显得空间挺拔冷峻；木材、织物显得空间亲切温馨；采用吸顶灯，屋顶界面有向上的感觉，采用吊顶灯，屋顶界面有向下的感觉；光线较暗给人以收缩感，光线较强给人以扩大感。同样，不同的界面处理也会

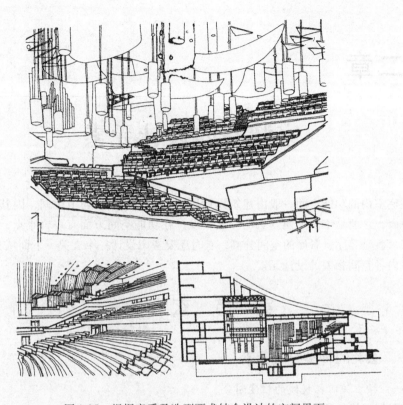

图 1-25　根据音质及造型要求结合设计的空间界面

影响室内环境的内在质量，如现代影视厅对声音清晰度的要求极高。这主要取决于混响时间的长短，而混响时间与室内空间的大小、界面的表面处理和选用材料关系最为密切。这就要求在室内设计时合理地降低平顶，使室内空间适当缩小，对墙面、地面及座椅面料均选用高吸声的纺织面料，采用穿孔的吸声平顶等措施，以增大界面的吸声效果。

第二章

家装室内设计元素

住宅室内的功能空间一般由建筑设计所定，尤其是厨房与卫生间，因其上下水管道等原因，一般是不能随便变更的。家装设计在功能空间方面有一个难点，也是一个关键点，就是客厅、餐厅的空间分割，有时还要考虑设计一个玄关。下面从玄关开始，介绍室内各空间相关的设计元素。

第一节　玄　关

一、玄关的种类组成元素

（一）按玄关阻挡视线的程度划分

按阻挡视线的程度，玄关可以划分为硬玄关和软玄关。

1. 硬玄关

硬玄关又分为全隔断玄关（玄关的设计为全幅的，可阻挡视线）和半隔断玄关（玄关的设计在视觉上是半隔断的）。

2. 软玄关

软玄关是指一种区域处理的方法，有四种处理元素，即顶棚划分、墙面划分、地面划分和鞋柜划分。

（1）顶棚划分　可以通过顶棚造型的区别来界定玄关（门厅）的位置。

（2）墙面划分　可以通过墙面与其他相邻墙面处理方法的差异来界定玄关的位置（图2-1）。

（3）地面划分　可以通过地面的材质、色泽或者高低的差异来界定玄关的位置（图2-2）。

（4）鞋柜划分　可以通过它在空间的摆放位置来界定玄关的位置。

玄关可以根据居室的风格要求，选用上面划分方法的一种或者多种进行处理。

3. 处理的原则

1）风格要保持与客厅与餐厅这些公共空间的一致性。

2）保证合理的通行，不要因勉强设置玄关而影响正常的功能使用。

图 2-1　墙面划分玄关区域

　　3）玄关的造型设计既要给人一种新颖、温馨的感觉，又不能因奇特而有刺激性。

　　4）玄关处设置镜子或其他可产生影像的材料，应避免正对门口。

　　（二）按玄关空间存在的形式划分

　　按空间存在的形式，玄关可以划分为独立式、通道式和虚拟式。

　　1. 独立式

　　独立式玄关本来就以独立的建筑空间存在，或者说是转弯式过道。对于室内设计者而言，独立式玄关最主要是考虑功能利用和装饰的问题。

　　2. 通道式

　　通道式玄关是以"直通式过道"的形式存在。在设计难度方面，如何保护客厅、餐厅的私密性和设置鞋柜为最大的问题（图2-3）。

图 2-2　地面划分玄关区域

　　3. 虚拟式

　　虚拟式玄关原先在居室里是没有设计的，只能在客厅或者餐厅临近大门处来构建门厅。这种情况是最考验设计师设计能力的。

（三）按玄关形成的样式划分

按形成的样式，玄关可以划分为低柜隔断式、玻璃通透式、格栅围屏式、半敞半蔽式和柜架式。

1. 低柜隔断式

低柜隔断式即以低形矮台来限定空间，以低柜式家具的形式作为隔断体，既可储放物品，又具有划分空间的功能（图2-4）。

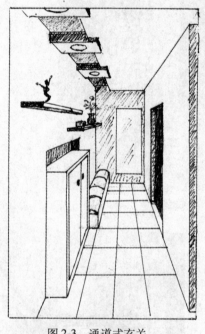

图2-3　通道式玄关

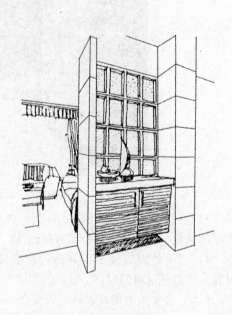

图2-4　低柜隔断式玄关

2. 玻璃通透式

玻璃通透式是以大屏玻璃作为装饰遮隔，或在夹板贴面旁嵌饰喷砂玻璃、压花玻璃等通透的材料，既可以分隔大空间，又能保持整体空间的完整性（图2-5）。

3. 格栅围屏式

格栅围屏式主要是以带有不同花格图案的透空木格栅屏作为隔断，既有古朴雅致的风韵，又能产生通透与隐隔的互补作用（图2-6）。

4. 半敞半蔽式

半敞半蔽式是以隔断下部为完全遮蔽式的设计。隔断两侧隐蔽无法通透，上端敞开，贯通彼此相连的顶棚。半敞半蔽式的隔断墙高度大多为1.5m，通过线条的凹凸变化、墙面挂置壁饰或采用浮雕等装饰物的布置，产生浓厚的艺术效果。

5. 柜架式

柜架式就是半柜半架式。柜架的形式采用上部为通透格架，下部为柜体；或者左右对称设置柜件，中部通透形式；或用不规则手段，虚、实、散互相融和，以镜面、

图 2-5　玻璃通透式玄关

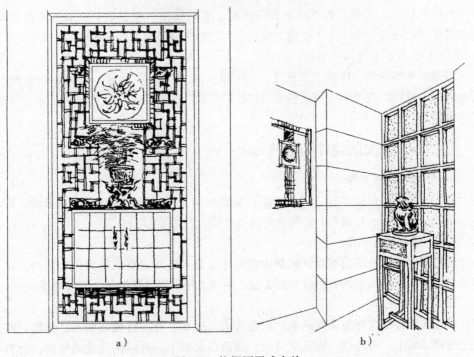

a ）　　　　　　　　　　　　　　b ）

图 2-6　格栅围屏式玄关

挑空等多种艺术形式进行综合设计，以达到美化与实用并举的目的。

（四）按玄关与周围空间的关系划分

按与周围空间的关系，玄关可以划分为独立式、邻接式和包含式。

1. 独立式

独立式玄关是进门通向厅堂的必经之路，可以选择多种装潢形式进行处理。

2. 邻接式

邻接式玄关与厅堂相连，没有较明显的独立区域，类似虚拟式玄关，可使其形式独特，或与其他房间风格相融。

3. 包含式

包含式玄关包含在厅堂之中，稍加修饰，就会成为整个厅堂的亮点，既能起到分隔作用，又能增加空间的装饰效果。

二、起遮挡视线或围护作用的元素

（一）按动静状态划分

（1）静元素　静元素包括物件柜、小博古架、铁艺、装饰玻璃、鞋柜等。

（2）动元素　动元素包括玻璃管中带气泡、色彩、玩具、小动物或色光的流水、观赏鱼缸等。

（二）按材料性质划分

按材料性质，这些元素可以划分为木材、夹板贴面、雕塑玻璃、喷砂彩绘玻璃、镶嵌玻璃、玻璃砖、镜屏、不锈钢、花岗石、塑料饰面材及壁毯、壁纸等。

（三）按围护可移动性划分

按围护可移动性，这些因素除了一些固定的物件，如柜、架、玻璃、铁艺制品、配射灯的小景外，还可用一些能移动的物件，如大叶植物花盆、装饰屏风、穿珠吊帘、艺术盆景。

三、布置玄关的物件和材料元素

（一）常用材料元素

常用材料元素包括木材、夹板贴面、雕塑玻璃、喷砂彩绘玻璃、镶嵌玻璃、玻璃砖、镜屏、不锈钢、花岗石、塑料饰面材及壁毯、壁纸等。

（二）风格借鉴元素

风格借鉴元素是指借鉴设计风格中的装饰元素。比如居室设计为田园风格，就可以买一个充满田园气息的鞋柜放在玄关处，柜面上还可以放置鲜花、装饰画等。

（三）个性元素

个性元素是指选择所喜欢的东西放在玄关。比如，有人喜欢鹅卵石，粘贴一些在玄关的侧墙面上，再随意点缀几只贝壳，或洒在地面上，再以钢化玻璃覆盖，会有一种自然的生活情趣；有人喜欢游戏，可以在鞋柜上摆放几个游戏人物的玩偶；有人喜欢摄影，可以挂一张自己最满意的作品；有人喜爱新古典主义风格，可选用一扇榆木雕花的中式屏风（图2-7），于朦朦胧胧中透着屋内景致，别有一番风韵，也可选用低矮的仿古鞋柜等。

图 2-7　榆木雕花的中式屏风

（四）常见物件元素

常见物件元素包括观赏鱼缸、古董、挂画、鞋柜、衣帽柜、镜子、小座凳等。

四、玄关设计的六个重要元素

1. 灯光元素

玄关一般都不会紧挨窗户，因此，可在玄关处配置较大的吊灯或吸顶灯作为主灯，或通过设计装有射灯、壁灯、荧光灯等的小景作为辅助光源，还可以运用一些光线朝上射的小型地灯作为点缀。既可运用暖色调产生一种温馨感，也可以运用冷色调的光源产生一种宁静感。

2. 墙面装饰元素

依墙而设的玄关，其墙面色调、装饰品和材料会给人带来不同的情调，同时也表达了居室主人的情趣或人文格调。玄关的墙面色彩一般以中性偏暖的色系为宜，用材的表面处理也要以柔和为主，让人感到家的温馨和亲情。

3. 家具元素

在玄关处摆放的家具应以不影响出入为原则，还可以利用低柜、鞋柜、吊柜等家具扩大储物空间。另外，可把低柜做成敞开式挂衣柜，或衣帽柜、伞具柜，在增加实用性的同时又节省了空间。条件许可时，条案、边桌、明式椅、博古架等家具的摆放，还可以给居室主风格增色。

4. 装饰物元素

对玄关处的装饰物要求有三点：①装饰物必须服从功能性；②装饰风格必须服从整体性；③装饰品的配置宜简洁、自然、绿色。例如，一盆大叶花草或一只陶瓷花瓶，就能为玄关烘托出非同一般的气氛（图2-8）。

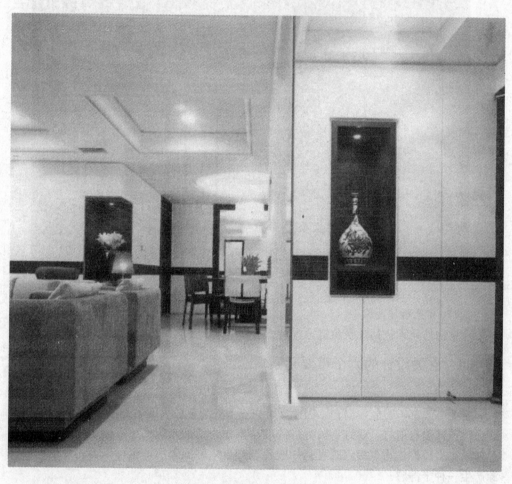

图2-8　装饰物元素（瓷瓶）

5. 地面装饰元素

玄关地面是居室内使用频率最高的地方之一。因此，玄关地面在平整的前提下，考虑其要有耐磨、易清洗的特点。因此，地面的装修通常依据整体装饰风格的具体情况而定。一般用于地面的铺设材料有玻璃、木地板、石材或地砖等，还可铺设门毯等。

6. 吊顶装饰元素

对于新中式风格，可采用藻井顶棚，但井深需压缩，井中图案底板可采用透光不透视的玻璃，其后用发光均匀的环状灯具，使顶棚有一种高远的感觉；对于现代主义风格，吊顶可采用镜面玻璃或蓝天白云彩绘玻璃等。

五、玄关的风水设计

1）顶棚宜高不宜低，太低会有压迫感。

2）玄关与客厅、餐厅之间要有视线的遮挡，以保证客厅、餐厅的私密性。如果开门即见卫生间，则遮挡更为必要，当然，也可在卫生间门的设计上做文章。

3）地板要平整有光泽，花样多为吉祥如意的图案较好。

4）玄关的灯光不能太过明亮，否则一进门来会刺眼，也影响神经；但也不能太暗，否则会造成使用障碍。

5）玄关处的家具不要有尖方角，因为场地较小容易碰伤。

6）如果在玄关处安放镜子，不能对着大门，否则，晚上回家开门时，会因看到镜中的人影而让人产生恐慌。玄关顶上切不可贴镜片，否则会使人感觉头重脚轻。

第二节 客 厅

一、客厅设计元素

客厅的装饰风格已经趋于多元化、个性化，在设计上要兼顾会客、展示、娱乐、视听等功能。客厅设计应满足以下七个设计元素。

1. 空间宽敞化

客厅应给人以宽敞的感觉，在布置完沙发等必需的家具后，其空间在高度、宽度和交通上都必须确保不给人压抑感和不方便感，宽敞的感觉会给人带来轻松的心境和欢愉的心情。

2. 室内舒适化

客厅是家居中最主要的公共活动空间，是使用频率最高的地方之一。因此，舒适化是其必须满足的基本功能，尤其是地面材质既要平整、耐磨、保温，还应在走路时有一种舒适感。

3. 照明明亮化

客厅应是整个居室中最明亮的地方。会客区的照明方式一般采用直接照明，灯具可选用嵌顶灯、吊灯、落地灯。嵌顶灯一般为厅顶四周吊顶中的灯具，可作为基础照明；吊灯应既美观又大方，能调节光亮，使其既能照得满室通明，又可营造温馨、优雅的气氛；落地灯一般放在沙发转角处，由于它既移动方便又可以调整灯罩的高度，一直深受人们的喜爱。

4. 风格个性化

风格个性化应该是设计师根据业主的要求、兴趣爱好及业主的各方面条件，结合各种装饰风格与流派，精选并有创造性地设计出来（图2-9）。

a）

b）

图2-9　客厅设计风格

a）欧式古典风格　b）中式古典风格

5. 材质绿色化

在客厅装修中，必须确保所采用的装修材质符合国家环保规范。

6. 家具适用化

客厅使用的家具，应考虑家庭活动的适用性和成员的适用性。这里最主要考虑老人和小孩的使用适用化。

7. 环境协调化

客厅的上下左右六个面必须在风格、色彩、材料等方面协调一致，尤其是吊顶和电视背景墙，作为客厅的主要空间因素，在设计时应重点考虑。另外，当客厅、餐厅为一连通空间时，其协调性就更重要了。

客厅的色彩设计应有一个基调。采用什么色彩作为基调应体现主人的爱好。一般的居室色调应采用较淡雅或偏冷些的色调。向南的居室有充足的日照，可采用偏冷的色调，朝北的居室可以用偏暖的色调。色调主要是通过地面、墙面、顶面来体现的，而装饰品、家具等只起调剂、补充的作用。比如，在客厅中加入淡淡的玫瑰红、浅紫色和蓝色装饰，能使人感到温暖而放松。

二、客厅家具元素

（一）客厅家具种类

客厅家具一般有沙发、茶几、穿衣镜、玄关桌、鞋柜、休闲椅、电视柜、展示架、吧台等。

1. 沙发种类

（1）按照功能分类　按照功能分类，沙发可以划分为功能沙发、沙发床、固定背沙发、无级自控沙发、气动沙发、电动沙发和带电视沙发等。

（2）按照用料分类　按照用料分类，沙发可以划分为皮沙发、面料沙发、木质沙发等。

（3）按照风格分类　按照风格分类，沙发可以划分为美式沙发、日式沙发、中式沙发、欧式沙发等。

2. 茶几种类

（1）按照材质分类　按照材质分类，茶几可以划分为木制茶几、玻璃茶几、藤竹茶几等。

（2）按照风格分类　按照风格分类，茶几可以划分为韩式田园风格、欧式古典风格、美式古典风格、现代简约风格等。

3. 穿衣镜种类

穿衣镜可以划分为衣柜自带柜面镜、独立穿衣镜和墙面镜等。

4. 玄关桌种类

按照材质分类，玄关桌可以划分为木质玄关桌、铜质玄关桌、仿铜玄关桌和铝质玄关桌等。

5. 鞋柜分类

按照材质分类，鞋柜可以划分为木制鞋柜、塑料鞋柜和金属鞋柜等。

6. 休闲椅分类

按照材质分类，休闲椅可以划分为皮质休闲椅、布艺休闲椅、藤制休闲椅、金属休闲椅和实木休闲椅等。

7. 电视柜分类

电视柜可以划分为升降电视柜、传统式电视柜、壁炉电视柜和旋转式电视柜等。

8. 展示架分类

按照材质分类，展示架可以划分为钛合金、铝合金、百变管、玻璃、木质和夹板六大类。

9. 吧台分类

按照风格分类，吧台可以划分为乡村风格吧台、现代风格吧台和派对风格吧台等。

（二）客厅沙发

1. 沙发放置的影响因素

1）沙发前的景观。

2）一进厅能否看到沙发的正面。

3）与电视机的放置关系。需要考虑反光的问题。电视机柜的高度应以人坐在沙发上平视电视机屏幕中心或略低为宜。

2. 沙发布置形式元素

（1）L形布置　L形布置是沿两面相邻的墙面布置沙发，其平面呈L形。此种布置大方、直率，可在对面设置视听柜或放置一幅整墙面大的壁画，这是很常见且合时宜的布置。

（2）C形布置　C形布置是沿三面相邻的墙面布置沙发，中间放一茶几。此种布置入座方便，交谈容易，视线能顾及四周，对于热衷社交的家庭来说是再合适不过了。

（3）对角布置　对角布置是两组沙发呈对角布置，垂直不对称的布置显得轻松活泼、方便舒适。

（4）对称式布置　对称式布置类似于中国传统布置形式，气氛庄重，位置层次感强，适于较严谨的家庭。

（5）一字形布置　一字形布置非常常见，沙发沿一面墙摆开，呈一字状，前面摆放茶几，起居室较小的家庭可采用。

（6）安乐式布置　安乐式布置十分逍遥，安乐椅与长沙发相对或相邻，这种摆放对于家中有年迈、体弱、多病者，可躺可坐，甚为方便。

（7）四方形布置　四方形布置适于喜欢下棋、打牌的家庭，游戏者可各据一方，喜欢娱乐的家庭可采用类似布置。

（8）地台式布置　地台式布置利用地台或下沉的地坪，不设具体座椅，只用靠垫来调节座位，松紧随意，十分自在，地台也可作临时睡床等多种用途，是一种颇为别致的布置类型。

（三）客厅茶几

在习惯喝咖啡的地区，也把茶几称为咖啡桌。在现代家居中，茶几的位置是很灵活的，按常规放置在客厅沙发前的是正式的茶几，此外，又演变出角几、电话几、沙发背几、床头几等诸多种类，供放置专用物件及摆设。茶几的设计跟随家具展示美学的潮流，实用功能已被拓展（图2-10）。

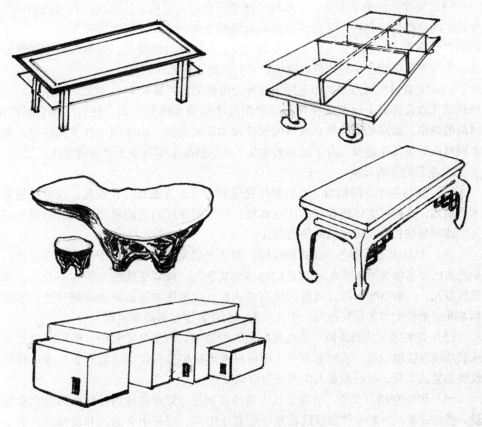

图2-10　客厅茶几造型设计

1. 客厅茶几的设计元素

（1）自由随意组配　茶几除了可在其上放置茶具、食品等物品外，还具有装饰作用。因此，设计不俗的茶几同时也能成为装饰品，并可自由组配，产生更多的使用功能，如作为玩游戏时或玩扑克时用的小桌子等。

（2）简洁造型，色调统一　茶几的造型、色调不仅要与周边家具相协调，还要与整体的居室环境一致。在造型方面，简洁直线条的茶几仍是现代风格家居的首选，但是曲线形茶几更贴合人体曲线，且不易伤及好动的儿童；在色彩方面，明快色彩是主角，如单一的白色、黑色、米色、原木色仍占据着主流的审美。

（3）亲密接触角落空间　居室中存在着许多零散的角落空间，利用好它们既可以为居室增色，在功能上也能得到补充和丰富。以客厅和阳台的夹角区域为例，较高大的家具放置在这里会有一种压抑感，而设置一个小茶几就很合适。带脚轮的小茶几移动方便，搭配茶具、灯具、盆栽等物品，立刻就能让角落空间展现出新的形象。而套几摆放在一起，形如装置，看起来也十分美观。茶几分置于居室的不同角落或者不同居室的角落中，又能形成呼应，营造出整齐协调的感觉。

（4）尺寸比例中求变化　茶几的尺度要视空间大小而定，流线型和简约型的茶几能让空间显得轻松而没有局促感。如果家里的空间较大，可以考虑搭配沉稳、深暗色系的木质茶几。除了搭配主沙发的大茶几外，在厅室的单椅旁，可挑选造型别致的角几，作为兼具功能性和装饰性的附件，为空间增添趣味和变化。

（5）复合材质亮点多　布艺沙发宜配合现代简约风格的 PVC 材质的小茶几、小型玻璃茶几或长方形金属茶几使用。这些茶几能调节光线的投影，使得空间呈现明快、时尚的风格。最常见的玻璃桌面搭配铁件或木制的桌脚。由于制作技术的进步，融合不同材质的茶几在造型上有了更多的变化，使得搭配上也具备了更多的弹性。

2. 茶几的选购元素

（1）要与客厅空间相当　大型客厅可选购大气的方茶几、长茶几，或者深色系的木质茶几，这样更能体现客气的庄重高雅；而小型客厅则选购椭圆形、造型柔和的茶几，或者是细长的、可移动的简约茶几。

（2）要与沙发的颜色、款式相匹配　茶几与居室中主色调的配搭也十分重要。色彩艳丽的布艺沙发可以搭配暗灰色的磨砂金属茶几，或者是淡色的原木小茶几；浅色系列茶几，一般搭配田园式或现代风格的沙发，让客厅的气息更加清新自然；深色系列茶几，则搭配古典系列沙发、中式沙发，会让客厅显得高贵典雅。

（3）要美感与功能兼顾　茶几拥有迷人的造型，当然是重要的，但同时也要具备承载功能和收纳功能。若居室较小，则可以考虑购买具有收纳功能的茶几或选择具有收展功能的茶几，以根据客人的需要加以调整。

（4）要注意用材安全　玻璃茶几因其晶莹剔透、似水如冰的特性而深受大众的喜爱。然而，茶几一般安放在流线较集中的客厅中央，当家中有老人和幼童时，不小心就易碰撞受伤，故选购时可另选木质茶几或用木材围裹的玻璃茶几。

（四）电视柜

电视柜集电视、机顶盒、DVD、音响设备、碟片等物品的收纳和摆放，更兼顾展示的功能。

1. 分类

（1）按照结构分类　按照结构分类，电视柜一般可以划分为地柜式、组合式和板架结构等几种类型。

（2）按照材质分类　按照材质分类，电视柜可以划分为钢木结构、玻璃结构、钢管结构和板式结构。

2. 选配元素

（1）电视柜与整体效果　电视柜的设计应与背景墙乃至整个客厅相协调。也可将功能强大的电视柜替代或融合于大面积的背景墙，此时应根据空间的大小先确定电视柜尺寸，再根据其款式、大小等特点装饰背景墙。选购融电视柜与背景墙为一体的组合式装饰柜，可谓一举两得。

（2）电视柜的功能设计

1）电视柜的储纳设计。电视柜一般都是由抽屉或隔板等部件组成。如果选择抽屉为下翻盖设计或空格设计，便可以把 DVD 机等视听设备轻松地置入其中。另外，多层隔板也可以丰富墙壁背景，并展示出主人的生活情趣和品位。

2）展示架设计。与电视柜连为一体的展示架可以让陈列品一目了然，同时也成为主题墙的辅助部分。另外，不同材质的展示架会带给人不一样的视觉效果，如金属与原木的组合搭配，会营造线条简洁的视觉感；金属与玻璃的组合，会突出现代前卫的时尚气息；或用实木隔板，再摆放上一排具有收纳及装饰功能的藤制储物筐，会有一种古朴清新的田园韵味。还有一种分开的设计，一边是错落有致的展示架，一边是一个超大屏幕的电视，同样可以带给人一种异样的精彩画面。

3）视听区设计。营造舒适的视听区域，一般情况下，应根据电视机的大小、背景墙的设计及音响组合的多少来选择电视柜的尺寸、形状和色彩。

三、电视背景墙设计

1. 电视背景墙装修设计元素

（1）电视背景墙的风格 电视背景墙的风格应与客厅整体风格一致，最好能兼顾主人的个性化追求。为打造完美的整体效果，主题墙设计上不能凌乱复杂，以简洁明快为好。同时，还要注意两点：一是图案最好采用抽象的素材，尤其要避免使用被放大的具象图案，如几朵一人高的大花，会使人看了产生眩晕感，感觉背景墙太近而感到压抑。二是色彩运用要合理，要从色彩的心理作用来分析，色彩的具体使用可参照第四章。

（2）电视背景墙的大小 电视背景墙的大小要适中，应根据电视机的尺寸和客厅的大小来确定背景墙的装饰面积。如果客厅比较小，尤其要注意这一点，否则室内空间会显得更加狭窄和压抑。同时应考虑沙发与电视机最佳的距离是电视机荧屏对角线尺寸的 3.5 倍以上。

（3）合理布置电视背景墙的灯光亮度 电视背景墙的灯光不仅会使背景墙更具吸引力，而且能缓解人们长时间看电视产生的视觉疲劳。因而，可以在电视墙上方安装吊顶或直接在吊顶上安装瓦数适中的照明灯，安装多种亮度可供选择的灯更好，以满足各种照明的需求。另外，要避免色彩和用材对人的视觉产生刺激。

（4）电视背景墙材料的选择

1）传统材料。传统的客厅背景墙的做法是采用装饰板或文化石。如今也有利用大理石、瓷砖拼花的电视背景墙，既美观大气又能保持长久，成为传承家庭文化的很好载体。

2）玻璃材质。玻璃分为背漆玻璃、艺术玻璃和半磨砂玻璃等。其中，半磨砂玻璃是种半通透的材料，一般给人一种朦胧感。由于其背后可见光，如果在其上贴旧报纸、牛皮纸或者带有中国特色的染布，就能营造一种现代的感觉；如果在其背后贴上抽象图案的画作，则造就了前卫的风格；如果使用古典的剪纸等印花，则是中式的风格。木材、壁纸、墙面涂料也是如此。由于运用的材料不同，搭配组合、色彩的使用各不相同，各种材料都能营造出各式的风格。

3) 流行材料。用目前比较流行的、多姿多彩的墙贴、液体墙纸、艺术喷涂写真都是不错的选择，造价低，颜色花样多，施工相对简单，可以方便更换。

(5) 电视背景墙的作用 电视背景墙不但起到装饰作用，好的背景墙设计还可以吸声降噪。针对这一点，在选材上不宜选过硬过重的材质。材质过重，安装不牢会留下隐患，过硬的材质对声波的折射太强，容易产生共振和噪声。再者，背景墙不应做得过于平整，应选择立体或有浮雕的材质，这样才能把回声和噪声降到最低。

2. 电视背景墙装修施工要点

电视背景墙是大多数业主最关注的项目，其制作有多种方法，如丙烯颜料彩绘、文化石背景墙、矿棉吸声板的电视吸声墙、石膏板造型、铝塑板、马来漆、涂料色彩造型、木制油漆造型、玻璃造型、石材造型，还有用墙纸、壁布作为背景墙等方法。

(1) 电视背景墙的制作 制作时，如果是挂壁式电视机，墙面要留有一定的位置（装预埋挂件或结实的基层）及足够的插座，最好是暗埋一根较粗的 PVC 管，所有的电线通过这根管穿到下方电视柜上，将 DVD 线、闭路线、音响线等装在里面。

(2) 电视背景墙的施工 施工时，应该把地砖的厚度、踢脚板的高度考虑进去。如果没有设计踢脚板，面板、石膏板的安装应该在地砖施工后，以防受潮。

3. 电视墙的装饰风格实例

(1) 彩喷、墙纸、墙布很温馨 过去最常见的方法是电视墙与客厅的其他部位一样，在电视旁边配以一组矮柜，墙壁采用彩喷、墙纸、墙布等。彩喷多采用具有防潮、防霉、可洗、耐热等效能的涂料，而市场上的墙纸、墙布有多种花纹、图案，非常温馨、温暖。

(2) 水墨山水画显风雅 倘若业主偏爱中国源远流长的传统文化氛围，那么在电视墙上悬挂一组字画，也颇为雅致。字画的选择是大有讲究的，虽然只是一组简单的字画，却是客厅的点睛之笔，更充分体现了主人的身份、地位、才情、品位等。另外，一幅美丽的装饰画也能起到不错的装饰效果。

(3) 欧式乡村风格感受自然 如果业主欣赏欧式乡村风格，那么铁艺雕花、色彩优美的油画、依墙而造的电视柜，再加上点缀其间的瓷盘、古玩，就是典型的欧式乡村风格。这样的电视墙会让人感受到仿佛身处风景如画的大自然中。

(4) 文化石造型突出精致感 以往的电视墙一般与其他墙面一样，而现在设计的电视墙往往与客厅其他墙面不一样。对电视墙进行单独的设计与装修，例如采用纹理粗糙的文化石镶嵌。从功能上说，文化石可以吸声，避免音响对其他居室的影响；从装饰效果上看，它烘托出电器产品金属材质的精致感，形成一种强烈的质感对比，十分富有现代感。另外，可在旁边设置两个橱架摆放主人心爱的艺术品，点缀其间，体现主人的高雅气质（图2-11）。

图2-11 文化石背景墙

（5）玻璃材质前卫时尚 通过前卫时尚的设计元素营造客厅的亮点空间，也是目前电视背景墙的流行趋势。例如，用玻璃或金属等材质，既美观大方，又防潮、防霉、耐热，还可擦洗、易于清洁和打理。而且，选用的这类材质，多数结合室内家具，共同塑造客厅的氛围。

（6）亮丽色彩和几何造型 以亮丽的色彩和各种饰线来充实、点缀，使客厅内家具摆放得简洁却不失单调，电视墙墙体的主色调可用橙色、天蓝色、紫色等亮丽色彩，用色可大胆、巧妙，也可用两种对比强烈的色彩搭配。对于追求个性的年轻人来说，将电视墙面涂成自己认为够酷的色彩是不错的选择。墙上采用几何造型的饰线，与精美材料组合运用，体现现代化的装饰风格（图2-12）。

4. 灯光布置

灯光布置多以主要饰面的局部照明来处理，还应与该区域的顶面灯光协调考虑，灯壳，尤其是灯泡，都应尽量隐蔽。背景墙的灯光不像餐厅那样经常需要明亮的光照，照度要求不高，且光线应避免直射电视、音箱和人的脸部。看电视时，应有柔和的反射光作为基本的照明，所以可采用瓦数比较低的灯。

目前有一种新颖的用光方式得到大家的认同，就是将文化石或者是一些别的整块的墙面装饰从电视墙的中央位移到整个墙面的上下左右四个边缘处，把中间空出来的

图 2-12　石膏造型的背景墙

部分用一张双人竹席铺到墙上作为装饰，在其后埋藏一些小型冷光节能灯，晚间打开时效果十分独特，使居室内增加不少情调。

四、客厅的风水设计

（一）客厅的植物摆放

1）通常以中、小型盆栽或插花方式为主，少用大型盆栽，以免招来蚊虫和产生压迫感。绿色观叶植物可以舒缓压力，假日休闲时可增添色彩缤纷的花叶来装饰。

2）客厅是家中功能最多的一个地方，是一个非常重要的活动空间。客厅要光线充足，所以在阳台上应尽量避免摆放太多浓密的盆栽，以免遮挡阳光。

3）客厅植物首先应着眼于装饰，客厅绿化要力求赏心悦目、温馨自然。比如，叶子大而简单的植物可增加客厅富丽堂皇的感觉，形态复杂、色彩多变的观赏叶植物可使客厅的色彩变得丰富等。

4）客厅植物的摆放重点在于体现主人的品位。在营造安宁温馨的氛围、返朴归真的情调的同时，还可以展示主人的品位，使客厅洋溢更多的人文色彩。

植物的选择在一定程度可以体现主人的性格特征，比如，绿萝娇弱、百合清幽、君子兰高洁、文竹纤弱、兰花脱俗等。

5）植物的摆放，以不妨碍人们走动为宜；摆放时还要注意中小搭配，以达到错落有致的视觉效果。比如，比较大的植物可摆放在客厅入口处、大厅角落、楼梯旁等处，既不影响人们活动，也可增添私密性，如巴西木、假槟榔、香龙血树、南洋杉、苏铁树、橡皮树等；小型观叶植物则可摆放在茶几、矮柜桌柜、转角沙发处等，如春羽、金血万年青、常春藤、鸭跖草、彩叶芋等。

6）不适宜放在家中的植物。

① 夜来香。夜来香晚间会散发大量强烈刺激嗅觉的微粒，对高血压和心脏病患者

危害太大。

② 松柏类花卉。松柏类花卉散发油香，容易令人感到恶心。

③ 夹竹桃。夹竹桃的花朵有毒性，花香容易使人昏睡，降低智力。

④ 郁金香。郁金香的花朵有毒碱，过多接触则毛发容易脱落。

7）适宜放在家中的植物。

① 菊花。菊花有延年益寿、增加福分的象征意义，长寿菊、大波斯菊都适合放在家中。

② 金橘。金橘在初夏时漫开的花及果有一种淡淡的清香，使人神清气爽，另外，它还有吉祥招财的象征意义。

③ 水仙花。水仙花亭亭玉立，清香宜人，放置于房间内，可增添不少春色。水仙盆中的水分缓缓蒸发，也可给室内增加少许湿润，有利人们的健康。另外，它也有吉祥招财的寓意。

④ 富贵竹。富贵竹又称为万年竹。首先，富贵竹可以水养。水养植物的优点有三：其一，由于水分自由蒸发，可调节室内空气湿度；其二，水养植物不用泥土，清洁卫生，养护简单；其三，其根系与植物全株都可以观赏，具有更高的观赏价值。再者，它也象征招财进宝。

⑤ 兰花。兰花是一种以香著称的花卉，具有高洁、清雅的特点。古今名人对它的评价极高，被喻为花中君子。

（二）空间及家具的设计

1. 家具摆放高低相宜

一则，从审美角度看，高低摆放显得错落有致；二则，从心理角度看，高低摆放、左右平衡，也符合形式原理，如沙发与茶几即是一对高低摆放的"山水"组合。

2. 客厅家具宜多使用圆角造型

客厅家具宜多使用圆角造型，尤其是家中有老人小孩时，以防碰伤。

3. 沙发摆放有讲究

（1）沙发勿与大门对放 从生理角度看，当人在沙发上休息时，汗毛孔会放开，而对着大门摆放时，易被风吹而生病。

（2）沙发的大小、多少 这与客厅的大小有关，原则是不要妨碍客厅内人们的活动。

（3）沙发背后不宜有镜 这里主要指大型的镜子，一则不安全，二则不雅观。

（4）沙发顶上不宜有灯直射 主要是不要有强光，否则，会造成人脸产生阴影。

4. 安装通道门

若客厅与卧室之间存在一条客人可直视其内的通道，便必须在通道安装门。通道安装门还有以下几点好处。

（1）保护隐私 有门阻隔，不会因客人看到卧室的私人生活而令人尴尬。

（2）保持安宁 在通道安装门以后，客厅中众人的谈话声和喧闹声便不会传入卧室，令房中的人受扰。

（3）节省能源　在通道安装门，当家人在客厅活动时，只要把门关上，冷气便不易进入卧室，这样便可节省不必要的能源消耗。

5. 进门与客厅间应设玄关

大门与客厅设置玄关或矮柜遮挡，使内外有所缓冲，住宅内部也得到隐蔽，外边不易窥探。

6. 客厅不可在动线上

客厅是相对安静的地方，应要求稳定，不应将客厅规划在动线内，使人走动过于频繁。客厅设在通道的动线中，容易使家人聚会或客人来访受到干扰。

7. 客厅不宜装饰杂乱

客厅如果塞满古董、杂物和装饰品，容易堆积灰尘，影响气流畅通，影响家人的健康。

8. 客厅墙上装饰

客厅挂上一些喜庆、开运的图画，或摆设一些吉祥的装饰品，可使家人心情舒畅。客厅的吉利字画，可营造富贵气息；将吉利字画作为中堂悬挂于客厅，可锦上添花，吉祥如意。

9. 客厅设金鱼缸的注意事项

1）做好防漏水试验，否则后果不堪设想，尤其是木质地板的客厅。

2）扁球形鱼缸一般不宜放在有强烈阳光照射的窗和阳台处，因为当扁球形鱼缸装了水后，它就变成一个大凸透镜，在太阳光照射下，会在不远处反射出一个聚光点，如果聚光点恰好在易燃的窗帘或其他室内织物上，那么，可能只要几分钟就会引发火灾。

第三节　餐　　厅

一、餐厅的界面与装饰设计元素

餐厅的设计与装饰，除了要同居室整体设计相协调这一基本原则外，还要特别考虑餐厅的实用功能和美化效果。一般的餐厅在陈设和设备上是具有共性的，那就是简洁、舒适。

（一）餐厅的界面设计元素

1. 屏风

对于开敞式餐厅，在客厅与餐厅间放置屏风是实用性与艺术性兼具的做法，但必须注意屏风格调与整体风格的协调统一。

2. 地面

地面应选用表面光洁、易清洁的材料，如大理石、地砖、木地板，也可局部用玻璃且玻璃下面有光源，以制造浪漫气氛和神秘感。餐厅地板的形状、色彩、图案和材料可与其他区域有所区别，餐厅的地面也可以略高于其他空间，以高出一至二踏步为宜，来分割不同区域，但踏步处应有明显提示，以免产生意外。

3. 顶面

顶面应以素雅、洁净的材料作为装饰，如涂料、局部木制、金属，并用灯具衬托，有时可适当降低吊顶，可给人亲切感。

4. 墙面

墙面齐腰位置可考虑使用耐磨的材料，如选择一些木饰、玻璃、镜子作局部护墙处理，给人以宽敞感，而且能营造出一种清新、优雅的氛围，以增加就餐者的食欲（图 2-13）。

图 2-13　木饰、镜子作局部护墙

（二）餐厅的装饰设计元素

1. 餐桌

餐桌有方桌、长方桌、圆桌、折叠桌和不规则形的。不同的桌子造型给人的感受也不同。方桌感觉规整，适合中式风格；长方桌适合西式风格；圆桌感觉亲近，中西均可，但餐厅空间宜大；折叠桌感觉灵活方便，不规则形让人感觉神秘。

2. 灯具

灯具风格要与餐厅的整体装饰风格一致，同时考虑餐厅面积、层高等因素。面积小、层高低的餐厅不宜选择式样繁复的吊灯，反之则可以用较为华丽的吊灯，能起到装饰作用（图2-14）。也可以选择嵌在吊顶上的射灯，但应注意不可用强光直接照射在用餐者的头部。另外，还可以用地灯烘托气氛。还可以安装方便实用的上下拉动式灯具，把灯具位置降低。也可以用发光孔，通过柔和的光线，既限定了空间，又可获得亲切的光感。长方形的餐桌既可以搭配一盏细长的吊灯，取和谐之意，也可以用同样的几盏吊灯一字排开，组合运用。前者更加大气，而后者更显温馨。如果吊灯形体较小，还可以将其悬挂的高度错落开来，会给餐桌增加活泼的气氛。此外，如果用餐区域位于客厅一角的话，还要考虑其与客厅主灯的关系，不能喧宾夺主。

图2-14　吊灯风格与餐厅整体风格一致

用餐人数较少时，落地灯也可以作为餐桌光源，但只适用于小型餐桌。选择落地灯款式时，要注意跟餐桌的搭配，如锥形灯罩可调和正方形餐桌带来的凝重感觉，使就餐区域多了几丝轻松和随意。

3. 绿化

可以在餐厅角落摆放一株绿色植物，也在竖向空间上点缀以绿色植物。

4. 装饰

字画、壁挂、特殊装饰物品等，可根据餐厅的具体情况灵活安排，用以点缀环境（图2-15）。但要注意，不可过多而喧宾夺主，否则会让餐厅显得杂乱无章。

5. 色彩

餐厅的色彩设计非常重要，通常采用淡暖色调，如浅棕、棕黄或杏黄色，以及接近肉色的浅珊瑚红最为适合；如果用灰、芥末黄、紫或青绿色，则会降低食欲，应该避免。

图 2-15　装饰画点缀

6. 餐厅其他家具

一般应考虑设置一个食品柜或餐具柜。对于西式风格和喜好品酒的主人，可设置一个酒柜。餐橱的形式可与餐桌、餐椅配套设计，也可以独立购置。餐橱有单体式、嵌墙式之分。家具宜选择调和的色彩，尤以天然木色、咖啡色、黑色等稳重的色彩为佳，尽量避免使用过于刺激的颜色。

7. 餐垫、餐具、桌布

布置一张令人愉悦的餐桌时，餐具和餐垫等细节也不能忽视。镀银餐垫十分特别，突破常规的材质，当仁不让地成为餐桌焦点，同时，与餐碗内壁镀银装饰和餐勺、叉子所用的材质也形成呼应。比起一般的餐垫，金属餐垫不易磨损，也更个性化，但售价要高一些。

为餐桌挑选桌布时，要视不同的场合而定。正式一些的宴会场合，要选择质感较好、垂坠感强、色彩较为素雅的桌布，显得大方；白色提花桌布雅致低调，包容性强，让精致的餐具完全成为餐桌上的主角。除桌布外，桌旗也可以增加餐桌色彩，但要注意与周边的物件色彩相呼应，如餐椅套、餐巾等。色彩与图案较活泼的印花桌布适用于较为随意的聚餐场合，如家庭聚餐，或者在家里举行的小聚会。桌布所用的色彩如果过于浓重或者色彩面积太大，容易喧宾夺主。此外，桌布与室内整体的色彩效果也应协调搭配。

二、餐厅的布置元素

现代家庭中，餐厅正日益成为重要的活动场所。一间设备完善、装饰考究的餐厅，一定会使居室增色不少。

（一）餐厅的常用形式

1. 独立式餐厅

一般认为，独立式餐厅是最理想的格局。居家餐厅的要求是便捷卫生、安静舒适，照明应集中在餐桌上面，光线柔和，色彩应素雅，墙壁上可适当挂些风景画、装饰画等，餐厅位置应靠近厨房。需要注意，餐桌、椅、柜的摆放与布置必须与餐厅的空间相结合，餐桌宜居中放置。狭长的餐厅可在靠墙或窗的一边放置一长餐桌，使空间显得大一些。

2. 通透式餐厅

通透式餐厅是指厨房与餐厅合并。这种情况下，就餐时上菜快速简便，能充分利用空间，较为实用。注意，不能使厨房的烹饪活动受到干扰，也不能破坏进餐的气氛。要尽量使厨房和餐厅有自然的隔断或使餐桌布置远离厨具，餐桌上方的照明灯具应该突出一种隐形的分隔感。另外，为了不使餐厨空间破坏整个大空间的清新感，合理布置橱柜、吊柜、搁板等收纳工具能起到很好的作用。

3. 共用式餐厅

很多小户型住房都采用客厅或门厅兼作餐厅的形式。在这种格局下，餐区的位置以邻接厨房并靠近客厅最为适当，它可以缩短膳食供应和就座进餐的走动线路，同时也可避免菜汤、食物弄脏地板。餐厅与客厅之间可灵活处理，如用壁式家具进行闭合式分隔，用屏风、花槅进行半开放式的分隔。但要注意，共用式餐厅要与客厅在格调上保持协调统一，并且不能妨碍通行（图2-16）。

图2-16 共用式餐厅

（二）两种风格的餐厅设计元素介绍

1. 中式餐厅

传统中式餐厅的设计元素如下所示。

（1）餐桌 中式餐厅中的桌子一般呈方形或长方形，依据大、中、小三种规格，餐桌分别称为"八仙"、"六仙"、"四仙"。"仙"是指人数，取其吉祥之意。将餐桌摆放在餐厅的中心位置，方正的造型显得与四周环境相融合，亦有取意"正中人和"的说法。

（2）餐椅　现在所见的中式椅子的形式，多为明清时代流传下来的款式，样式繁多，风格呈现简约与华丽两派。餐椅因坐靠时间较长，因此，靠背椅是适用的款式。靠背应有适当的弧度，符合现代人体工程学，省略两旁扶手，更便于活动。

（3）条案　条案形状窄而长，体积不大，适合靠墙而立。无论是平头案，还是翘头案，在餐厅内依墙放置，摆上鲜花、盆景、精致的艺术品或是常用的小家电，都是不错的组合。

2. 北欧风格餐厅

餐厅清新干净的风格是人们喜爱的，因此可利用北欧风格的一贯洁净作风来营造用餐的气氛。此类餐厅的布置重点在于餐桌上的杯盘陈列、家具的搭配及色调的采用。

北欧风格餐厅是自然主义的，大量使用的木材。浅色系是其主要的用色，清新的自然色泽与风格，加上朴实的木材质感，让餐厅空间弥漫着温馨、干净的调性。

餐桌上餐具、家饰品也是以浅色系为主，玻璃、瓷器及餐垫等也以轻盈的材质为主，营造出丰富却不繁杂的感觉。另外，餐厅与厨房共享同一空间时，需要注意收纳的功能。厨房与餐厅的风格相衔接，原木色的橱柜有着天然的舒适质感。

三、餐厅的风水设计

1. 餐厅格局及位置

餐厅与其他房间一样，格局要方正，不宜有缺角或凸出的角落。长方形或正方形的格局最佳，也最容易装潢。餐厅应位于客厅和厨房之间，位于居住宅的中心位置。这样的布局可增进家人间关系的和谐。

2. 餐厅装潢

餐厅应采用亮色的装潢和明亮的照明，以增加食欲。祖先画像或古董家俱等物品最好不要摆在餐厅。餐厅适合摆福禄寿三仙，象征财富、健康和长寿。此外，水果和食品的图画也适合在餐厅摆放，如橘子代表富贵，桃子代表长寿和健康。

3. 餐桌造型

餐桌的形状具有重要的象征意义。餐桌最好是圆形或椭圆形的，应避免有尖锐的桌角，以象征家业的兴隆和团结。如果使用方形的餐桌，则应避免坐在桌角，以免被尖角碰到。

4. 餐厅镜子

在用餐区装设镜子，既映照出餐桌上的食物，又映照出进餐的人，会让人感到气氛热闹。但镜子不宜太长，即不宜装到桌面线以下，一则不雅观，二则不安全。

5. 餐厅对着厕所门的解决方法

如果在格局上无法避开，也可运用装修尽量解决这一问题。

方法一：将厕所的门与墙面规划为一体，作为隐藏式的暗门处理，让用餐时感觉不到厕所的位置。

方法二：在面积较充裕时，可于二者间规划双拉门，用餐时将拉门合上，机动的拉门设计也不影响空间感的表现。

方法三：如果餐厅与厕所间的距离足够远，可于二者间作一活动式隔屏或收纳柜。若是使用隔屏，用餐时可将隔屏拉起，不影响用餐气氛，其他时间可将隔屏收起，方便活动。

方法四：餐桌上摆放新鲜水果与花卉，既增进食欲，又有美观的效果。适宜摆设的植物有番红花、仙客来、四季秋海棠、常春藤等，但在餐厅里要避免摆设气味过于浓烈的植物，如风信子等。另外，摆上水果画作、相片或海报，也可以达到同样效果。

第四节 卧 室

一、卧室设计元素

（一）合理划分空间

1. 卧室空间

划分卧室空间时，要依据业主的年龄、性别、性格和喜好及地区气候等因素来考虑。一般卧室的空间可划分为四部分：睡眠区、梳妆区、休闲区和储藏区，其中睡眠区是核心。一个较小的卧室，在空间划分上可将梳妆区与休闲区综合考虑，而一个较大的卧室，可根据业主的情况，划分出一个娱乐区或学习区兼小会客区等（图2-17、图2-18）。

图2-17 用高柜分隔睡眠区与起居空间

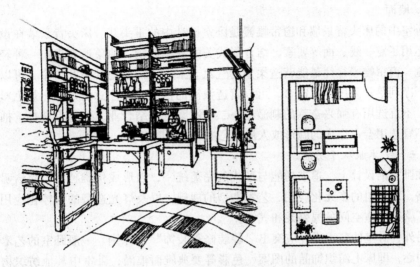

图2-18 用开敞柜分隔起居区与用餐空间

2. 更衣室

设计更衣室前，要先对其功能进行预想，并考虑好衣服的分类方法。比如，不足5m²的小储藏室如要做成步入式更衣室，建议选用L形或一字形的衣柜。

因为更衣室空间本身较小，特别要注意需留出一定的活动余地，还要留出穿衣凳的位置，方便更换下装和鞋子，如可以把穿衣凳放在柜子下方，用时拉出。另外，穿衣镜也可和某一柜门结合起来设置。

3. 婚房卧室装饰品

婚房既要显示个性设计，又要营造温馨甜蜜的氛围，在软装的选择上有几个重点：婚床、床品、抱枕、窗帘。比如，现在很多居室的窗型是落地式的，除了有窗帘外，还有窗纱，朦胧的窗纱给人以浪漫的感觉。同时，卧室的窗帘必须厚实，要起到保护私密空间的作用。另外，装饰品往往能起到画龙点睛的作用，如可在中式装修的卧室里摆上烛台和蜡烛等，既应了"洞房花烛夜"这句老话，又显得喜气洋洋、美观大方。

4. 客卧室和保姆房

客卧室和保姆房应该简洁大方，房内具备完善的生活必需品，即有床、衣柜及小型陈列台，但都应小型化、造型简单、色彩清爽。

（二）六大面体现功能

1. 顶面

在吊顶的设计上应以尽量争取高度为原则，一般不进行全屋吊顶，可以用石膏线或木线做一个假吊顶，或为增强装饰效果，只在沿墙周围做一圈环形吊顶，里面装暗灯，渲染卧室的温馨气氛。

2. 地面

卧室地面应具有保暖性，材料可选用隔声效果好的地板、地毯等。

3. 墙面

卧室中的床头背景墙和窗帘帷幔是卧室设计中的重头戏。床头背景墙在设计上更多地运用了点、线、面等要素，结合形式美的基本原则，抽象地表现出一种轻松浪漫的感觉。窗帘帷幔往往最能营造柔情的气氛。采用不同质地的百叶窗帘，可以让卧室显得干净利落；采用纱质窗帘，可以营造浪漫的情怀。要注意的是，一是色彩要浅淡柔和，不宜选用有强兴奋感的刺激色；二是图案也应结合业主的特点选择，抽象又温馨，不宜选用会产生人的脸形或人形等恐怖联想的图案。

（三）艺术服从于功能

在卧室的设计上，追求功能与形式的完美统一，以形成优雅独特、简洁明快的设计风格。对材料的多元化应用、艺术造型的展现，以及灯光造型的立体化应用等，都是为了营造卧室空间的温馨柔和气氛。

另外，卧室的艺术设计应突出"轻装修重装饰"的原则。一般卧室的艺术布置以床为中心，即床上纺织饰品的图案、色彩等要典雅而浪漫，卧室中其他纺织物或装饰品应尽可能选用浅色调，且与床上纺织饰品的色彩协调，最好是全部织物采用同一种图案。

（四）适度运用色彩

卧室的色彩宜淡雅，色彩的明度应低于客厅。卧室的色彩主要由墙面和家具构成。首先确定一个主色调，如墙面、地面、顶棚等形成卧室的主色调，色彩一般采用中性色或暖色调，再以床、衣柜、窗帘等形成优雅的配色。其次是确定室内的重点色彩，即中心色彩，卧室一般以床上用品为中心色，如果床罩为杏黄色，那么，卧室中其他织物应尽可能地选用浅色调的同种色，如米黄色、咖啡色等，最好是全部织物采用同一种图案。

当然，卧室色彩的选择应根据居住者的年龄、个性、爱好及地区进行设计。例如，中老年人的卧室可以采用淡米色、奶白色、浅咖啡色等；儿童的卧室可以采用对比强烈、鲜艳的颜色，如蓝色、绿色、粉红色等。总之，卧室的色彩应强调宁静和温馨，突出主人个性，一般以蓝色、黄色调系列、粉色和米色调系列居多。注意，南方较热的地区卧室色彩应偏冷，反之，在北方地区则应偏暖。

对于追求简洁明快色调的卧室，色彩应以淡雅为宜，如床单、窗帘、枕套皆选用同一色系，尽量不要选用对比色，避免给人太强烈鲜明的对比而使人不易入眠。

（五）照明设计艺术化

卧室中的灯光是点睛之笔。从用途上划分，卧室灯可以分为功能灯光和艺术灯光。

1. 功能灯光

功能灯光就是用于照明的灯光，又分为主灯光、顶棚灯、床头灯、梳妆灯及低矮的夜灯等。主灯光一般以吊灯、吸顶灯为主，以温馨和暖的柔光为基调，光线不要太强或过白，可以适当通过灯罩来创造效果；顶棚灯应安装在光线不刺眼的位置；床头灯可以是台灯、壁灯等，最后是装有调光器的灯具；梳妆灯可以是壁灯、射灯等，光线要求明亮、柔和；夜灯投出的阴影可使室内看起来更宽敞。

2. 艺术灯光

艺术灯光是指用于非照明的灯光，如小射灯、背景灯、泛光灯槽等。这类灯光主要是为了突出艺术效果和浪漫的空间氛围，多为彩色灯光或暖光。艺术灯光设计元素包括：

（1）情景照明　情景照明是以环境的需求来设计灯具。情景照明以场所为出发点，旨在营造一种漂亮、绚丽的光照环境，去烘托场景效果，使人感觉到有场景氛围。

（2）情调照明　情调照明是以人的需求来设计灯具。情调照明是以人的情感为出发点，从人的角度去创造一种意境般的光照环境。情调照明与情景照明有所不同，情调照明是动态的，是可以满足人的精神需求的照明方式，使人感到有情调；而情景照明是静态的，它只能强调场景光照的需求，而不能表达人的情绪。从某种意义上说，情调照明涵盖情景照明。情调照明包含四个方面：一是环保节能，二是健康，三是智能化，四是人性化。

（六）隔声效果科学化

1. 卧室的门

卧室的门可采用专业的木制隔声门，隔声效果可达 25 ~ 35dB，或采用软包皮隔声门。

2. 卧室的窗与窗帘

卧室的隔声窗由双层或三层玻璃与窗框组成，玻璃厚度不同，有效地控制了吻合效应和形成隔声低谷。另外，在窗架内填充吸声材料，有效地吸收了透明玻璃的声波，使各频段噪声有效地得到隔离。由于纺织品一般较薄，因此将卧室的窗帘做成帘幕等形式。帘幕的吸声效果除了与帘幕离墙的距离（取 1/4 入射声波长的奇数倍效果较好）有关外，还与帘幕材料的品种和褶裥有关。例如，利用较深的褶裥使帘幕的有效厚度增加，或使帘幕距墙的距离保持在 10cm 以上，便形成了类似于多孔材料背后设置空气层的结构，对中高频的声能具有较好的吸收效果，就可使吸声性能有较大的提高。

3. 楼地面

楼地面可采用浮筑隔声，即在钢筋混凝土楼板上垫一层以矿棉为主的弹性隔声层，然后再铺吸声楼面材料，如地毯等。

4. 卧室的墙

卧室的墙可采用 5cm 厚的隔声板或用隔声吸声涂料（成本相对较低），隔声涂料需要涂刷 5 ~ 7mm 的厚度，隔声效果超过隔声板。还可在墙里做隔声毡，隔声量在40dB 左右。

（七）卧室家具、材料及织物的选择

1. 卧室家具

卧室家具主要是指床、床头柜和大衣柜，有的还有梳妆台。

（1）床的位置　床的摆放位置应尽量私密，也应尽量避免阳光的直射，以免影响清晨的睡眠。许多人喜欢躺在床上收看电视，因此，在床前放置一个电视柜是非常必要的。卧室应通风良好，但卧室的空调送风口不宜布置在直对床的地方。

（2）卧床设计　从近几年来的卧房设计来看，卧床的设计改变最大。有的卧床放弃了床架，而直接利用地台摆放床垫；有的卧床采用圆形、心形等形状，尺寸也逐渐增大；也有的卧床采用两张单人床组合，更是给卧床的设计提出了新课题。

（3）床头柜　一般床头柜的功能是收纳日常用品、放置床头灯。但与暖气罩相连的固定家具，以及个性化的壁灯设计，使床头柜的装饰作用比实用性更重要。

（4）大衣柜、梳妆台　有些卧室设置了穿衣间或有大容量的储物柜，而主卧室的卫生间又提供了化妆台的功能，因此，有些卧室里的大衣柜和梳妆台就被淘汰了，而代之以小型的五斗柜、小衣柜等。

（5）其他家具　比如书桌、书架、电视架等其他家具，完全可以根据实际情况来添加。

2. 材料选择

（1）装饰材料　应选择吸声性、隔声性好的装饰材料，如触感柔细美观的布贴，具有保温、吸声功能的地毯都是卧室的理想之选。像大理石、花岗石、地砖等较为冷硬的材料，都不太适合卧室使用。

（2）窗帘　窗帘应选择具有遮光性、防热性、保温性，以及隔声性较好的半透明窗纱或双重花边的窗帘。

（3）卧室里的卫生间　如果卧室里带有卫生间，则要考虑到地毯和木质地板怕潮湿的特性，因而卧室的地面应略高于卫生间，或者在卧室与卫生间之间用大理石、地砖设一门槛，以防潮气。

3. 卧室中的织物

麻质、棉质布料等织物让整间卧室充满了温馨感。为了让舒适充满卧室的每一个角落，壁纸、窗帘的质地和效果也同样关键。

二、卧室设计风格简介

1. 现代风格

现代风格以简洁明快为主要诉求。在卧室中，线条的简洁和色彩的明快，都体现出现代主义的内涵。在色彩搭配上，可以黑、白、灰为基调，以鲜色点缀来呈现色彩视觉感受，使卧室蕴含极具包容性的美感。而简洁的床头柜和灯饰，规划出一种轻巧、简约的现代空间语言（图2-19）。

2. 地中海式风格

地中海风情的卧室一直带给人独特的视觉感受。在色彩运用上，习惯选择色彩柔和、高雅的浅色调。譬如，自然的原木家具，简洁明快的装饰线，和谐、自然柔美的小碎花散落在床品上，仿佛吹拂着地中海温暖的海风，舒适而随意，再加上柔和的光线，那份来自大自然的秀雅清丽让人愉悦（图2-20）。

图 2-19　现代风格卧室

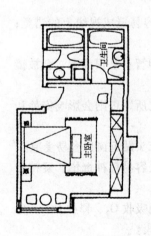

图 2-20　地中海式风格卧室

3. 美式古典风格

在卧室中使用古典元素，其悠久的韵味带给人娴静的生活享受。绚丽的色彩和精美的图案，充满以百合花、太阳及植物形状为母题雕刻的床具，传承着历史痕迹与深厚的文化底蕴，以平滑流畅和错综蜿蜒的形式表现出来，给人尊贵舒适的感受。再加上细节的精心营造，哪怕只是一个小小的镜框和首饰盒、一盏台灯，都会把卧室烘托得更加典雅而迷人。

4. 法式乡村风格

法式乡村风格的卧室家具有着浓烈的大自然韵味，在细节的雕琢上也匠心独具，如优美的床头曲线、床头和床尾的柱式，以及床头柜的弯腿等部位，虽师法于自然，却经过精心的构思，显得十分灵动精巧。窗帘、床品、灯饰、挂画、小摆设等物品的风格，都要协调一致。

三、卧室的风水设计

（一）卧室设计要点

（1）卧室门的位置　首先，卧室的房门不可与大门成一条直线，这样会影响私密性；其次，卧室门不可与厨房门相对，这样不利于健康。

（2）卧室内的光线　卧室内的光线应该明朗，这样居住者心情才会愉快。在日间，必须要让阳光照射房内，不能长期不见阳光。否则会使人意志消沉，迷糊不清，做事不理智。

（3）卧室内的空气　卧室内的空气应该对流，人才会健康。

（4）卧室内的颜色　卧室内的颜色千万不可漆粉红色，否则会使人敏感、神经衰弱。卧室地面颜色应深浅适当。

（二）卧室设计之不宜

1）卧房形状适合方正，不适宜斜边或是多角形状。斜边容易造成视线上的错觉；多角容易造成压迫感，因而增加人的精神负担。

2）房门及床不可对镜子，因为主人在晚间起床时，往往神智不是很清醒，会被镜中自己的身影惊到。

3）睡床或床头不宜对正房门，因为房门是进出房间必经之所，否则会影响安静和稳定，也会使睡觉的人缺乏安全感，并且有损健康。

4）床头不可紧贴窗口，因为窗户为空气进出之所，所以床头贴近窗口容易受凉。

5）床头不可不靠墙壁，否则会减少安全感，睡在床上的人容易精神恍惚、疑神疑鬼，从而影响健康。

6）卧室不宜摆过多的植物。因为过多的花草植物会于晚间吸收 O_2、释放 CO_2。再者，种花的泥土中会有一些小昆虫，所以容易影响人的身体健康。

7）不宜电器过多。现代医学理论指出，电器辐射会损害人体健康。脚是人的第二心脏，处于待机状态的电视若正对床脚，其辐射容易影响双脚的血液循环，故不使用时应拔掉电源。

8）卧室如果带有阳台或落地窗，会增加睡眠过程中的能量消耗，人容易疲劳、失眠。因为玻璃结构无法保存人体热能。这和露天睡觉易生病是一个道理。建议选择不带阳台或落地窗的房间作为卧室，或在阳台和落地窗挂厚窗帘遮挡。

9）床正上方的顶面不宜装有吊灯。现代心理学研究发现，床正上方的顶面若装有吊灯，会给人以心理暗示，增加人的心理压力，影响内分泌，进而引起失眠、恶梦、呼吸系统疾病等一系列健康问题。

第五节　厨　　房

一、厨房设计

厨房设计是指将橱柜、厨具和各种厨用家电按其形状、尺寸及使用要求进行合理布局、巧妙搭配，实现厨房用具一体化。它依照家庭成员的身高、色彩偏好、文化修养、烹饪习惯及厨房空间结构、照明，结合人体工程学、工程材料学和装饰艺术的原理，进行科学合理的设计，使科学与艺术的和谐统一在厨房中体现得淋漓尽致。厨房整体产品集储藏、清洗、烹饪、冷冻、上下给水、排水等功能于一体，尤其注重厨房整体的格调、布局、功能与档次。

厨房设计一要有足够的操作空间；二要有丰富的储存空间；三要有充足的活动空间。

（一）厨房的设计元素

1）厨房是烹饪的场所，劳作辛苦。为减轻劳动强度，需要运用人体工学原理，合理布局，方便使用。

2）厨房设计应合理布置灶具、抽油烟机、热水器等设备，必须充分考虑这些设备的安装、维修及使用安全。灶台一定要避免接近窗口，以防风吹熄灶火。严禁移动煤气表，煤气管道不得设置暗管，同时应考虑抄表方便。

3）地板适用防滑及质料厚的地砖，且接口要小，不易积藏污垢，便于清洁。注意，陶瓷锦砖耐水防滑，是以往厨房里使用较多的铺地材料，但是陶瓷锦砖砖面较小、缝隙多，易藏污垢，且又不易清洁，使用久了还容易产生局部块面脱落，难以修补。因此，厨房忌使用陶瓷锦砖铺地。

4）厨房的顶面、墙面宜选用防火、耐水、抗热、易于清洗的材料，如釉面瓷砖墙面、铝扣板吊顶等。

5）厨房的灯光需分成两个层次：一是对整个厨房的照明，二是对洗涤、准备、操作的照明。照明要兼顾识别力，厨房的灯光以采用能保持蔬菜、水果原色的荧光灯为佳，不但能使菜肴呈现吸引食欲的色彩，也有助于主妇在洗涤时有较高的辨别力。吊顶较经济实用的选择是装上格栅反光灯盘，照明充足且方便拆卸清洗。吊柜下部也可装上灯光，避免吊顶下射的光线造成手影，以进一步方便洗涤工作。同时要避免灯光产生阴影，所以不宜使用射灯。

6）厨房采用什么颜色很重要，淡色或白色的瓷砖墙面是常用的，有利于清除污垢。清新的果绿色、纯净的木色、精致的银灰、高雅的紫蓝色、典雅的米白色，都是近来橱柜色彩搭配的热门选择。由于厨房相对要热点，所以，尽量用冷色调，而且要用偏浅色类的。如果用暖色调，就会感到室温增加了二三度的。

7）橱柜面板强调耐用性。橱柜门板是橱柜的主要立面，对整套橱柜的观感及使用功能都有重要影响。防火板是最常用的门板材料，柜板也可使用白玻璃、磨砂玻璃、铝板等，可增添设计的时代感。

8）厨房的电器很多，要多预留一些插座，且均需安装漏电保护装置。管线布置要注重技巧性，因为，随着厨房设备越来越电子化，插头分布一定要合理而充足。

9）餐具忌暴露在外。厨房里的锅碗瓢盆、瓶瓶罐罐等物品既多又杂，如果暴露在外，既易沾油污又难以清洗。因此，厨房里的家具应尽量采用封闭形式，将各种用具、物品分门别类储藏于柜内，既卫生又整齐。

10）忌缝隙多。厨房是个容易藏污纳垢的地方，应尽量使其不要产生缝隙。例如，吊柜与顶棚之间的缝隙就应尽力避免，因为顶棚容易凝聚水蒸气或油烟渍，柜顶又易积尘垢，二者之间的缝隙就会成为日常保洁的难点。水池下边的管道缝隙也不易保洁，应用门封上，里边可利用起来放垃圾桶或其他杂物。

（二）厨房设备的种类和面层材料

1. 设备的种类

第一类是储藏设备。储藏分为食品储藏和器物用品储藏两大部分。食品储藏又分为冷藏和非冷藏，冷藏是通过厨房内的电冰箱、冷藏柜等实现的；非冷藏是为餐具、炊具、器皿等提供存储的空间。储藏设备是通过各种底柜、吊柜、角柜、多功能装饰柜等完成的。

第二类是洗涤设备，包括冷热水的供应系统、排水设备、洗物盆、洗物柜等，以及洗涤后在厨房操作中产生的垃圾，应设置垃圾箱、桶等，现代家庭厨房还应配备消毒柜、食品垃圾粉碎机等设备。

第三类是调理设备，主要包括调理的台面，整理、切菜、配料、调制的工具和器皿。

第四类是烹调设备，主要有炉具、灶具和烹调时的相关工具和器皿。

第五类是进餐设备，主要包括餐厅中的家具，进餐时的工具和器皿等。

家庭装修中厨房设备的选择，主要是指前四类中的结构部分。

2. 面层材料

目前市场上的厨房设备面层材料主要有防火板、PVC 吸塑板材、水晶板、无缝人造石、天然石、不锈钢。

（1）防火板　防火板表面无孔隙，因此有防油抗污的能力。与天然石相比，防火板更具弹性，不会因重击而裂缝，它由中密度板、刨花板、细木工板作为基材，表面采用平面加压、加温、贴覆防火板。防火板以其 1cm 厚的坚硬材质，能身兼柜门、台面两职，且具有防火、抗污、抵御潮湿等功能。缺点是因其台面是由刨花板或中密度板作为基材，表面贴防火板形成，台面易被水和潮湿侵蚀，如果使用不当，会导致脱胶、变形、基材膨胀的严重后果。

（2）PVC吸塑板材　PVC吸塑板材的基材是PVC卷材，利用真空吸塑原理贴附在密度板门面上，表面形成仿天然木纹的柔和花色，同样起到了节约木材的作用。这种柜门材料不沾油，特别易于擦洗，是当今国际市场上的主流产品。

（3）水晶板　2cm厚的水晶板，其透光度和色彩饱和度极佳，特别适用于大面积使用红、黄、白、绿等纯色的橱柜。这种材料表面触感光滑有弹性，不会藏污纳垢，是理想的原木橱柜门替代产品。这种材料档次较高，是目前较昂贵的橱柜面材。

（4）无缝人造石　无缝人造石用天然石粉经聚合而成，无放射性，而且可以模仿所有天然石材的花纹和质感，是天然石材的理想替代品。人造石尤其优于天然石材之处在于，即利用独特的粘接打磨技术，可以实现无缝拼接。它表面光滑、细腻，花色丰富，线条优美流畅，易与柜体形成整体。值得一提的是，其耐磨、耐酸、耐高温、抗冲、抗压、抗折、抗渗透等能力，以及对变形、粘合、转弯等部位的处理均有独到之处。人造石表面没有孔隙，油污、水渍不易渗入其中，抗污能力强。清洁方面，一般性的污渍可用湿布或清洁剂即可擦去。即使出现任意长度的裂缝，采用同材质的胶粘剂将其粘接后打磨，依然浑然一体。其缺点是价格相对较高。

（5）天然石　天然石包括各种花纹的花岗石、大理石，质地坚实敦厚，经济实惠。天然石台面同样具备防污、防烫、防酸碱、防刮伤等台面材料的基本性能，密度、硬度大，防刮伤性能十分突出，手感冰冷，价格相对经济实惠。其缺点是密度较大，需要结实的橱柜支撑，坚硬有余，弹性不足，如遇重击会产生裂缝，很难修补。并且，两块天然石拼接不能浑然一体，缝隙易滋生细菌。另外，一些石材具有一定的放射性。

（6）不锈钢　不锈钢坚固实用，在厨房中除了常用不锈钢作洗菜盆、水槽、双水槽等，还常用作台面。不锈钢台面光洁明亮、坚固，易于清洗，实用性较强，各项性能较为优秀。一般是在密度防火板表面再加一层薄不锈钢板。其缺点是在橱柜台面的各转角部位和各接合部缺乏合理、有效的处理手段，不太适应民用厨房管道交叉多的特殊要求。

二、厨房平面布置

（一）从室内整体考虑的布局分类

1. 封闭型厨房

封闭型厨房是把烹调作业效率放在第一位考虑的独立式厨房专用空间，它与就餐、起居、家事等空间是分隔开的。

2. 家事型厨房

家事型厨房是将烹调同家事，如洗衣等劳动集中于一个空间的厨房形式。

3. 开放型厨房与半开放型厨房

开放型厨房是将餐室与厨房并置于同一空间，将烹饪和就餐、团聚作为重点考虑的设计形式。这种形式不适宜中式烹饪，因为中式烹饪油烟太大。开放型厨房的餐桌或吧台距离适中，可以把桌面升高至 1000 ~ 1100mm，椅子或吧凳高为 400 ~ 450mm。在吧台下面加置一个脚踏，可使人坐得很舒服（图 2-21）。开放型厨房可用于中式烹饪，注意，一般要在厨房与餐厅间设玻璃推拉门或设置半透柜，以阻挡部分油烟（图 2-22）。

图 2-21　吧台式餐桌

4. 起居型厨房

起居型厨房是将厨房、就餐、起居组织在同一空间，使之成为全家交流中心的一种层次较高的厨房形式。

（二）从厨房内操作平台考虑的布局分类

厨房设计的最基本概念是"三角形工作空间"，即以冰箱为中心的储藏区、以水池为中心的洗涤区，以及以灶台为中心的烹饪区所形成的工作三角形。当其为正三角形时，最为省时省力，且"三边"相隔的距离最好不超过1m。

1. 一字形

一字形是把所有的工作区都安排在一面墙上，通常在空间不大、走廊狭窄的情况下采用。所有工作都在一条直线上完成，节省空间。但工作台不宜太长，否则易降低效率。在不妨碍通行的情况下，可安排一块能伸缩调整或可折叠的面板，以备不时之需。

图 2-22 半开放型厨房

2. L 形

L 形是将清洗、配膳与烹调三大工作中心依次配置于相互连接的 L 形墙壁空间。最好不要将 L 形的一面设计过长，以免降低工作效率。这种空间运用比较普遍、经济。灶台的位置应靠近外墙，这样便于安装抽油烟机。窗前的位置最好留给调理台（图2-23）。

3. U 形

U 形是指工作区共有两处转角，对空间要求较大。水槽最好放在 U 形底部，水槽或灶台距离墙面至少要保留 40cm 的侧面距离，才能有足够空间让操作者自如地工作。这段自由空间可以用台面连接起来，成为便利、有用的工作平台。配膳区和烹饪区分设两旁，使水槽、冰箱和炊具连成一个正三角形。U 形之间的距离以 120～150cm 为宜，使三角形总长、总和在有效范围内。此设计可增加更多的收纳空间（图 2-24）。

图 2-23 L 形厨房布置形式

4. 走廊型

走廊型是将工作区安排在两边平行线上。在工作中心分配上，常将清洁区和配膳区安排在一起，而烹调区独居一处。如果有足够空间，餐桌可安排在房间尾部（图2-25）。

图 2-24　U 形厨房布置形式

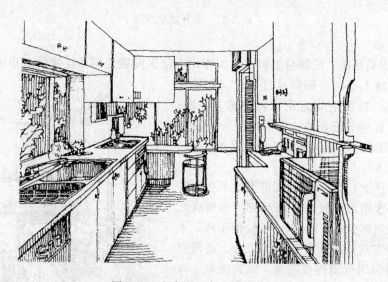

图 2-25　走廊形厨房布置形式

5. 变化型

变化型是根据以上四种基本形态演变而成，可依空间及个人喜好有所创新。如将厨房操作台独立为岛形，是一款新颖而别致的设计。在适当的地方增加台面设计，灵活运用于早餐、插花、调酒等。

6. 结合型

结合型即 L 形与岛形相结合，L 形主要安排清洗与烹调，而岛形则安排配膳，或兼作面食的工作台（图 2-26）。

图 2-26 结合型厨房布置形式

（三）厨房零星平面布置

1. 冰箱的布置

冰箱应设计在离厨房门口最近的位置，且与开门间距至少为 70cm，这样打开门的时候不会挡住冰箱。如果空间很小，就要选择推拉门。这样，无论是放置食品，还是做饭时拿取食品都很方便。冰箱的附近要设计一个操作台，取出的食品可以放在上面进行简单的加工。

2. 餐桌紧邻灶台

在开放型厨房中，餐厅与厨房连在一起。为了让家人有一个良好的就餐环境，餐桌最好远离灶台。如果家人以餐厅和厨房作为家庭的重要活动中心，可以采用餐桌与备餐台相邻的方式，因为备餐花费的时间最长，家人也可以共同参与。在厨房与餐厅之间加一道推拉门也是很好的处理方式，平时两个空间融为一体，炒菜时关上门，让厨房成为独立的操作空间。

3. 整体厨房

整体厨房的要领即厨房中的所有物品，包括餐具、锅具、炊具及电器大都放置于橱柜之中，使厨房整齐划一。但冰箱除外，因其需要散热。烤箱放置在灶具下方的底柜中，烤箱附近要有一个小的操作台面。洗碗机放在水池附近的底柜中，以方便给水排水。其他的小电器可以根据厨房的格局及家人的生活习惯使其各得其所。

4. 垃圾摆放

厨房里垃圾量较大，气味也大，要放在方便倾倒又隐蔽的地方。比如，在洗漱池下的矮柜门上设一个垃圾筒，或者设置推拉式的垃圾抽屉。

三、厨房高度布置

1）工作台高度依人体身高设定，一般工作台面高为 800 ~ 850mm。工作台面与吊柜底的距离约需 500 ~ 600mm。橱柜的高度以适合最常使用厨房者的身高为宜。吊柜门的门柄高度要方便最常使用者。厨房台面应尽可能地根据不同的工作区域来设计不同的高度。而有些台面位置低些会更好，如果使用者很喜欢做面点，那么可将常用来制作面点的操作台高度降低 10cm。

2）吊柜与操作平台之间的间隙一般可以利用起来，放置一些烹饪中所需的用具，如食品加工机、烤面包机等。

3）吊柜、底柜均不宜采用对开门的形式。有些人为了追求橱柜在形式上的规整或为了降低成本，吊柜、底柜都采用对开门的形式，但这会给使用者带来诸多不便。比如，吊柜门在侧开时，操作者要拿取旁边操作区的物品，稍不留意，头部就会撞到门。

4）为了取用方便，最常用的物品应该放在距地面高度 70 ~ 185cm 之间，这段区域被称为舒适存储区。吊柜的最佳距地面高度为 145cm，为了在开启时使用方便，可将柜门改为向上折叠的气压门，但应注意气压门的关闭是否方便。吊柜的进深也不能过大，40cm 最合适。而底柜最好采用大抽屉柜的形式，即使是最下层的物品，拉开抽屉就能随手可及，免去蹲下身伸向里面取东西的麻烦。

5）抽油烟机的高度以使用者身高为准，而抽油烟机与灶台的距离不宜超过 60cm。

四、厨房的设计细节

1. 防漏

厨房里防止虫害的方法是密封厨房的出口和裂缝，如操作台四周、水龙头、瓷砖、切割出口处、洗手台、抽油烟机出风口等漏孔。

厨房的防漏之道应面面俱到，所有的裂缝和出入口皆必须加以修护填补。

2. 上掀式吊柜

传统吊柜多采用平拉式，打开柜门时既占用空间，又影响正常的备餐操作，而上掀式吊柜解决了这个问题。但应注意，当上掀式吊柜高度较高时，如果不易于关闭，则不适用，还是用平拉式吊柜为好。

3. 阻尼抽屉和嵌入式胶粒

关闭柜门、抽屉产生的噪声越小越好。阻尼抽屉在装满物品的时候，可以借助滑轨的缓冲而自动关闭，平滑舒缓，自然避免了物品相互磕碰发出的声响；门板与箱体接触的部分，也可以依靠嵌入式胶粒来充分防撞。

4. 液压撑杆和随意停撑杆

液压撑杆和随意停撑杆可以根据门板的质量自行调节撑杆的力度，门板可以随意停在任意角度，而且门板的开启是悄无声息的，但撑杆应该使用两个。

5. 抽屉防滑垫、安全锁、抽屉护栏和分隔架

抽屉防滑垫可以避免因为抽屉推拉产生的噪声，既保护抽屉底板，又容易清洗；安全锁使抽屉在关闭时会自动上锁，可以避免小孩接触到容易造成伤害的器具；抽屉护栏和分隔架大大增加了拿取物品的便利。

6. 水槽沥水筐和伸缩龙头

水槽沥水筐使已洗好的蔬果、器皿不与正在清洗的物品混放在一起。伸缩龙头便于对各种蔬果进行近距离的洗刷。

7. 电子秤

参照菜谱做菜时，对菜肉、调味品的用量都是有规定的，这时就需要一个小电子秤。

8. 感应灯

除了传统的上下布光外，如今的橱柜灯光更加人性化，借鉴了类似冰箱的感应技术，只要一拉开抽屉或柜门，里面的灯光就会亮起来，既方便又省电。

9. 可调升降桌

这种通过液压可以随意升降的桌子堪称万能桌。备餐时，高度应在 850～900mm 之间；吃饭时一般以 750mm 的高度为宜；而作为吧台招呼朋友时，人们喜欢更高一点的高度，可以站着或坐在高凳上，这样比较随意。

10. 抽拉式储物柜

抽拉式的储物拉篮可以避免弯腰过多而导致脊柱疲劳。

11. 食物垃圾处理机

使用这种新型机械，可以将食物垃圾打成粉末状，顺下水道冲走。这样，厨房中会减少大约80%的垃圾，不仅保护了厨房小环境的干净整洁，而且有利于有机物垃圾的迅速分解，对保护大自然起到积极的作用。

12. 纯水机

经过纯水机的四级过滤之后，自来水就变成了纯净水。

13. 整体厨房电器化智能化

比如三位一体的电视电话收音机，使厨房劳作轻松自在。

14. 成套橱柜

建议采用正规橱柜厂家的成套品牌橱柜，原因有四：一是不同厂家的橱柜用料不同，专业橱柜采用耐高温、抗腐蚀和耐潮湿的高档防火板，不易变形损坏，且便于清洁，其连接也都采用可拆卸式的连接件，使得柜身与柜门完美结合。使用时开拉方便、无噪声，能经得起上万次的开关而不变形损坏。专业橱柜寿命比较长，用过几年后，

更换另一种风格的门板，相当于换了一套新橱柜，搬家时也可全部拆下带走；二是工艺不同，专业厂家生产橱柜全都是工业化生产，从下料、抛光到安装都有严格的规范，采用高温高压封边，封边后外表整洁牢固，产品工艺远比自制品精良；三是设计不同，专业橱柜不仅在色泽和材质方面可与消费者已有的家电匹配，还将水槽、炉具、抽油烟机等都整体设计入橱柜，让整体厨房的空间得到有效利用，并且在视觉上也更加和谐；四是服务不同，正规的橱柜厂家既上门安装，还提供售后服务，如建立用户档案、及时回访、有问题及时维修等。

15. 厨房的通风

应注意厨房的通风，既保证室内卫生，又维护了人身健康。排气扇、排气罩、抽油烟机都是必要的设备。抽油烟机的造型、色彩应与橱柜的造型、色彩统一考虑，以免搭配不和谐。

16. 厨房空间的管路隐藏

（1）上水管　上水管暗埋入墙或者敷设在吊顶中，水表也包入橱柜中。

（2）下水管　最好在做橱柜的同时把下水管藏起来，因为管道一般只能占去橱柜柜体中的部分空间，这样，该柜体中还有很多空间可以利用。

（3）抽油烟机的烟管　抽油烟机的烟管要考虑周全，因为很多烟道的预留孔都偏低，要先将其尽量往上挪动，一般都能挪到吊顶里面。但要注意，对于砖混结构的建筑，在楼板下、窗框上处有一道圈梁，千万不要在圈梁中打烟道的预留孔，这是个很容易疏忽的问题。

（4）燃气热水器的排烟管　和抽油烟机的烟管一样，燃气热水器的排烟管应该藏在吊顶里面。

（5）燃气表和燃气管　立管最好都用橱柜隐藏起来，方法和下水管一样，横着的管最好敷设在吊顶中。

五、厨房的风水设计

1）厨房门不可正对大门。这里主要是风的问题，如果一开门会引得灶火被吹灭，那就要考虑如何挡风。另外，还有私密性问题，客人进门就见主人的厨房，是不合适的。

2）厨房门不可正对卧室门。因为油烟熏冲，易致居住者头昏脑涨，脾气暴躁。

3）厨房门不可正对厕所门。炉灶作为一家大小口腹之源，必须卫生，而厕所为不洁之地。

4）厨房和厕所不可同门。有些家庭为了节省空间，令厨厕共用一门进出，则口腹之欲绝对荡然无存。

5）厨房的地面不可高过厅、房等地面，一方面可以防止污水倒流；另一方面是由于主次有别，厨房不可凌驾于厅、房之上。

6）阳台走道不可正对火炉，原因与1）类同。

7）厨房家具不宜有尖角，因为主人在厨房操作时，来回走动很频繁，尖角的家具是很不安全的。

第六节 卫 生 间

一、卫生间的设计与布置

卫生间是家庭成员进行个人卫生工作的重要场所，是具有便溺和清洗双重功能的特定环境，实用性强，利用率高，应该合理、巧妙地利用每一寸面积。有时，也将家庭中一些清洁卫生工作也纳入其中，如洗衣机的安置、洗涤池（考虑清洗污物）、卫生打扫工具的存放等。

（一）卫生间设计的基本元素

1）卫生间设计应综合考虑清洗、浴室、厕所三种功能的使用。

2）卫生间的装饰设计不应影响卫生间的采光、通风效果，电线和电器设备的选用和设置应符合电器安全规程的规定。如果没有窗户，那么必须选择吸力强的排风扇以便吸走卫生间内的湿气、浊气。另外，要使排风扇工作效果更好，就应该给卫生间留好进气口，所以把卫生间的门设计为百叶式的会更有利于卫生间排气扇的工作。排风扇安装应距顶棚 200～300mm 处，也可安装在吊顶下平处。

3）地面应采用防水、耐脏、防滑的地砖、花岗石等材料。一定要选择在有水的情况下都不会打滑的地面材料。卫生间的地坪应向地漏倾斜，尽量选择新型防臭地漏，虽然价格比传统地漏贵很多，但能带来舒适与卫生，非常值得。

4）墙面宜用光洁素雅的瓷砖或马赛克（图2-27），顶棚宜采用塑料板材、玻璃和半透明板材等吊板材料，也可用防水涂料装饰。

5）卫生间一定要干湿分区，浴具应选有冷热水龙头。浴缸或淋浴宜用活动隔断分隔。浴盆安装不宜过高，一般距地面 500mm，并应配备扶手防滑。

6）卫生间应先确定一种主色调，明确营造某种空间气氛。一般来讲，卫生间宜使用淡雅且具有清洁感的颜色。除了白色以外，常用的暖色调有淡粉红、淡橘黄、淡土黄等，常用的冷色调有淡紫、淡蓝、淡青、淡绿等。顶棚、墙面要考虑

图 2-27　马赛克墙面

用反射系数高的明色，地面则较多采用彩度低的中性色调。从色彩的空间感来说，这种选择有稳定和加大空间感的效果。也可以将卫生洁具作为主色调，与墙面、地面形成对比，使卫生间呈现出立体感。通常卫浴空间应采用同一色调，强调统一性和融合感。采用对比配色时，必须控制好色彩的面积，鲜艳色的面积要小。另外，考虑到人移动时的心理适应能力，相邻的卫生空间要注意其连续性和统一感，色彩不宜差别太大。对材质本身的色彩和照明色彩等也必须给予整体考虑。对于半永久性使用的设备，如浴盆、洗脸盆、坐便器等，最好避免采用过分鲜艳、强烈的色彩。

7）在空间允许的情况下，可以考虑把洗手台做得大些，然后把梳妆台设置在这里。

8）卫生间的管道要隐蔽。除了参照上节厨房的隐蔽方法外，考虑到卫生间用水较多，可直接用红砖或者轻体砖斗砌后再贴瓷砖，这样施工简单，成本低廉。

9）浴缸边应该安装手杆，以防滑倒，尤其对于有老人和儿童的家庭而言，这个细节更必不可少。

10）卫生间的电源开关和插座应加防潮盖。

（二）卫生间设计新理念

1）在现代的家庭中，卫生间不再是次要空间。除了具有功能性外，它还为人们提供了更多的生活享受。卫生间的功能不仅有洗漱、化妆、沐浴、排泄等，而且还要赋予其休闲性。可以考虑把音乐、绿化、影视、饰品等引入卫生间中。

2）可以通过墙面、顶面、窗户等进行趣味变化，如局部用木材，用玻璃台盆以增加通透感等；墙上挂画，在化妆台、窗台等位置放置观赏植物等，给卫生间带入几分艺术气息。

3）卫生间在用材上要讲究绿色环保，且色调应宜人。

4）卫生间要注意以人为本，重点加强对家中老人的照顾。在紧靠抽水马桶的墙壁上安装扶手，将有助于他们如厕。

5）大空间卫生间即 $10m^2$ 以上的卫生间。即便是小房型，当下的时尚观点也要求将卧室、客厅、卫浴间打通，形成大空间态势，十分舒适方便。如果原有面积不大、空间小，就要设法通过设计来弥补视觉上的缺陷，使之在视觉上感到通透，如与客厅、卧室连接的墙面使用大面积的玻璃、玻璃砖；或采用镜面，营造虚拟空间效果等（图 2-28）。

图 2-28 大面积镜面

6）功能细化。洗漱、化妆、沐浴、排泄等功能，不以干湿分区，而是根据功能基础，强调以舒适性分区。

7）室内外沟通。光线、视觉、空气透畅，出现诸如阳光浴室、透明顶棚、露天浴室等形态。

8）卫浴功能分拆，以满足个性要求。比如，坐便器相对独立一间，沐浴相对独立一间，这些空间围绕或围合着更衣、化妆空间设置。

9）将沐浴功能与卧室有机结合。卫生间除了生理需要方面的功用，还要与休息、睡眠等功能有机、密切地关联起来，将沐浴功能与卧室合为一个大空间进行处理，可给主人心理上带来更多的愉悦。

（三）卫生间的布局

1. 单个卫生间

单个卫生间的布局要根据房间大小、设备状况而定。有的卫生间将洗漱、洗浴、洗衣、排便等功能组合在同一空间中，这种设计节省空间，适合小型卫生间；有的卫生间较大或者是长方形，可以用门、帷幕、拉门等进行隔断，一般是把洗浴与排便置于一间，把洗漱、洗衣置于另一间，这种两小间的分割法比较适用。

2. 两个卫生间

如果客卧室卫生间是淋浴的话，那么，主卧室卫生间最好是可以泡澡的盆浴；如果居室中只需要一个沐浴的地方，那么，可将琐碎的东西放在客卧室卫生间。除了满足基本的卫生间功能，也可将洗衣机、拖布池，以及加装的热水器，都放在客卧室卫生间，以保持主卧室卫生间的整洁性。

（1）浴柜面盆 一般客卧室卫生间可以以洗衣为重点（最好洗衣机也安排在这个卫生间），那么面盆可以选择柱盆，因为客卧室卫生间的功能多。而主卧室卫生间则可以洗漱、梳妆为重点，可以为这个卫生间配置大的梳妆镜和存放化妆品的置物架。

（2）坐便器 如果家人的身高差别比较大，那么可以给两个卫生间分别配置不同高度的坐便器。这样，不同身高的人就可以选择适合的坐便器了。

3. 卫生间的绿化

卫生间是湿气和温度较高的地方，对植物生长不利，因而必须选择能耐阴的植物，如蕨类植物、抽叶藤、蓬莱蕉等。卫浴间周围多用白色瓷砖，搭配上绿色观叶植物，更显得赏心悦目。注意，植物摆放的位置，要避免肥皂泡沫飞溅沾污。

4. 卫生空间中的家具

家具搁架等造型应简洁，少线角，以免结垢后不利清扫，还必须注意不能有棱角，以防碰伤身体。玻璃类的物品应放置在儿童够不着的地方。

二、卫生间设施

（一）卫生间设施的品种

卫生间设施主要包括卫浴设备及相应的配件和装置，一般包括淋浴器、浴缸或浴房、洗手台、梳妆镜、组装橱柜、衣钩、热水器等，还包括配套的照明设备，如浴霸、浴灯等。卫生间设施已经成为一个相对独立的子系统。

1. 浴缸

目前市场上的浴缸主要有两种，一种是普通浴缸，只能用于洗浴；另一种是按摩浴缸，在洗浴的同时可以进行保健按摩。

缸体主要有平头、安枕式、琴边式等几种款式。平头浴缸是传统款式；安枕式浴缸方便人们泡澡，使用比较舒服；琴边式浴缸考虑到使用中的安全，所以现在有安枕琴边式的新款式浴缸，比较适宜中老年人使用。

普通浴缸的材质有陶瓷、人造石、有机玻璃、玻璃钢、铸铁搪瓷、钢板搪瓷、塑料、ABS、再生料及珠光板等。其中，珠光板是最近几年才开始流行的材料，是在有机玻璃、板材的基础上改进而成。目前使用较多的是陶瓷、玻璃钢及搪瓷浴缸。

（1）有机玻璃浴缸　有机玻璃浴缸不会生锈，不会被侵蚀，而且非常轻。这种浴缸由薄片质料制成，下面通常为玻璃纤维，以真空方法处理而成，它的厚度为 3 ~ 10mm。优点是触感温暖，能较长时间地保持水温，而且容易擦拭干净。

（2）玻璃钢浴缸　玻璃钢浴缸坚硬而持久，表面是瓷或搪瓷。制作浴缸的玻璃钢通常有 1.5 ~ 3mm 厚，一般来说，越厚越坚固。

（3）铸铁浴缸　铸铁浴缸是一种非常沉重而耐久的材料，它表面的搪瓷普遍比玻璃钢浴缸上的要薄，清洁这种浴缸时不能使用含有研磨成分的清洁剂。此外，铸铁浴缸的缺点是水会迅速地变冷。

（4）其他浴缸　此外，还有人造石浴缸、天然石浴缸等，它们在市面上均采用的不多。

按摩浴缸通常有三种：

1）旋涡式。令浸浴的水转动。

2）气泡式。将空气泵入水中。

3）结合式。结合以上二者的特色。

但要注意，按摩浴缸功能较多，必须选择符合安全标准的型号。

2. 淋浴房

（1）从性能上划分　淋浴房一般分为简易淋浴房、整体淋浴房和整体智能淋浴房。

1）简易淋浴房的房体大多为钢化玻璃，边框为铝合金，底盆为有机玻璃复合材料或者石基地台。简易淋浴房与整体淋浴房相比，空间相对独立简洁，通透感强。缺点是简易淋浴房没有顶，保暖性相对较差。

2）整体淋浴房的淋浴屏采用钢化玻璃，普通整体淋浴房由喷淋安装、淋浴房体、淋浴屏、顶盖、底盆或浴缸构成。底缸和背板通常为有机玻璃复合材料。整体淋浴房属于全封锁的，保暖功能好，即便是冬天也无需浴霸。

3）整体智能淋浴房也称计算机蒸汽房，是在标准淋浴房的基础上，添加浴缸、音响、按摩、桑拿、蒸汽等众多智能化设置，需要用电，不但有底盘，而且有顶盖，使用后水汽不会肆意流失，并含有独立的排气设施，整体性强。使用时一定要使用防潮插座。

（2）从形状上分 常见的立式角形淋浴房有方形、弧形、钻石形。

（3）以结构上分 淋浴房一般有推拉门、折叠门、转轴门等。

（4）以进入方式分 淋浴房有角向进入式和单面进入式。其中，角向进入式的最大特点是可以更好地利用有限的浴室面积，扩大使用率。常见的方形对角形淋浴房、弧形淋浴房、钻石形淋浴房均属此类，是应用较多的款式。

（5）按浴屏分

1）一字形浴屏。有些房型宽度较小或有浴缸位，但户主不愿用浴缸而选用淋浴屏时，多用一字形淋浴屏。

2）浴缸上装浴屏。为兼顾淋浴，可在浴缸上制作浴屏，一般浴缸上用一字形或全折叠形浴屏较为常见，但费用很高。

3. 坐便器

坐便器按下水方式可以划分为冲落式、虹吸冲落式和虹吸漩涡式等。冲落式及虹吸冲落式坐便器注水量约为 6L，排污能力强，只是冲水时声音较大。而漩涡式一次用水量大，但有良好的静音效果。市场上现在还有 3L + 6L 选择的节水坐便器，安装以后能起到节水作用。

4. 洗手盆

洗手盆多为陶瓷制品，大致分成独立式和台式两种。它坚硬、耐磨、防污，但遇到猛烈撞击也会破裂。洗手盆有多种形状和尺寸，造型有方形、圆形、椭圆形及立柱式、半入墙式。

5. 梳妆镜

梳妆镜主要有普通镜及防雾镜两种。其中，防雾镜又称为除雾镜，通过对镜面的加热使洗浴时的热蒸气无法在镜面成雾，从而可以方便使用。

6. 组装橱柜

组装橱柜形式多样，或为开放式的空格，或为封闭式的抽屉，以满足存放毛巾、清洁用品、化妆品等物品的实用需要。

7. 浴霸

这种取暖方式是靠辐射传导热能，所以浴霸一定要安装在淋浴处的正上方。浴霸取暖的特点是热得快，几乎一打开房间就热了。但浴霸取暖也有不足，就是浴霸所发出的超亮的光线对眼睛有伤害，这种伤害对成年人的影响相对较小，对小孩的影响相对较大。

8. 暖风机

暖风机是利用从机器里吹出热风来取暖，这种取暖方式是靠对流传导热能的。和浴霸相反，如果洗澡的时候直接让热风吹着，有可能不仅不能取暖，反而会觉得冷，因为空气的流速加快了，身体表面的水分蒸发速度也加快了，带走了更多的热量。所以，暖风机不宜正对着洗澡的地方安装。此外，暖风机加热的速度较慢，需要开一阵才会暖和。

（二）卫生间设施选择

1. 洗手盆

（1）按洗手盆的光洁度选择　光洁度高的池面使水里的杂物不易附着在表面，相对来说，减少了需要擦洗的次数。按常规，洗手盆的深度与安装在上面的水龙头水流的强度成正比，即深的洗手盆才能安装水流强的龙头。千万不可在底部较浅的洗手盆上安装水流强的水龙头，这会使人在用水时溅到身上。另外，洗手盆的底部要有足够的弧度，不能太平坦，否则，水会积留在里面。

（2）按洗手盆的空间形式选择

1）如果卫生间的空间不大，最好采用独立式的洗手盆。这种洗手盆的优点是造型美观，占地面积小，便于维修。但它需要配备镜箱或盥洗架，以便利用洗手盆上方的空间，摆放一些洗漱用具及化妆品等。

2）如果卫生间的空间较大，还是选择台式洗手盆为宜，不仅台面上可放洗漱用具，下面的柜子还能放杂物。不过，无论是独立式洗手盆还是台式洗手盆，盆面或台面的离地高度都要在 80～85cm 之间。台式洗手盆的池边应稍高于台面，但与台面相接处一定要平滑，目的在于将溅到台面上的水擦回洗手盆里时不受阻碍，同时便于台面的清洗。另外，台面本身一定要选用表面光滑的材料，边缘及两角必须圆滑，以免磕碰。

（3）按柱盆形式选择　柱盆有很多造型，有的非常漂亮。选择柱盆最要注意柱盆的高度与家人的身高相宜。柱盆分为台上盆、台下盆和半挂盆三种。

1）台上盆。台上盆又称为艺术盆，选择造型漂亮的面盆与浴室柜完美搭配，会产生非常好的装饰效果，而且其稳定性是最好的。但是，使用台上盆时，水比较容易溅到盆外，打扫起来略为麻烦。另外，使用台上盆时应注意，浴室柜的高度不要设计得太高。

2）台下盆。台下盆的视觉效果略逊于台上盆，但非常方便打理，清洁台面的时候可以把积水等直接打扫进洗手盆里。但台下盆的安装相对麻烦，如果安装不好，可能产生脱落的危险，而且台下盆一旦出现问题，更换起来非常麻烦，需要把整个台面掀起来。

3）半挂盆。半挂盆的盆沿在台面之上，盆体在台面之下。相对于台下盆来说，半挂盆比较容易安装，更换也比较方便，没有特别的优点，也没有特别的缺点，是目前业主选择得最多的一种面盆。

（4）按洗手盆材质选择

1）普通陶瓷洗手盆。普通陶瓷洗手盆大多为白色，造型多样，不易沾污，容易清洁，是最常见的洗手盆。

2）手绘陶瓷洗手盆。手绘陶瓷洗手盆造型丰富，花纹漂亮，有较强的装饰性，表面纹理比较容易沾污，但釉面质量好的手绘陶瓷洗手盆也比较容易清理。

3）玻璃洗手盆。玻璃洗手盆从表面上看很容易清理，其实不然，它非常容易有水渍，难以清理干净，在水质比较硬的地区更是如此。

4）不锈钢洗手盆。不锈钢洗手盆坚固耐用，但不太适合家庭使用，否则太像公共卫生间了。

2. 坐便器

在选择坐便器之前，先要弄清卫生间预留的排水口是下排水还是横排水。如果是下排水，要量好排水口中心到墙的距离，然后选择同等距离的坐便器；如果是横排水，要量排水口到地面的高度，坐便器出水口和预留排水口高度要相同或略高，才能保证排水通畅。坐便器有落地式及挂墙式两种，要根据需要进行选择。

（1）按坐便器冲水方式选择 目前市面上常见的坐便器主要有三种。

1）直冲式。这种坐便器原理简单，价格便宜，但冲水的时候声音较大，现在已经很少使用了。

2）虹吸式。这是目前的主流产品，种类非常多，包括喷射虹吸、漩涡虹吸、气动虹吸等。其主要特点是利用特殊的管道造型，在冲水时产生吸力把污物连冲带吸地处理干净，比较省水，噪声也很小。

3）壁挂式。这是比较新的产品，从国外流行而来。简单地说，就是把坐便器的水箱预埋到墙里，优点是使卫生间显得格外整洁、漂亮。但壁挂式坐便器的价格较高，安装也比较复杂，要把水箱包起来，就要砌假墙。

（2）按坐便器的性能及质量选择

1）用手摸坐便器的釉面，要光滑、尽量无针孔，这样的坐便器才不易沾污。还要把手伸到坐便器的排污口深处，检查那里是否也为釉面。

2）打开坐便器的水箱盖，观察水件的质量，如按一下冲水按钮，感受其阻尼感。坐便器水件的好坏直接影响到坐便器的耐用性。最好让商家试验一下冲水效果，好的坐便器应该能一次冲下5~6个乒乓球。

3）坐到坐便器上面，感觉是否很舒适。

4）选择带缓冲的坐便器圈是非常有用的，特别是晚上使用时，能很好地避免坐便器圈的撞击声对家人的影响。

5）选择坐便器应该选择节水型的。

3. 浴缸

主流的浴缸材质是指陶瓷、木桶、铸铁及有机玻璃四种。

（1）按浴缸的品质及成本选择

1）保温性能方面。有机玻璃浴缸（亚克力）与木桶浴缸最好，陶瓷浴缸次之，铸铁浴缸最差。

2）材质硬度方面。铸铁浴缸最好，陶瓷浴缸次之，有机玻璃浴缸与木桶浴缸较差。

3）安装成本方面。有机玻璃浴缸及木桶浴缸安装成本最低，陶瓷浴缸与铸铁浴缸安装成本较高（因为陶瓷浴缸及铸铁浴缸一般没有裙边，要先用砖砌裙边再在表面贴瓷砖）。

4）易碎度方面。铸铁浴缸最好，木桶浴缸及有机玻璃浴缸次之，陶瓷浴缸最差。

5）材质质量方面。铸铁浴缸最重，陶瓷浴缸次之，木桶浴缸再次之，有机玻璃浴缸最轻。

6）安装简易度方面。有机玻璃浴缸及木桶浴缸最简单，只要规格合适，买回去直接安放即可，陶瓷浴缸及铸铁浴缸较为复杂，因为要加砌裙边。

7）购买成本方面。一般铸铁浴缸最贵，陶瓷浴缸次之，木桶浴缸较贵，有机玻璃浴缸最便宜。

8）使用舒适度方面。陶瓷浴缸与铸铁浴缸较差，特别是在寒冷的冬天，刚入浴缸时让人感觉冰凉，再加上材质生硬，所以舒适度较差，木桶浴缸及有机玻璃浴缸较好。

9）清洁难易度方面。有机玻璃浴缸因为板材表面的光洁度好，所以极易打理，陶瓷浴缸及铸铁浴缸次之，而木桶浴缸因为是由原木加工而成，在长时间的使用过程中形成的污垢会进入木质纹理之中，极难清理。

（2）按各类尺寸选择

1）按浴室面积大小及排水口位置选择。如果浴室面积较小，可以选择1.4m、1.5m长的浴缸；如果浴室面积较大，可选择1.6m、1.7m长的浴缸；如果浴室面积足够大，可以安装高档的按摩浴缸和双人用浴缸，或者外露式浴缸。

2）按浴缸尺寸选择。即使浴缸的长度相同，其深度、宽度和轮廓也不一样。如果喜欢浸在深水之中，要检查出水口的高度；如果是安装在角落的浴缸，应知道它比一般长方形的浴缸多占用空间，要先检查浴室是否容许选用这款浴缸。

在确定外形尺寸合适之后，可以躺到浴缸里去试一下是否舒服，尽量选择腿可以伸直的款式，这样在使用时会舒服很多。对于外形尺寸比较小的浴缸，可以选择深一些的造型，这样也能实现全身浸泡。如果浴缸内部的底面比较大，应该选择带有凹凸防滑的产品，不然在洗浴时，很容易在浴缸里滑倒。

（3）按浴缸的形状、款式、质量及材料选择 应根据自己的喜好及卫生间的实际来选择浴缸的形状及款式。必须留意浴缸的质量，考虑浴室地板能否承受。对材质要进行综合考虑，一般选用有机玻璃浴缸，但有机玻璃浴缸的缺点是表面不耐磨，在实际使用中尽量避免硬物摩擦。

浴缸有独立支脚的和嵌在地上的款式，以及无裙边的和有裙边的款式，一般要用有裙边的。无论选择哪种浴缸，都要仔细检查内外有没有缺口和裂痕。

另外，要选购表面光滑无孔眼的浴缸，日后不容易沾污，还应该用手敲击一下浴缸的表面，感觉一下它的厚度。特别是有机玻璃浴缸，应该尽量购买厚一些的。选购有机玻璃浴缸时，特别要注意其钢架是否结实耐用，最好站到浴缸里面去感受一下。

4. 水龙头

水龙头的把手最重要。它的造型必须适合人手的结构，尤其能让手劲小的老人和小孩轻松地开关。另外，考虑到卫生习惯，要选能用手背或手腕方便开关的水龙头。

水龙头与洗手盆的构成关系，较好的设计是出水口向外倾斜。这样既能让水柱冲到手上，又不多占空间。较好的水龙头都设有使水流减缓的出口。

5. 组装橱柜

首先考虑环保要求，最好选择涂刷水性清漆的实木橱柜，当然其价格也较高。现在较多采用的是定制刨花板橱柜，这种三聚氰胺双饰面刨花板因双面饰面，较为环保，也就是说，虽然刨花板有一定的甲醛释放，但都封在板材里面了，只能从断面处释放。这样，选择有质量保证的品牌就显得非常重要了。即使不同厂家选用一样的板材，但有质量保证的品牌所用的封边设备和封边胶较好，能达到非常密实的效果，基本上能避免刨花板中甲醛的释放。

其次是防水要求。如果使用上面所说的封边较好的三聚氰胺双饰面刨花板，即便有水从板材表面流过也不会让板材变形，除非把它泡在水里。

6. 浴室柜台面

浴室柜台面目前常见的有以下几种。

（1）天然石台面　造型简单的浴室柜台面一般可以选择天然石的。因为浴室柜一般不会太大，而且不需要太多的造型。

（2）人造石台面　因为浴室不存在高温，也不会产生大的力量冲击台面，油污渗透的威胁也小，所以一般的人造石台面都可以用于浴室柜台面。

（3）与洗手盆一体的陶瓷台面　和洗手盆一体的陶瓷台面也是较为理想的选择，陶瓷台面耐磨、不易沾污，而且与洗手盆一体更易清洁。

（4）与洗手盆一体的有机玻璃台面　由于有机玻璃台面不耐磨，用久了容易有划痕，而且容易积污，因此不太适合用于浴室柜台面。

7. 浴帘和淋浴屏

（1）浴帘　通过安装浴帘来达到简单的干湿分区，是最灵活、最省钱的方案。同时，它的缺点也比较明显。首先，洗澡的时候，浴帘很可能会贴到使用者的身上；其次，浴帘很难让卫生间绝对地干湿分区，总有些水会越界；再者，对于不通风的卫生间，浴帘较容易发霉，过一段时间就必须更换，当然，浴帘更换很方便。

浴帘的悬挂一般有两种方式：一种是安装柔性浴帘轨道，另一种是安装浴帘杆。柔性浴帘轨道特别适用于浴帘围挡的区域是异形的情况。但安装柔性浴帘轨道时需注意，卫生间顶部一般会安装铝扣板，柔性浴帘轨道会安装在铝扣板上，所以需要先确定轨道的具体安装位置，在安装铝扣板的对应位置上增加龙骨加固，不然时间长了，铝扣板容易变形。

浴帘杆分为膨胀杆和用螺母固定在墙面的两种。如果卫生间挂的是直的浴帘杆，并且两面都有墙面支撑点，就可以选择膨胀杆，这种浴帘杆的安装、挪动都非常方便，最好是购买质量好的浴帘杆，这样还可以在上面搭浴巾之类的物品。

如果是弧形的浴帘杆，就最好选择两端是用螺母固定在墙面上的，这样比较保险，而且一定要选择不锈钢管，且管壁比较厚、比较结实的浴帘杆。

（2）淋浴屏　淋浴屏比较适合规整的淋浴区，其实就是在墙上安装一道玻璃门，地上对应地砌一道门槛，能够绝对地进行干湿分区，这样的淋浴空间几乎没有什么缺点。

8. 淋浴房

（1）整体淋浴房选购时的基本原则

1）整体淋浴房技术含量相对较高，最好选择质量和售后都有保证的品牌产品。

2）考虑开门方式。整体淋浴房的开门方式一般分为外开、平开（左右滑动）、内开。一般外开门开门时占据空间大，要考虑卫生间的实际面积是否足够。

3）考虑整体淋浴房的高度与卫生间的高度是否合适。整体淋浴房的高度一般在2.1m左右，安装时还需加高大约10cm，所以卫生间的实际高度要大于2.2m，否则无法安装。

4）高的底缸可以冲浪泡澡，但是家里如果有老人和孩子时，则应尽量选择低缸，否则进出不便。

（2）简易淋浴房选购时的基本原则

1）要考虑开门方式与实际面积的关系。

2）观察简易淋浴房的玻璃。

① 观察玻璃是否通透，有无杂点、气泡等缺陷。

② 观察玻璃原片上是否有 3C 标志。3C 是中国强制性产品认证的简称，简易淋浴房产品无此标志则不能销售。

③ 观察完全钢化玻璃碎片样板。根据国家标准，安全钢化玻璃每 50mm×50mm 面积的碎片要达到 40 粒以上。

3）观察简易淋浴房的铝材。

① 观察铝材的硬度。合格的简易淋浴房铝材厚度均在 1.2mm 以上，用上轨吊玻璃铝材需在 1.5mm 以上。铝材的硬度可以通过手压铝框测试，质量好的铝材，成人很难通过手压使其变形。

② 观察铝材的表面是否光滑，有无色差和砂眼，以及剖面光洁度情况。二手的废旧铝材在处理时，表面的光滑度不够，会有明显色差和砂眼，而且剖面的光洁度偏暗。

4）观察简易淋浴房的滑轮。

① 观察滑轮的材料和轮座的密封性。滑轮的轮座要使用抗压、耐重的材料，如S30408 不锈钢及高端合成材料等。轴承的密封性好，水汽不容易进入轮子，轮子的顺滑性可以得到保障。

② 观察滑轮和铝材轨道的配合性。滑轮和轨道要配合紧密，缝隙小，在受到外力撞击时不容易脱落，避免安全事故。

5）观察简易淋浴房的连墙材（或墙夹）的调整功能。连墙材（或墙夹）是简易淋浴房和墙体连接的配材，因为墙体的倾斜和安装的偏移会导致连墙的玻璃发生扭曲，从而发生玻璃自爆现象。因此，连墙材要有纵横方向的调整功能，修正墙面倾斜，消除对玻璃的扭应力，避免玻璃自爆。

6）观察简易淋浴房的水密性。查看简易淋浴房与墙的连接处，门与门的接缝处，合页处水密性（密封胶条最好不分段），简易淋浴房与石基、底盆的连接处，胶条与胶条的密封性及简易淋浴房内部回水槽。

7）观察简易淋浴房拉杆的稳定性。简易淋浴房的拉杆是保证简易淋浴房稳定性的重要支撑，拉杆的硬度和强度是简易淋浴房抗冲击性的重要保证。建议不要使用可伸缩的拉杆，因为它的强度较低。拉杆一般分为圈式拉杆、直拉杆和斜拉杆。

8）查看证书。查看3C证书、质检证书和专利证书。

9）动手测试简易淋浴房门的推拉开关是否顺畅，简易淋浴房的晃动程度、声音大小如何。

10）通过底盘上的踩踏来测试底盘的承重力。

三、卫生间的风水设计

1. 卫生间内不宜无窗

卫浴间比较潮湿，如果没有窗户，湿气则排不出去。在有足够空间的情况下，浴室一定要做到宁大勿小。有的卫生间是全封闭的，只有排气扇，如果排气扇并不经常开启，长此以往，不利健康。有窗户的卫浴空间，可以摆放绿色植物或挂画，可以缓和气氛。

2. 卫生间内的灯饰不宜过多

卫生间的照明，整体照明一般宜选白炽灯，以柔和的亮度为宜。但化妆镜旁必须设置独立的照明灯作为局部灯光的补充，镜前局部照明可选荧光灯，以增加温暖、宽敞、清新的感觉。在卫生间灯具的选择上，应以具有可靠的防水性与安全性的玻璃或塑料密封灯具为主。灯饰不宜采用繁复的灯型。灯饰高度不可太低，以免发生意外。

3. 卫生间忌杂乱

杂乱是卫生间风水的大忌，这样会使空气滞碍难行。应只放置最低限度的必需品，不宜将过多杂物放在卫生间内，清扫用具应有专门的收纳。最理想的卫生间就是摆设简洁、设计简单、通风良好的卫生间。

4. 卫生间不宜选用刺眼的颜色

色彩纷呈的卫生间可以突出个性与风采，但卫生间的颜色最好选择白色、金属色及黑色、蓝色、灰色，既高雅又能产生安宁的感觉。卫生间应避免使用诸如大红色、深紫色等刺眼的色彩，否则会令入厕者产生压抑、烦躁的感觉。应尽可能地让人产生愉悦的心情。

第七节　书　　房

书房又称为家庭工作室，是阅读、书写以及业余学习、研究、工作的空间，特别是从事文教、科技、艺术工作者必备的活动空间。书房是为个人而设的私人天地，是最能体现主人习惯、个性、爱好、品位和专长的场所，功能上要求创造静态空间，以幽雅、宁静为原则。同时要提供主人书写、阅读、创作、研究、书刊资料储存以及兼有会客交流的条件。当今社会已是信息时代，因此，一些必要的辅助设备，如计算机、传真机等也应容纳在书房中，以满足人们更广泛的使用要求。

一、书房设计原则

书房在住宅的总体格局中属于工作区域，相当于家居的办公室，却也更具私密性。而书房的合理布置则有利于建立良好的习作氛围和环境，从而改善处于书房时的心情，有利于学习思考，提高效率。

（一）书房设计布置

1. 书房的位置

1）如果各房间均在同一层，那么书房可以布置在私密性相对较差的房间，如门口旁边单独的房间；如果书房同卧室是一个套间，则在外间比较合适。读书不能影响家人的休息，比如去卫生间时最好不要路经卧室。

2）复式结构房屋的优点和特点在于分层而治，互不影响。这时，选择单独的一间作为书房即可。

3）对于单独建造的别墅，室内外环境的结合是考虑的重点。书房不要靠近道路、运动场，最好布置在后侧，面向幽静、美丽的后花园。

2. 内部格局

书房中的空间主要有收藏区、读书区、休息区。对于面积在 8～15 m² 的书房，收藏区适合沿墙布置，读书区靠窗布置，休息区占据余下的角落；而对于面积在 15m² 以上的大书房，布置方式就灵活多了，如圆形可旋转的书架位于书房中央，有较大的休息区可供多人讨论，或者设置一个小型的会客区。

3. 采光

相对于卧室，书房的自然采光更重要。另外，读书是怡情养性的活动，能与自然交融是最好的。因此，书房应该尽量占据朝向好的房间。

书桌的摆放位置与窗户的位置有很大关系，一要考虑光线的角度，二要考虑避免计算机屏幕的眩光。

人工照明主要把握明亮、均匀、自然、柔和的原则，不加任何色彩，这样不易使人疲劳。重点部位要有局部照明。如果使用有门的书柜，可在层板里藏灯，方便查找书籍；如果是开敞式的书架，可在顶棚上方安装射灯，进行局部补光。台灯是很重要的，最好选择可以调节角度、明暗的台灯，读书的时候可以增加舒适度。

4. 色彩

书房色彩的要点是柔和，使人平静，最好以冷色为主，如蓝、绿、灰紫等，尽量避免跳跃和对比的颜色。

5. 装修的材质

书房墙面比较适合亚光涂料，采用壁纸、壁布也很合适，因为可以增加静音效果及避免眩光。地面最好选用地毯。

6. 装饰品

书房不仅要有各类书籍，还有许多收藏品，如绘画、雕塑、工艺品都可装点其中，以塑造浓郁的文化气息。许多用品，如果选择得当，本身也是一件不错的装饰品（图2-29）。

图 2-29　书房装饰

（二）书房设计情绪元素

书房是修身养性的一个好场所，因此在设计书房时，要重视这种精神上的需求，即要做到宁静、淡雅、有序、健康。

1. 宁静

宁静是修身养性之必需，安静对于书房而言是十分必要的，因为人在嘈杂的环境中工作效率要比在安静的环境中低得多。所以要参照卧室设计中采用的一些隔声方法，选用隔声、吸声效果好的装饰材料。吊顶可采用吸声石膏板，墙壁可采用 PVC 吸声板或软包装饰布等装饰，地面可采用吸声效果佳的地毯，窗帘要选择较厚的材料，以阻隔窗外的噪声。

2. 淡雅

清新淡雅以怡情，要把业主的情趣充分融入书房的装饰中，一件艺术收藏品、几幅钟爱的绘画或照片，哪怕是几件古朴简单的工艺品，都可以为书房增添几分淡雅、几分清新。

3. 有序

有序是君子风格的体现。首先，将书房按收藏区、读书区、休息区安置有序；其次，将收藏区按书写区、查阅区、储存区划分有序；再者，对于各种藏书按某种规律分类有序。

4. 健康

健康是读书环境的保证，健康包涵了对业主自身和环境两方面的要求，一方面要求书房中的家具一定要符合人体工程学的规定，另外可在桌子下面、椅子前放置一个带有按摩滚轴的脚踏以促进血液循环；另一方面，室内的通风、温度和光照都应有利于读书的环境要求。

（三）书房设计技巧

对于一个爱读书的人，可以创造各种形式的小书房，将家中每一处闲置的小空间设计成为"精致书房"。

1. 悬挂式隔板见缝插针

床头、计算机上方墙面的大块空白，如果装上隔板，即刻就变成了一个简洁美观的小书架，不只放书，还可以放 CD、水杯和小的装饰物件。也可采用隐蔽式安装，隔板与墙面自然连接，还有多种壁式、桥梁式隔板等。隔板架可以和电视柜安装在一起，填充电视机上方的空白，材质有木质和金属材质两种可选。

2. 组合式书架化整为零

大的整体书柜搬运困难，对房子的要求比较苛刻。可应用化整为零的思路，把书柜切分成不同尺寸、不同形状的单元，让业主根据需要来组合。比如，瘦高的书架，每一个都不占用很大的面积，同时还可以自由配用增高组合，充分利用房间的高度（图 2-30）；转角书架，形状完全贴合墙角，可作为连接单元连接两个普通书架。在普通书架组合的基础上，还可以选择安装到顶棚上或墙上的储物单元组合。

3. 可调式隔板方便自如

可调式隔板配合了现在市面上五花八门、尺寸不再单一的图书，打破了传统书架的固定框架空间均分的局限性，使用起来方便自如。在书架旁边或隔板下可安装活动板或抽拉板，以备找书、放书或摘录时使用，用时拉出，用完再推进去，非常方便。

可调式隔板多应用于小巧的、可置于别的家具上的书架，大约 1m 高，长度可选。这类书架也是专为小户型节约空间而设计的，可以根据空间需求来增减书架内部的隔板数量，为安全起见，一般放置在墙角位置。

图 2-30 组合式书柜

4. 书柜储物柜合成完整储纳空间

储物方案中可以包括：

1）大型收纳储物柜，分类储物，让居室井井有条。

2）玻璃柜门，防止书籍日久沾满尘埃。

3）配有简洁时尚的藤筐，在保护书籍物件的同时，增添了几分闲适气息。

4）酒柜与陈列柜合二为一，将功能性和展示性一并融入家居生活。

5）将不同尺寸的抽屉组合使用，风格多变。

　　书架的放置没有一定的准则。非固定式的书架只要是拿书方便的场所都可以旋转。入墙式书架或吊柜式书架，对于空间的利用较好，也可以和音响装置、唱片架等组合使用。半身的书架靠墙放置时，空出的上半部分墙壁可以配合壁画等饰品一起布置。

5. 空间利用——悬挂藤编筐丰富视觉效果

　　如果书房中有个很大的书柜，人们常常习惯在书籍摆满之后，再利用各隔板之间的空间存放物品。这虽然是利用空间的方法之一，却给书籍的取阅带来不便。如果用两个挂钩固定在书架内部的两端，再将带把手的藤编筐固定在上面，把需要摆放的物品称心地放在里面，藤和书的组合还能带来不一样的视觉效果。

二、书房家具种类

（一）书房家具分类

　　书房是吟诗作画、读书写字的场所。书房内应陈设精致，注重简洁、明净，便于文友相互切磋、啜茗弈棋、看书弹琴，因而，书架、书柜、博古架、书桌、座椅、沙发、八仙桌、太师椅、棋桌、计算机桌、书箱、古琴等都是书房常用的家具和器具。

　　书房的家具设施较为丰富，归纳起来主要有两类：第一类是书籍陈列类，包括书架、文件柜、博古架、保险柜等，一般以经济实用及使用方便为参照来进行设计选择；第二类是阅读工作台面类，包括写字台、操作台、绘画工作台、计算机桌、工作椅等。

（二）书房家具选择原则

1）选择书房家具要尽可能配套。家具的造型、色彩和风格应保持统一协调。

2）选择书房家具要注意其强度与结构。书柜内的横隔板应有足够的支撑，以防日久天长被书压弯变形；写字台的台面支撑也要合理，沿水平面目测一下检查台面，看看是否有中间下垂、弯曲等问题。

3）选择书房家具时，要考虑家具应满足人们的活动需要，并符合人体工程学及人体健康美学的基本要求。也就是说，要根据人的活动规律、人体各部位尺寸和在使用家具时的姿势来确定书房家具的结构、尺寸和摆放位置。例如，在休息和读书时，沙发宜软、直、低一些，使双腿可以自由伸展，消除久坐后的疲劳。

（三）主要书房家具元素

1. 书柜

1）书柜的大小要适中，一般以人站起来能够得着、眼睛看得清为度。

2）原木格调的系列书柜，一般可选樱桃木、胡桃木、枫木、桦木、檀木等材质，高贵典雅，纯真自然。

3）做工考究的原木色调书柜系列，突出名贵木材的生动质感。

4）经济实用的人造板书柜，具有造型大方、功能齐备的特点。

5）书柜色调要与住宅整体及书房的室内取光、视觉印象相适应。

2. 座椅

1）现代办公椅的设计周到地考虑了人体工程学，多种可调节功能使使用者倍感舒适，即使长时间坐着也不会觉得腰酸背痛，可挑选舒适的办公椅。

① 气压擎举装置调节坐高。根据身高、腿长调节适宜的椅座高度。好的气压擎举装置可以让人坐在椅面上轻松调节高度，且使用寿命长。

② 椅座倾斜角度调节。将椅身进行适当的前倾调节，缓解腿部和背部压力。

③ 椅座深度调节。根据腿长调节椅座深度，给予腿部完整的支撑。

④ 靠背倾斜角度调节。调节靠背角度和坐深度，改变坐姿，缓解背部疲劳。

⑤ 腰部支撑调节。给予腰部不同力度的支撑，减轻腰部肌肉劳累。

2）椅子的选择则要求选用有扶手的软椅，因为扶手可减轻颈部和肩部的疲劳。

3）还可以选择转椅，一般来说，转椅更适宜人的身体结构。对于长时间在书房工作的人，能有效地缓解疲劳，还可在变换视野中得到放松。

3. 藤编椅、藤编搁脚凳

藤编椅、藤编搁脚凳的质地与起居室的家具有很大差别，但它们可以与书房局部小空间的色彩很好地融合在一起。虽然变化了样式，却不会破坏书房整体柔和、清新的风格。

4. 书桌

书桌的高度在 72～75cm 较为理想，可以坐下俯身试一下手臂在桌上的角度是否感到舒适。金属桌腿分为 A 形腿、T 形腿和 I 形腿。相对来说，T 形腿较为稳固耐用。书桌表面不宜选择反光过强的材质，如玻璃、不锈钢、亮光漆面，否则容易产生眩光，对视力有影响。选择带抽屉的书桌，要注意抽屉的下沿和椅面之间的距离在 20cm 左右。另外，可在桌子后侧钻一个线孔，梳理台灯、计算机等电器线缆。

三、书房的风水设计

1. 书房大小

房间宜小而雅致，忌大而无当。在很大的书房里看书或者写作，难以集中精神。

2. 书桌

1）书桌面向门口，门口为向，外为明堂，这样摆法，主人头脑清醒，且当主人在聚精会神之时，不易被他人开门而惊骇。

2）座位宜背后有靠。背后坐靠有墙，从心理学角度来看，易集中精力。

3）书桌不宜面窗，一则阳光会直射面部，对眼刺激较大；二则窗外动静产生的干扰较大。

4）书房壁面彩色以明、浅色调为佳，切忌花花绿绿。

第八节　儿　童　房

一、儿童房设计

（一）儿童房设计原则

儿童房的设计主要考虑五个方面的问题：安全性能、材料环保、家具选择、色彩搭配及光照。

1. 安全性能

安全性能是儿童房设计的重点之一。儿童生性活泼好动，好奇心强，同时破坏性也强，缺乏自我防范意识和自我保护能力，在布置房间的时候应该更心细一点。在居室装修的设计上，要避免意外伤害发生，建议室内最好不要使用大面积的玻璃和镜子。家具的边角和把手应该不留棱角和锐利的边。地面上也不要留容易磕绊的杂物。电源插座应选用带有插座罩的。玩具架不宜太高，应以孩子能自由取放玩具为宜，棱角应有棉套等辅助装饰（图2-31）。另外，应注意以下几点：

1）封闭电源点。

2）加装防护栏、隔栏。

3）加装取暖设备隔离网。

4）加装燃具护栏。

5）加装声音传送器。

2. 材料环保

儿童房的装饰、装修要选择加工工序少的装修材料，以无污染、

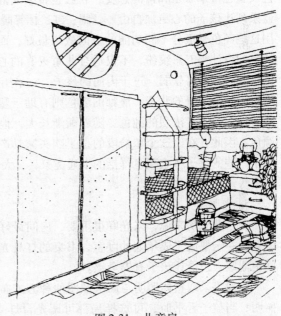

图2-31　儿童房

易清理为原则，尽量选择天然材料，中间的加工程序越少越好。儿童房过分讲究装饰和摆设，会增加有害物质的含量，影响儿童身心健康。另外，儿童房中经常有地毯、床毯和各种装饰物，也容易引起室内空气污染。为确保儿童房达到环保要求，儿童房不仅需要在通风和采光上做到科学设计，同时应使用环保材料，并且适当种植绿色植物和各种花卉。普通塑料地板、壁纸、天然石材和地毯等，都有可能对儿童身体造成危害，最好不要使用。儿童家具最好选择实木的，家具涂料选择水性的，要看其是否

通过较高级别环保论证的检测报告。各种施工材料都要选用有害物质限量达标的，尽量选择天然材料。比如，贴壁纸时，一定要选用环保胶进行粘贴。

3. 家具选择

为保证儿童房有一个尽可能大的游戏区，家具不宜过多，应以床铺、桌椅及储藏玩具、衣物的橱柜为限。儿童喜欢在墙面随意涂鸦，可以在其活动区域挂一块白板，让孩子有一处可随性涂鸦的天地。这样，不仅不会破坏整体空间，又能激发孩子的创造力。孩子的美术作品或手工作品，可利用展示板加以放置，既满足了孩子的成就感，也达到了趣味展示的目的。挑选家具的时候，应该考虑多功能且具多变性的家具。最好能给孩子一个游戏的空间，因此宜选择趣味性的家具。

4. 色彩搭配

为培养儿童开朗活泼的个性，儿童房在色彩和空间搭配上最好以明亮、轻松、愉悦为选择方向，不妨多点对比色，但一般不宜用太强烈的色彩，尤其要慎用红色、黑色。米色具有较强的包容感，介于白色与灰色之间，给人以亲切温暖的视觉感受；橙色及黄色带来欢乐和谐的感受；粉红色带来安静的感受；绿色与大自然最为接近；海蓝系列让孩子的心更加自由、开阔；红、棕等暖色调给人热情、时尚、有效率的感觉。用这些颜色来区分不同功能的空间效果最好，而过渡色彩一般可选用白色。把儿童房的空间设计得五彩缤纷，不仅适合儿童天真的心理，而且鲜艳的色彩会激发起希望与生机。对于性格软弱、过于内向的孩子，宜采用对比性较强的颜色，刺激神经的发育；而对于性格暴躁的儿童，淡雅的颜色则有助于塑造其健康的心理。年纪较小的孩子喜欢对比反差大、浓烈的纯色。随着渐渐长大，他们才有能力辨别或者喜欢一些淡雅的颜色。因此，在给这个年龄段的孩子购买家具产品的时候，特别要注意颜色选择。年龄小一些的孩子喜欢颜色鲜艳的卡通类家具，大一些时可以加入自然元素，比如原木、实木等。

5. 光照

对于儿童房来说，采光好很重要，房间最好是向阳的。如果是背阴的房间，房间的照度一定要高于成年人的卧室，书桌的灯具光线要柔和、均匀，充足的照明能使房间更温暖，也能让孩子有安全感。

一般可采取整体照明与局部照明两种方式布设。当孩子游戏玩耍时，以整体灯光照明；当孩子看书时，可选择局部可调光台灯来加强照明，以取得最佳亮度。此外，还可以在孩子居室内安装一盏低瓦数的夜明灯，或者在其他灯具上安装调节器，方便孩子夜间醒来如厕等。

（二）儿童房设计要点

1. 杜绝污染源

杜绝污染源即从装修材料、家具、日常用品到玩具等都应用绿色环保产品。

2. 收纳空间要留足

家具越大、越多，越容易造成室内有害物质超标。但是儿童成长的速度比较快，每个时期留下来的玩具等杂物又比较多，这就需要儿童房中的家具尤其要少而精，最好是选择多功能、组合式的。比如，现在市场上很多双层床的脚踏台阶就是由一个个的小箱子组成的，合理巧妙地利用了室内空间。

3. 用儿童的眼光选择产品

大部分儿童房的布置都是其家长爱好的体现，但他们的欣赏眼光与儿童是不一样的。现在，很多年轻的家长都喜欢样子怪异的动物图案的家居产品，但儿童会对这些东西产生心乱、烦躁的感觉。漂亮的小公主、简单的花草在成人看来也许有些俗气，但能正确引导孩子的审美和心智的发育。

4. 色彩不宜过多过艳

专家介绍，儿童房的色调应以浅色为主，因为越鲜艳的涂料，重金属的含量越多，尤其是易造成铅污染。另外，如果房间中出现过多的色彩，容易降低儿童对色彩的辨认度，而在整体明亮轻快的浅色调中突出一两种重点颜色，更容易加深儿童对色彩的鲜明印象。

5. 设置固定涂鸦处

儿童喜欢在墙面、桌面等空白的地方随意乱画，家长可以给予引导。比如，在墙上挂一块白板，让儿童知道有固定的地方可以让他们写写画画，这样，不仅对整体的家居布置是一种点缀，而且，儿童天马行空的创意涂鸦经常会令房间增色不少。

6. 慎选绿植

在儿童房中适当地摆些绿植，在一定程度上能够起到净化空气、清除污染的作用。但并不是所有的植物都适合摆在儿童房中，太高大的铁树类植物很容易吸引儿童攀爬，仙人球、月季等带刺的植物，以及滴水观音等有毒的植物都有可能会对儿童造成伤害。

7. 通风换气很重要

据测试，室内空气置换的频率直接影响室内的空气质量。儿童房一般空间较小，更需要经常性地通风换气，使被污染的空气及时排放出去，保持室内空气清新，从而使有害物质的含量减少。

二、婴儿房设计

（一）婴儿房设计原则

1. 安全性

（1）材料　在装饰材料的选择上，无论墙面、顶棚还是地板，均应选用无毒无味的天然材料，以减少装饰所产生的居室污染。地面适宜采用实木地板，配以无铅涂料涂饰，并要充分考虑地面的防滑。家具及装修材料应尽量避免使用玻璃制品等易碎材料。家具宜选择耐用的、承受破坏力强的，且拉开抽屉或打开柜门时不能有异味，以防空气污染。

（2）安全措施　比如在窗户设护栏，家具的边角处略有小圆弧或包贴软性材料，以避免尖棱利角碰伤婴儿。此外，家具还要结构牢固、旋转稳固，杜绝晃动或倾倒现象发生。室内尽量不使用大面积的玻璃和镜子。电源插座要保证婴儿的手指不能插进去，最好选用带有插座罩的插座。药物、刀具等危险物品应放置在婴儿够不到的地方。

（3）照明　婴儿房需要令人舒适的照明环境，灯光不宜过强，室内各面的反射率要适当，光线柔和并且无刺眼炫光。

2. 遵循自然尺度

由于婴儿的活动力强，婴儿房用品的配置应符合婴儿的天性，以柔软的自然素材为佳。例如地毯、原木、壁布等，这些材料耐用、易修复且价格适中，可营造舒适的睡卧环境。家具的款式宜小巧、简洁、质朴、新颖，同时要有婴儿喜欢的装饰品位。小巧，适合婴儿的身体特点，符合他们活泼好动的天性，同时也能为婴儿多留出一些活动空间；简洁，符合婴儿的纯真性格；质朴，能培育婴儿真诚朴实的性格；新颖，则可激发婴儿的想象力，在潜移默化中孕育并发展他们的创造性思维能力。尺寸比例缩小的家具、伸手可及的搁物架和茶几，都能给他们控制一切的感觉，满足他们模仿成人世界的欲望。

3. 充足的照明

合适且充足的照明，能让房间温暖、有安全感，有助于消除婴儿独处时的恐惧感。婴儿房的全面照明度一定要比成年人房间高，一般可采取整体照明与局部照明两种方式布设。当婴儿游戏玩要时，以整体灯光照明。此外，还可以在婴儿房内安装一盏低瓦数的夜明灯或者在其他灯具上安装调节器，方便夜间护理婴儿。

简单的百叶窗帘在白天休息时用于遮光，如果用卷帘，必须要有好的遮光效果。

在婴儿房布线时，最好加一套响铃监控系统，线路扩展到主卧室、起居室、厨房等地方，这个布线系统上可随时接插小设备（如保湿报警器、小视频监视器等），这样能方便地护理婴儿。

婴儿房需要比较多的光源，这是随着婴儿成长的不同时期而放置的。例如，婴儿所需要的光源仅局限在照看婴儿、喂奶、洗澡等活动上。此时应加装光源的调光器，在夜晚，可把光线调暗一些，以增加婴儿在夜晚的安全感，同时又方便在夜晚哺乳。另外，床头需要置一盏足够亮度的灯，以满足大一点的婴儿在入睡前翻阅读物的需求。同时，在书桌前必须有一个足够亮度的光源，这样会有益于婴儿游戏、阅读、画画等。

（二）婴儿房设计要点

1）婴幼儿期的孩子视力尚未发育成熟，为婴儿房购置灯具的时候，一定要避免直接的点光源，如餐厅里经常用的射灯。如果已经购置了直接光源，应换成磨砂灯泡，以免损伤婴儿的视力。

2）地板不要太硬，也不要太光滑，大理石应排除在外。大多喜欢游戏，容易滑倒、摔伤。最好不要铺地毯，地毯容易滋生螨虫，对婴儿的健康不利。

3）墙壁阳角（即转角）处，应做好护角，防止活泼好动的婴儿碰伤或者擦伤。

4）近几年新户型的窗户普遍离地较低，因此，最好在 $1 \sim 1.5m$ 高的地方设置护栏，防止好奇心强的婴儿爬到窗户上去。

5）婴儿的床应以木板床和棕绷床为宜，而较为柔软的床会影响婴儿正在发育的骨骼成形。

6）用卡通图案装饰婴儿房并非多多益善，应注意协调，适可而止，因为太多太乱的图案反而会造成婴儿的视觉混乱。

7）利用造型吊顶装饰顶棚时，可根据婴儿天真活泼的特点做一个造型吊顶。例如，用木制吊顶打造一个装饰有星星、月亮的天空屋顶。

8）植物布置。婴儿房也需要布置绿色植物，使他们能与自然亲近。园林专家表示，在培养婴儿动手、动脑的同时，通过布置绿色植物还可以启发他们探索自然奥秘的兴趣。婴儿房布置的绿色植物应以有趣味性、知识性和探索性的植物为主体，可以盆栽一些观叶植物，如球兰、鹤望兰、彩叶草和蒲苞花等。但专家也提醒，在婴儿房里，各种有刺的仙人掌和多肉类植物并不适宜摆放，因为这些植物容易造成危险。而天竺葵、含羞草和石蒜等，接触过多也会引起婴儿头发脱落。

第三章

公装室内设计元素

第一节 概　述

一、公共建筑室内设计类型

1. 文教建筑室内设计

文教建筑室内设计主要涉及幼儿园、学校、图书馆、科研楼的室内设计，具体包括门厅、过厅、中庭、教室、活动室、阅览室、实验室、机房等的室内设计。

2. 医疗建筑室内设计

医疗建筑室内设计主要涉及医院、社区诊所、疗养院的建筑室内设计，具体包括门诊室、检查室、手术室和病房的室内设计。

3. 办公建筑室内设计

办公建筑室内设计主要涉及行政办公楼和商业办公楼内部的办公室、会议室及报告厅的室内设计。

4. 商业建筑室内设计

商业建筑室内设计主要涉及商场、便利店、餐饮建筑的室内设计，具体包括营业厅、专卖店、酒吧、茶室、餐厅的室内设计。

5. 展览建筑室内设计

展览建筑室内设计主要涉及各种美术馆、展览馆和博物馆的室内设计，具体包括展厅和展廊的室内设计。

6. 娱乐建筑室内设计

娱乐建筑室内设计主要涉及各种舞厅、歌厅、KTV、游艺厅的建筑室内设计。

7. 体育建筑室内设计

体育建筑室内设计主要涉及各种类型的体育馆、游泳馆的室内设计，具体包括用于不同体育项目的比赛和训练及配套的辅助用房的室内设计。

8. 交通建筑室内设计

体育建筑室内设计主要涉及公路、铁路、水路、民航的车站、候机楼、码头建筑的室内设计，具体包括候机厅、候车室、候船厅、售票厅等的室内设计。

二、公共建筑室内设计的目的和理念

（一）公共建筑室内设计的目的

公共建筑室内设计需要了解现代人的生活、心理等要求，需要综合处理建筑与室内、室内与人、人与人交往等多种因素与关系，创建符合大众审美文化、陶冶人们高尚情趣的理想空间。在设计工程中，要涉及建筑美学、建筑物理学、建筑力学、人体工程学及色彩心理学等多种学科；要涉及材料、工艺、设备、定额、法规及现场施工等诸多问题；要涉及室内空间组织、色彩、照明及家具陈设等诸多因素的处理。因此，设计应以满足空间的功能需求为准则，运用现代物质设计条件和手段创造功能突出、主题明确、个性鲜明的公共建筑空间室内设计环境。

（二）公共建筑室内设计的理念

1. 加强环境整体观念

对现代公共建筑室内设计的整体性把握是设计的关键。因此，现代公共建筑空间室内设计中的环境有两层含义：一层含义是指公共建筑空间室内设计环境、视觉环境、空气质量、声、光、热的物质环境、心理环境等诸多方面内容；另一层含义是指把公共建筑空间室内设计看成自然环境、城乡环境、室外环境这一环境系列链的一环，它们相互之间应有机地统一在整体环境之中。

因此，为了更深入地进行室内设计，就需要对建筑环境、室内环境、室内界面、构件、布局、照明、陈设物、设施等各环节进行了解和分析，了解室内外的相互影响，室内各局部之间的相互连接，局部与整体的协调统一。这其中包括两个方面的内容协调。

（1）量方面的协调 量方面的协调是指室内构成造型元素中繁简关系的相互协调。公共建筑空间室内设计构成中的繁简关系意味着室内设计的取舍问题，人们往往习惯于做"加法"而不善于做"减法"，运用手法过多而有损于内部空间的美感表达。为了做到繁简得体，就要"割爱"，宁少勿多。犹如优美的乐曲，因为有各种节拍的休止符，才具有节奏感，才能做到此时无声胜有声。

（2）质方面的协调 质方面的协调是指空间构成造型元素中组织关系的彼此协调。为了使室内协调统一，应该把一切物化实体，如界面、家具、灯具、陈设艺术品等，都看成室内空间构成中的点、线、面、体，按照空间构成原理加以协调组织，这里应特别注意形体协调和尺度协调。为把握组织要领，可以将某几何形体作为母题加以运用，如方形、圆形、多边形等母题符号，将有助于形体协调关系的建立。

2. 科学性与艺术性并重

结构材料构筑了室内空间，光照色彩烘托了室内空间，装饰陈设点活了室内空间，设施设备又丰富了室内空间，这些使空间整体既体现了艺术性，又充满了科学性。

在具体设计时，会遇到不同类型和功能特点的公共建筑空间室内设计环境，在上述两个方面的具体处理上可能会有所侧重，但从宏观整体的设计观念出发，仍需要将二者结合，构筑室内空间科学性与艺术性完美结合的视觉艺术氛围。

3. 时代感与历史性并重

在公共建筑空间室内设计中，应尽可能地结合时代特点和当代生活理念，因地制宜地采取具有民族特点和地域特征、并能展示民族历史文脉的设计手法。比如北京国家大剧院，通过晶莹剔透的"湖中明珠"外部造型和三个功能先进而耐人寻味的内部剧场，把新的文化元素融入其中。其建筑整体和剧院室内空间既体现了时代新貌，又反映出剧院文化的浪漫内涵。

（三）公共建筑室内设计的基本设计元素

1. 功能要求

公共建筑室内设计包括满足物质功能和精神功能。在满足物质功能基础上进而满足人们心理的文化需求，展现高尚的文化品质、风格特点和美感意境，陶冶人们的情操，使人从中受到感染和启迪。

2. 生态要求

公共建筑室内设计要求具有良好的生态功能，有益健康与生存的环境，体现生存活力和保持生态平衡，构筑适宜的理想生存空间。比如对空气、水、能源、废弃物的科学处理；对环境有毒、有害物质的防治；室内环境的温湿度的调控和协调人的生理功能感受等。

3. 个性要求

公共建筑个性化的体现受历史、地域、传统文化背景的影响，受教育信仰、职业条件的影响。公共建筑室内设计与主题文化的表现是密切相关的，个性设计要体现独特文化品位的精神气质和文化品质。

4. 地方特点

公共建筑室内设计受不同时代、民族、地域的特殊条件影响，其中包括民族特性、生活方式、文化思潮、风俗习惯、宗教信仰等。通过创造性构想而形成地域的价值观和审美观，无论是物质技术，还是精神文化，都具有民族性、地方风格特点。

第二节 现代商场建筑室内设计

一、现代商场的营销形式

现代商场的营销形式通常分为封闭式和开敞式，在开敞式中又分为半开敞式和全开敞式。半开敞式和全开敞式较之于封闭式经营方式，更重视商品的陈列展示，同时也促进了商品的销售。

1. 封闭式

封闭式营销空间是指在商场内用柜台将顾客与营业员分开，商品通过营业员转交给顾客。这种形式有利于对商品的管理，但不利于顾客挑选商品，是传统的售货方式。这种售货方式的商店营业厅常采用大厅式布置，柜台应保持足够的长度。对于贵重或不宜由顾客直接选取的商品，如首饰、药品、手表等，常采用这种营销方式。

2. 半开敞式

半开敞式营销空间是指房间的一面墙上有较大的窗户或开有较大的门洞，或是一面由橱窗门面组成的墙，而不是用实墙封死，使它与相邻房间在视觉上有相连通的空间。虽然半开敞式营销空间的密封性不及封闭式营销空间，但给人以开放、富于变化的感觉。在商场内部空间中，按商品的系列、种类，由柜架或隔断围合成带有出入口的独立小空间，以一个出入口的口袋式布局或一进一出两个出入口的通过式布局最为常见，其开口处紧邻通道。一般沿营业厅周边布置，形成连续的、相对独立的单元空间。各单元应既有独特性，又有统一性。在这样的小空间中，商品柜台与货架同时对顾客开放，但通常是顾客选中商品后，由营业员按照种类、规格、型号，提供给顾客相应的商品。营业员工作空间与顾客使用空间穿插交融（图3-1）。

图 3-1 半开敞式营销空间

3. 全开敞式

全开敞式营销空间是与周围相邻房间分隔较少而连通较多的房间，或是大房间中的某一部分。这种房间室内外空间相通，与相邻房间空间也相通。在商场内部空间中，是指商场内部营销空间中商品柜台与货架合二为一，顾客可以随意挑选商品。营业员的工作空间基本让位于顾客使用，最大限度地增加了顾客与商品接触的机会，符合顾客的心理，便于顾客挑选商品，节省购物时间。顾客常会因为遇到好的商品，感官、意识受到触动而冲动购物。

全开敞式营销空间适宜于挑选性强、对商品细部及质感有特殊要求的商品，如服装、鞋帽等，常用于超级市场及大厅开放式的布置。视觉上可一览无余，给顾客强烈的采购诱惑力。但不便于商品的管理，且空间不易分隔，会有变化少、缺乏情趣的不足。

二、现代商场建筑设计的原则与内容

（一）现代商场建筑设计的原则

1. 功能性原则

商场的一般功能是满足人们的购物、观赏和休息，但随着时代的进步，商场还成为了人们休闲的场地，是人们通过对商品性能的了解而获得知识的"学校"，甚至是人们吃喝玩乐的度假胜地。为此，在设计中需考虑商业营销活动的时代特征及顾客的购物心理与行为，以及现代购物环境功能上的变化，并能根据不同的营销环境进行功能布局、流线安排、空间组合、界面处理、陈设道具的配置与设备的安排等。

2. 精神性原则

随着商场功能由经济主导型向着生活环境主导型的过渡，商场室内环境除了满足顾客日益增长的各种物质需求外，还要满足他们休闲、娱乐、社交及审美等方面的精神追求。这就要求设计还应围绕舒适、安全、文化、时尚和艺术等诸多精神方面的元素来开展。

3. 技术性原则

要设计、营造一个功能完善的营销环境，就需要选用优质的建筑材料、合适的结构类型、合理的技术措施与正确的施工方法，还应采用新材料、新工艺、新结构与新技术，强调新的商场室内环境的塑造，并利用先进的技术设备，为商场室内环境创造多种层次的舒适条件。

4. 形式美原则

（1）商业空间陈设展示的对称与均衡原则

1）对称。对称是一种很普通的、常见的稳定美。在橱窗设计中，采用对称的陈列形式给人以庄严、大方、稳定的美感。

2）均衡。均衡就是在图面上假定一无形轴线，在其左右或上下的形象虽不相同，但两方的形体在质与量等方面看起来却有舒适和平衡的感觉。均衡是一种比对称更活泼、形式上更美的艺术形式。均衡与对称是相互联系的，在商业空间陈设设计中，只有将二者有机结合，才能创造出既变化又统一，既活泼又稳定的艺术形式。

（2）商业空间陈设展示的重复与渐次原则

1）重复。商品陈设运用重复的形式，就是把商品均等、不断地展现在消费者面前，使每个物体都能发挥其自然的性能，以加深观众的印象。例如陈列电视机，当每台电视机里播放同一优美的画面时，整个电视展播大厅将会由许多台电视组成一幅壮观的场景，这种重复形式会产生连续、平和与无限的美感，但布置不当或太多则易流于单调和乏味。

2）渐次。渐次是一种等级渐变的表现形式，与重复排列相似，但不尽相同，它在元素运用的分量上有渐次增加或渐次减少的变化。比如色彩上由深色逐渐到浅色，由冷色逐渐到暖色，形体上由小逐渐增大或由大逐渐减小等，给人一种生动活泼的感觉。

（3）商业空间陈设展示的疏密与虚实原则　疏密与虚实原是指绘画构图中的点、线、面的构成位置和连接关系。在绘画构图中，疏与密是互相依存的，没有密集的丰实，就显不出疏处的空旷，中国传统绘画中"疏可走马，密不透风"就形象地说明了疏密辩证的美学关系。

1）疏密。在商品陈设与布置中，充分运用疏密的构图处理法则，就能产生较好的视觉效果。比如体量大的商品较疏，体量小的商品较密；透体商品宜密，实体的商品宜疏；色彩鲜艳的商品宜疏，色彩灰暗的商品宜密等。

2）虚实。虚实原指画面中表现的物体量与空间之间的对比关系，二者相辅相成，对立统一。商品在橱窗或柜台内陈列过实则显得沉闷、拥塞，过虚则显得淡而无味。因此，无论是橱窗还是柜台、展台，都要因地制宜，整体陈列数量不宜过多，局部处理要突出重点，画龙点睛，才能引人入胜。

（4）商业空间陈设展示的对比与调和原则

1）对比。对比是两种既不相同、又不相似，有着明显差异的物体并列在一起，形成显著对比的一种艺术形式，通常表现为形体对比和色彩对比两种形式。在形体对比中，有纵横、曲直、方圆、高低、前后的对比；在色彩对比中，有色相、明度、纯度、冷暖、明暗等对比。将有对比的物体按照一定的美学构成法则排列在一起，会相互补充、相互衬托。比如在橱窗泳装展示中，以蔚蓝的天空、碧蓝的大海、绿色的椰树为背景，沙滩上一群身着红、黄色泳装的少女，形成了蓝绿与红黄的色彩冷暖对比，从而突出泳装的迷人魅力。

2）调和。调和与对比相反，就是把性质、质量、色彩近似的物体按一定的美学构成原则，排列组合在一起，给人融洽和舒适感觉的一种艺术形式。在造型艺术表现形式上有形体调和、色彩调和、音律调和等。形体调和表现为外形相同或相近的物体相调和，如书本、文具盒、书包等都是长方体的，组合在一起是调和的；球类、球拍等圆形体育用品与圆形展台是调和的。色彩的调和是色环上相邻近的颜色调和，如赤与橙、黄与绿、蓝与紫就是调和色，还有在同一色相中，若浓淡配合适当，也是调和的表现，如深蓝、淡蓝和浅蓝色配合在一起，会觉得非常舒服和协调。形体调和与色彩调和，都具有差别小、互相类似的特点，没有显著的对比或刺激的变化。因此，调和会产生一种融洽和柔和的效果。

3）调和与对比是相互联系的、不可分割的，调和之中有小的对比，对比本身又是大的调和。没有对比的调和与不调和的对比，都是不美的。只有相互运用调和与对比，才能加强深刻感人的商品陈列效果。

（5）商业空间陈设展示的节奏与比例原则

1）节奏。节奏又称为韵律，它是根据反复、错综和转换、重叠的原理，加以适度的安排，使之产生高低、强弱的韵律。节奏在音乐上表现为一定的节拍，连续发出一群音，并有高低、长短的变化，给人以悦耳的感觉。在造型设计上，节奏表现为线、形、色的反复变化。有时表现为错综交替变化的相同形式，有时又表现为重复出现变化的相重形式。由周期性的相同与相重，构成节奏美。节奏表现为数量上和形式上的律动，有时又是变换的交替，如大海的波浪、重重群山都能使人感受大自然的节奏美。节奏周期性的律动，可以唤起人们激昂、消沉、轻快、缓慢等千变万化的情感，可以调节人们心灵上和精神上的和谐。

2）比例。比例是指形体本身在整体上的长、宽、高所占分量所形成的倍数关系及形象之间位置大小的倍数关系。符合人们习惯认识的倍数关系为正常比例。如果形体组合比例协调，看起来舒服，形态就美。人们在生产实践中发现 1:1.618 的形体很美，即黄金比（又称为黄金分割）。在实际运用中，$1:\sqrt{2}$、2:3、3:5、5:8、8:13、13:21 的比值与黄金比近似，都是良好的比例关系，具有悦目的表现力。

（二）现代商场空间的设计元素

现代商场空间的设计所涉及的不仅是物理环境、空间环境、视觉环境的设计，更是心理环境、智能环境、文化环境的设计。

商场室内设计的主要元素：

1. 流线设计

商场空间是流动的空间，其流线设计包括顾客流线、服务流线及商品流线。空间与空间之间的序列连续及对人流的控制，是现代购物中心室内设计的重要环节，也是商场设计成功的关键。

2. 中庭设计

由于其空间构成元素的多样性及空间尺度的独特性，中庭成为整个室内设计的重点。在设计中应着力体现城市的社区性、节日性及娱乐性，从而成为整个购物中心营造气氛的高潮。中庭的构成元素包括自动扶梯、观光电梯、绿化小品等特定营造气氛的要素。

3. 店面与橱窗设计

店面与橱窗是商业环境中最凝练、最具表现力的"诗化空间"，具有强烈的视觉冲击力。大多数购物中心内的专卖店使用玻璃幕墙作为隔断，开敞的空间与个性化的橱窗展示出商品的时尚信息，刺激人们的购买欲望。

4. 导购系统设计

如果说商场是一部书，那么导购系统就是书的目录，它是指引消费者在商品海洋中畅游自如的导航灯。导购系统的设计应简洁、明确、美观，其色彩、材质、字体、图案与整体环境应统一协调，并应与照明设计相结合。

5. 配套设施设计

配套设施包括公用电话、洗手间、停车场、餐饮设施、室外广场、库房、办公室等。在配套设施的设计中，应对整个购物中心的设计元素进行提炼并予以运用，在满足使用功能的前提下，给人以美的享受。

6. 商场灯光设计

商场的灯光设计分为基本照明、特殊照明及装饰照明设计。基本照明以解决照度为主要目的；特殊照明也称为商品照明，是为突出商品特质、吸引顾客注意而设置的；装饰照明以装饰室内设计空间为主，烘托商业氛围。这三种照明必须合理配置，从视觉上增强商场的空间层次，从而引发消费者对商品的购买欲望。

7. 商场室内环境色彩设计

（1）室内环境色彩设计要点

1）充分考虑功能要求。由于色彩具有明显的物理与心理作用，因此，在进行商场室内环境色彩设计时，应首先考虑功能上的影响，并力争体现与功能相适应的性格和特点。

2）发挥色彩美化功能。要充分发挥商场室内环境色彩的美化功能，且室内环境色彩的配置必须符合形式美学法则，正确处理与协调对比与和谐、主景与背景，以及基调与点缀等色彩之间的关系。

① 定好基调。色彩基调是由画面中最大、人们注视得最多的色块决定的。一般来说，商场室内环境空间中的顶面、墙面、地面，大的窗帘、床罩与台布的色彩，都能构成营销空间环境色彩的基调。

② 处理好统一与变化的关系。从整体上看，商场室内环境空间中的顶面、墙面、地面等可以成为家具、陈设与人物的背景；从局部来看，台布、沙发又可能成为插花、靠垫的背景。因此，在进行商场室内环境色彩设计时，使所有的色彩部件都能构成一个层次清楚、主次分明、彼此衬托的有机体。

③ 注意体现稳定感与平衡感。在一般情况下，商场室内环境色彩应该是和谐与稳定的，中低明度与中低纯度的色彩及无彩色系列色彩就具有这样的特征。比如上轻下重的色彩关系具有稳定感，也容易产生平衡感。

④ 注意体现韵律感与节奏感。商场室内环境色彩的起伏变化要有规律性，以形成韵律感和节奏感。为此，在设计中要恰当地处理门窗与墙、柱、窗帘及周围部件的色彩关系，有规律地布置商场室内环境中的展示陈列设备，有规律地运用室内装饰陈设艺术作品等，以使其环境能产生韵律感与节奏感。

3）巧妙利用建筑材料。利用不同质感的材料以产生的不同色彩效果。

4）努力改善空间效果。由于色彩具有一定的物理和心理作用，因此可以在一定程度上改变其空间形式的尺度与比例关系。

5）注重民族、地区及气候条件的影响。不同的民族、地区，因文化传统的不同，其审美要求也不尽相同，对色彩的喜好往往也存在很大的差异。这些应在商场室内环境色彩设计中有所体现。

（2）商场室内环境色彩设计的特征　在商场室内空间环境设计中，并没有一个固定的色彩使用规则，其室内环境色彩设计应该根据商场室内空间的类型、陈列商品的类型和特点，以及自然灯光及人工照明，来考虑颜色的使用效果。

1）应依据商场经营特色和空间用途设计。经营不同商品的界面（墙面、顶面与地面等）色彩应有所区别，营销空间内的橱柜、货架等陈设色彩也应有所不同。比如经营服饰、化妆用品的环境色彩宜鲜艳亮丽；经营工艺用品、珠宝首饰、钟表等商品应采用柔和、淡雅、宁静的湖绿、浅蓝、淡绿、浅黄等色彩；跳动的颜色适合于流行时装店。

2）应依据商场大小及顾客的心理要求设计。室内环境色彩应依据商场的大小来设计。因为色彩具有扩张感和收缩感的特点，如冷色与深色色调具有收缩感，暖色与浅色色调具有扩张感。另外，表面积大的营销空间界面装饰色彩最好使用非饱和的颜色，而表面积小的陈设物体的色彩最好使用饱和的颜色。

3）应依据商场服务对象的年龄和性格来设计。不同年龄和性格的顾客对室内环境色彩的选择有着明显的差异。比如经营妇女儿童用品的商店、玩具商店等可选择纯度较高的鲜艳色彩，其斑斓的色彩可使其营销空间富有生动活泼的效果；经营中青年妇女用品的商店，色彩宜设计成鲜艳、明快的浅色；经营中老年用品的商店，则应以柔和、静谧和低明度的色彩为主，以使其营销空间显得庄重与沉稳。

4）应注意对比关系的运用。运用色彩对比关系可以取得醒目活跃的空间效果。但营销空间环境中主要色调的变化不能太突然，而应采用过渡与微差的设计处理手法，如应用两三种调和的色彩起到微差的变化，就可使整个环境产生比较柔和、舒适的印象。

三、现代商场建筑室内环境设计的内容

现代商场建筑室内环境设计主要包括商业空间的内、外环境部分。其中，内部环境主要包括营业部分、自选部分、交通部分、服务部分及辅助部分等设计内容；外部环境主要包括建筑外观、入口广场、停车场地及户外设施等设计内容。

商业空间内外环境设计主要包括设计创意、功能布局、流线安排、空间组合、界面处理、色彩选配、采光照明、展示陈列、广告标志、绿化配置、材料选择、设备协调、安全防护、装饰风格与装修做法等。只是风格、规模、性质、特色各不相同的商业营销空间各有侧重而已。

下面将以上内容归纳为空间布局、界面装修与展示陈设三个方面的设计来表述。

（一）空间布局设计

1. 功能空间类型

商场室内的功能组成一般有引导、营销、辅助三部分。其中，辅助部分又分为库房和行政管理、福利、设备用房等。

（1）引导部分　引导部分主要是指商场外部环境的集散广场与室内入口空间。引导部分主要解决出入口人员的疏导、集散、等车、逗留，同时兼顾一些商业性的表演、展示、促销活动，以及非商业性的休闲活动。

（2）营销部分　营销部分是整个商场室内环境的核心。除了销售这一最基本的功能外，营销空间还具有临时储藏、交通、商品展示、休闲、服务等功能，要充分体现出舒适性、安全性和情感性。所以商场室内营销空间部分又可细分为购物空间、交通

空间、展示空间、服务空间和休闲空间等。

1）购物空间。购物空间是整个商场的主体。它由商品置物柜等设施作为空间限定的要素来划分进行商品营销活动的场所，是营销空间的重要组成部分。

2）交通空间。交通空间是指商场内的通道、楼梯、自动扶梯及电梯等设施所用空间。其位置、数量、布置及宽度等均需满足商场内部空间的动线安排与交通组织，使顾客能够轻松、便捷地完成在商场中的各种活动（图3-2）。

图3-2　交通空间

3）展示空间。展示空间是指门面与橱窗，从常规的柜架到地台、墙面及空中挂件，展示的商品从只能观赏到可触摸、可试听、可试用，创造出视觉焦点（图3-3）。

4）服务空间。服务空间是商品销售的辅助空间，如试衣间、听音室、问讯处、寄存处等。

5）休闲空间。休闲空间为顾客提供餐饮、休息、娱乐、文化等场所，点缀以绿化小品，既满足了顾客的需求，也促进了消费。

各功能空间的组织应使顾客流线通畅，通道出入口明确，利于商品的陈列和促销，以及营业员的销售服务。

（3）辅助部分

1）仓储空间。仓储空间包括总库房、分部库房和散仓。总库房一般独立于营销空间之外，储存的商品量多类全，周转时间较长；分部库房可储存一个星期左右销售量的商品，其位置可与营业厅同层，或位于营业厅的顶层或地下层；散仓一般储存不少于当天的销售量。仓储空间布置设计原则如下所示：

① 库房平面。库房的主要出入口应靠近道路，以利于装卸货。库房的平面、空间

图 3-3　展示空间

设计应保证货架安放紧凑合理，以提高商品的保存质量和库房的空间利用率。库房单面采光时，进深不宜超过 12m；双面采光时，进深不宜超过 30m。

② 货架尺寸及走道宽度。货架尺寸一般高为 2.0 ~ 2.5m，宽为 1.8 ~ 2.0m，深为 0.3 ~ 0.9m。库房内的走道有主次之分，主走道应满足小推车运行的方便，宽度为 1.5 ~ 1.8m；次走道宽度为 0.7 ~ 1.25m；电动车通道净宽为 2.5m；货架或堆垛端头与墙面间的通风道宽不小于 0.3m。

③ 库房净高。库房净高是指楼地面至上部结构主梁下底或桁架下弦底面间的垂直高度，应符合下列规定：设有货架的库房净高不应小于 2.1m；设有夹层的库房净高不应小于 4.6m；无固定堆放形式的库房净高不应小于 3m。

2）行政用房。行政管理用房可分为办公用房和会议室两部分。其中，办公用房包括经理室、财会室、业务室、保卫室、行政室、工会及总务等用房，以及员工休息室、中央监控室等服务办公用房。各层的主任室、会计室等则应设在各层营业厅附近；会议室的设置以大小两个为宜，面积按员工数量而定。

3）福利用房。在一些大中型商店，通常设置有休息室、哺乳室、医务室、文娱阅览室、食堂、开水间、浴室、厕所和自行车棚、车库等福利用房。

4）设备用房。设备用房包括配电室、电话总机室、广播室、传送商品设备、通风采暖设备和食品商店的冷藏设备等。某些大型商场还附设有加工厂。有的商场还为货物的装卸、车辆回转、包装的清理回收及后勤生活辅助工作提供了必要的场地。

2. 室内流线组织

（1）流线安排　商场中的流线包括顾客人流流线、职工人流流线和商品物流流线一般水平交通流线、垂直交通流线等。

1）顾客人流流线设计。顾客人流流线设计就是如何引导顾客进入商场，并使顾客顺利地游览、选购商品，灵活地运用建筑面积以避免死角，安全、迅速地疏散人流是设计的主要目标。顾客通道的设计宽度可参照表3-1。

表3-1 顾客通道宽度示例表 （单位：mm）

种类	程度	一般商场通道宽度	百货商场通道宽度
主通道	大	800	1600
	中	1000～2000	1800～3600
	小	3600	4500
次通道	大	600	1200
	中	750～1500	1500～2100
	小	1500	2100

2）职工人流流线和商品物流流线设计。职工人流流线和商品物流流线设计应按其商品种类、营销面积、入口及设施（自动扶梯、电梯、楼梯）等要素的差异而确定，主要有水平、垂直及二者结合三种方式。这些动线应各备出口，以做到互不干扰，又能联系紧密。

3）一般水平交通流线的设计。应通过营业大厅中展示道具及陈列柜橱布置形成的通道宽度，以及与出入口的关系、与垂直交通设置的位置来确立主、次流线的安排，并使顾客能够明确地感知与识别。

4）垂直交通流线的设计。垂直交通流线的设置则应紧靠入口及主流线，且分布均匀、安全通畅，便于顾客的运送与疏散。就商场外部环境来说，根据不同类型商场环境的需要，设置与街道、停车场、公共汽车站等相连的交通动线，从而做到流线通畅。另外，考虑无障碍设计与防火安全通道，满足残疾人使用与建设的安全保护需要。

（2）流线组织　营业大厅的流线是商场空间组织的命脉，既与入口与垂直交通的位置有关，又与营销形式有关。商场的流线组织应力求实现人流路线的均衡性和通畅性，使顾客能在最短的距离内轻松地逛完流线全程。在组织设计时，需注重道路宽度随通道的主、次而变化，还应考虑地面材料组合、照明强弱与出入口的对位关系及垂直交通的设置等。同时，所有水平流线必须与各层的垂直交通联系便利、明确。

1）水平流线的组织。水平流线的组织原则是为顾客提供明确的流动方向和购物目标。对大中型商业空间而言，流线可分为主流线与副流线（图3-4）。

① 主流线。主流线是把人流导向各条副流线和垂直交通系统，起到引导及分流的作用，使顾客能较快地了解各商品区域的特征。

② 副流线。副流线是各商业区域的内部购物流线，它可以明确划分商业营业区的边界。副流线的主要形式与商品布置方式相关，主要有直交式、环绕式、放射式、斜交式和自由式等类型，它们可通过柜台、货架、隔断等的布置来形成。

a. 直交式。直交式的特点是可以使空间简洁，识别性强，不足之处是缺少变化。它一般适用于岛式周边式柜台布局。

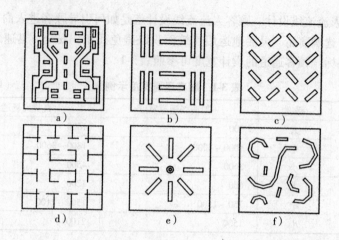

图 3-4　水平流线的组织

a）通道式　b）直交式　c）斜交式　d）环绕式　e）放射式　f）自由式

b. 环绕式。环绕式的特点是空间富有变化。它适用于敞开经营方式和专卖店组合的类型。其中，通道式和直交式较为普遍。

c. 放射式。放射式比较适合集中性强的空间。

d. 斜交式。斜交式是指与平面呈一定角度的流线。它的特点是能够拉长室内视距，形成较为深远的视觉效果，使空间具有变化，但应避免死角的产生。在具体布置划分时，一般是将柜台、货架等设备与营业空间柱网呈45°斜交布置。

e. 自由式。自由式的划分是将大厅灵活分隔成若干个既相对独立且联系方便的部分，空间富于变化而不杂乱。同时，可采用轻质隔断分隔出库房、职工用房及设备室等空间。柜台、货架等可根据人流走向和人流密度的变化，以及商品的特性而自由布置。

2）垂直交通设计。商场中处于不同竖向位置的商店会有不同的竖向便捷度，不同的竖向便捷度对顾客的购物行为与心理对商店的经营影响很大。垂直交通的设置与商业空间的顾客流线设计紧密相关，与空间的布局组织也有着很大的关系。同时，垂直交通对空间气氛影响很大，经过装饰处理，可以使其除了运行功能外，本身也能作为吸引人流的视觉中心，起到点缀、活跃空间的作用（图3-5）。

一般情况下，将主要垂直交通设置

图 3-5　垂直交通

在平面的几何中心。在商场内部，用于主要垂直交通手段和工具包括自动扶梯、电梯、楼梯及坡道等。

① 自动扶梯。自动扶梯常用的使用方式如下（图3-6）：

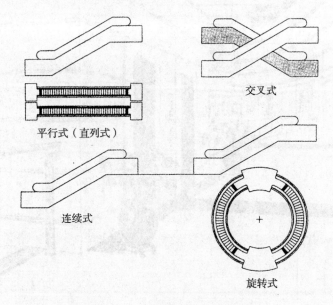

平行式（直列式）

交叉式

连续式

旋转式

图3-6 自动扶梯常见的设置方式

a. 连续式：连续的直线型扶梯只允许在单一方向使用。

b. 叠加式：只在单一方向运行一段距离。

c. 单交叉式：或称为剪刀式，分别在单一方向运行一段距离。

d. 双交叉式：分别在两个方向运行一段距离。

自动扶梯往往设置在中庭交通枢纽及出入口等人流密度较大的地方。它在中庭的布置可分为周边式与穿越式。对于无中庭的商业空间来说，自动扶梯的设置有三种方式：设在平面的几何中心、设在平面的一侧或在商业空间外设交通厅。

② 电梯。商场内部空间在4层以上的一般应设置电梯，将普通客运电梯多与封闭式疏散楼梯联合设置，便于对目的层的直接输送。景观电梯通常布置在室内中庭，具有垂直运输与观光的双重功能，也可以紧贴高层塔楼的外墙进行安装。

电梯的具体设计有着各种技术要求，包括电梯位置应与入口有适当的距离，以免妨碍人流过往和等候，电梯厅应设在不受人流干扰，并位于入口处尽可能看到的位置。同时，电梯厅设计也是一项重要内容（图3-7）。

除了载人电梯，商场中货梯的设计也是一项重要内容。货梯的类型和尺寸通常由货物的种类和尺寸决定。货梯一般设置在卸货入口的附近，以便将货物直接入库。等候厅尺寸至少是轿厢尺寸的1.5倍。

③ 楼梯。目前，载客电梯、自动扶梯成为主要的上行运输工具，而楼梯渐渐只用

图 3-7　电梯厅

于顾客下行时的通道。在商场内部，楼梯有开敞式与封闭式两种（图 3-8）。开敞式楼
梯通常结合商业空间的中庭、大厅或广场进行
设计，设在自动扶梯附近或是与其并置，也可
设在室外，对顾客人流起引导作用。还可将楼
梯与自动扶梯组合设计，并结合不同的交通空
间，设计不同的楼梯。与之相对应的楼梯造型
多样，有单跑、双跑、转角、螺旋、弧形等。

　　楼梯一般只作疏导人流之用，在停电和发
生火灾等特殊情况下起疏散作用，使用人次较
少，在无下行扶梯的商场中，也作下行用。封
闭式楼梯是作为疏散楼梯进行设计的，当建筑
高度超过 24m 时，应按建筑防火规范要求作防
烟处理，并宜将封闭式楼梯布置在易于寻找的
位置，且应有明显的指示标志。

　　一般来说，楼梯的总宽度以最大楼层的建
筑面积为准，按每 100m^2 需 60cm 净宽计算。
楼梯的数量和宽度等应严格按照国家的建筑防

图 3-8　楼梯有开敞式与封闭式两种

火规范执行，并按照该宽度指标结合疏散路线的距离、安全出口的数目来确定。

3）坡道。与楼梯、扶梯相比，坡道应满足无障碍设计的要求，方便老幼病残及输送物品。坡道有很好的视觉效果，但是占地面积较多。残疾人坡道设计常与阶梯并设，坡道要缓，坡度一般不大于1/12，两侧应有保护装置；坡道的起点、终点、转弯处必须设休息平台，每隔9m设一个，宽度需要视环境而定。在室内，单辆轮椅通过的坡道净宽不得小于0.9m。

4）无障碍设计。商场室内营业空间中的无障碍环境设计，体现了一个社会文明的程度。近年来，国内在利用率较高的大型商场室内营业空间中进行了无障碍环境设计，并主要针对那些尚能自己行动，但受环境障碍影响较大的肢体残疾者和视力残疾者，同时为老年人、孕妇、儿童及临时性伤残者提供方便。其设计要点为：

① 出入口应设供轮椅通行的坡道和残疾人通行的指示标志，厅内尽量避免高差。

② 多层营业厅应设可供残疾人使用的电梯。

③ 供乘坐轮椅顾客购物的柜台应设在入口处。

④ 盲人应通过盲道引导至普通柜台。走道四周和上空应避免可能伤害顾客的悬挂物。

另外，垂直交通设施的构件可适当地进行装饰处理。同时，可对楼梯、扶梯的下部或旁侧空间加以利用，如设置水池、雕塑、植物栽种、展示等。

3. 空间布局与设计处理

（1）空间布局 商场的经营环境基本上由营销空间和辅助空间构成。较大规模商场的经营环境可以由营销空间和提供服务的非营销空间、辅助空间及停车场构成，各部分空间比例因商场经营方式、经营规模的不同而不同。

1）营销空间面积所占的比例。商场营销空间面积是由营业员工作现场所占面积与顾客所占的面积两部分所组成。这两部分面积之比，可根据商场营销空间面积、经营的类型、营业现场布置形式，以及顾客流量、购买规律等多种因素而定。如果商场面积大，经营商品花色品种繁多和复杂、挑选性强而且是带有服务设施的专业商店，顾客占用面积的比例应较大；大中型综合商店一般客流量较大，要求顾客占用面积应较大；至于有特定消费对象、参观性不强的专业性商店和小型百货商店、副食品商店，或是经营商品品种单一的专业商店，顾客占用面积可小些。

2）商场室内营销形式。商场室内环境营业场所的布置是指售货柜台、货架和样品橱的设置摆放形式。从绝大多数商场设置情况来看，一般都是前柜台后货架（也就是壁橱），把货架紧靠墙面放置，或利用贴墙壁橱，这种布局较为合理。一般距离货架（壁橱）50～60cm放置柜台。商场室内营销形式主要有以下几种（图3-9）：

① 顺墙式。柜架、货架顺墙排列，又分为沿墙式和离墙式布置。

a. 沿墙式：柜台连续较长，节省营业员人数，但高货架不利于墙上侧窗的开启，不便于采光、通风，在无集中空调的寒冷地区不利于设置暖气片。

b. 离墙式：货架与墙之间可作为散仓，要求有足够大的柱网尺寸，但占用营业厅

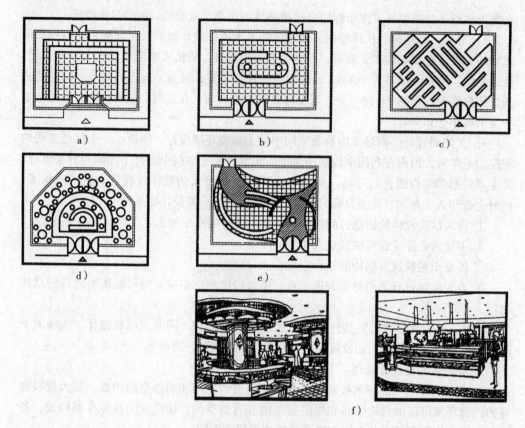

图 3-9　商场室内营销形式

a）顺墙式　b）岛屿式　c）斜交式　d）放射式　e）自由式　f）综合式

面积多，不经济。

②岛屿式。营业员工作空间四周用柜台围成闭合式，中央设置货架，形成岛屿状布置，常与柱子相结合，又分为单柱岛屿式、双柱岛屿式及半岛式。其中，半岛式又分为沿墙式和离墙式两种形式。岛屿式有正方形、长方形、圆形、三角形、菱形、六角形、八角形等多种形式。

③斜交式。柜台、货架与柱网轴线呈斜角布置。斜线具有动感，斜交式的布置方式吸引顾客不断沿斜线方向进行，形成深远的视觉效果，利于商品销售。空间既有变化又有规律性，入口与主通道联系更为直接，方向感强，减少入口人流的淤堵。斜交式通常呈45°布置，这样可避免货柜相交处出现锐角的情形。狭长的小营销空间可采用此种布置方式，以产生拓宽空间、减少狭长感的效果。

④放射式。柜架围绕客流交通枢纽呈放射式布置，交通联系便捷，通道主次分明。各商品柜组应注意小环境的创造，以突出商品特色，避免单调感。

⑤自由式。柜架随人流走向和密度变化及商品划分呈现有规律的灵活布置，使得

空间产生轻松愉快的气氛，但应避免杂乱感，应在统一的环境基调下自由布置。

⑥ 综合式。采用综合式布置形式可更充分灵活地合理利用空间，空间富于变化，增加了趣味性。设计时应考虑影响售货现场布置形式的各主要因素，分析空间特点，并注重功能要求，综合运用多种布置形式，创造出符合商场特性的理想经营环境来。

3）营业厅顶棚高度设计。大型超市、百货商店营业厅层高的确定，与建筑物室内的空间比例、自然通风换气、空调设施、给水排水、烟感报警、自动喷淋、电气设备及灯具布置、吊顶装修风格等都有着密切的关系，营业厅的净高详见表3-2。

表3-2　营业厅的净高

通风方式	自 然 通 风			机械和自然通风相结合	系统通风空调
最大进深与净高比	单面开窗	前面开窗	前后开窗		
	2:1	2.5:1	4:1	5:1	不限
最小净高/m	3.20	3.20	3.50	3.50	3.00

一般情况下，首层大厅的顶棚高度稍高，其他层面的稍低一些；大型商品展示空间顶棚高度宜高，小型商品、精品店顶棚高度宜稍低。

4）柜台间顾客通道宽度的设计原则。顾客通道的宽度是根据经营商品的品种、柜台长度、顾客的人流量来确定的，设计时应加以计算和分析，避免过宽或过窄，确保人流安全、便捷地通过，又不至于浪费面积、造成空旷的感觉。柜台间顾客通道最小净宽见表3-3。

表3-3　柜台间顾客通道最小净宽

通 道 位 置	最 小 净 宽
大型超市敞开柜台之间	1.5m
在柜台与墙或陈列窗之间	2.20m
在两平行柜台之间，两柜台长＜7.50m	2.20m
一侧柜台长7.5~15m，另一侧柜台长＜7.5m	3.0m
柜台长均为7.5~15m	3.70m
柜台长均＞15m	4.0m
通道一端设有楼梯	上下两段之和加1m
柜台与开敞楼梯最近踏步间距	4.0m，且小于楼梯间净宽

5）大型超市、百货商店自选营业厅设计原则。自选厅的面积指标可按1.35m²/顾客计算，如用小车选购按1.70m²/顾客计算。厅前应设置顾客衣物寄存、进厅闸位、供选购用的盛器堆放位及出厅收款包装位等，其面积总数不宜小于营业厅面积的8%。自选营业厅内通道最小净宽视该厅容纳人数而定。

自选营业厅及精品店的货架宽度为 0.40~0.45m，两个货架背靠背或面对面成组排列，并空出顾客取货通道。在货台或货区的范围内，由于商品选择性的强弱会影响顾客滞留时间的长短，所以周围留出的通道宽度宜酌情加宽。

（2）设计处理

1）空间分隔元素。商场空间分隔的手法主要包括利用隔墙，柜台、货架与样品橱，屏风、绿化盆景，镜子和玻璃窗及地台等。

① 利用隔墙。可采用砖隔墙、板条、铝合金和石膏板等材料来分隔空间。前两者封闭性好，如砖隔墙结构牢固，隔声好，属于永久性分隔；后两者施工方便，但封闭性和安全性不及前两者。

② 利用柜台、货架与样品橱等。可采用柜台、货架、样品橱等来进行隔断。这是一种临时性的分隔方法，可根据需要经常改变分隔区域，以使分隔空间连通。

③ 利用屏风、绿化盆景。这种隔断简便、灵活，既可作为半永久性隔断，又可作为临时性隔断，是一种有效的装饰手段。

④ 利用镜子和玻璃窗。这种隔断属于永久性隔断，分隔空间效果明显，又对分隔空间具有较强的装饰作用。巧妙使用镜子和玻璃可达到很好的扩大视觉空间效果（图3-10）。

⑤ 利用地台。这种分隔方式因处在地面上，不够明显，故最好在其上部另有醒目标志，如专门的灯箱、标志牌等。

2）空间联系元素

① 商场各购物空间之间的引导，一般可以通过楼梯、地台、地坪、顶棚、墙面、柜台、货架、样品橱、标牌广告等的连续变化，从一个空间过渡到另一个空间。

② 通过店中街、店中屋、地毯、灯光照明、色彩变化、花卉布置、陈列模特、柜台、橱窗和货架等摆放布置，将两个不同空间联系起来。可以通过借景和漏景方法，使空间引申或渗入到另一空间中去。比如大玻璃窗、推拉活动门、通透橱窗等，都具有空间引导作用。

③ 在商业空间入口处、上下楼梯口、转弯处或交叉处，可利用指示路标、平面图和立体图、霓虹灯广告、灯箱等作为空间连接、过渡的引导物。此外，还可以通过墙壁雕塑、立体雕塑、壁挂等起到空间导向作用。

3）空间的引申和扩展。利用空间对比与衬托，把商场室内有限空间与室外无限空间有机地联系起来，以打破室内空间的限制，从而取得视觉上更为广阔的空间效果与心理感受。

（二）界面装修设计

商场室内的界面装修既要考虑商场营销环境的功能特点，又要考虑商场的经营性质、商品特点、顾客构成等因素。商场营销环境的空间界面装修在造型、色彩、照明、选材、物理环境等方面均应起到展示商品、烘托环境气氛、引导消费的作用（图3-11）。

图 3-10 镶嵌在墙面上的
大镜子具有扩大空间的作用

图 3-11 界面装修

1. 顶面装修设计

顶面应根据设计创意确立其表现的风格，并满足人流导向的要求。顶面设计需要确定其造型、色彩、照明、光影的处理形式。此外，在高档及大中型商场的顶面处理中，还常利用顶层的装饰处理来综合考虑照明、通风、空调、音响、烟感、喷淋等设施，全面地安排照明灯具、通风口及音响系统等设备，并根据声学要求铺放吸声材料、布置反射板等。

（1）顶面装修的类型 顶面装修通常采用平滑式、藻井式、分层式、悬挂式、格子式、波纹式、玻璃顶与暴露式等形式（图 3-12）。商场室内顶面的设计风格不一，流派纷呈，常采用造型、色彩、质感、纹理或图案的变换来追求某种特定的效果，并运用空间层次的错落、折叠、波折、凹凸来丰富顶面的造型。

1）平滑式。平滑式是使用最多的一种顶面装修形式。它既可以用彩色玻璃拼镶成大型的图案，也可以利用装入筒式吸顶灯、射灯等设备来装饰，并且比较容易与其他顶面装修形式结合。平滑式顶面装修的构造简单、外观大方、气氛明快，适用于各种类型的商场室内顶面装修，其艺术感染力主要来自其色彩、质感、分格及灯具等各种设备的良好配置。

2）藻井式。藻井式顶面装修形式是在一个平面上，由井字梁楼盖形成井字格等，可形成很好的图案造型。藻井式可在平面的基础上增加顶面在空间上的变化。它还能在一个个方形、圆形、多边形等形状的藻井内布置灯具、石膏花饰或绘制彩画，设置暗槽反光等内容，从而使商场室内顶面装修在形式上出现生动、美观的艺术效果，表

图 3-12　顶面装修的类型

a）平滑式　b）藻井式　c）分层式　d）悬挂式　e）格子式　f）波纹式　g）玻璃顶　h）暴露式

现出特定的气氛和主题。藻井式顶面装修形式多用于具有中式传统风格的商场室内顶面装修。

3）分层式。分层式顶棚的特点是简洁大方，与灯具、通风口的结合更自然。进行这种顶面装修设计时，要特别注意不同层次间的高度差，以及每个层次的形状与空间的形状是否协调。现在不少商场室内顶面装修中常常采用暗灯槽，以取得柔和、均匀的顶面光线装饰效果。

4）悬挂式。悬挂式顶面装修是在承重结构下面悬挂各种折板、格栅或饰物所形成的悬浮顶面形式。采用这种顶面装修形式既可以满足声学及照明等方面的特殊要求，又可以作为室内空间的主要装饰，从而达到某种特殊的装饰效果。

5）格子式。格子式顶面是以密集的小凹凸来形成装饰效果的，常见的有密肋顶、满天星、条格式、格片式等类型。格子式在层次上比平面式厚重、丰富，格调上也比平面式活泼，虽然没有平滑式显得利落，但也易于与其他顶面装修形式取得协调的视觉效果。

6）波纹式。波纹式顶面装修是一种具有起伏变化的顶面装修形式，包括弧形波状吊顶、彩色挂幔吊顶等形式。通常应用在高大的商场室内空间中，其艺术感染力很强。

7）玻璃顶。大型商场为了满足采光要求，打破空间的封闭感，除了把垂直界面做得更加开敞、通透外，也可以采用整个顶面都采用透明的玻璃顶作为装修形式。只是玻璃顶面装修由于受到阳光直射，容易使室内产生眩光和大量辐射热，一般应采用钢化玻璃、有机玻璃、磨砂玻璃、夹钢丝网玻璃等。玻璃顶面装修形式多用于中庭空间，并与室内景园环境结合，形成丰富多彩的室内空间氛围。

8）暴露式。不少商场室内顶面原有结构本身就极富特色，像人字形钢网架、玻璃天窗、挑廊等，因此顶面结构最好不要过多遮盖，可使其尽量显露出来，由此形成别具一格的顶面装修效果。另外，还可将装修材料或管线不经过吊顶处理，但需要进行一些防漏和色彩处理，使其产生一种朴素、平实的视觉感受。

（2）顶面装修上的设备　商场室内顶面装修除了各种灯具外，通常还配置通风口、烟感器、喷淋头和扬声器。这些配置设备不仅要满足技术上的要求，还要以恰当的尺度、形状、色彩和符合构图原则的排列方式，对顶面进行艺术处理。在门窗的上口，一般装有窗帘、门帘，有的还装有风幕，这些部位在进行顶面装修处理时还需配置窗帘盒及风幕罩等。

2. 墙面装修设计

（1）墙面装修的功能

1）装饰功能。墙面可通过不同材料或同一材料的不同质感来达到某种装饰要求，还可利用色彩的功能及各种装饰品的特点来表达某种设计意图等。

2）采光功能。可在墙上设置各种灯具与造型，或利用墙面的光泽度来达到采光或反光等目的。

3）文字说明功能。利用墙体的高度、灯具、各种装饰材料等，结合各种艺术文字的表达，可以设计各类标语牌、店名、商品说明等。

（2）墙面装修的类型

1）按饰面材料来分。墙面饰面材料可分为涂料饰面、玻璃饰面、壁纸饰面、陶瓷锦砖镶贴面、瓷砖贴面、大理石与花岗石饰面、金属饰面等。

2）按基层材料来分。墙面基层材料可分为混凝土墙体饰面、加气混凝土墙体饰面、石膏板饰面、砖墙体饰面、木基层饰面、金属材料饰面等。

3）按墙体装饰施工工艺来分。墙体装饰施工工艺可分为贴面类饰面、钉铺类饰面、裱糊类饰面、涂刷类饰面、抹灰类饰面等。

4）按饰面装饰效果来分。墙面饰面装饰效果可分为假石、仿面砖、拉条灰等。

5）按材料和施工工艺来分。墙面饰面可分为抹灰类饰面、贴面类饰面、涂刷类饰面、裱糊类饰面、板材类饰面、罩面板类饰面、玻璃幕墙和其他饰面等。

（3）墙面装修的利用

1）贴墙壁橱（货架）。贴墙壁橱（货架）既可作为装饰小品，又可储藏商品，或作为柜台的搭配货架。

2）嵌入式壁橱。嵌入式壁橱是指将壁橱嵌入从顶面至地面的整个墙壁空间，其外表面就是墙面。通常，此壁橱门前饰以与其他墙面一致的墙纸、墙布或专门用玻璃镜面、条块装饰，用以储藏商店经营的各种商品和物品。

3）吊挂橱柜。吊挂橱柜是在接近顶面上方或顶部悬挂一排橱柜，既可活跃装饰气氛，也可作为储存样品来用。

3. 地面装修设计

（1）地面装修的功能

1）创造良好的空间氛围。商场室内地面应与墙面、顶面等界面统一设计，并综合运用色彩、肌理及光影等设计要素，使其与不同类型的商场室内空间的使用性质相协调。

2）保护室内地坪或楼板。商场室内地面装修应保护室内地坪或楼板在装修后不易磨损、破坏，并达到表面平整光洁、易清洁、不起灰的装修目的。由于面层的覆盖，地面装修对楼地面结构层也应起到保护作用。

3）满足室内使用的条件。从人的使用角度考虑，地面装修材料导热系数宜小，以免冬季给人过冷的感觉。考虑人行走的感受，面层材料不宜过硬。有弹性的面层也有利于降低噪声。有水作用的房间，地面应抗潮湿，不透水；有火源的房间，地面应防火、耐燃；有酸、碱腐蚀的房间，地面应具有防腐蚀的能力。

4）达到装饰方面的要求。地面的装饰是整个商场室内环境装饰效果的重要组成部分，要结合商业的空间形态、展示陈设的布置、顾客的行为状况及心理感受、色彩环境与图案要求，质感效果和营销空间的使用性质等诸多因素给予综合考虑，妥善地处理地面的装饰效果与功能要求之间的关系。

（2）地面装修的类型 由于商场室内地面装修材料不直接受到室外日晒雨淋的影

响，有些在室外不宜采用的材料在室内就能得到利用。但是，由于商场室内环境人流大、活动多，其室内地面一般更强调平整、精致，因此室外装修材料中一些表面质感过于粗糙的材料在室内的使用会受到限制。

地面装修材料主要分成两大类，一类是地面饰面安装材料，另一类是现场地面制作材料（可参考本书第七章）。

1）地面饰面安装材料。

① 木地板材料。木地板主要用在一些高档的服装店、酒店包厢等处的地面，能起到冬暖夏凉和美化室内环境的作用。木地板材料又分为两类，一类是实木地板，如粘贴在水泥地坪表面的镶拼狭木条或长条企口木地板，这类木地板质量好，经久耐用，但价格较昂贵；另一类是复合木地板，也有两种，即实木复合木地板和强化复合木地板，前者比后者脚感更舒适、保温性能更好。

② 塑料及胶合面板材料。塑料及胶合面板材料耐磨、耐酸碱，装饰方法简便，且价格较低廉。其缺点是不宜受高温和尖硬物体磨划。塑料及胶合面板装饰材料分为两种，一种是软塑料块材，可用刀剪裁割成所需大小后装饰；另一种是硬质塑料胶合板材，可用刀或切割机裁割，用胶粘剂粘贴。

③ 地砖材料。地砖适合于大多数商场、商店，美观耐用，便于清洗。地砖材料种类较多，除各种釉面砖、缸砖外，目前各建材商店均有专门的地砖出售。

④ 陶瓷锦砖材料。陶瓷锦砖主要用于商店的卫生间、走道的地面装饰。铺贴后图案美观，色彩绚丽，耐酸碱、耐磨损，便于清洗。

⑤ 大理石板块材料。大理石板块材料是较高级的装饰材料，多用于较高档的商场、商店，具有雍容华贵的装饰效果。其色彩和规格有多种，如果室内空间较大，则每块材料的尺寸也可相应大些。

⑥ 人造石材料。人造石材料因其性能接近于大理石、花岗石等天然石材，且价格相对便宜，故现在许多商场、商店都在使用。

⑦ 地毯材料。地毯铺设主要用于高档酒店、高档文化类、娱乐类公共建筑等处。地毯装饰较简便，美观典雅，脚感柔软舒适。使用时，不宜受油污、水渍和火烫的污染。地毯品种较多，有羊毛地毯和腈纶等化纤地毯之分，有圈绒和立绒之别，并且规格、大小不等。

2）现场地面制作材料。

① 彩色水泥地坪制作。彩色水泥地坪的特点是表面色彩绚丽，制作简便，费用低廉。但不耐磨损，尤其地坪表面忌受尖硬物体割划。

② 磨石子地坪制作。其特点是色彩、图案可任意选择，且经久耐用，易于清洗。但施工较难，工序多，时间长。

（3）地面装修的特点　商场室内营销空间地面装修的特点主要表现在耐磨、耐脏、防滑、不起尘及便于清洗，可有多种图案、色彩、材质的组合。地面设计应结合柜台布置形式、顾客通道和售货区，利用不同材料和不同图案、色彩来区分不同的空间，以引导顾客人流和突出室内的艺术效果。

4. 门窗、柱子与隔断的装修

(1) 商场室内门窗的装修 门窗主要由扇和框组成。营销空间中,只有门洞的通道口称为空门洞;只有窗洞的墙体洞口称为空窗洞,或装上装饰配件成为漏花窗。门窗材料主要有钢、木、塑、铝(合金)四大类。

1) 门窗装修的功能。对商场室内营销空间界面装修而言,门窗除了起采光、通风和交通等主要作用外,还具有隔热、保温及不同程度地抵御各种气候变化和其他灾害的功能。此外,门窗的造型和色彩选择对营销空间界面装饰效果的影响也很大。因此,一般都将其纳入商场立面设计的范围进行考虑。

2) 门窗装修的特点。第一,要使商场门窗的朝向和大小服从于使用功能的合理性;第二,要注重商场的门窗对环境气氛的营造,使之更富于情趣;第三,门窗是室内重要尺度的参照物。对原有造型较好的门窗,如拱形、半圆形的门窗,最好不要使其外形轮廓受到影响。相反,对比例、造型欠协调的门窗,既可以改变它们的材质,又可以利用帘布、门框、窗间墙、窗台等统筹处理,加强统一和协调感。

(2) 商场室内柱子的装修 柱子在整个商场室内装修工程中起着很重要的装饰作用,柱体一般都处于商场室内营销空间的显著位置。因此,要求柱子装饰造型准确,工艺处理精细。

1) 柱子装修的功能。柱子除在建筑中承担结构荷载外,还起着分隔或扩大空间的作用。柱体饰面应起到保护柱体的作用。柱面经过装饰变得平整、光滑,不仅便于清扫和保持卫生,而且可以增加光线的反射。比如采用镜面玻璃或抛光不锈钢装饰柱面,均能提高室内照度,保证人们在室内的正常工作和生活。此外,营销空间中,体量较大的柱体还可用来安装照明灯具,用作商品陈列橱窗、柜橱,安装各种广告设施,围合形成商品经营空间等。

2) 柱子装修的方法。柱子装修的设计方法包括两个方面的内容:造型设计和装饰设计。其中,造型设计包括空间组织和商品展示的造型,其形式有:

① 封闭式。封闭式由柜台和后面的展柜(展墙)组成,设计方法有:

a. 岛式与单柱:适于大柱距室内空间布局。

b. 条式与双柱:适于一般柱距室内空间布局。

c. 圆式与多柱:适于密集柱距室内空间布局。

② 开架式。开架式以室内的立柱作为尺度衡量标准进行规划布局,设计方法有:

a. 陈列式与柱看齐:货架(台、柜)的排列是以立柱为基准,用作购物空间、通道的划分。

b. 围合式与柱限定:货架(台、柜)的围合是以立柱为界定,如用作购物空间、通道的组织。

c. 卫星式与柱中心:货架(台、柜)的卫星空间组织是以立柱为中心,作为购物空间、通道的组合。

装饰设计则是烘托购物环境气氛的关键，有以柱子装修为对象的形体塑造，如现代柱式造型与仿古典柱式造型在环境气氛上给人的感觉就不同。前者体现现代科技的发达；后者则体现了具有传统气息的现代风格；有以柱子装修表面维护为目的的，由于柱面使用材料不同，其效果（或气氛）也有所不同。运用艺术处理手法对不同材料进行综合运用，还可以起到"假柱乱真"的效果。

（3）商场室内隔断的装修　隔断是具有一定分隔空间功能和装饰作用的建筑配件，拆装灵活，是建筑中不起承重作用的构件设施。

1）隔断装修的功能。隔断是商场室内营销环境中分隔空间的重要元素。它可以是隔墙、栏杆、构件、罩面、展示道具与绿化小品等。隔断装修的功能主要是遮挡视线，它可以不做到顶，也可以做到顶。商场中不少灵活隔断还可以随意活动，以临时围合空间或室内分隔空间。

2）隔断装修的类型。商场室内环境中隔断装修的类型从隔断的限定程度来分，有空透式隔断和隔墙式隔断（含玻璃隔断）；从隔断的固定方式来分，则有固定式隔断和移动式隔断；从隔断的开闭方式考虑，移动式隔断又有折叠式、直滑式、拼装式及双面硬质折叠式、软质折叠式等种类；从隔断的材料角度来分，则有竹木隔断、玻璃隔断、金属隔断及混凝土花格等。另外，还有硬质隔断与软质隔断、家具式隔断与屏风式隔断等。

一般来说，按隔断的外部形式和构造方式来分，则有通透式、移动式、屏风式、帷幕式和家具式等类型。

3）隔断装修的特征。

① 通透式隔断。通透式隔断主要用于分隔和沟通在功能上既需隔离又需保持一定联系的两个相邻空间，一般用于分隔和沟通室内空间与室外空间，以及用于分隔和沟通开敞式空间（图3-13）。从形式上看，通透式隔断有花格、落地玻璃窗、线帘、隔扇和博古架等；从使用材料上看，通透式隔断有木制、竹制、水泥制品、玻璃制品及金属制品等形式。

② 移动式隔断。由于移动式隔断可以随意分开或闭合，能使相邻的空间独立或合并。因而这种隔断使用灵活，在关闭时，也能起到限定空间、隔声和遮挡视线的作用。移动式隔断的形式很多，按其启闭的方式，可分为拼装式、直滑式、折叠式、卷帘式和起落式；而依据隔扇（板）

图 3-13　通透式隔断

的收藏方式，又可分为一侧收拢或两侧收拢、明置式收拢和隐蔽式收拢等形式。

③ 屏风式隔断。屏风式隔断主要是在一定程度上起到限定和遮挡视线的作用。屏风式隔断的目的包括两方面，一是对大空间进行分隔，从而满足功能分区的要求；二是对空间进行再限定，从而满足人们活动时私密性的心理需求。从设置的角度来看，其特点一是多数不做到顶；二是启闭灵活，安装方便，使用上具有多种功能。屏风式隔断的种类很多，按其安装架立方式的不同可分为三类：固定式屏风隔断、独立式屏风隔断和联立式屏风隔断。

④ 帷幕式隔断。帷幕式隔断的特点在于占使用面积少，能够满足遮挡视线的功能，且使用方便，便于更新。帷幕式隔断分为两大类：一类是用棉、麻、丝织品或人造革等软质材料制成的软质帷幕隔断；第二类帷幕是用竹片、金属片等条状硬质材料制成的硬质帷幕隔断。其固定方法也有两种，一种是直接用螺钉或钢丝等将轨道固定在平顶上；另一种是用吊杆将轨道吊在半空中。此外，也有将轨道固定在墙上的做法，轨道断面呈管形，此时可不设滑轮，而将吊钩的上端直接搭在轨道上。

⑤ 家具式隔断。家具式隔断能够巧妙地把分隔空间的功能与储存物品的功能结合起来，既节约空间，又节省造价，既提高了空间组合的灵活性，又使家具与室内空间相协调。家具式隔断的构造在高度上应根据人体尺度划分层次，以便分类存放物品。长、宽尺寸上要相互协调，还应考虑单面储存、双面储存及纵横布置等要求。

（三）展示陈设设计

商品展示陈设主要是通过视觉传达设计的作用，结合商品同顾客间的交流，把商品正确、有效地介绍给顾客的一种表现方法。其展示陈列的形式主要包括汇集、开放、重点、搭配及样品陈列等，设计的内容包括营销环境的照明、陈列、橱窗与导向等方面。

1. 照明设计

（1）商场室内环境照明的要求

1）室内照明光源的种类。商场室内照明的光源有多种，不同发光原理的光源在色温及决定被照物体颜色的显色性能方面各有其特性。选择光源时，应根据室内空间和商品的特点，注重光源的色温、显色性能、高效、耐用、安全等因素（图3-14）。

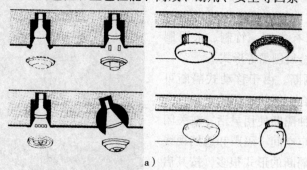

a）

图3-14 室内照明光源的种类

a）吸顶灯

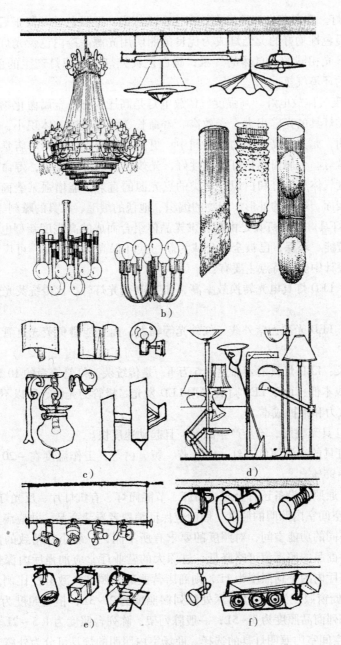

图 3-14　室内照明光源的种类（续）

b）吊灯　c）壁灯　d）移动式灯具　e）轨道灯　f）射灯

① 白炽灯。白炽灯的价格便宜，灯具种类多，显色指数好，但发光效率较低，使用寿命低。它具有加强红色、橘红色和黄色的作用，能使营业空间环境产生温暖、亲切的气氛。

② 荧光灯。管形荧光灯的发光效率比白炽灯高，但显色性要低于后者，目前已有发光效率与显色性均好的荧光灯成为优良的照明用光源。冷白色荧光灯，能使色彩呈现出几乎与日光相同的、自然的气氛；暖白色荧光灯与白炽灯产生的色彩效果相同，呈现出温暖的环境气氛。

③ 高强度气体放电灯。高强度气体放电灯是高压汞灯、金属卤化物灯和高压钠灯的总称。这类灯具的光输出大、光效高、寿命长、结构紧凑、体积小，适用于商场环境的内部照明，尤其在高顶棚的大空间中，更能发挥特长。常用于店堂照明的有荧光灯和金属钠盐灯。金属卤化物灯显色性好，光效比白炽灯高 2 倍，寿命也比白炽灯长得多。高强度气体放电灯和白炽灯之类的点光源的直射，能增强某些商品的质感，如珠宝的微小表面、银器的外形、织物的编织、地毯的绒毛、家具的雕刻等。

④ LED 灯具。LED 灯具是由超导发光晶体组合而成的高亮度新型电光源。它发出的热量少、节能、环保，已被全球公认为新一代环保高科技产品，可广泛应用在商业空间的灯光设计中。其特点主要有：

a. 节能：LED 灯具电光转换效率高，如 LED 荧光灯管，比传统荧光灯省电 80% ~ 85%。

b. 环保：LED 光源无紫外线、红外光等辐射，而且能避免荧光灯管破裂时汞溢出的二次污染。

c. 寿命长：LED 灯具的寿命达到 5 万 h，是传统荧光灯管寿命的 10 倍。

d. 维护成本低：由于 LED 灯具采用 LED 发光二极管为光源，所以不需要经常更换维护，节省人力和维护成本。

e. LED 灯具无叠影，不会产生眩晕，且起动速度快。

f. LED 灯具的光源颜色有红、绿、蓝、黄、白等，工作温度在 - 20 ~ 85℃，工作湿度为 10% ~ 95%。

此外，普通照明设备还有金属格栅灯、节能筒灯、有机灯片、反光灯带等。

2）商业空间室内照明的照度。照度应保证消费者看清商品，并应满足舒适度。不同的商品、不同的功能空间，对照度的要求有所不同，一般小件精致的商品照度值要求较高，大件商品的照度值可略降低，进深大的营业厅堂应加强厅内深处的照度以吸引消费者。若厅内的平均照度为 1L，则商店营业部分照度大致分配比例为：店面照度为 1.5 ~ 2L；橱窗照度为 2 ~ 4L；深处陈列橱照度为 2 ~ 3L；柜台照度为 2 ~ 4L；重点商品、重点陈列商品照度为 3 ~ 5L；一般陈列架、陈列台照度为 1.5 ~ 2L。

3）商业空间室内照明灯具的选择。商场室内照明的灯具可分为外露光源和隐蔽光源两种。

① 外露光源的灯具一般都以荧光灯为主，并配以各种装饰造型的吸顶灯、吊灯、壁灯等。它的亮度比较均匀，能给人一种明亮、华丽的感觉，但会产生一定的眩光。

② 隐蔽光源的灯具则是以点光源灯为主，并配以光带、光檐和发光顶棚等，创造一种舒适、优雅、宁静、悦目的气氛。室内大面积的照明，宜采用光色柔和、照度较

高的荧光灯，配以白炽灯和投影灯等。

③ 在建筑的重点部位，应设置装饰性强的灯具，如吸顶灯、吊灯等，以创造良好的室内环境并突出商店的特色。

④ 在休息厅、过道、电梯间等场所则宜采用隐蔽光源的点光源灯、光带或壁灯等，其照度可以略低一些，这样可以创造一种优雅、宁静的气氛，与明亮的营业厅形成强烈对比。

（2）商场各室内空间照明设计元素　照明设计必须与空间布局、商品构成、陈列方式相匹配，同时，也要与风格表现、气氛烘托相融合，并尽量考虑节能、降低成本、便于操作和维修等因素。

1）商场室内入口的照明。商场室内入口的照明是吸引顾客的重要一环。店面、店标、店门等部位的入口照明设计，应体现商场的经营特点，并充分展示其艺术风格。为此，可在重要的地方设置醒目的和装饰用的灯具进行装饰，并将重点部分，如招牌、标志、铭牌等用灯箱的方法来设计，或者使用自动调光装置，使照明不断变化。主入口处的地面或墙面应配合整体设计，并把入口作为第二橱窗来考虑，强调商品的立体感、光泽感、材料质感和色彩等。

为了避免眩光，在适当加大照度的同时，要注意灯具安放的隐蔽性；闪动式照明可结合店名、店标或简洁的图案设置，起到画龙点睛的作用。应当注意，商场入口的照明效果宜与商场内部的光亮相协调，如果入口太亮，会使人产生商场内部阴暗的不良感觉。

2）商场室内营销空间的照明。

①室内营销空间照明亮度的配置。营销空间的照明要使顾客能很快地了解各售货柜台的位置，并使顾客能顺利走动，选购所需的商品。因此，除了在不同售货处以光线划分其区域外，在考虑商场室内亮度配置时，尽量避免单调均一，而在不同的位置使用不同的亮度，以提高商品的展示效果。

②室内营销空间照明的方式。室内营销空间照明包括一般照明、局部照明、装饰照明和混合照明。

a. 一般照明是指室内全面的基本照明，重点在于与局部照明的亮度有适当的比例，使室内形成一种风格。这种照明要求有较好的照度，且照明均匀，无论是水平面的亮度，还是垂直面的亮度均应一致。营业区与主通道顶面照明应具有不同的特色，以起到标志作用。不同营业柜可选用不同光色、不同亮度、不同布置等方式来加以区别。不同售货场地的顶棚、柱子的照明设计也应与其装修统一考虑，有所区别。一般照明适合使用比较均匀全面的照明灯具，如荧光灯。

b. 局部照明也称为重点照明。为了增强对顾客的吸引力，其亮度应为一般照明的3～5倍。局部照明的效果与商品本身的反射特性及背景特性有关，故应根据商品的种类、形状、大小、色彩和陈列方式来确定照明的方式、角度及灯具等。比如要加强商品的质感和立体感，可采用方向性强的灯具进行局部照明。

c. 装饰照明：为使光线更加悦目，可使用装饰性吊灯、壁灯、挂灯等图案统一的系列灯具，使商场内部的形象统一化，更好地表现具有强烈个性的空间艺术。另外，装饰用的照明灯具最好不要兼作一般照明或局部照明之用，否则会影响商品的陈列效果。

d. 混合照明也是商业照明中常用的方法，但混合不是简单的累加，而是根据照度、均匀度、色温、显色性等照明指标来设计的。同时还要根据一些艺术测评指标（如戏剧性、风格化等），力求达到艺术与技术的统一。

③ 室内营销空间顶面照明的形式元素。

a. 发光顶棚：发光顶棚的构建有两种方式：一种是将灯直接安装在平整的楼板下表面，然后用钢框架做成顶棚的骨架，再铺上扩散型透光材料；另一种是加装反光罩，使光线更集中地投射到发光顶棚的透光面上，以提高发光效率。发光顶棚的构建要满足三个基本条件：一是发光效率要高；二是发光面的亮度要均匀；三是维护、打扫要方便。

发光顶棚内的光源应排列均匀，并保持合理的间距。发光顶棚的优点是使空间内获得均匀的照度，减少或消除室内的阴影。由于荧光灯具有较高的发光效率，故发光顶棚内的光源一般选用荧光灯。发光顶棚的表面材料可选用格栅型构件或漫射性透光板，如有机板、磨砂玻璃等。发光顶棚的亮度一般不宜过大，以避免眩光现象。发光顶棚面积不应过大，最好与其他照明方式结合设计，以避免单调、缺乏立体感。

光带是发光顶棚的一种，当发光顶棚宽度缩小成带状时，且发光面与顶棚表面齐平，这样的发光顶棚则称为光带。其形式和形状多样，可以组合出各种造型和图案，装饰性极强。其表面可以用格栅、透光板，也可以不加遮挡。光带的照明有区域性，所以可以根据空间的使用而特别设置，如在商业空间，可以根据货柜的位置设置，其光源多用荧光灯。

b. 发光灯槽：发光灯槽的做法是利用建筑结构或室内装修对光源进行遮挡，使光投向上方或侧方，并通过反射光，使室内得到照明。由于是间接照明，故能得到柔和、均匀的光环境。运用发光灯槽会使顶部更具有层次感，同时会使整个空间有增高的错觉，但是也会使顶部局部有降低之感。因此，采用发光灯槽的条件是室内空间较高。发光灯槽可以是一层，也可以是多层，主要起装饰作用，不作为营销空间的主要照明，所以在选用光源时，不应采用功率过大的光源。发光灯槽多设置在室内吊顶上，也可以在墙面上运用。在墙面设置发光灯槽要注意光源的位置，避免光源暴露。

同时，为了避免光源暴露在人的视觉范围之内，应使发光灯槽内的光源与槽边保持200～300mm的距离。此外，应考虑发光灯槽距顶部的距离，距离越大，被照射的顶面积就越大，反之就越小。为达到特殊的艺术效果，发光灯槽也可用白炽灯、霓虹灯及发光二极管等其他灯具。

3）商场室内陈列道具的照明元素。商场室内的陈列道具包括陈列橱架、陈列柜台照明。

① 营销空间中陈列橱架照明。应根据橱架上陈列的商品，结合销售安排，采用不同的照明方式。

a. 重点商品必须要用强光，因此使用定点照明灯，使商品更加引人注目，如图3-15所示。

图3-15　定点照明（展示柜中是手表）

b. 对整个陈列面可利用装饰性照明。

c. 采用可调性照明，使整个陈列面的状态处于变化中。

② 营销空间中陈列柜台照明。商品陈列柜台照明灯具的设置，原则上应装设在顾客不能直接看到的地方。手表、金银首饰、珠宝等贵重商品需要装设重点光源。为了强调商品的光泽而需要强光时，可利用定点照明或吊灯照明方式。照明灯光要求能照射到陈列柜的下部。对于较高的陈列柜，有时下部照度不够，可以在柜的中部装设荧光灯或聚光灯（图3-16）。商品陈列柜台的基本照明手法有以下四种：

a. 柜角的照明。柜角的照明是在柜内拐角处安装照明灯具。为了避免灯光直接照射顾客，灯罩的大小尺寸要选配适当。

b. 底灯式照明。对于贵重的工艺品和高级化妆品，可在陈列柜的底部装设荧光灯管，利用穿透光有效地表现商品的形状和色彩。如果同时使用定点照明，可增加照明效果，显示商品的价值。

c. 混合式照明。对于较高的商品陈列柜，如果仅在上部用荧光灯照明，有时下部会出现亮度不够的情况，则可增加聚光灯作为补充，使灯光直接照射底部。

d. 下投式照明。当陈列柜不便装设照明灯具时，可在顶棚上设定点照射的下投式

图 3-16　陈列柜台照明

照明装置。此时为了不使强烈的反射光刺眼，给顾客带来不适，应正确选定下投式灯具的安装高度和照射方向。

为了使店内陈列的商品看起来美观，还应该考虑一般照明和重点照明亮度的比例，使之取得平衡。重点照明时，必须把垂直面照得明亮。

（3）商场室内照明的环境气氛　创造商场室内环境照明的形式多种多样，其环境气氛的设计应与商品的类型、陈列方式及室内设计总体意图相结合。

1）光源与环境气氛。不同的光源会产生不同的环境气氛。例如，在出售手表、宝石、金银首饰等的柜台，为了表现商品的价值与光泽，可以设置定点照明或吊灯照明。这时，吊灯的位置应靠近柜台前沿，避免玻璃面映出灯具而看不清柜台的商品。这种气氛设计需要调动各种物质条件和设计手段来进行创造，如灯光的配合、材料的运用、空间组合的收放、音响效果的渲染和色彩的陪衬等。同时，还应根据商场室内气氛烘托的要求，确定各区域光源的光色及其组合。而光源的光色又与光源的色温相关。一般来说，色温低的光源，如红光、黄光等，会使商店内有一种稳定、温暖的感觉；随着色温的升高，逐渐呈现出白色乃至蓝色，使室内气氛变得爽快、清凉。

2）避免眩光的干扰。为减少顾客的视觉疲劳，可以采用眩光小的一般照明方式，并尽量采用眩光少的灯具，如用格栅灯或反射光槽等方法来遮挡光源，还应注意布光均匀。此外，不要用装饰灯具兼作一般照明和重点照明。一般情况下，亮度高的光源在视线附近时，容易令人产生不舒适的感觉，从而降低视力，长时间照射还会使眼睛疲劳，所以更要注意对光源的遮挡。同时，提高商场室内墙面照度，使营销空间有明亮的感觉，或采用背景照明方式，将商品照射得更加明亮，并且要避免顶棚面与柜台光线的反差过大。

3）营销空间中商品照明的色彩与立体感表现。

① 商品照明的色彩表现。光源的光色和显色对商业气氛和商品的特性等有很大的影响，而商业照明设计原则之一就是将商品的特性表现出来。如何展示商品的特色，应从商品的色彩、质感、立体感等艺术表现的角度，进一步确定所采用的光源。这里应注意，自然色（固有色）的三原色是红、黄、蓝，而光源色的三原色是红、绿、蓝。

此外，还可以通过具有一定光色的光源强化商品的色泽。例如，对于玻璃器皿、宝石、贵金属等商品的照明，应采用高亮度光源；对于布匹、服装、化妆品等商品的照明，宜采用高显色性光源；对于肉类、海鲜、菜果等商品的照明，则宜采用红色光谱较多，或用带有红色灯罩的聚光灯、吊灯等，使之产生新鲜的感觉，以增加顾客的购买欲。而指向性强的光，其光线向一个方向直射，落到物体表面后也以同一方向反射，这种光源在照射商品时会产生明显的阴影，可以较好地表现它们的光泽，适于照射金属或陶瓷制品等。荧光灯等发出的光线较柔和，扩散性强，落到物体表面后向不同方向反射，不易产生阴影，被照射的商品给人以踏实、稳重的感觉，适于服饰、衣料之类的质地表现。

② 商品立体感的表现。对于众多的商品来说，恰当地表现立体感，可以增强商品的吸引力。因此，正确地运用光源在商品物件上所产生的阴影，是表现其立体感的一个重要手段。

为了达到这一目的，首先应恰当地确定物体两侧的明暗差别，当反差小时，阴影不明显，物体表现为扁平状；反差大时，阴影过重，影响空间的气氛。一般将两侧照度之差调整为 1:5～1:3 时，可取得最佳立体感的表现效果。同时，应恰当地确定光线投射的方向，尤其是在使用聚光灯表现模特和雕像等物体的立体感，投射光应从斜上方照射，才能获得自然的表情，若从下向上投射，则会产生凝重而反常的阴影效果。为获取聚光灯最大亮度的效果，可以采用与垂线夹角为 35° 的照射角度，这时，被照射的物件在人的视线方向上所呈现的亮度最大，其立体感也表现得最为清楚。

2. 展示陈列设计方法

展示陈列主要是通过视觉传达设计的作用，结合商品同顾客间的交流，把商品正确而有效地介绍给顾客的一种表现方法。展示陈列的形式主要包括汇集、开放、重点、搭配及样品陈列等，展示陈列的手段主要可归纳为橱窗、道具与空间的展示陈列：

（1）橱窗的展示陈列 橱窗的展示陈列是引导顾客的关键所在。设计时需首先确定陈列的主题，然后选定适宜的形式进行布置，要使橱窗内商品的质感、光感、立体感与色彩能够成功地反映出来。橱窗陈列可分为动态与静态、具象与抽象、调和与对比、变形与夸张等方式。

（2）道具的展示陈列 道具的展示陈列中，要注意道具的尺度、顾客与商品的可视距离，以及商品陈列的角度与数量等问题。同时，陈列要做到整洁、饱满、美观，要突出商品的流行性与时代感，并明码标价、合理配置商品的陪衬物品等。

（3）空间的展示陈列 空间的展示陈列是将商品置于购物空间内，供顾客直接挑选的一种展示陈列方式。陈列中要使商品的形与色同空间陈列的背景既融合，又有所区别，如家具、车辆、服装及部分大件家电等商品均可运用这种陈列方法。

3. 门面设计

（1）门面设计的元素

1）设计应反映商场的经营内容。这要求其门面的外观形象要能充分表现商场的性质，还要反映商场的经营特色，比如是服装、家电等商品的营销环境，还是文具、食品等商品的营销环境。

2）设计应表现商场的风格个性。要敢于创新，善于运用各种富有个性的形象和文字寓意来表现商场的风格与个性（图3-17）。

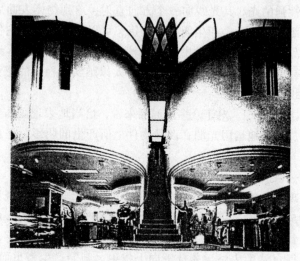

图3-17　门面设计——商场的风格个性

3）设计应展现商场的广告特征。可利用招牌、橱窗与照明为商场的经营和推销商品进行形式各异、独具魅力的宣传广告，以展现出门面设计特有的广告特征。

4）设计应体现商场的流行特色。要考虑顾客的消费心理、时尚的变化及人们审美观念的改变，并据此对门面设计做出具有流行特色的改变。

5）设计应与环境相互呼应。在设计时应将门面和商场纳入一个整体来考虑，以达到与周围的环境和谐相处。另外，在商场周围，尤其是在门面入口处布置些绿化装饰，可使其营销环境周围充满绿色的生机。

（2）门面设计的手法

1）运用夸张的尺度。为强调商场的门面形象，其主要出入口常采用超常的尺度，以夸大入口外形，突出门面形象。比如，通常采用2~4层的高度来强化入口，使之显得高大、雄伟。

2）采用过渡空间。为强调门面形象，在商场的主要出入口采用局部的凸出凹进及增设虚拟空间的处理手法。

3）改变门面色彩与材质。为强调门面形象，在商场的主要出入口采用改变色彩及材质也是常用手法。

4）改变门面周围环境。增辟门前广场、设置水池、门灯、雕塑等建筑外部环境设施。

5）直接利用商品陈列。在橱窗内利用商品陈列反映其经营特色。

6）应用招牌与招幌。应用一些极有特点的门前招牌、牌匾和招幌，以反映经营类别和特色，以达到吸引顾客、突出营销个性的设计意图（图3-18）。

图3-18 门面设计的手法——应用招牌与招幌

4. 橱窗设计

（1）封闭型橱窗陈设设计（图3-19） 封闭型橱窗陈设设计多见于大中型商场，有单面玻璃和多面玻璃等结构形式。单面玻璃是指橱窗的沿街一面装有透明玻璃，两侧和后壁用板材隔离的展货环境；多面玻璃是指橱窗正、侧面均为玻璃，只有靠墙面和后壁用板材分隔。封闭型橱窗陈设可使商品陈列集中又便于应变，顾客观赏商品更直观、更专一，不受环境干扰，可清晰树立商品品牌、传递商品信息。

图3-19 封闭型橱窗陈设设计

（2）通透型橱窗陈设设计（图3-20）　　通透型橱窗是指临街面与后壁面（商场内侧）都装有玻璃，两侧与墙面结合，有的四面都装有玻璃。此类橱窗在形式上是封闭的，但通透感很强，通过两面、四边，都可以清楚地看到广告内容和商品陈列。由于橱窗空间比较宽敞，所以常用来陈列大件商品，如家具、电冰箱、洗衣机、缝纫机、自行车、摩托车等。

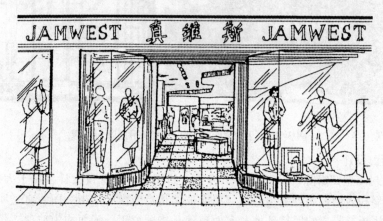

图3-20　通透型橱窗陈设设计

（3）敞开型橱窗陈设设计（图3-21）　　敞开型橱窗是一种没有后壁隔离装置，内部陈设与商场购物环境有机地连在一起的一种橱窗形式。商品陈列主要是靠紧临街玻璃的一边，光线充足、视觉良好，商店内外都能看到商品。这类橱窗不但在一层可以

图3-21　敞开型橱窗陈设设计

设置，在二层也能设置，便于经常更换时令商品，适用于时装屋及古玩、字画、工艺品、旅游用品等商品的展示。

无论是封闭型橱窗还是通透型、敞开型橱窗，其平台高于室内地面不应小于0.20m，高于室外地面不应小于0.50m，橱窗应配套防晒、防眩光、防盗设施。封闭橱窗一般不保暖，其里壁为绝热构造，外表为防雾构造。橱窗剖面构造见图3-22。图3-23为减弱橱窗眩光的措施示意。

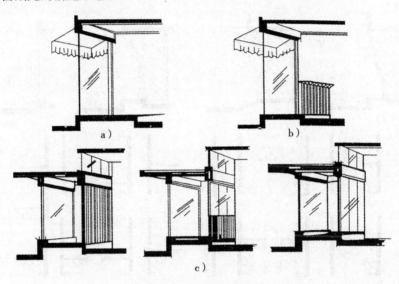

图 3-22　橱窗的剖面构造

a）开敞型　b）半开敞型　c）封闭型

5. 导向设计

（1）导向设计的类型与形式

1）导向设计的类型。

① 内部导向。购物中心、室内商业街及波特曼共享"空间"的出现，既丰富了商场，也增加了顾客对其环境的认知难度。直接、快速、准确地到达自己所希望的目的地，是相当一部分顾客的愿望。

a. 入口导向。入口导向包括总体及各楼层商品营销区位导引、门店招牌、服务设施、经营时间、活动项目、餐饮介绍与展示陈列等。

b. 垂直导向。垂直导向包括电梯升降标识、楼层显示、扶梯显示、安全防护提示等。

c. 水平导向。水平导向包括卖场配置介绍、特卖活动导行、商品专柜导行、专营分店导行，电梯、自动扶梯导行，非常出口导行，服务、收银指引，休息、电话、银行、洗手间、吸烟区、文娱活动、消防系统指示等。

d. 另外，还有供内部环境中车辆行驶指南用的出入口标识，高度限制、车辆出入警告系统，外部导引、空位、满位表示，车位号码、行人注意、缴费处等的内部导向

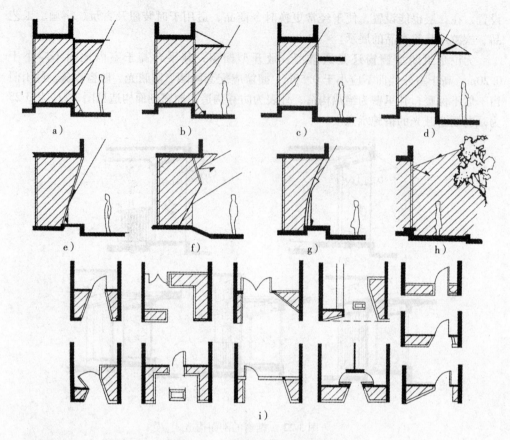

图 3-23　减弱橱窗眩光的措施

识别标识图形设计。

　　② 外部导向。创造一个有特色的店铺外部导向系统，给人以特定的信息刺激，以突出商场自身形象。这种外部导向主要有商场建筑物的标志、店标、店名、店招、幌子、突出型招牌，旗帜、横幅、广告彩旗，POP 广告、广告媒体、宣传招贴、气球旗帜、活动介绍，停车、交通引导，空位、满位标识，商品类别、餐饮、休闲、娱乐介绍等。另外，还有后场的货物搬运入口和防火灾的禁止吸烟、禁止进入、避难场所等的外部导向识别标识图形等。

　　2) 商场导向设计的形式（图 3-24）。

　　① 悬挂式。在大中型商场空间中，悬挂在顶棚上的各类导向识别标志，这种设置形式的特点是醒目，并便于识别。

　　② 立地式。在商场空间中利用各种材料与处理手法制作而立于地面的导向识别标志，其造型形式各异，种类丰富。

　　③ 壁挂式。利用墙面贴挂的各类导向识别标志，它是导向识别标识最主要的形式之一。

　　④ 屋顶式。商场外部设置于屋顶的各类导向识别标志可做得形象独特，极具个性特色。

图 3-24　商场导向设计的形式

a）悬挂式　b）立地式　c）壁挂式　d）屋顶式

（2）导向设计的要点

1）准确性。准确性是指识别图形、符号、文字、色彩的含义必须精确，不会产生歧义。它要典型化，要抓住事物的特征，如出售冷饮的位置多用冷色，出售热饮的地方要用暖色等。

2）清晰性。要求识别标识的图形符号简洁、色彩明朗，尤其是在视觉环境纷乱的地方。其方法是运用对比的原则，以繁衬简，以灰衬亮。

3）规范性。识别标识的图形符号，其文字要规范，不用别字、淘汰字、生僻字，不用非标准符号。此外，识别标识应用标准的图形、色彩、排列、文字字形和位置来统一单位内众多的识别标识图形，从而形成强烈的识别形象。

4）独特性。独特性是指设置方法及设计形象的独特。设置方法有贴、立、挂，平面、立体，雕塑、蜡像，电子屏幕显示等。在识别标识图形符号设计方面也要有个性特点，以便于区别。

5）美观性。美观性是指视觉识别图形符号形象的美，要亲切、可爱，动人、悦目。只有美的形象才能使来宾与客人由衷地产生轻松自然的情绪（图 3-25）。

 领事馆　 音乐厅　 放映厅　 入口　 出口　 紧急出口

 大规模商业设施　 露营地　 旅行代理　 施工中　 服务台　 电梯

 餐厅　 饮茶　 停车场　 自动扶梯　 台阶　 卫生间

 禁止停车　 自行车停放　 禁止停放自行车　 男用设施　 女用设施　 残疾人设施

 国际电话　 电话　 售卖店　 借伞处　 失物招领　 向右转弯

 快餐店　 会议室　 谈话室　 禁止触摸　 禁止停留　 指示方向

 箱体存包　 可饮用水　 吸烟处　 指示方向　 指示方向　 指示方向

 禁止吸烟　 走失儿童认领　 儿童推车借贷　 指示方向　 指示方向　 指示方向

图 3-25　导向识别图形

（3）供残疾人识别的无障碍设计标志　在安全出口、通道、专用空间位置处应设国际通用标志牌以指示方向。标志牌是尺寸为 0.10~0.45m 的正方形，其上有白色轮椅图案，黑色衬底或相反，轮椅面向右侧。加文字或方向说明时，其颜色应与衬底形成鲜明对比。所示方向为左行时，轮椅面向左侧。

四、服务空间设计

（一）顾客用附属设施

在百货商场内，应设卫生设施、信息通信设施及造景小品等，包括座椅、饮水器、废物箱、卫生间、问讯服务台、电话亭、储蓄所、指示牌、导购图、宣传栏、花卉、水池、喷泉、雕塑、壁画等内容（图 3-26），以满足顾客在购物之外的精神需求，延长人们在商场中的逗留时间。如果为增加营业面积而取消顾客用附属设施的设置，会使空间环境质量下降。常见的顾客用附属设施如下：

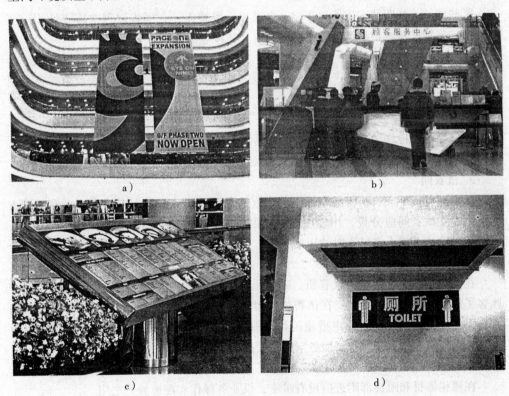

图 3-26　服务空间顾客用附属设施设计
a）宣传旗帜　b）问讯服务　c）导购指示　d）卫生设施

1. 问讯服务台

问讯服务台的主要功能为接受顾客咨询，为顾客指点所需商品的位置，进行缺货登记，服务质量投诉、退换商品服务及提供简单的服务项目，如失物招领，针、线、雨具出借等。其位置宜接近顾客的主要出入口，但又不影响客流的正常运行。

2. 顾客卫生间

大中型商场应设卫生间，且便于顾客寻找，可结合楼梯间设置或与顾客休息处相近，既要方便顾客，又要适当隐蔽。男、女厕所应设前室，内设污水池和洗脸盆，洗脸盆按每6个大便位设1个，但至少应设1个，如果合用前室，则各厕所间入口应加遮挡屏。卫生间应有良好的通风、排气措施。商场宜单独设置清洁工具间。

3. 公用电话

大型商场内可设顾客用公用电话，以方便顾客，提高服务质量。电话可结合顾客休息室或服务台统一考虑。随着城市中移动电话数量的增多，可适当减少公用电话的设置数量。

（二）特殊商品销售需要的设施

某些商品，如服装、乐器、音响、电视机、眼镜等，在销售过程中需要使用一些特殊设施来帮助顾客挑选，以提高服务质量，使顾客满意。

1. 展销处

在商场中，时常会有新产品展销活动或与厂商联合的促销活动。因此，需在营销空间中适当辟出部分空间用于展销。

2. 维修处

维修处用于检修钟表、电器、电子产品等。其用地面积可按每一工作人员 $4 \sim 6m^2$ 计。维修处可与销售商品的柜台结合，根据商场大小，辟出若干柜台用于维修。

3. 试衣间

试衣间可位于成衣销售部附近，结合柜架布置，划分出试衣空间或独立设置试衣间。男、女试衣间应分设，用轻质材料隔断，室内应设有镜子、简易座位、挂衣钩。其空间尺寸应考虑人在试衣时的活动范围。

4. 试音室

在选购乐器、收音机、录音机、唱片、录音带、音响、电视机等商品时，为便于顾客了解商品的音质、音色，在销售柜架附近应设独立的试音室，避免与营业厅空间相互干扰，并采取适当的隔声措施，其面积不应小于 $3m^2$。或在销售商品附近设置听音架，用耳机收听，既节省了服务空间，又避免了相互干扰。

5. 暗室

在照相器材和眼镜部附近应设有暗室，供业务操作和配镜验光之用。

五、休闲空间设计

（一）休闲空间的类型

休闲的方式有多种，商场中的休闲空间分为休息、娱乐、餐饮、健身、文教等空间。每一个休闲空间又可细分出许多不同功能的空间，如餐饮类可分出中式快餐、西式快餐、风味小吃、冷热饮、咖啡厅、茶室等；娱乐类可分出电子游戏、各种棋牌、供儿童使用的游乐场及为老年人服务的休息场所等；健身类可分出台球、保龄球、按摩、徒手健身、简单器械健身等；文教类可分出书店、报纸杂志阅览、绘画、书法、手工艺品、雕塑作品展销等。这些休闲空间的设置适应了不同顾客的需要，使顾客在购物的过程中得到休息、娱乐，并调节身心。其中，文化设施的设置使商场具有文化气息，提高了生活品位。

（二）休闲空间的设计元素

1）在商场中的各休闲空间内，人流流动较快，应注意设置较为开放性的空间，或较多、较大的出入口，以方便人流的及时疏散。

2）室内的空间环境宜雅致清爽，色彩以中性色或稍冷的色调为主，切忌使用明度、纯度很高的颜色，色彩繁杂、鲜艳夺目。

3）商场中休闲空间的设置应根据其规模、环境、经营理念等因素有多种选择。若同时设置多个不同功能的休闲空间，应注意动静分区及其与商场自身的关系。对于可能产生较大噪声的休闲空间，应采取相应的隔声措施，避免对商场的干扰。

4）餐饮类休闲空间应注意厨房的位置，尤其是中式餐馆的厨房，油污垃圾要方便清理。

5）休闲空间在商场中的位置常见于顶层，也可位于商场某一层的适当位置，一般在周边辟出小面积的休闲空间与商场相连通，这样的休闲空间一般为纯休息空间或较为安静的冷热饮、茶室等空间。

6）中庭成为满足人们多方面需求的交往空间。商场中的休闲、餐饮、娱乐、文化设施常与中庭结合布置。人们在购物的间隙，在这里以愉悦的心情享受着环境和服务。

六、现代商场建筑的风水设计

选择经商的店址，民间俗称"选档口"。"档口"位置的好坏，对经营的生意好坏有很大的影响。

1. 动处气盛

在市镇上，人流穿往密集的地方就是繁华的地段。有人就有生气，人越多生气就越旺，就能带来生意的兴隆。在我国的大多数城镇，繁华的地段往往都是集中在 T 字形和 Y 字形的路口处，如果选择在此开店，易受到来自大道的干扰；如若不在此开店，又避开了有利于发财的生气。故而，在这样的情况下，就要采用以下几种消除干扰的方法：

1）加制一个围屏或改为开侧门，以挡风尘。

2）种植树木花草。

3）加强洒水消尘等卫生工作。

2. 堂前开阔

商场选址要求店堂前开阔，接纳八方生气，广纳四方来客。要求不能有任何遮挡物，比如围墙、电线杆、广告牌和过大遮眼的树木等。商场门前开阔，可以使商场面向四方，不仅使视野广阔，也使处在较远的顾客和行人都可看到铺面，这样利于将商店经营的商品信息传播四方，传给顾客、传给行人，商场就会生机勃勃。

对于受遮挡的店铺，必选的对策有四点：一是拆除店前的遮挡物；二是把店牌加大或高悬，使较远的地方都能看到；三是通过媒体或慈善活动提高知名度；四是通过组织各种促销活动来吸引顾客。

3. 色彩吉祥

绿色，象征平和、兴旺；红色，象征幸福、喜庆；黄色，象征光明、辉煌；白色，象征洁净、恬静；黑色，象征悲哀、沉稳。

人们对颜色所表现出来的情感，已经不是简单的颜色欣赏，而是一种寓含着某种人类情感的凭托物，反映了人们的信仰观念。颜色不正，色彩不协调，都会破坏和谐。借助颜色美化商场，借助颜色烘托商场，这是现代商家运筹商场的崭新意识。

4. 人口宽敞

对于经商活动来说，作为出入通道的门做得过小，就会使顾客出入不便。狭小的店门还会造成人流拥挤，拥挤的人流就有可能使一些顾客见状止步，也会因人流的拥挤发生顾客间的讼争等，最终影响商店正常的营业秩序。

5. 经商四忌

1）柜台不要摆放在店面的出口。由于商场内各店间的竞争十分激烈，经营者们为了多卖自己的商品会将柜台摆放在扶梯出口的地方，为的是让顾客一上来就能看到自己的商品，增加自己商品出售的几率。但是这种做法有时候会让顾客很反感，有传销的感觉，并且行走不方便。

2）商场内不要大声播放音乐。商场内要求的是轻松舒适，太过激烈和大声的音乐会使顾客感到不适。放一些轻柔雅致的音乐可以使顾客流连忘返，增加顾客在店中的停留时间，从而增加了顾客消费的可能性，震耳欲聋的音乐对商店的营销只能起到负面影响。

3）现在很多大型商场都设有自动扶梯，但要注意，不要将自动扶梯对着商店的大门，如果已经形成这样的格局，最好不要让顾客一进门就看见扶梯，这是符合传统中"喜回旋，忌直冲"的原则的，否则，对商店的发展不利。

4）靠近商店门口的柜台不宜一字排开正对大门，或虽中间有走道，但两边的柜台仍横排对着大门，这种柜台布置一不利于通行；二不利于向顾客示好。

第三节　餐饮建筑室内设计

一、餐饮建筑的主要类型

餐饮建筑可以从不同角度进行分类。

1. 按餐与饮划分

按餐与饮的不同，餐饮建筑可以分为餐厅与酒吧、咖啡厅及茶艺馆等。

2. 按国家和地区划分

按国家和地区的不同，餐厅可以分为中餐厅、西餐厅、日本餐厅、韩国餐厅及泰国餐厅等。许多国家和地区生活着不同的民族，不同的民族又各自有本民族的餐厅，如中餐除汉族餐厅外，还包括傣族餐厅、藏族餐厅和清真餐厅等。西餐厅更是一个宽泛的概念。西餐厅实际上包括若干欧美国家的餐厅，如法国餐厅、墨西哥餐厅及俄罗斯餐厅等。

3. 一般意义上的地域性餐厅

一般意义上的地域性餐厅多指同一国家或民族中地域不同的餐厅，如我国的东北餐厅、四川餐厅、湖南餐厅、青海餐厅等。

4. 按菜系划分

按菜系的不同，餐厅有京、粤、川、湘、鲁、苏、淮扬等菜系。而这里所说的菜系也可以直接纳入餐厅的名称，如某某粤菜馆、某某川菜馆或某某湘菜馆等。

5. 按主题划分

按主题的不同来划分，餐饮建筑的类型可能更加多样。这是因为主题本身就多种多样，如文学类、历史类、名人类、自然风光类、重大事件类及健康保健类等。于是，便可能出现如咸亨酒店、农家餐馆、足球酒吧等特性更加突出的餐厅类型。

6. 按烹调方式及供应方式划分

按烹调方式及供应方式的不同，餐厅可以划分为正餐厅、快餐厅、自助餐厅、火锅餐厅及烧烤餐厅等。

7. 按小吃类或点心类划分

按小吃类或点心类划分，餐厅可以分为饺子店、生煎包子店、甜品店等。

二、餐饮空间的一般设计原则

餐厅是一个消费场所。设计餐厅的内部环境必须抓住消费者的心理。顾客愿意到哪个餐厅消费，涉及经济能力、口味爱好和餐厅声誉等诸多因素。单从室内环境说，要注意以下两个方面：

（一）提高环境的舒适性

麦当劳、肯德基进入中国市场不久，生意就很火。经调查，消费者喜欢在那里就餐的原因主要是喜欢餐厅清洁明快的环境和感到食品较为安全卫生。这表明，人们来到这里就餐，既要获得放心可口的物质享受，还要获得精神方面的享受。因此，现代餐厅的室内设计，应尽量创造出舒适、卫生、让人身心愉快的环境，使客人在宁静的氛围中从容就餐，或者进行交友、洽谈等活动。

餐厅的面积应根据规模、档次确定。一般情况下，可按每座不小于 $1.0 \sim 1.3 m^2$ 计算。标准过低，会使环境拥挤；标准过高，会造成面积浪费，还会降低服务效率。餐厅应分为不同的区域以适合不同消费对象的需要，各就餐小区应有一定的私密性，顾客的行走路线尽可能与配送餐路线分开，服务路线不宜过长。在大型宴会厅中，最好用配餐廊代替配餐间，以便缩短服务路线，切实保证在较短的时间内把饭菜传递到餐桌上。供应菜肴的出口和回收待洗餐具的入口最好分开，严格遵循洁污分流的原则。还要根据实际需要设置一些附属设施，如衣帽间和休息室等。

（二）突出环境的特色性

当人们把餐饮当做一种享受时，都想选择一个风格特点切合自己心理需求的环境。事实证明，顾客选择餐饮店，除了考虑饭菜质量、安全卫生、价格高低和服务水平等因素外，往往还十分在意环境是否具有鲜明的风格和特点。

三、餐饮空间环境的风格元素

餐饮环境的风格与特色主要表现为民族性、地域性、主题性和时尚性等。

（一）民族性

餐饮环境设计中的民族性，主要体现在如何处理传统与现代的关系，更深一层是如何处理民族文化内涵与表象的关系。也就是说，要在传统与现代、文化内涵与表象之间找到一个结合点，让餐饮空间环境既有民族文化的内涵，又富有现代感。为了便于理解，下面分析一个实例。

北京某酒家是一个中国风很浓的餐饮店。该酒家以名贵的明式家具——鸡翅木餐桌及红木餐椅作为陈设的主体，以古旧格窗装饰墙面，主题墙采用宫墙似的红色，以米黄、棕色相搭配。整个环境既雍容雅致、古香古色、皇家气派十足，也不乏现代的气息，既有中华民族的传统特性，又有北方地区的地域特性。

从这一实例中可以看到文化内涵如何与装饰表象相结合，还可以看到中国传统建筑如何反映出中华民族的哲学思想、伦理观念、思维方式及审美趣味等。

1）中国传统建筑通过表现内外环境的联系，将花、树、石、水等自然景物置于建筑的周围，甚至室内；通过空间的沟通、渗透，运用借景等手法，来体现"虽由人作，宛自天开"的意境；来体现中国哲学思想中人与自然的亲和关系，来反映了天人合一的时空意识。

2）中国传统建筑追求一种沉着稳健、突出轴线、讲究对称的构图方式，并在台基、屋顶、斗拱、彩画、色彩等方面划分出严格的等级。这就体现了中国古代的伦理观念，一种高低贵贱、尊卑有序的观念；一种"淡于宗教"而"浓于伦理"的观念；一种理性与感性统一、技术与艺术统一的观念。

3）中国传统建筑多使用隐喻、象征手法，即相对含蓄的方法，讲究余音绕梁、细细品味，较少使用过于直白的表述，如用"岁寒三友"、"梅兰竹菊"等题材，来表达情感与品性。

（二）地域性

地域性是体现餐厅环境特色、招揽顾客的一个重要概念。因为地域性具有极其丰富的内容，在自然条件方面，有地理气候、名山大川、动物植物、土产特产等；在社会背景方面，有历史古迹、名人轶事、民风民俗、生活方式及民间艺术等。体现餐饮环境的地域性，关键是要做到地域文化内涵与表象的统一，即做到形和神的统一。下面介绍一个实例。

　　某大酒店位于新疆。对于这一地区的设计元素，人们最容易想到的是天山牧场、草地牛羊、民族歌舞及与伊斯兰教相关的文化元素。从图 3-27 可以看出，顶棚具有帐篷的韵味，美丽的亭子和各种装饰符号，都明显地表达出地域特性。

图 3-27　帐篷式的顶棚

（三）主题性

　　现在无论是家装还是公装，个性与主题都是设计师要重点考虑的。餐厅有了主题，就有了灵魂，使客人在品味菜肴的同时，可以品味餐厅的主题文化，这也提升了餐厅的档次。

　　近年来，国内外兴建了不少以体验环境、自然、景色等为主题的大型娱乐型酒店。

例如某体验热带雨林的餐厅，其周围和顶部全是茂密的树干和枝叶；桌边的树丛里还有许多仿真的大象和黑猩猩，在计算机的控制下，它们时不时地发出令人惊恐的吼声，并能做出各种逼真的动作；在雨林深处，有雷鸣电闪，伴随着雷电，还有沙沙的雨声。在这样的酒店进餐，品尝美味佳肴已经不是唯一的目的，体验自然、亲近自然同样是十分重要的。

（四）时尚性

装饰的风格会随着时间的推移、地域的不同而不断变化或更新，在特定的时间和空间中，某些或某种设计思潮、流派与风格可能会占据主导地位，这就体现出一种装饰的时尚性。例如，近年来，改造和利用既有建筑的做法很时尚，有些餐饮企业就是利用旧车间、仓库、民居等改造而成的。还有的是在新建筑的室内再造一个"过去"，如上海的"上海之家"——九车间，它以人们的怀旧心理为时尚，在整个餐厅里，到处可看到从前工厂、金工车间的影子。

四、餐饮空间常用的分隔物类型

（一）建筑构配件分隔空间

1. 列柱和柱廊

图 3-28a、b 是列柱和柱廊分隔空间的示意图。承重的柱子要到顶；不承重的装饰柱也可不到顶，被分空间隔而不断。各式柱子还有装饰价值。

2. 矮墙　图 3-28c 是矮墙分隔空间的示意图。这些矮墙高约 1m，可空可实。材料可为砖、石、木，也可在砖墙外做不同饰面，如贴瓷砖或大理石。矮墙的顶部可以摆花盆或种植花丛，如此，矮墙便成了花槽，环境也会因此而更具魅力。

3. 栏杆

图 3-28d 是利用栏杆分隔空间的示意图。栏杆可由金属、木材、玻璃、琉璃等材料构成，不同质感的栏杆给人带来传统或现代的不同感受。

4. 隔扇

隔扇由若干个单扇所组成。单扇宽约 600mm，下部称为裙板，上部称为格心。格心常用木条构成花格。用于现代餐饮建筑的隔扇大都经过简化和提炼，既有传统隔扇的韵味，又有一定的现代感。

5. 罩

罩是中国传统建筑中常见的空间分隔物。罩有许多种，两侧沿墙、沿柱落地者称为落地罩。由于开口的形状不一，落地罩又可按开口的形状而定名，如圆形开口的称为圆光罩；八角形开口的称为八方罩；花瓶形开口的称为花瓶罩等。传统的落地罩大多用名贵木材制成，其中有些具有很高的艺术价值。还有一种称为飞罩，两侧不落地，因此更显轻盈，对空间的分隔也就更具象征性。飞罩多用硬木雕成，可以雕出藤蔓、葡萄等图案。由于观赏价值高，也有人把飞罩称为花罩。罩可与书画相配，此时，罩会含有更浓的文化韵味。图 3-29 列举了罩的基本类型。

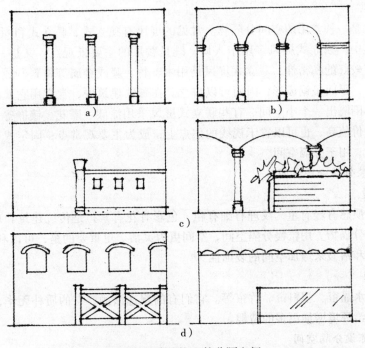

图 3-28　建筑构配件分隔空间
a）列柱　b）柱廊　c）矮墙　d）栏杆

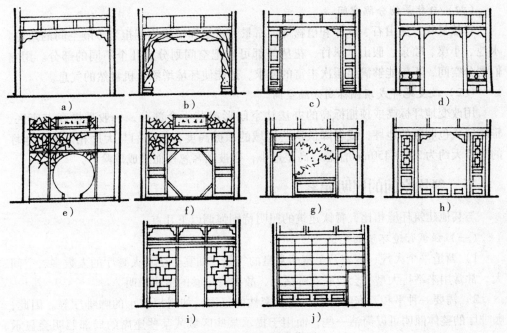

图 3-29　罩的基本类型

6. 屏风

屏风也是一种常用的空间分隔物。常见的屏风有独立式、联立式和固定式。在现代餐饮建筑中,独立式屏风多用于入口,既是餐厅的主要景观点,又是一个遮蔽物,可使内厅有较好的私密性;联立式屏风是用木、竹、藤或金属等材料制成的,数扇相连,打开时,平面呈锯齿形,因而可以自立。在餐饮建筑中,常常用它遮蔽不雅的部分,或临时围隔出一个小空间。有些联立式屏风采用涂漆、雕花、镶嵌等工艺,做工讲究,艺术价值高,也可以置于视线的焦点上,成为主要观赏点;固定式屏风一般起隔断的作用,用于分隔空间。

(二)装饰物分隔空间

1. 帷幔

帷幔的质感有轻有重,纹理有细有粗,色彩有花有素,是传统建筑和现代建筑中常用的空间分隔物。用帷幔分隔空间,空间更为灵活。更重要的是,可以利用其质地、纹理、色彩和褶皱来增加空间的装饰性。

2. 挂饰

挂饰有水晶帘、塑料帘、竹帘等。它们有的飘逸潇洒,有的质朴无华,有的迎光闪烁,能够给环境增加更多的情趣。

(三)陈设分隔空间

陈设是一个十分宽泛的概念,可用架子将各类有一定装饰意义的物件,如陶罐、扇面、灯具等,有序地陈列,既可供人欣赏,也能分隔空间。

(四)自然景物分隔空间

自然景物,如山石、水体和植物等。石景、水景和植物均能担当分隔空间的角色。水池、小溪、喷泉、假山、翠竹、花丛等都可以把空间划分成几个不同的部分。用它们划分空间,不仅能够满足层次丰富的要求,还能使环境增添生机盎然的气息。

(五)改变地坪或顶棚标高分隔空间

用改变地坪标高或顶棚标高的办法让空间形成若干个部分,一般是提高卡座区、雅座区或包厢区的地坪,或者降低这些区域的顶棚高度,使它们与大厅相区别。地坪的高差大约为300~450mm注意,高差过小,会被顾客忽视而造成危险。

五、餐饮空间的照明元素

与其他建筑环境相比,餐饮建筑的照明特别强调以下几点:

(一)强调营造环境的气氛

1)营造一个大气、恢宏乃至富丽堂皇的气氛,如宴会厅及大餐厅的人数多、空间大,常常用来举行大型宴会及联欢等活动,故要有足够的整体照明。

2)需要一种平和、安静、有一点私密性的氛围,如规模较小的咖啡厅等。因此,咖啡厅的整体照明可以简洁一些,而用于提示某些区域或某些座席的局部照明会显示出更大的作用。

3）需要强调个性化，如酒吧的照明，此时的照明已经不再以满足功能要求为主，而是要创造喜庆或安闲、浪漫或富有戏剧性的情调和气氛。在这些空间里，光影变化、灯具造型的奇特都出人意料地受到欢迎。图 3-30、图 3-31 显示了北京某饭店酒吧的照明效果。该酒吧有一个椭圆形的酒吧台，位于大堂的一角，屋顶是一个斜天窗。设计师进行了这样的设计：白天尽量用自然光，使人有置身于庭院之感；傍晚借助带有反射板的卤素灯，形成星光点点的景象；光线温柔而迷人的夜晚，借自控装置将吊灯调暗，突出吧台一侧的松香玉石，凸显琥珀色的柔光。

图 3-30　酒吧照明效果之一

图 3-31　酒吧照明效果之二

（二）重视灯具的造型

不同民族、不同地区的灯具具有不同的风格特点，它是体现餐饮建筑风格特点的有效元素之一。按照一般做法，中式餐厅多用宫灯（图 3-32）；西式餐厅多用枝形晶体吊灯（图 3-33）；日式餐厅多用竹、木、纸等材料制作的日式灯具（图 3-34）；酒吧、

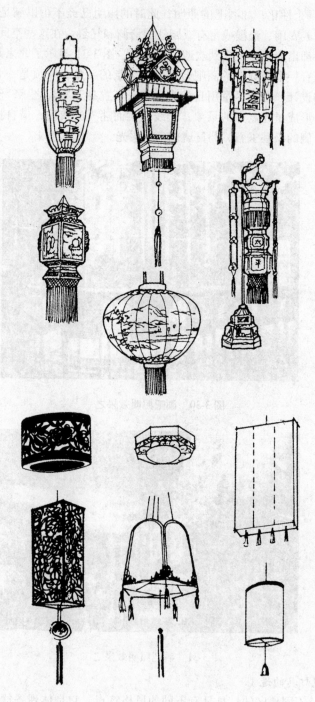

图 3-32　中式灯具举例

咖啡厅的灯具更加讲究个性，其造型可能夸张，可能卡通化，也可能更有戏剧性。

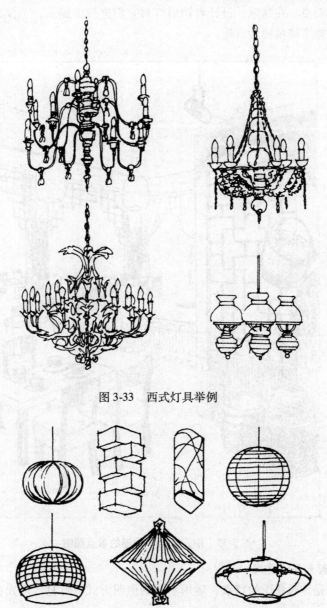

图 3-33　西式灯具举例

图 3-34　日式灯具举例

（三）重视局部照明的作用

　　餐饮建筑中有许多特殊的空间场所及富有特色的陈设，如休息处、收款台、酒吧台、展示区及艺术价值较高的餐具、酒具、雕塑、绘画和各种工艺品等。这些场所和陈设需要特别进行提示，而灯光就是提示它们的一个重要手段。

图3-35 是一处酒楼的内景。从图中可以看出，近处的隔扇及其下的竹篓是该酒楼中一个重要的看点。在这里，设计者用射灯对它们进行了提示，不仅使它们的形象更加突出，也使整个环境更为有趣。

图 3-35 中式隔断与竹篓的重点照明

（四）强调光色的作用

照明设计是针对餐馆的特点，运用不同的照明方式、灯具、灯光色彩进行装饰布置。

在餐饮空间照明设计中，一般说来，白色光和暖色光应用较多。白色光最单纯，也最易控制和把握，但也难以营造出丰富的效果；暖色光能够给人以美感，还能引发人的食欲，形成温馨甚至热烈的气氛。从实际效果看，暖色光宜照射在暖色的物体上，如原色的竹、木及暖色的地毯等，而冷色光则宜照射到冷色的物体上，如金属和冷色的界面等。

（五）重视光影变幻的效果

处理好光影之间的因果关系，可以得到良好的光影效果。光影是一种既朦胧又真切、既抽象又具象的画，它能引发人们的种种联想。光影可以随着光源的变化而变化。因此，光影更有传奇性和灵动性，更显示出光影空间的生命力。

六、餐饮空间的装修

餐饮空间的装修主要是指几个界面的材料与做法。无论是垂直界面，还是水平界面，都要预防机械碰撞、水汽浸入、酸碱腐蚀的可能，顶棚要防止脱落；地面要耐磨、易清洁、易维修，且所有装修都要符合防火规范的要求。另外要特别注意装修的整体效果，顶棚、地面、墙面和柱面，要有一个整体设计；色彩上要有一个基调；造型上要有一个主格调。

（一）墙面、柱面装修

墙面与柱面大体有三类：

第一类是强调造型。这类墙面与柱面多用线脚、凹凸、柱头、拱券等作为造型元素，表现出中式或西式。在中式环境中，多见中式门窗、圆柱、隔扇、罩等构配件；在西式环境中，多见西式门窗、木墙裙、古典柱式和拱券等构配件；图 3-36 是一处欧式古典酒吧内景。该酒吧的墙面有诸多西方古典建筑符号。

图 3-36　欧式古典酒吧内景

第二类是风格相对简约的墙面。这类墙面与柱面没有多少凸凹的造型，饰面材料多为涂料、壁纸、瓷砖、石材及玻璃等，通过材质和色彩来增强墙面的表现力。这类墙面与柱面多见于空间较小的酒吧和西餐厅。在设计时应注意门、窗的造型和排列，尽可能增强门、窗和窗间墙的节奏感并以壁灯、挂画作为点缀，让壁灯、挂画与墙面形成点与面的对比；在墙面上做出较为明显的拼缝，或者专门镶嵌金属线、木线或玻璃条，让平淡的墙面显示出简单的图案（图3-37）。

图3-37　风格相对简约的墙面

第三类是强调自然气息。茶室等餐饮空间常用砖、瓦、块石、卵石、木、竹、藤等材料装修墙面与柱面，有些墙面与柱面可能完全使用清水墙，不抹面也不勾缝，追求的就是朴实无华、返璞归真、自然天成的意境。

（二）地面装修

餐饮空间的地面常用石材、瓷砖、木地板或地毯铺设。

1. 石材、瓷砖

石材、瓷砖铺设的地面应用范围较广，也可以搭配使用卵石和片石，或将石材做出粗细不同的表面，以增加地面的装饰效果。

2. 木地板

木地板地面给人一种优雅、舒适的感觉，较适合高档的酒店和餐厅，如某西餐厅就用木地板装饰了一个日式餐厅，很受好评。

3. 地毯

地毯的脚感更舒适，且其色彩、图案丰富，主要缺点是难以维护，故常常用在宴会厅、贵宾厅或档次较高的包房中。

（三）顶棚装修

餐饮空间顶棚装修的方法有以下几大类：裸露梁架、悬吊饰物和吊顶。

1. 裸露梁架

（1）梁架　梁架一般有钢筋混凝土梁架、钢梁架和木梁架，以及中式古建筑的木式梁架结构。

（2）裸露梁架的原因　裸露梁架，一是显示特殊的风格和流派，如现代主义中的高技派喜欢显示内部构造和管道线路，强调工业技术特征；再如古典主义中的新中式风格，就要显示中国古建筑室内的藻井顶棚。二是为了显示结构的技术美和结构美，显示现代结构中钢梁架与钢筋混凝土梁架共同支撑荷载的力量美；或者通过裸露檩条、椽条等木结构，体现中国传统建筑的神韵与古朴自然的魅力。三是出于文脉的考虑，在改造利用既有建筑的过程中，人们总是希望保留或部分保留原有建筑的结构，显示改造之后的建筑与原有建筑的联系。这种做法反映了现代人对于历史遗存的尊重，也就是对人类文化成果的尊重。

图 3-38 所示为某酒店西餐厅裸露混凝土梁的顶棚。由图可知，餐厅的平面呈扇形。由于结构的需要，其顶板有多条弧形梁和辐射状的梁。设计师没有在梁下做整片的吊顶，而仅仅在靠窗部分做了吊顶，遮蔽了梁身的一部分。这样不仅使空间更加高敞，而且充分显示了弧形梁和辐射状梁的装饰性。

图 3-38　裸露混凝土梁顶棚

2. 悬吊饰物

在屋架或楼板之下悬吊饰物是一种简单、灵活而又有效的装饰方法。在屋架或在楼板之下还可悬吊各式装饰板或装饰元件，这些板材及装饰元件形式多样，可以表达多种理念，还可以部分遮蔽其上的屋架、梁及各种管道，既可增加顶棚的装饰性，又可省工省料，不失为一种事半功倍的手段。

3. 吊顶

常见的吊顶有井格式（顶棚显现大小不一的格子）、跌落式（顶棚一层一层地向下跌落），还有一些曲面、折面等形式（图3-39）。吊顶图案要与灯具、风口、扬声器等相配合。跌落式吊顶会形成或多或少的灯槽，这些灯槽与吊灯、筒灯配合能产生丰富的灯光效果。

图3-39　常见吊顶的基本形式

七、餐饮空间的装饰与陈设

（一）装饰与陈设元素

餐饮空间常用的装饰与陈设有以下类别：

1. 桌椅柜架

桌椅柜架包括餐桌、餐椅、侧柜与展柜等。

2. 古董古玩

古董古玩包括陶瓷器物、青铜器物及各种文物的复制品等。

3. 美术品

美术品包括绘画（油画、水彩、版画、国画等），各种具象、抽象的雕塑和书法（楹联、匾额、条幅等）。

4. 照片

照片包括新老名人照片或新闻照片等。

5. 民间工艺品

民间工艺品包括剪纸、香包、风筝、年画、泥塑、面塑、木雕、骨雕、竹编、藤编、扎染、蜡染、刺绣、织毯等。

6. 古旧什物

古旧什物包括老式留声机、电话、电扇、相机、灯具及陈年广告、海报等。

7. 农牧杂品

农牧杂品包括农具、猎具、渔具、蓑衣、车马配件及农牧产品，如五谷、蔬菜、果品、皮张和翎毛等。

8. 专业用品

专业用品包括军事方面的飞机模型、舰船模型，音乐方面的唱片、光碟、乐器、体育方面的球、拍、棋子、棋盘等。

（二）选用装饰与陈设要注意的问题

1. 服从设计整体思路

要让装饰与陈设符合设计整体思路。例如，对于经营农家菜、粗粮主食的餐厅，应优先选用与农业相关的装饰与陈设；对于民族特色、地域特色的餐饮空间，应优先采用与该民族、该地区相对应的民族工艺品及地方工艺品；对于强调怀旧的餐饮空间，则应多采用反映那个时代背景的物件或照片等（图3-40）。

图3-40　以老照片为主要陈设的餐厅

2. 注重家具样式

餐饮空间中家具数量较多，其款式、材料、色彩、图案会对环境的氛围产生较大的影响。比如某茶馆的散座区采用带靠垫的藤沙发，并搭配明清式样的条案、花几、灯笼和格窗，处处体现出悠然自得的情调和中国传统文化的气息。

3. 体现宁缺毋滥的原则

陈设不宜过多、过杂，力求做到好中选优、格调统一。有时，恰恰是那些平常的、自然的东西，能够使人愉悦甚至陶醉。某素菜馆追赶人们喜欢素食的潮流，演绎回归自然的主题，在入口处用砖石砌了一面文化墙，在墙上镶嵌了若干个形状不同的彩色陶罐，这些陶罐仿佛在提醒人们，"自然的是最健康的"（图3-41）。

图 3-41 陶罐与文化墙

4. 采用适度夸张的手法

餐饮空间可以采用比较新奇、夸张甚至略微怪异的陈设招揽顾客、刺激顾客，达到生意兴隆的目的。例如某菜馆大厅的设计重点是顶棚上一个由竹子编成的大虾笼，它体量大、气势磅礴，极具戏剧性效果，是整个餐厅的视觉焦点。

八、各类餐饮空间室内设计

（一）宴会厅的室内设计

1. 宴会厅的空间构成元素

（1）前厅 多功能宴会厅的前厅，可用来进行接待、登记、分发资料等；主要用于进餐的宴会厅，会在前厅安排咨询、收银等位置；在寒冷地区或有特殊需要时，前厅还可能设置衣帽间和存包处。前厅应有直接通向大厅的出入口。对于宴会厅来说，这样的出入口不应少于 2 个，且应设双向双开门，门的尺度可以大于普通门（图3-42）。

（2）大厅 大厅是进餐或举办其他活动的地方，大厅的周围应有足够的空间存放桌椅和相关的设备。大厅是宴会厅的主要空间，为方便使用、形成氛围，最好用方形或接近方形的矩形平面，其空间处理宜左右对称，以强调庄重的性格并突出舞台的位置。舞台所在的一面是大厅的主要观赏面，应在装修装饰等方面突出其地位。为适应

图 3-42 宴会厅的前厅

多种用途，且方便改变空间的状态，可在大厅中设置拆装式隔断或折叠式隔断。由于人流集中，大厅的周围可设一定长度的服务廊，通过服务廊，设置几个服务门，以保证及时顺畅地传菜和服务。在大厅的周围应设足够的、档次较高的洗手间。

（3）休息室 休息室大都位于舞台附近，是一个供贵宾休息的地方，类似于小型接待室。休息室的主要家具是沙发和茶几等。休息室最好由门厅直接出入，并可直接通向舞台。

（4）舞台 大者称为舞台，小者可称为主席台或礼仪台，是宴会厅中用来举行各种表演、主持会议的地方。宴会厅的舞台不必过分专业，只要具有比较完善的灯光、音响设施和必要的化妆间等即可。

2. 宴会厅的界面装修

宴会厅的功能决定了它应该具有一定的喜庆色彩和华丽的气氛。

（1）墙面 墙面设计可以以开间为单位，采用有规律、有节奏的处理手法，使窗与窗间墙在虚实、色彩、质地等方面形成对比。在装修中，应充分发挥壁柱、窗帘、壁灯、挂画等多种元素的作用。

墙面材料应具有一定的吸声能力，如采用拉毛灰等，或用木、竹、壁纸等质地较软的材料，并使用有较强吸声性能的窗帘。为保护墙面的下部，也使墙面不致单调，可加做墙裙。墙裙的高度应在1.2m以上，常用材料为石材、木材等。墙面与墙裙的色调以偏暖为宜，这种色调会使人感到亲切。西式宴会厅的墙面可以稍微淡雅一些。要注意墙面的质地。面积大的墙面应适当分隔，可以突出不同形式的拼缝，也可以用不锈钢条、铜条等，沿垂直方向或水平方向把墙面划分成大小、形状不同的部分。

（2）顶棚　宴会厅的顶棚对宴会厅的氛围影响极大，要结合灯具等设备精心设计。

宴会厅的顶棚常见的做法：一是利用原有梁架，形成格构式顶棚；或在原有大梁、小梁的基础上，再做一些假梁，形成井格式顶棚。如果设计呈现中国风，还可采用木饰面或油漆彩画等，再在井格的中间或节点上悬挂中式灯具，以体现华丽灿烂的氛围。二是在原结构之下做吊顶，形成几个层次。在空间高敞时，安装大型吊灯；在空间较低时，采用发光槽或发光带，再配以一定数量的筒灯；三是采用玻璃顶棚，要注重顶棚玻璃的清洁与维护。

（3）地面　宴会厅的地面有两大类，一类是满铺地毯，地毯的颜色与图案偏于华丽；另一类是用石材、木材或瓷砖铺砌。铺地毯者，脚感舒适、氛围高贵，但因维修保养等方面的原因，多用于规模宏大、人数较多，但使用频率较低的场所，如国家、省市会堂的宴会厅及大型宾馆的宴会厅等；石材、木材、瓷砖地面适于中小型宴会厅，特别是可以兼作舞厅、展厅的宴会厅。

（二）中餐厅的室内设计

1. 中餐厅的空间构成元素

中餐厅除了具有用于婚宴、寿宴、联欢等活动的大厅外，还应采用栏杆、屏风等划分出若干个小空间，为前来用餐的小群体和个人提供一处相对僻静的环境。餐厅中还应有大小不同、数量不等的包房。图3-43是一个典型的中餐厅的平面图。该餐厅空间形式多样，除大厅、雅间之外，还有大小不一的包房。有些包房具有一定的灵活性，可以通过推拉门隔成独立的两间包房，或把两间合成一间大包房。多数中餐厅的包房设独立洗手间和备餐间。中餐厅的空间组成一般包括：

（1）迎宾台（咨客台）　中等或稍大一点的中餐厅都应设置迎宾台。迎宾台是服务生（专称为咨客）迎接客人的地方，任务是表示欢迎，并将客人引导到座席上。迎宾台的位置在主入口处。主入口有雨篷时，或餐厅位于温暖的南方地区时，可将迎宾台设在门外，否则应设在门内。迎宾台体量不大，造型应该醒目而别致。

（2）门厅及休息处　门厅是人流的集散地，也是客人临时休息的地方。门厅的大小和休息座位的多少视餐厅规模而定。常用的家具是由沙发、茶几组成的沙发组，或是由座椅、茶几组成的椅几组。

作为一个由室外到室内的过渡性空间，作为顾客最先接触的空间，门厅应有一定的装饰性，可以摆放一些具有特色的工艺品，也可以设计喷泉、水池、假山等景物。这样，不仅可以给顾客一个良好的第一印象，还可以缓解等人、等座者焦急的情绪。门厅与大厅之间可以设计装饰性较强的门，也可以设置屏风、景门或落地罩。

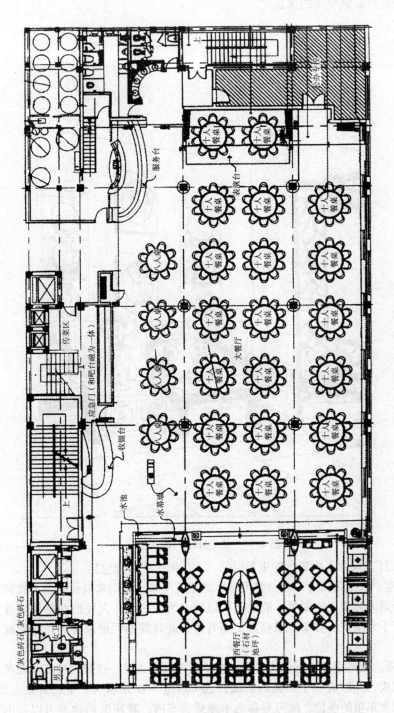

图3-43 典型的中餐厅的平面图

图 3-44 所示为某中餐厅的休息厅。

图 3-44　某中餐厅的休息厅

（3）大厅　大厅是中餐厅的主要空间，大厅的主要部分包括：

1）散座。散座是大厅，也是整个餐厅的主要座席，是用来举行宴会和接待散客的地方。由于国人习惯于吃围餐，故散客区以圆桌为主，而在大厅的两侧或临近窗墙一侧可安置若干方桌或长方桌。餐椅常为高背椅，高背椅不但形象突出，还能减少人们的疲劳。

2）雅座。雅座是在大厅的边角设一些 4 人席或 6 人席，这种席可以用花槽、屏风和栏杆等围成，并形成一个单独的区域，也可以进一步分隔成一个相对独立的座席。后者，很像火车里的座位，故可专称为卡座或火车座。雅座区的地面可以高出大厅或低于大厅。这时，它就更是一个明显的专门空间，气氛也会因此而更加宁静。

3）餐具柜。餐具柜用来存放餐具、酒具、纸巾、牙签等物品，是服务员随时用来为客人提供服务的设施。它常被设计成高为 1m 左右、厚为 500mm 左右的柜子，分散布置在靠墙、靠柱且方便服务员取用而又不影响座席布置的地方。

4）收款台与酒吧台。收款台应靠近入口或位于大厅的中部，其长度视餐厅的规模而定。收款台的后面可设置酒柜，用来陈设各种酒水和饮料。酒柜多用木材和玻璃制作，有的还以镜面玻璃作为主侧板或背板，并加设若干小射灯，从而形成一种琳琅满目的气氛。酒柜中要有一定数量的搁板，以摆放酒水和饮料。葡萄酒以软木为塞，故宜横向存放。酒柜中的部分方形空格，就是用来存放这种酒的。柜台与酒柜之间，应有一定的距离，为方便服务员在其间活动，最小距离不宜小于 1.2m。上述收款台兼有收款、售酒等功能，但并不在柜台前面设吧凳。也有一些餐厅分设收款台与酒吧台，此时的酒吧台即有独立售酒和直接供顾客饮酒的功能。

5）舞台。大厅内应有一个小舞台（也称为礼仪台），供举行庆典时使用，或供小型乐队、歌手等表演时使用。舞台的面积在 20m² 左右。其地面可以高出大厅地面 300~450mm。少数小台也可以与大厅地面平齐。这种舞台可以采用与大厅不一样的地面材料，以便能在一定程度上显示出自身的独立性。舞台的形态有三种：一种是开敞的，即主持人和演员由台前直接上下，这种舞台高约 250mm 或 300mm；第二种是半开敞的，它前有栏杆，主持人和演员可以从左右的台阶上下，这种舞台高约 300mm 或 450mm；第三种是封闭的，它前部设有栏杆，主持人、演员要从后台及侧台走上去，这种舞台面积较大，高约 450mm，台后还设有化妆室。舞台要设计一些较为灵活的装置，再与灯光等相配合，力争产生新颖别致、灵活多变的效果。舞台应尽可能布置在轴线上，减少柱子对视线的遮挡，以便让较多的客人能够看到舞台上的表演和活动。舞台周围，特别是台口，应有必要的专业灯具。当灯光、音响设备比较复杂时，应专设一间声光控制室。

6）洗手间。男、女洗手间的位置应方便顾客使用，但不能直接将进口开在大厅的侧墙上。必要时，可在入口前增设屏风、假山或绿化，用以遮蔽洗手间的入口，并让环境更加生动。

除上述组成部分外，有些餐厅可能还有一些特殊的部分，如供应海鲜的餐厅的大厅一侧要设置海鲜池，设茶市的餐厅应有明档等。

（4）包间

1）餐厅包间的形式。

① 小型包间。小型包间的基本设施为一套十人桌椅和一个餐具柜（图 3-45a）。有些餐厅，考虑到小家庭和部分群体的需求，也设计一些八人、六人甚至四人使用的小包间（图 3-45b）。实践证明，这些座席较少的包间是很受顾客欢迎的。

② 中型包间。中型包间与小包间的差别是另有一个休息处。该处往往有一个可供 4~5 人休息的沙发组。中型包间往往还设有卡拉 OK 装置，也是客人唱歌的地方（图 3-45c）。

③ 大型包间。大型包间的休息处大于中型包间的休息处，其就餐座位可达十二人。大型包间的入口附近还要有一个专供该包间顾客使用的洗手间。这种洗手间只有两件卫生洁具，即便器与面盆（图3-45d）。

④ 可开可合的双桌间。为增加使用的灵活性，可设置一种中间有活动隔断的双桌间，并在包间前后各有一个单扇门，既可单独使用，也可拉开隔断合起来使用（图3-45e）。

⑤ 附带单独配餐间的大包间。这种配餐间与走廊相连，饭菜先送至配餐间的台板上，再由服务生从房内窗口将饭菜送到餐桌上。这种配餐间面积约为 3~4m²，还配有微波炉等临时加热的设备（图3-45f、g）。

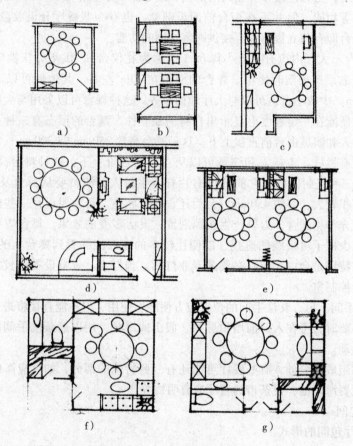

图3-45 不同包间的平面图

2）包间的界面装修。

① 地面。包间的地面多用石材、地砖或木材装修，有的还铺地毯。

② 墙面。包间墙面的造型可结合整体设计，如西式设计可使用古典柱式和拱券；中式设计可使用传统的隔断与罩，以及象征性地使用景窗与景门等。墙面材料不宜过

硬，以免反射声过大，影响环境的声学质量。墙面上的装饰是包间美化的重点，可按风格特征的要求，分别选用具有中国特色的国画、书法、摄影、剪纸、刺绣、蜡染、雕刻与壁挂等，或选用具有西式风格的浮雕、油画等。近年来，人们常用新颖的饰物装饰墙壁，包括在镜框中镶嵌民族服饰、贝壳或干花等。

③ 顶棚。包间的顶棚视面积大小和标准高低而设计。简者，可用平顶；繁者，可设计凸凹变化的造型，并使用线脚、浮雕和织物等。包间可有少量盆栽、雕塑、插花等陈设，其内容和形式要与整体风格相协调。

（5）火锅餐厅　火锅餐厅是中餐厅中一个特殊的门类。由于进餐方式特殊，桌子不宜过大，最好采用四人桌或六人桌。火锅餐厅的空间布置与一般中餐厅区别不大，也可由大厅、雅座及包房组成。火锅厅的大厅不必太大，因为火锅餐厅不大适合婚宴、寿宴等带有庆典性质的活动。多数火锅餐厅的卡座较多。火锅餐厅要解决排烟、排气等问题，一般做法是在顶棚上正对火锅的位置设置排气扇，强制性地排出烟和气。

（6）快餐厅　快餐厅的装修与陈设一定要以简洁、明快、高效为主调，在区域分散、隔断设计、家具选配和色调配置上多下工夫。可以选用塑料桌椅或金属桌椅、简洁的灯具，更要注意门厅和柜台的设计。快餐厅中，柜台前空间较大，同时聚集的人可能较多，宜采用色彩鲜明、美观的图案、醒目的报价牌及多彩的灯饰等给人以强烈的印象。在入口处不妨采用一些夸张的雕塑、卡通画像及食品展台等，形成欢乐友好的气氛。在规模较大的快餐厅中，要充分利用灯箱展示食品、强化标志，使餐厅显示出良好的秩序。

2. 中餐厅的界面装修

中餐厅的界面装修要考虑民族、地域、菜系等因素，装修的基调应该是喜庆和祥瑞。因此，中餐厅的色调往往偏暖，气氛大多华丽。

（1）顶棚　中餐厅的顶棚常被装修成井格式，并带有明清建筑井格顶棚的痕迹，除多用木材饰面外，有时还饰以或简或繁的彩画。有些空间特别是包房，模仿古代民居"露明造"的做法，即把望板、椽条等直接暴露于视野之内。这种木构架古朴典雅，能够给人返璞归真的感觉。

（2）墙面　中餐厅的墙面可以局部采用砖、瓦等材料，有些包房中，墙的下部用青砖，上部呈白色，接近顶棚处局部使用黑瓦小檐口，有粉墙黛瓦之意，能让人联想到清新典雅的民居。

（3）地面　地面色彩以暗一些为宜，以适合人们上轻下重的习惯。图3-46是一个具有浓郁中国传统韵味的中餐厅。顶棚上采用了国人熟悉的花格，包房的正面类似传统的隔扇，墙面的正中是"松鹤延年"的国画。中餐厅的装修不能千篇一律，形成一个定式，成为一个陈腐的套路，应该认识到，反映中国文化的方法是很多的，要在方法上加以创新，使中餐厅的室内设计既是中式的又是现代的。

（4）隔断　中餐厅的空间分隔物首选带有中国传统风味的隔扇、罩、屏风、花格

图 3-46 具有浓郁中国传统韵味的中餐厅

与帷幕等，也可用景窗、景洞等装饰墙面，并应用一些斗拱、彩画、浮雕等装饰。图 3-47 所示的隔断，采用在玻璃上贴金银箔的做法，既有中国传统隔扇的韵味，又有新意和情趣。

3. 中餐厅的装饰与陈设元素

中餐厅的陈设重点体现在中国文化上，又要考虑不同类型的餐厅所特有的个性。因此，在家具、灯具、窗帘、屏风、隔断及各种摆设和装饰都反映中国文化的同时，要结合各餐厅自身的特色，来求得富有个性的设计，通常考虑以下几个方面：

（1）椅子 椅子的造型不仅要符合人体工程学，让人感觉舒适，还要结合各种设计元素（包括风格元素、材料元素、装饰元素等），来选择或设计适合于某餐厅的椅子。比如采用不同装饰元素的木椅、藤椅、竹椅和具有中国文化特点的织物蒙面的餐椅等。

（2）柜台 收银台、餐具柜、消毒柜等也应显示中国传统家具的风采，如有些餐厅采用类似百宝格（博古架）的柜子展示展品，取得了很好的效果。

（3）灯具 中餐厅中的灯具往往以吊灯为主。它们的造型贴近中国古代的宫灯，有些则是稍加提炼与简化。当今的室内设计，格外重视室内的陈设。因为它们能够有效地反映国家、民族和地区的文化传统，使环境凸显自己的特色。

图 3-47 富有新意的中国传统隔扇

（4）艺术品 在中餐厅中，恰当地使用楹联、匾牌等书法艺术，在大厅特别是包房中悬挂中国山水、花鸟、人物绘画，在几案、柜架之上摆放陶瓷、青铜器、盆景等，都是一些很好的方法。

用沥粉彩画等装修界面和构配件，能够形成一种庄重、典雅的氛围。与此氛围相对应，还可选用仿明桌椅、古典几案、书法绘画、楹联匾额、陶瓷器皿、盆景插花、大红宫灯、各式帷幔等陈设，共同打造浓郁的中国风（图 3-48）。

（5）软装饰物 软装饰物，如带有传统图案的丝绸锦缎具有古香古色的特点，用它们缝制靠垫、覆盖座椅等，尤其能够取得画龙点睛的效果。近年来，带有汉字的织物不仅能够增强餐厅的文化气氛，还给人一种新颖、别致、清新的感觉（图 3-49）。

（6）地方特色 各地的风味餐厅种类繁多，陈设的题材涉及各地的文物古迹、名山大川、土产特产、风土人情及名人逸事等。陈设的品类则涉及绘画、雕塑、民间工艺、趣味灯具和地方家具等。例如广州一间专营湖南菜的湘菜馆，以湘绣装饰大厅与包间，柱面、墙面上悬挂众多优秀的、地道的湖南绣品，不仅使环境具有鲜明的特色，

图 3-48　中国风味浓郁的陈设

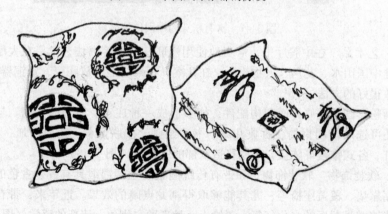

图 3-49　带有汉字的靠垫

还从一个侧面有效地反映了湖南文化的精华。再如各地的川菜馆，常以红色为主调，以川剧人物、当地风光等作为陈设的题材，并常常采用竹藤家具及竹藤编制的灯饰与壁饰。

　　下面是某中餐厅的平面布置图（图 3-50），供读者参考。

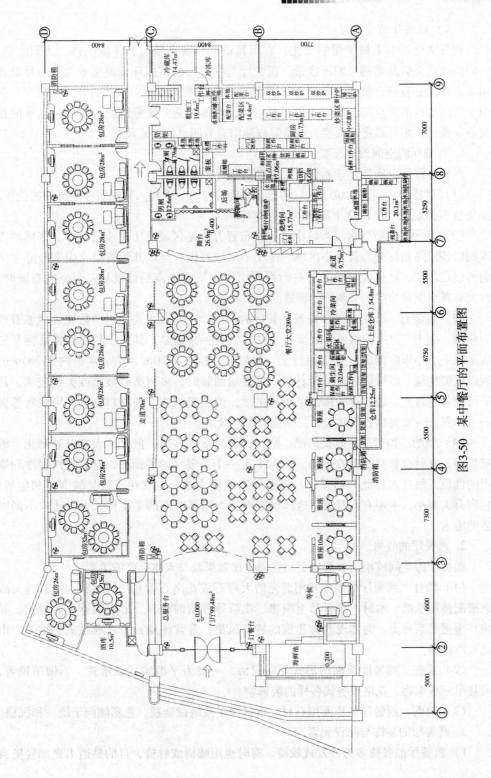

图3-50 某中餐厅的平面布置图

（三）西餐厅的室内设计

西餐文化基本上属于慢餐文化。它用料讲究、餐具精美、环境幽静、情调浓郁，一向为注重生活品质的人们所推崇。西餐厅与中餐厅的室内环境差别较大：一是饮食用餐方式为分餐制，故餐桌多为2~6个座位的方桌或长方桌；二是西餐厅中很少有类似中餐厅那样的大空间，空间体量相对较小，内部多为二次分隔的小空间，追求的是安静、雅致、相对私密的气氛；三是装修装饰带有明显的西式风格。

1. 西餐厅的空间设计元素

西餐厅往往由接待台、就餐区、表演台和酒吧组成。

（1）接待台　接待台位于入口附近，是接待客人、引导入座的服务生所处的位置。接待台不必太大，有1~2个服务生值守即可。

（2）就餐区　就餐区可大可小，一般布置方法是区域的中央座席较多，区域的周围则以各式隔断划分为若干小区域。这些小区域可设一组或几组餐桌，用来分隔空间的可以是花槽、栏杆或帷幔。有些时候可以使用椅背较高的沙发椅，当分组布置时，沙发靠背也就成为空间分隔物，围成S形的就餐区。

（3）表演台　表演台可以设置于餐厅的一端、一角或中央，以多数顾客能够看到为原则。由于气氛上的需要，表演台上往往只有一架钢琴，其大小只要能弹奏钢琴和满足歌手、小乐队的演出要求就行了，面积可以控制在20m²左右，高度约为300mm。台面可铺地毯，也可铺装玻璃等材料。用玻璃铺装时，多用磨砂玻璃或夹膜玻璃，其下可设各色灯光。表演台的顶部可单独吊顶，使用吸声较好的材料，也可用织物等做一个伞罩，一来突出台的地位，二来提高吸声效果。

（4）酒吧　西餐厅有时设酒吧，吧台、吧凳形式多样，但尺寸大都已规格化。酒吧售酒，有时也兼有收银的作用。图3-51是一个西餐厅的平面图，它兼有西餐厅和酒吧的性质，故有人称此为西餐吧。该餐厅以散座为主，也有相当数量的卡座和包房。包房有大有小，卡座有方有圆，这样做能够大大增强空间的丰富性，也会适应不同顾客的需求。

2. 西餐厅的装修

西餐厅因空间较小，故装修更加强调整体效果及与人体尺度的关系。

（1）墙柱　西餐厅的墙柱常用磨光的大理石或花岗石等光洁的材料，但有时又故意搭配使用壁纸、木材、涂料乃至织物、皮革等较软的材料，形成质感上的对比，并使环境更具亲和力。为体现西方建筑的特有风格，常常使用西方古典柱式、拱券、山花及线脚等。

（2）顶棚　西餐厅顶棚的形式相对灵活，一般为平滑式或跌落式。不做吊顶者，可悬吊一些织物、花格或各式各样的装饰物。

（3）地面　西餐厅的地面用石材、木材铺平或满铺地毯，色彩倾向于统一和沉稳。

3. 西餐厅的装饰与陈设元素

1）西餐厅的餐椅多为沙发或软椅，有时也用藤椅或竹椅，目的是追求更加轻松自

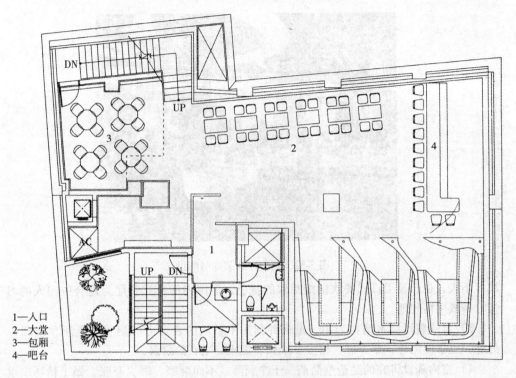

1—入口
2—大堂
3—包厢
4—吧台

图 3-51 某西餐厅的平面图

在的气氛。有些餐椅的造型带有西方古典家具的痕迹。

2）墙壁上多挂西式古典油画、植物，有时还在空间的转角处布置一些西方古典雕塑。

3）由于西餐厅更加追求闲适的气氛，故多用漫射照明和间接照明。吊灯数量相对较少，只在面积较大的空间悬挂一些枝形吊灯。除此之外，更多的是使用灯槽、筒灯、射灯和壁灯。餐桌上大都摆放烛台，使环境更显幽静。

4）西餐厅十分注意餐具、酒具的摆放。台布大多是单色的，如墨绿的、暗蓝的或纯白色，以更好地烘托刀叉、杯盘的精致。

图 3-52 显示了西餐厅的装饰与陈设。

（四）日式餐厅的室内设计

1. 日式餐厅的室内设计特点元素

1）在日式建筑中，空间善于借用自然景色，重视内外空间的联系，建筑空透，可与庭园融为一体，并使用最天然朴实的材料，以求内外交融、天地合一，创造一个宁静、淡雅和空灵的环境。内部空间用隔扇、推拉门、地台、幔帐等进行分隔，分隔物占地面积小。

2）日式餐厅的顾客大多席地而坐，餐桌尺寸小，座席数目少（少者为四人席，多者为八人席），餐桌几乎全为长方形。日式餐具小巧，更换频繁。这不仅决定了餐桌的

图 3-52　西餐厅的装饰与陈设

尺寸不大，也凸显了日式餐饮精细雅致的特色。但国内的日式餐厅为迎合中国人的习惯，一般用椅代地。

3）日式餐厅以木结构为主，重视并利用木材质的表现力（触感、色泽和肌理）。另外，也常使用竹、草、麻、树皮、纸张、泥土、毛石等材料。

4）室内陈设讲究的是造型简洁、干净利落、不尚奢靡、极少夸张、做工精巧、重视细部。无论是插花、盆景，还是家具与灯具，都渗透着一种平静、内敛的神韵。就如新派日式风格家居以简约为主，强调的是自然色彩的沉静和造型线条的简洁。

2. 日式餐厅的空间设计元素

1）日式餐厅往往会用花槽、栏杆、帘子、帷幔、翠竹等将空间分成若干个小空间，或用改变地坪标高的办法增加空间的层次。

2）就餐厅，特别是包房的净高一般以不超过3m为主。日式餐厅的包房与日式住宅很相似，由推拉式格子门进出，包房内使用传统的榻榻米。

3）日式餐厅中几乎都有寿司台。寿司台与酒吧台类似，顾客临台就座，厨师现做现卖。顾客不仅可以品尝可口的食品，也有机会欣赏厨师的技艺。由于寿司台较长，又是一个具有表演性质的舞台，因此，总是被布置到比较引人注目的位置。

4）日式餐厅大都供应铁板烧，铁板料理台同样采取边做边供的方式。

3. 日式餐厅的界面装修元素

（1）顶棚　日式餐厅顶棚的一般做法是采用不太复杂的平滑式吊顶或跌落式吊顶，顶棚上除必要的灯具、风口外，很少有多余的装饰。为了突出寿司台和铁板料理台，与寿司台和铁板料理台对应的顶棚可能下降，也可能悬吊花格或织物。

（2）墙面　日式餐厅最常见的墙面装饰材料是各种乳胶漆和墙砖，尤以暖色调居多。隔墙往往采用木隔断，线脚简洁，多为直线形。从整体上看，日式餐厅喜欢采用木、竹、砖、瓦、纸、藤等天然材料，色彩统一、淡雅，追求古朴、自然的气氛。

（3）地面 日式餐厅用餐空间的地面装饰材料，以各种瓷砖和复合木地板为首选材料。这两种装饰材料都因耐磨、耐脏、易于清洗而受到消费者的普遍欢迎。另外，石材和地毯的使用会让用餐空间的局部地面变得丰富多彩。

4. 日式餐厅的装饰与陈设元素

1）日式餐厅的陈设求精而不求多，很少出现杂乱拥挤的局面。设计者重视文化品位，重视陈设与环境的和谐。

2）陈设主要有书法、纸扇、雨伞、樱花等，同时还常常用翠竹、卵石、白砂、石灯、水钵、水池等装点进餐的环境。

3）灯具是日式餐厅室内设计中一个最有特色，也是最受重视的元素，顶棚上多用日式吊灯或吸顶灯。它们简洁轻盈，往往用竹、木、铁丝、玻璃与纸等材料制作，有些吊灯上还以文字和图案作为装饰。

4）日式餐厅的出入口处很有特点，常见做法是以瓦楞突出于出入口，周围悬挂纸灯，外加一个显示名牌的落地灯箱。有些餐厅的出入口还悬挂牌匾并配置绿化、山石和水景。

5）日式园林独具特色，日式餐厅也常常引进园林要素，如砂砾走道、水景、石灯及枯山水等。图3-53 显示了某日式餐厅的装饰与陈设。

图 3-53 某日式餐厅的装饰与陈设

（五）韩式餐厅的室内设计

韩式餐厅的设计与日式餐厅的设计有一些相似的地方。传统的韩国料理多以烤肉等为主菜，泡菜等配套小菜安排在主菜的周围，器具少，食客皆取对面而坐的形式。因此，韩式餐厅座席多为四人席或六人席。如遇客人很多的团体，便把餐桌串接起来，排成长桌。围绕在餐厅周围的有休息处、备餐间、洗手间和员工休息室。

韩式餐厅在风格取向上也有与日式餐厅相似的地方，那就是反映传统文化、体现自然气息。如图3-54 所示，餐厅室内以橡木和石板铺地，以松木条覆盖顶棚，在适当地方铺设卵石。这些都是韩国园林建筑中常用的做法。餐厅内可使用大量传统材料，如染色的韩纸、实木地板等，还可把菜肴的名称手写在传统式样的木片上，并悬挂于韩式屋顶的瓦当上。墙的下半部，在接近顾客的视线处有手工绘制图案的饰面纸，在灯光的配合下散发出浓浓的传统文化的气息。餐厅还可分设高桌和矮桌，体现了设计者对于不同就餐习惯的兼顾。

图 3-54　某韩式餐厅的内景

（六）酒吧的室内设计

酒吧是一种西式休闲型餐饮空间，就像中国的茶馆。人们到酒吧的主要目的是休闲、聊天、交友、洽谈生意等。因此，酒吧的室内设计特别重视环境的特色和情调。酒吧的设计关键是要有独特的立意，并有能够体现这种立意的形象。

1. 酒吧的空间设计

酒吧有两种基本类型：一种是附属于宾馆、酒店的；另一种是独立设置的。前者有较强的私密性，格调幽静高雅，可以靠近中、西餐厅，形成一个独立的空间；也可以附在大堂周围，成为所谓的大堂吧。在装修装饰方面，应更加幽静；在空间组织方面，应不被公共流线所穿越。为此，可以适当抬高或降低大堂吧的地坪，或者适度降低大堂吧的顶棚，或者用水体、绿化、栏杆等将大堂吧与大堂相分隔。后者在供应酒水的同时，一般还供应各式点心。这类酒吧的空间一般不大，有的甚至只能称为酒廊。图 3-55 所示为一个典型的酒吧平面图，与小型酒吧不同的是，它有一个封闭的贵宾间。

2. 酒吧的装修要点

（1）装修设计的灵魂　个性的风格是酒吧装修设计的灵魂，一个理想的酒吧装修环境需要在空间设计中营造出特定氛围，最大限度地满足人们的各种心理需求。

酒吧也要注重自身特色。它所展现出来的环境舒适感，及此环境空场时和营业时

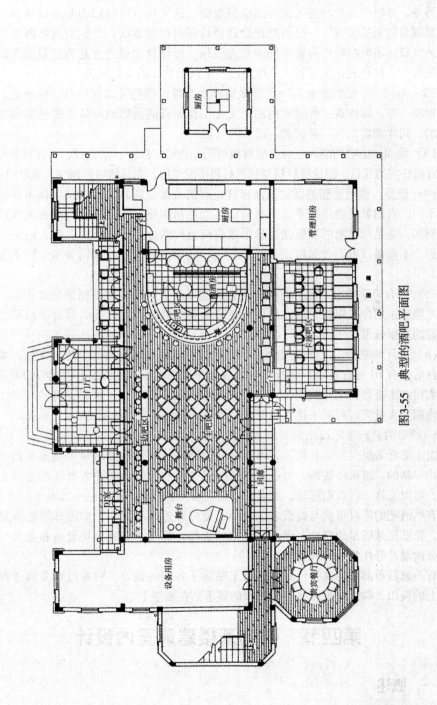

图3-55　典型的酒吧平面图

所蕴涵的、并能被人感受到的"聚"的氛围感和亲和力也是一种装修文化。

另外，酒吧在设计环境气氛方面也很重要，这大致也可以归为基本的风格。灯光始终是调节气氛的关键。一般酒吧都会选择计算机控制系统，令整个酒吧调节出自己需要的气氛。不同时段也需要不同的灯光效果。而材料和颜色也是为气氛服务的，并不需强调什么颜色或什么材料。从而突出一个酒吧整体的文化风格。

（2）地面　酒吧的地面不一定要做得非常平整，颜色可以深一些、暗一些，表面可以粗糙一些，以体现一种随和的酒吧文化。比如有的酒吧地面是由黑色葡萄牙石板铺成的，同样都能烘托一种沉着、稳重的气氛。

（3）墙面　酒吧的墙面也有多种材料可用，青砖、红砖、发光石、文化石等都能显示出自然朴实的气息。把这些材料与其他材料搭配使用，尤其能够得到令人满意的效果。

（4）顶棚　酒吧顶棚的做法灵活多样，有的直接暴露顶部的结构。做吊顶的繁简程度不一，有的就是普通的平顶，有的则可能悬吊织物、花格、植物或各式各色的吊板。例如，某足球酒吧的顶棚就是悬吊黑白两色的六边形吊板，以引起人们关于足球的联想。不做吊顶者，大都将顶部的梁板、管道涂成黑灰色，或用条木、原木等进行装饰。

（5）符合声学要求　酒吧空间要符合声学要求，共享区的顶棚铺贴吸声板，吧台对面的墙面采用冲孔铝板，入口处使用带有图案的墙面砖。此类墙面由于凸凹变化具有良好的声学效果。

（6）大厅的吧台　大厅的吧台是酒吧的核心，酒与灯光相互生辉。例如，某酒吧的吧台后面有 DJ 的背景墙。这面 LED 发光墙可以根据音乐的节拍产生无穷的变化。二楼墙面用红木条和镜面相间组合，节奏感强烈，似乎可以让人感到音符的跳动。整个酒吧使用了大量光纤照明和特殊的照明，使环境充满了音乐的灵动。

3. 酒吧的装饰与陈设元素

由于酒吧最讲究特色和情调，因而酒吧的装饰与陈设也必然是丰富多变的，甚至是不拘一格的。追求传统的，可以在墙壁上悬挂一些与城市历史等有关的老照片；怀旧的，可以安排一些古旧陈设，如老式电扇、留声机和电话机等。

有些酒吧的陈设可能与经营者的经历、爱好和追求相关联，如足球酒吧以足球为中心，张贴足球明星的照片，展示明星的球衣等，乒乓酒吧以乒乓设备和著名乒乓球运动员的照片等作为装饰和陈设。

有一家钱币酒吧，其特色是在墙壁上贴满了各国的钱币，顾客可在品酒过程中欣赏墙上的钱币，临走时也可将自己国家的钱币贴在墙壁上。

第四节　中式茶楼建筑室内设计

一、概述

茶楼的风格多样，尤以中式风格的茶楼最能展示传统茶馆的神韵。中式风格是以明清庭院建筑为代表的中国古典建筑的装饰设计艺术风格，高空间、大进深、气势恢弘、雕梁画栋、瑰丽华贵，一般以天然木材为主要的装饰材料，工艺上坚持返璞归真，室内陈设布局强调对称，多运用龙、凤、鹤、狮、象等吉祥图案。

中式茶楼的设计风格采用融古典与现代于一体的新古典风格或自然风格。设计内容涵盖了庭院、前台、散台、包房、茶席等茶楼必备的设计要点。

中式茶楼的设计类型有：

1. 自然型

自然型的室内设计，重在渲染自然美。比如在品茶室房顶，缀以花草、藤蔓；墙上挂蓑衣斗笠、渔具，甚至红辣椒、宝葫芦、玉米棒之类；家具多选用竹、木、藤、草制品。这种竹屋茅舍式的布置，使人仿佛置身于山乡农舍、田间旷野、渔村海边，有回归自然之感。

2. 文化型

文化型的室内设计有文化特色，给人以较高的艺术感。比如四壁可缀以层次较高的书画和艺术装饰物；室内摆上与茶相关的工艺品，即使是桌椅、茶具，也要从功能与艺术两方面加以选择。但室内的布置与陈设需有章法，不能有艺术堆积、纷杂零乱之感。

3. 民族型、地域型

中国有56个民族，每个民族又有着自己的民族文化和饮茶风情。比如藏族的木楼、壁挂和酥油茶等；蒙古族的帐篷、地毡和咸奶茶；傣族的竹楼、顶棚和竹筒茶。又如富有南国风光的热带林品茶室；富有江南情调的中堂品茶室；富有巴蜀特色的木桌、竹椅和"三件套"的盖碗茶茶室。现在，国外的饮茶文化也已融入，如席地而坐的日式茶座，咖啡与茶交融的欧式咖啡茶室等。

4. 仿古型

仿古型的室内设计布置，目的在于满足部分品茶者的怀古心理。目前，仿古型茶室的布置，大多模仿明、清式样，品茶室正中挂有相关的画轴和茶联，下摆长条形茶几，上置花瓶或仿古品，再加上八仙桌、太师椅，凸显大家气派。

另外，根据经营者的投资多少以及当地的消费水平，还可以将茶楼布置成宫廷型、豪华型等。

二、庭院设计

庭院应与茶楼建筑浑然一体，与茶室装饰风格互为延伸。

庭院是室外空间向室内空间的过渡，兼具安静、私密性强的使用功能和内敛、含蓄的精神功能，屏蔽俗世的喧嚣和飞扬的尘土，达到出则繁华、入则自然的境界。通过庭院内的孔门花窗、小桥流水、回廊等元素，分隔空间的界面，突出空间美。

（一）庭院式样

1. 按地理位置分

按地理位置分，庭院主要有三种类型：北方园林、江南园林、岭南园林。

（1）北方园林　北方园林主要位于北京、西安、洛阳、开封等地，以北京四合院庭院为代表。由于受自然气候条件的限制，院内少有湖泊、园石和常绿树木，风格粗犷而秀美不足。

（2）江南园林　江南园林主要位于苏、浙、沪一带，以苏州为代表。庭院规划深受传统哲学和绘画的影响，注重文化积淀，讲究气质与韵味，追求清新高雅的格调，院景多依地势而建，以自然风光为主体，亭台楼榭错落有致，廊道蜿蜒辗转，重视寓情于景、情景交融，具有诗情画意的意境美和含蓄蕴藉的美感。

（3）岭南园林　著名的岭南园林有广东顺德的清晖园、东莞的可园、番禺的余荫山房等。因地处亚热带，树木繁盛，此种庭院具有热带风光，建筑物较高大宽敞。

2. 按分类布局分

按分类布局分，庭院可以分为三大类：规则式、自然式、混合式。

（1）规则式　规则式庭院为几何图形构图，包括对称式和不对称式。对称式庭院秩序井然、庄重大气；不对称式庭院则显得活泼，较有动感。

（2）自然式　自然式庭院模仿纯天然景观的自然美，在景观营造上，不采用有明显人工痕迹的结构和材料，而是采用天然木材或就地取材。

（3）混合式　混合式庭院兼有规则式庭院和自然式庭院的特点。

（二）庭院设计

1. 设计要点

（1）风格和谐统一　庭院要与周边的环境协调一致，可以通过借景的手法协调；庭院要与茶楼的总体建筑风格相协调，与内部的装饰风格互为延伸；庭院内的各部分空间要相互贯通，过渡自然。

（2）视觉保持平衡　庭院是立体空间，要从多视角进行观赏，庭院内各组成部分的位置、形状、比例和质感在视觉上要达到适宜、平衡。庭院设计要充分利用人的视觉假象，通过远近景观的缩放，或是通过景观周围环境的比例缩放、位置设计，增大庭院的空间感。

（3）动静结合　庭院的面积有限，景观设计可以通过不同组成区间的平衡组合，营造多个观赏点，引导视线往返穿梭，调节出富有节奏的动感。庭院各组成部分的形状和墙体、植被，都是可以利用的因素，如墙体是静态的，墙上开窗或墙侧栽种植物，则增加了墙体的动感。方形、圆形区域可看做静态的，可摆放几把座椅；而狭长的区域则是动态的，可以作为甬道。

（4）色彩冷暖搭配　色彩的冷暖感会影响空间的层次感，亮而暖的色彩有拉近距离的作用，暗而冷的色彩有收缩距离的作用。庭园设计中，把亮而暖的元素布置在近处，暗而冷的元素布置在远处，能取得增加进深的效果。

2. 主要设计元素

（1）墙体

1）墙体的色彩。中国传统建筑在外观色彩上没有过多的颜色，主要是黑、白、灰这三种无彩色系列。北方多以灰色为主，如北京的四合院；而南方则以黑白为主，即黑瓦白墙（图3-56）。

图3-56 黑瓦白墙

2）墙体的装饰。庭院的墙上有洞门、空窗、漏窗。洞门供人出入，空窗用于采光通风，二者又常作为取景框，使人在行走过程中不断获得生动鲜活的画面。墙体上的洞门、空窗、漏窗能够形成虚实对比和明暗对比的效果，使院内景致更加丰富多彩。漏窗有方形、圆形、六角形等样式，窗格的图案有几何形和自然形两类，具有装饰性。

(2) 理水　庭院中以表现静态的水景为主，理水的设计理念是小中见大的缩景艺术。池塘中或养浮莲、或养各种观赏鱼，有的池中建一石砌小桥，池塘边或种植物、或置假山奇石，水映物影，虚实相间，给平淡的庭院增添了动感（图3-57）。常见的理水方法有：

图 3-57　理水增添了动感

　　1）掩映法。掩映法是指运用建筑物或植物，将曲折的池岸加以掩映。例如临水修筑亭、廊、阁、榭，可将前部架空、挑出水上，打破岸边的视线局限，或者临水栽种植物，给人以池水无边的感觉。

　　2）隔断法。隔断法是指在水上架桥或筑堤，用以横断水面，增加景深和空间层次感，使水面显得幽深宁静。

　　3）点破法。点破法适于水面小的池塘，在岸边设千奇百怪、纵横交错的山石，或种植细竹野藤，即使是一湾水池，也会给人幽静、深远的感觉。

（3）植物 植物对庭院内的山石景观起衬托和营造意境的作用，尤其是水景，如果离开植物就少了美感。植物除了衬托景观之外，还有着美好的寓意，如竹子象征气节高尚、松柏象征长寿、莲花和兰花象征品质高洁、牡丹象征荣华富贵、石榴象征多子多孙。庭院中平坦或高低起伏的草皮，也是常使用的元素。庭院内的植物选择标准如下：

1）姿态美。树的形态和质感、树枝的疏密曲直、树叶的形状都要自然优美。

2）色彩美。树皮、树叶、花的色彩要淡雅、美观。

3）气味香。要求气味自然、淡雅，以腊梅、兰花等最为清幽。

（4）砖雕 砖雕广泛用于徽派风格的门楼、门套、门楣、屋檐、屋顶、屋瓴等处。砖雕工艺精湛，线条柔美，富有立体感，使建筑外观庄重典雅。砖雕多采用浮雕、透雕和线刻的手法，雕刻的题材有几何图案、楼台亭阁、飞禽走兽、花鸟虫鱼、园林山水、戏曲故事、八宝博古等图案，也有"福禄寿喜"、"南极星辉"等楹联，具有浓郁的民间色彩。砖雕也指用青砖雕刻而成的雕塑工艺品，如图3-58所示的"百姓朝奉关公"场景。

图3-58 砖雕"百姓朝奉关公"场景

（5）石雕 石雕主要应用于宅殿、寺庙的廊柱、门墙、牌坊等处，多采用浮雕（以浅层透雕与平面雕为主）、立体圆雕的手法，刀法古朴大方，没有木雕与砖雕那么细腻繁琐。石雕的题材受雕刻材料的限制，不比木雕、砖雕复杂，主要是动植物、八宝博古和书法，鲜有人物故事与园林山水。

三、门头设计

门头是茶楼入口处最重要的构成，通过门扇、墙体的形态、色彩、质感，以及中式建筑符号、标识、细节装饰，构成一个注目的视觉信号，完成空间的区分和转换，同时，通过中式装饰语言表达了一种文化诉求。

（一）门头构造

门头的结构和筑法类似于房屋，门扇外面置铁制或铜制的门环。门楼顶部有挑檐式建筑，门楣上有双面砖雕或木雕，一般刻着茶馆的名字和显示茶馆特色、风格的诗句、对联，斗框边饰有花卉和蝙蝠、蝴蝶等图案。有些在大门左右各置一对石狮子或一对抱鼓石，也有的在门两侧摆放石象（图3-59）。

图3-59 门楼

（二）门头式样

中式茶楼门头多取材于民居、宫殿、古典式样门扇，富有传统文化内涵，主要有以下三种风格：

1. 苏派民居风格

苏派民居的门楼重檐飞角，青砖黛瓦，通常在檐、梁、门等部位饰以石雕、砖刻，檐部常悬挂匾额，门柱上挂楹联。例如，悬挂金字匾额、招牌，或是挂"茶"字旗幡，引人注目。

2. 晋式民居风格

晋式民居是典型的砖木结构，斑驳的木门、传统的年画，于质朴无华中透着古朴典雅的内涵，高高悬挂的灯笼成为一抹亮色，让人眼前一亮。

3. 宫廷式建筑风格

宫廷式建筑，如故宫的红漆大门、碗式铜门钉、狮面铜饰，红柱绿瓦，雕梁画栋，金碧辉煌，雄伟气派。

（三）门头设计要点

1. 整体性

门头的风格要与茶楼的总体风格相符合，门的式样要与门头的装饰、材质的色彩等搭配和谐。在门头的整体效果中，灯光的设计很重要，尤其是在晚上，门头的灯光具有照明、引导和指示作用。

2. 独特性

门头的设计能够体现出茶楼的品位和风格。设计独特、精致美观的门头容易给人留下深刻的印象。可以从门头本身的样式，或是通过装饰物加以突出。例如悬挂醒目的灯笼，或挂一杆茶旗，或悬一只造型别致的灯箱。

（四）门头设计元素

1. 匾额

匾额又称为扁额、扁牍、牌额，简称为匾或额。匾额是中国古建筑的必然组成部分，反映建筑物的名称和性质，表达人们义理、情感之类的文学艺术形式即为匾额。一般用以表达经义、感情之类的属于匾，而表达建筑物名称和性质之类的则属于额。也有一种说法，即横着的叫匾，竖着的叫额。匾额一般挂在门上方、屋檐下。

古代匾额大多为木制，也有石质雕刻的。匾额一般为长方形，尺寸依门面大小而定，多为黑漆金字，醒目端庄。有的还配以楹联或雕饰各种龙凤、花卉、花纹等图案。匾额一向注重书法艺术或题额者的地位，讲究的是内容的意境及文采，表现了中国古代文化的价值观和审美观。比如，商家的"商匾"用字遣句皆寄寓吉祥如意、财源茂盛等美好愿望。

2. 楹联

在中国传统民居的建筑与装饰中，屋柱为"楹"，对联为"联"，悬挂在屋柱上的对联称为楹联。楹联言简意深、对仗工整、平仄协调，是独特的语言形式，与书法相结合，书文双美，艺趣相生。

楹联集艺术性和实用性于一身，具有启迪世人、陶冶情操等用途，广泛地用于名山大川、亭台楼阁、园林景观、墓祠庙宇等处。它不同于春联、寿联、婚联等只是在特定喜庆时张贴，而是长久地悬挂于楼堂宅殿，与建筑物融为一体。一幅格调高雅的楹联往往能为建筑物增色不少，甚至扬名天下。

3. 石狮子

在传统文化中，石狮子被视为吉祥的动物，且有显示尊贵和威严的作用。石狮子的摆放一般都是成双成对，左雄右雌，符合中国传统的阴阳哲学。门口左侧的雄狮一般都雕成右前爪戏绣球或者两前爪之间放一个绣球，象征统一寰宇和至高无上的权利；门口右侧的雌狮则雕成左前爪抚摸幼狮或者两前爪之间卧一幼狮，象征子孙绵延。如果狮子（百兽之王）所蹲之石刻着凤凰（鸟中之王）和牡丹（花中之王），就称为三王之狮。

4. 垂花门

垂花门是指门上檐柱不落地，且悬于中柱穿枋上，柱上刻有花瓣、莲叶等华丽图案，以仰面莲花和花簇头为多。因为垂花门的位置在整座宅院的中轴线上，界分内外，所以是内宅与外宅（前院）的分界线。

（1）麻叶梁头　垂花门上的麻叶梁头是指垂花门向外一侧雕成云头形状的梁头。

（2）垂莲柱　垂莲柱是一对柱头向下的短柱，位于麻叶梁头之下，头部雕饰莲瓣、串珠、花萼云或石榴头等形状，像一对含苞待放的花蕾，很有装饰效果（图3-60）。

图3-60　垂莲柱

垂花门的形象是中国建筑的浓缩，几乎具备了所有构成中国建筑的要素、构件、装修手法等，如屋顶、屋身、梁、枋、柱、檐、椽、望板、封檐板、雀替、华板、门簪、联楹、版门、屏门、抱鼓石、门枕石、磨砖对缝的砖墙等，以及砖雕、木雕、石雕、油漆彩画等装饰手段。

5. 开窗

开窗是中国传统园林建筑的设计手法之一，创造出墙上开洞门、漏窗的做法，让视线穿透、空气流通，把多个园林空间贯通起来，起到提示方向的作用（图3-61）。现代设计赋予开窗更多的形式、功用，如在墙壁上开窗，在视觉上增加层次感，使墙体不至于呆板、单调。

6. 斗栱

斗栱由方形的斗、升、栱、翘、昂组成，用于柱顶、额枋和屋檐或构架间。斗栱的种类很多，形制复杂，有内檐斗栱、外檐斗栱、平座斗栱等。斗栱在中国古建筑中起着承上启下的作用。斗栱的构造精巧，造型美观，富有装饰性。茶楼的门头采用斗栱，可使屋檐更繁复、突出，起到吸引行人目光的作用（图3-62）。

7. 飞檐

飞檐是屋宇上的点睛之笔。屋面出檐，椽上也设置有飞椽，构成抛物线状反翘，有益于采光、通风，雨天檐水沿抛物线而出，不使檐下的木构件受影响。飞檐俏丽多姿，其势遒劲流畅，尽显灵动之美，极具装饰性。

8. 琉璃瓦

琉璃瓦的釉色有黄、绿、蓝、黑、

图3-61 苏州园林中的花窗

紫、白等颜色，以黄、绿为主色。常用的普通瓦件有筒瓦、板瓦、勾头瓦、滴水瓦、罗锅瓦、折腰瓦、走兽、挑角、正吻、合角吻、垂兽、钱兽、宝顶等。在茶楼的门头上使用琉璃瓦盖顶，鲜艳的琉璃瓦釉色可为建筑增色（图3-63）。

9. 花边滴水

花边滴水是指屋顶用窑制小瓦，顺屋顶坡度以仰瓦和扣瓦两部分铺设而成。仰瓦用于淌水，扣瓦连接两行仰瓦以防其间渗水。瓦至檐口，用上下两片制有精美图案的瓦收口。上片称之为花边，下片称之为滴水。花边滴水的图案精细，寓意吉祥，排列匀称和谐，布局讲究。

10. 灯箱

灯箱一般用灯片，还有的灯箱用广告布（俗称为灯箱布）。灯箱有户外、户内两大类，式样有卧式、壁挂式、吊挂式、镶嵌式、移动式、固定式。灯箱的形式和灯光都很引人注目，其广告效果也很显著。

图 3-62　木斗栱结构

图 3-63　琉璃瓦

11. 照壁

　　照壁又称为影壁或屏风墙，是住宅大门内或外对着大门的墙壁，为中国传统建筑形式之一。传统照壁主要有两种形式，一种是独脚照壁，又称为一字平照壁，壁面高度一致，不分段，壁顶为宫殿式，为官宦人家采用；一种是"三滴水"照壁，将横长而平整的壁画直分成三段，左右两段大小对称，形似牌坊，中段较高宽，多为民居采用。

照壁具有挡风、遮蔽视线的作用，在照壁的檐口墙上是一带状的各种彩画图案，在照壁的墙面中心，或书有福、寿、喜等吉祥文字，或绘制迎客松、松鹤延年、寿星等吉祥图案，或画有各种式样的山水图画，使照壁显得更加高雅秀丽（图3-64）。

图3-64　照壁

12. 木雕

　　木雕主要用于中国古建筑和家庭用具的装饰。宅院内的屏风、窗棂、栏柱、床、桌、椅、案和文房用具等，无处不有。木雕根据建筑物部件的需要与可能，采用圆雕、浮雕、透雕等手法。木雕的题材广泛，有人物、山水、花卉、禽兽、虫鱼、云头、回纹、八宝博古、楹联等。

13. 抱鼓石

　　抱鼓石又称为石鼓、门鼓、门枕石、圆鼓子、螺鼓石、石镜等，由形似圆鼓的两块人工雕琢的石制构件。因为它有一个犹如抱鼓的形态承托于石座之上，故名抱鼓石。抱鼓石是门面结构的重要配件和门饰，通常雕有各式吉祥纹样，兼具加固和装饰的双重作用。在茶楼设计中，抱鼓石不仅是门楼的构件，还常用于装饰环境（图3-65）。

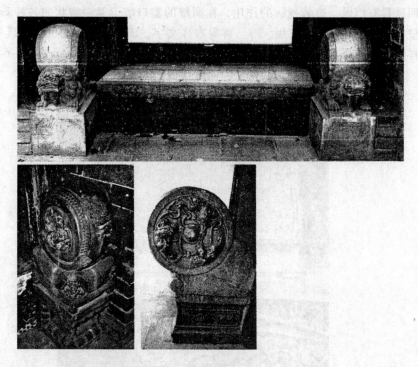

图 3-65　抱鼓石

14. 台基

台基又称为基座，用以承托建筑物，是高出地面的建筑物底座，并使其防潮、防腐，同时可使中国古建筑的单体建筑显得高大雄伟，大致有四种类型：

1）普通台基。普通台基用素土或灰土或碎砖三合土夯筑而成，高约一尺，常用于小型建筑。

2）较高级台基。较高级台基常在台基上边建汉白玉栏杆，用于大式建筑或宫殿建筑中的次要建筑。

3）更高级台基。更高级台基即须弥座，又名金刚座。须弥是古印度神话中的山名，须弥座用作佛像或神龛的台基，用以显示佛的崇高伟大。中国古建筑采用须弥座表示建筑的级别，一般用砖或石砌成，上有凹凸线脚和纹饰，台上建有汉白玉栏杆，常用于宫殿和著名寺院中的主要殿堂建筑。

4）最高级台基。最高级台基由几个须弥座相叠而成，从而使建筑物显得更为宏伟高大，常用于最高级建筑，如故宫三大殿和山东曲阜孔庙大成殿。图 3-66 所示为承德避暑山庄外八庙之须弥福寿庙的台基。

15. 辅首（门扣）

辅首（门扣）是最常见的门上装饰，即门扇上的各种拉手饰件。在门上安装一个铜制或铁制的兽首，往往是狮虎之首的造型，再在它们的鼻孔中挂上一个金属圆心环，

图 3-66　承德避暑山庄外八庙之须弥福寿庙的台基

谓之门扣，用来敲门。

四、前台设计

前台一般设在茶楼的进门处，是为客人提供预定、引导、结账等服务的区域。前台还是展示茶楼风格、传递茶楼心意、与顾客进行沟通的窗口。前台的设计一般以简洁、美观为宜。

（一）前台式样

1. 独立式

独立式是指前台单独设立，位于茶楼的进门处，连接着门与大堂。这种前台设计，本身就突出醒目。

2. 包含式

包含式是指前台位于茶楼大堂内部，在设计上要与周围的环境既和谐统一，又加以区别。

3. 复合式

复合式是指前台与商品销售区合为一体，便于顾客选购商品。

（二）前台设计要点

1. 整体风格要和谐

前台与茶楼内部互相延伸、贯通，前台的风格要与茶楼总体的风格相和谐，无论是柜台布置、物品陈设，还是背景装饰、服装设计，都要与周围的环境协调一致。

2. 视觉上要美观、整洁

前台不论形制大小，要让人感觉整洁、美观，不必要的物品尽量收纳到柜台里面，避免给人杂乱无章的感觉。尤其是面积不大的前台，可以选择功能较多的柜台，以节省空间。

3. 布置上留出空地

无论前台采用哪种样式，在设计上都要为顾客及服务人员留出足够的活动空间。

4. 色彩上要给人亲切感

前台应选择暖而亮的色彩，让顾客觉得舒适、亲切。当然，色彩的选配也要考虑茶楼的总体风格，与柜台、展柜等陈设的色调相协调。

（三）前台设计元素

1. 背景墙

在前台设计中，背景墙是设计的重点。背景墙可用木材、天然石、玻璃、人造文化砖、矿棉吸声板、布料等材料；可以选用中式屏风，书写关于茶馆文化的文字介绍；在装饰上，可以运用精心设计的图案，也可用悬挂传统书画或民俗挂件。

2. 服装

服装是一道流动的风景线，服装的选配要注意与环境相协调。中式茶楼采用传统建筑或布局，宜配传统的服装。在中式古典风格的茶楼，适合选用旗袍之类较端庄的服装；在具有乡土气息的茶楼中，适合选用传统店小二、村姑装扮等民族服饰。

3. 柜台

柜台设计要符合建筑的总体风格，既要有统一标识、色调、材质，以体现整体形象，又要在陈列方式上突出品香茗、享茶趣的茶文化。

茶楼柜台在形制上有直线形、圆形、马蹄形等多种样式，可以仿制古时的药店、典当铺的柜台形制，运用仿古式条案、书桌等中式家具，也可以选用现代风格的柜台。形式新颖、造型别致的柜台更能吸引顾客的目光。

（四）商品销售区

商品销售区经营的商品包括茶品、茶礼盒、紫砂茶具等，还有一些与茶文化相关的文化产品。有的商品销售区与前台结合在一起布置，也有的依据周围环境另外设置。

1. 商品销售区设计要点

（1）兼有经营性和展示性　装修布置商品销售区时，可以兼顾其经营性和展示性。因为即使是不买产品的顾客，他们也很愿意仔细赏玩各式各样的茶礼盒、茶具。

（2）注重文化感　商品销售区的装修布置是要展示一种文化、一种格调。除了有产品的文字介绍外，还应布置一些茶诗、茶典故等。通过文化感的营造，增加顾客对茶楼的了解和情感认同。

（3）具有通畅性　商品销售区可以设置在门口或是楼梯口附近，让顾客感到行走通畅，购买方便。

（4）给人和谐感 营造一个商品琳琅满目、环境优雅舒适、灯光明亮柔和的环境，吸引顾客停留、参观和选购商品。

2. 商品销售区设计元素

商品销售区的主要设计元素是展柜。

1）展柜样式。在中式茶楼中，常用的展柜有陈设柜、多宝格等中式家具，另外，长案、条桌等面板大而耐用的家具也可用来作为展柜（图 3-67）。

图 3-67 商品销售区中的展柜

2）展柜设计注意事项：

① 充分且合理地利用特有空间。

② 完成陈列商品的实用性功能。

③ 外观应漂亮新颖，吸引人的注意力，同时给人好感。

④ 心理学、交际学等方面的研究表明，利用商品摆放来缩短商家与顾客之间的距离，是最有效的销售方法之一。左右结合就是商品摆放的一个小技巧。人们看东西会习惯性地先看左侧，后看右侧，可利用这个习惯，将引人注目的物品摆放在左侧。

五、散台设计

茶楼的散台由散座和厅座构成。散台的设计布置要考虑多种因素，如与茶楼的格调相一致，无论茶楼是热闹的还是清雅的。散台的设计要注意整体布局结构合理，茶座的位置舒适，进出方便，景观的设置引人注目，与周围的环境搭配和谐。

（一）散座设计

散座俗称为大堂其主要功能是供茶客品茗、聚会、休闲。幽雅、清新、舒适的环境氛围会给人一种极大的享受。大堂是茶楼中较为宽阔和开放的空间，是体现茶楼实用功能和艺术特色的中心场所。在进行茶楼的经营和室内空间的设计时，应注重文化氛围的缔造。可根据散座空间、结构、风格，摆放数目不等的桌椅，常选用的中式家具有八仙桌、圆桌、长桌、靠背椅、官帽椅等，另外，经过改良的中式沙发也比较常见。大厅内通常设置小型表演台，提供茶艺、曲艺等表演，也有的仅设一张琴桌，用以演奏乐曲。为了营造氛围，大厅内一般还会布置几处人造景观。

1. 散座的式样

（1）仿古式　仿古式的散座布置，多为仿明清风格，具有古色古香、优雅华贵的特点。通常选用明式、清式家具，以传统书画、摆件、挂件作为装饰，搭建小型的表演台，或配琴桌，设古筝，演奏古乐。在色彩的搭配上，体现传统的习惯，色彩鲜艳，对比较强，大红大紫点缀其间，烘托出喜庆、热闹的气氛。

（2）乡土式　乡土式的设计风格重在渲染自然美。例如，竹屋茅舍式的布置，装饰清新自然，景致优雅怡人，使人仿佛置身于山乡农舍、田间旷野、渔村海边，有回归大自然之感（图3-68）。在屋顶缀以花草、藤蔓等植物，选用竹、木、藤、草等材质

图3-68　乡土式散座

制成家具，并在大厅内设置人造景观，如涓涓的细流、静谧的小桥、古朴的篱笆、苍翠欲滴的竹林，会让人耳目一新。

（3）时尚式　时尚式的设计风格重在体现经营者的爱好及经营模式，如喜好收藏或采用茶会所的经营模式，通过仿古红木家具、精致的木雕木格、收藏品、艺术品来营造一种庄重大气且不失传统的茶楼、茶会所、茶博物馆。在设计中，选用的色调也更加多样化，让宾客在喝茶之余欣赏茶楼内的布置和设计。

2. 散座设计要点

（1）风格要统一　散座的设计风格要与茶楼的总体风格保持一致，桌椅的设置、装饰品的选配、服务人员的服饰等，都要围绕主题风格设计。

（2）布局要合理　散座的布局要根据大堂的空间来摆放圆形或方形的桌椅，并根据桌子的大小，配备4～8把椅子，两桌之间的距离适中，一般为两张座椅的侧面宽度，再加上60～80cm宽的通道，使顾客既有自由进出的余地，又无拥挤不堪的感觉。

（3）色彩搭配要和谐　散座的空间较大，座位数量较多，色彩不要过于繁杂，以暖而亮的色彩或同一色系的色彩搭配为宜。

3. 散座的设计元素

（1）室内景观　室内景观是指建筑内部的自然景观，是现代建筑与庭院设计的完美结合，也是人们生活空间中不可或缺的一部分。人生活的空间需要美，需要反映文化的内涵，室内景观是对空间含义的崭新诠释，丰富多彩的景观样式带来全新的审美体验，让环境更清幽，使人有亲近自然的感觉。从规划设计专业的角度来看，景观的基本成分可以分为两大类：

1）软质的物体。如树木、水体、和风、细雨、阳光、天空等，称为软质景观，通常是自然的。

2）硬质的物体。如铺地、墙体、栏杆、景观构筑等，称为硬质景观，通常是人造的。

近年来，对室内进行自然景观设计的手法层出不穷，无论是软质景观还是硬质景观，都可应用于室内景观设计。例如，通过修建小型花园，栽种品类繁多的花草，设计出绿色室内景观空间；或建造水池，池上设桥，池边铺上鹅卵石，使室内氛围自然清新。

（2）石拱桥　石拱桥是指用天然石料作为主要建筑材料的拱桥，常见于园林，与亭台楼榭、嶙峋山石、荷塘鱼池相互映衬、呼应，成为经典的人造景观。跨水架桥，如彩虹划过长空，其意境之美，体现了中国传统的审美观。

（3）灯笼　灯笼又称为灯彩，主要是作为一种装饰元素，也是一种象征，辅以照明。在种类上，有宫灯、纱灯、吊灯等，以宫灯和纱灯最为著名；在造型上，有人物、山水、亭台、花鸟、龙凤、鱼虫等；在工艺上，灯彩综合了绘画、剪纸、纸扎、刺绣等工艺；在材质上，利用各地区出产的竹、木、藤、麦秆、兽角、金属、绫绢等材料制作而成。

茶楼在大厅、前台或门口张挂灯笼，不仅用来照明，还起到吸引和提示消费者的作用。在茶楼内部设计中，灯笼还可以用来装饰环境，营造喜庆的氛围。

宫灯采用传统的造型和装饰，雍容华贵，充满宫廷气派。传统的宫灯有很多种类，主要为挂灯、座灯、提灯、壁灯等；造型有八角形、六角形、四角形；画屏图案内容多为龙凤呈祥、福寿延年、吉祥如意等；宫灯用料极为考究，多是紫檀木、花梨木、酸枝木、楠木等贵重木材，甚至用金银装饰；运用雕、镂、刻、画等工艺，加工精细。

（4）演艺台　茶楼内的演艺台专为茶客提供茶艺、曲艺等表演，舞台的形制根据大厅的空间而定。风格上，以体现传统文化为主，运用古典装饰物件，营造出或富丽堂皇、或简洁明朗的氛围；布置方位上，考虑到观众的观赏角度，一般以大堂的正前方为最佳方位；功能设备上，配备高档专业音响、灯光、投影等设备。

（二）厅座设计

茶楼内的厅座，面积通常为 8 ～12m²，放 2～3 张桌子，可以用栏板隔开，栏高 1.2 m 左右，使视觉上有一个小包房的感觉。厅座要布置出各厅室的自我风格，配以相应的饮茶风俗，一般都赋予厅名，题以与品茶有关、文化个性较强的厅名。室内四壁墙上装饰以简洁明快的天然饰物，或配以书画，四周放置四时鲜花或绿色植物进行点缀。与散座相比，厅座在茶馆中属于一个半开放空间，布置应更为讲究，适宜朋友聚会、小集体活动时品茶叙谊。

1. 厅座的式样元素

（1）古典式　古典式的厅座设计可参照中国传统建筑中的厅堂。厅堂是聚会、宴请、赏景的场所，具有造型高大、空间宽敞、装修精美、陈设华丽等特点。在厅堂的正中央，通常悬挂题有厅堂名的匾额，内部常摆放圆桌、方桌、茶几、太师椅、圈椅、绣墩等家具，也有的设多宝格、条案，陈设古董、书画、盆景等加以点缀。厅有四面厅、鸳鸯厅、花篮厅、普通大厅之分。

1）四面厅。四面厅是一般厅堂多采用的形式，四周往往设大面积隔扇、落地长窗，并绕以回廊，在厅堂内就可以观赏四周的景色。

2）鸳鸯厅。鸳鸯厅是指用屏风、罩等元素将内部空间分成前、后两部分，前部向阳，宜于冬日；后部面阴，宜于夏天。前、后部分的装修、陈设各具特色。一厅同时可作两用，或随季节变化，选择恰当的位置待客、就坐（图3-69）。

3）花篮厅。花篮厅是指室内前面或后面的两根柱子不落地，悬吊于东、西山墙的大梁上，柱下端雕镂成花篮形，既扩大了空间，又增添了装饰。花篮厅的面积一般较小，多作为花厅用。

4）普通大厅。普通大厅的面积和体量较大，或前后有廊，或不设廊，形式没有一定的限制，如苏州留园的五峰仙馆就是这种厅堂。

（2）新古典式　新古典式厅座的设计风格追求现代建筑与古典风格的结合，一般

图 3-69 鸳鸯厅

采用沙发、音响等现代设备，同时配以绣有传统图案的靠枕、坐垫。在典雅的宫灯、纱灯衬托下，听着优雅的古典音乐，将古今元素相互交融，营造出典雅幽静的舒适环境（图 3-70）。

2. 厅座设计要点

（1）舒适度 厅座的舒适度是设计时需要注意的。从选择座椅或沙发，到摆放位置，以及选择柔软的靠垫和小器具，都要尽量符合人体工程学并方便使用。桌与座位之间留出足够的活动空间，不影响人的正常进出。

（2）色彩 色彩不宜过于繁杂，应当在表明主题的同时，起到连接各区域的纽带作用。色彩以家具的色调为主，或是以顶面、墙壁、地板的色调为主，背景色调宜采用淡色系，局部可以使用突出、醒目的色彩点缀。但色彩的总体搭配不可过于复杂。

（3）私密性 茶厅内座位之间的距离、茶厅与外部环境的关系，都需要处理好。可以用屏风、布幔、镂空的雕花窗格、座椅靠背来隔断出半开放半独立的空间。

3. 厅座的设计元素

（1）顶隔因子 顶隔因子是指传统建筑中处理屋顶的形式，有露明和天花两种做法。

1）露明。露明即不带顶棚，上架的梁、枋、檩、椽都暴露于室内，使室内空间变得高敞，利于空气流通，上架构件可运用雕饰。

图 3-70 新古典式厅座

2) 天花。天花大致分为三类：

① 软性天花。用木顶格、贴梁组成骨架，下面裱糊，这种天花表面平整、色调淡雅，使室内显得明亮。

② 硬性天花。由天花梁、枋、支条组成井字形框架，上钉天花板，板上进行雕饰和绘制图案，如龙、凤、鹤、花卉等。这种天花隆重、端庄，适用于较高大的空间。

③ 藻井。是传统建筑中室内顶棚的独特装饰部分，是内檐装修中最尊贵的体制。一般做成向上隆起的井状，有方形、多边形或圆形凹面，周围饰以各种花纹、雕刻和彩绘。藻井可以起到突出空间的构图中心和营造意象氛围的作用（图3-71）。

（2）吊灯　吊灯通常选择灯笼外形的照明灯具。如果使用的是封闭式灯罩，灯罩的透光性要适度，材质、颜色要选择好，可以安装条状灯具，将光线晕染分散一些。如果安有调光器，光线变化会更丰富。

（3）布幔　布幔设计要注意两点，一是其纹饰图案及色彩，应根据室内风格或季节变化选配；二是其材质与透光性，它具有装饰环境、分隔空间、营造气氛等功能，可使茶室楼产生不同的空间感：

1）使空间显得明亮。多运用图案小、布质较为稀松、布纹具有几何图形的印花布，会给人视野宽阔的感觉。

2）使空间显得通透。采用细腻、明亮的布幔作为窗帘，地面、墙壁、屋顶则采用较为粗糙或坚硬的材质，二者形成鲜明对比。

3）使空间显得高挑。使用醒目的素色布幔或色彩对比强烈的竖条纹布幔来装饰墙壁和窗户，与墙壁形成对比，有升降感（图3-72）。

六、包房设计

包房是比厅座更小、更独立的小型茶室。每个包房内通常设1～2张桌子，专供客人品茗交谈、议事商榷。相对于散台，包房具有更强的私密性和独立性。

图3-71 藻井

包房在装修上要富有个性，每个包房通常有十分雅致的名称。

（一）包房设计内容

包房设计包括功能设计、风格定位、装修设计、照明设计、家具设计、布艺与艺术品陈设、室内绿化设计、标识系统设计等内容，一般可归纳为五部分。

1. 包房风格设计

在每个包房的设计过程中，要不断研究、挖掘其蕴含的文化潜力，应力求在整体的设计中准确、合理地展现茶楼的文化内涵，使之具有深厚的文化底蕴和艺术魅力。

（1）中式古典风格 中式古典风格给人以历史延续和地域文脉的感受，使室内环境突出了民族文化渊源的形象特征（图3-73）。其风格特点如下：

1）空间布局。总体上采用对称式布局，端正稳健，给人以秩序感和均衡感。室内有可以移动的屏风或半开放式的罩、架等，起到组织空间、增加层次感的作用。

2）色彩。在色彩的处理上，中国北方的建筑常用红、黑等鲜明的色彩，室内的梁、柱常用红色，顶部以藻井装饰，色调相互调和；南方的建筑室内风格则常用冷色调，如白墙、灰砖、黑瓦，色调对比强烈，秀丽清雅。

3）家具。家具主要采用明、清式家具，材料为红木、花梨木、紫檀木等高档木料，造型优美，格调高雅。

4）装饰。装饰布置一般模仿明、清式样，用插花、盆景、奇石、根雕、鱼池等作为环境点缀，运用彩画、雕刻、书法等艺术手段来营造意境。

图 3-72　布幔

（2）中式乡土风格　中式乡土风格设计重在渲染自然情趣，体现了结合自然、亲近自然的设计理念。

1）空间布局。空间布局形式不拘一格，以体现自然的空间感为设计原则，主要表现为尊重民间的传统习惯、风土人情，保持民间特色。

2）装修材料。常用的装修材料有天然木、石、藤、竹、砖等。例如，地面可设竹篱笆，清新淡雅，或采用不加粉刷的青砖墙面，天然而有质感。

3）家具。家具用木、竹、藤制成，式样简朴而不粗俗，不施漆或只施以清漆。

4）装饰。在室内设计绿化景观，创造自然、质朴的氛围，还可以挂蓑衣、渔具或玉米棒、干辣椒串、宝葫芦等，营造出妙趣横生、丰富多彩的乡土风情。

（3）民族风格　中国的许多民族都有非常有趣的饮茶文化，如蒙古族的奶茶文化与蒙古包、地毡；藏族的酥油茶文化与雕木家具、壁挂；傣族的竹筒茶文化与竹楼、手工绣等。因此，茶楼的空间装饰可以参照某民族的各种文化元素与装饰元素来布置

图 3-73 中式古典风格包房

和点缀空间。

2. 空间形象设计

空间形象设计是指根据业主的要求和设计思想，协调空间之间的转换关系，通过家具陈设、灯光设计、色彩搭配，以及顶面、地面、墙壁的装饰等综合手法，使室内设计更加舒适化、科学化和艺术化。

3. 室内界面设计

室内界面设计主要是按照空间处理的要求对空间围护体的几个界面，即墙面、地面、顶面等进行处理，包括对分割空间的实体、半实体的处理。

4. 室内物理环境设计

室内物理环境设计主要是对室内气候、采暖、通风、温湿调节等方面的设计处理，并合理地应用现代科技理念与设备。

5. 室内陈设艺术设计

室内陈设艺术设计主要是对室内家具、设备、装饰织物、陈设艺术品、照明灯具、绿化等方面的设计处理。

（二）包房设计应注意的元素

1. 设计要有整体性

整体性是指室内装修风格、陈设与色彩设计等多方面要和谐、统一，使人在视觉上有完整感。在整体效果中，灯光设计也很重要，灯光设计要主次分明。

2. 空间要有层次感

层次感不仅是指装饰风格，还包括茶楼各厅室的装修档次、私密程度等。另外，不同色彩、材质搭配，也能在视觉上给人以空间层次感。

3. 家具要有舒适性

舒适性与人体工程学相关，要根据人体构造与习惯来确定。比如，家具之间要留出足够人体自由活动的空间，家具摆放要注意高矮搭配、错落有致，不要让人在视觉上感到压抑。

4. 中式元素点缀要适度

中式元素能为空间增添优雅、古典的气质。但是，中式元素多有着特殊的造型和独特的寓意，在运用时注意相互之间的搭配，布置、陈设时要有章法，对空间色彩应全盘考虑，避免给人纷杂零乱之感。注意，一要因地制宜，二要简而不繁，三要自然少雕琢。

七、茶楼家具布置

中式家具简约而意蕴丰富，形制特别，能为房间增添古色古香、华贵优雅的气韵，很容易吸引视线。因此，中式家具的材质、线条、色彩搭配得当与否，直接影响室内整体的格调、风格。

（一）桌

茶楼中的桌类主要有琴桌、画桌、方桌、圆桌、炕桌等。

1. 琴桌

琴桌造型简练，与条桌相近，但比条桌矮，且狭长，一般以板为面，也有的以玛瑙石、南洋石、永石等为面。

2. 画桌

画桌的尺寸较大，专用于写字、作画，不设抽屉。

3. 方桌

方桌的桌面为正方形，多用硬木制作，也称为八仙桌，每边可坐 1~2 人。

4. 圆桌

圆桌的大小可根据室内空间而定，大的圆桌可供十余人共同进餐。

5. 炕桌

炕桌是一种矮形桌，居中摆放在床上或炕上，一般在两旁坐人。炕桌可分为束腰炕桌和无腰炕桌两种。

（二）椅

椅是一种有靠背和扶手的坐具，用料考究，制作精湛，融实用与装饰于一体。茶楼中常见的椅类家具有扶手椅和圈椅等。

1. 扶手椅

扶手椅有两种形制，其一是南官帽椅，北方地区称为玫瑰椅，南方地区称为文椅，形制矮小，后背和扶手与椅座垂直；其二是四出头官帽椅，因形似古代官员的帽子（图3-74）。

图3-74 文椅（玫瑰椅）

2. 圈椅

圈椅又称为罗圈椅，椅子靠背与扶手由一整条圆润流畅的曲线组成。圈椅是古典家具中最具有文化品位的坐具之一，与中国古典哲学中天圆地方的用意暗合。

（三）屏风

屏风是挡风和遮蔽视线的家具，包括折屏、座屏等。

1. 折屏

折屏也称为围屏，由六扇、八扇或十二扇组成，可以折叠或向前兜转。

2. 座屏

座屏也称为立地屏风或插屏，下有底座，不能折叠。形制较小的插屏多陈设于案几、桌上，又称为台屏，由屏框、屏架与底座组成。因屏面有精美图案或采用山水大理石等，故有较强的装饰作用（图3-75）。

（四）门格、窗格

门格、窗格是中国传统建筑中常见的装饰手法之一，以天然木材为原料。它的图纹式样丰富，有

图3-75 清代紫檀木嵌染牙插屏式座屏

步步锦、灯笼锦、万字锦、碎冰纹、回形纹、几何纹等，符合传统的审美情趣。在中式茶楼采用此种装饰，可以更好地营造古典的韵味（图3-76）。

（五）藤竹家具

常用的藤竹家具有藤床、藤桌、藤椅、藤沙发、藤屏风、藤书架、竹屏风、竹垫及藤箱等，造型别致、款式新颖，颜色自然朴实且质感强，极富东方情调。茶馆中摆放一张玻璃台面的圆形藤制餐桌，与粗藤四方椅组合，或是配以质地坚韧、表面柔软的单椅，可使室内充满悠闲、舒畅、宁静的自然情调。

（六）案

案原为古代送递食品时的托盘，后演变为长条形的桌子，即条案，有平头案和翘头案两种形状，一般用来陈设供品、古董。

图3-76　窗格

案类家具还有供案、画案、书案、炕案等（图3-77）。

图3-77　清式翘头案

（七）榻

榻是指只有床身，没有围子和其他装置的卧具，较窄，只宜一人睡，供随时休息。榻类家具主要有罗汉榻、贵妃榻。其中，罗汉榻的后背及左右两侧安装"围子"，榻上三面各有一块围子的为"三屏风式",还有"五屏风式"、"七屏风式"。榻前可放一对脚踏。

（八）架

架类家具是带有装饰性的实用家具,常用的品种有衣架、灯架、书架、博古架等。例如,博古架是陈列古玩珍宝的多层木架。每层形状不规则,前后均敞开,无板壁封挡,便于从各角度观赏架上放置的器物。博古架上可摆放玉器、陶瓷器等艺术品、古玩。

八、灯光设计

灯光是极富趣味性且比较灵活的设计元素,在茶楼的设计中,合理运用各式各样的灯光,可以起到突出室内焦点、强化主题,加强空间层次感,缔造气氛、意境等作用。

一般而言,灯光的设计形式可以分为直接灯光和间接灯光两种。

直接灯光,泛指那些直射式的光线,光线直接散落在指定的位置上,投射出明亮活泼的光影,作照明或突出主题之用,直接、简单,如吊灯、射灯等。

间接灯光,泛指那些被置于壁凹、顶棚背后,或是壁面铺饰背后的灯,光线不直接照射地面,而是被投射至墙上,再反射至地面,光线柔和,可以用来营造不同的气氛、意境,如壁灯、朝天灯等。

茶楼设计中常用的灯具有以下几类:

1. 落地灯与桌面台灯

落地灯与桌面台灯本身就是独立的光源,且光线强烈。这两种灯有着多变的功能,可以将光线投射到不同的水平面上,强化整体或局部的色调、特色或布局,可以作为阅读光源,也可作为可移动的光源。装设此类灯光,位置选择以宾客站立或坐下时看不到灯罩里的灯泡为宜。

2. 下照灯

下照灯是将灯投射在平面或地面,其灯光效果范围大。下照灯光是灯光的组合,可同时发挥照明、强化或突出空间、制造空间特定气氛和效果等功能,若能配合控制开关的运用,则效果更佳。茶馆内的包房若想营造出明朗的空间效果,可以多个下照灯并用,光线相互交织在一起,使室内更明亮。下照灯的光线柔和细腻,使人感觉舒适、愉悦。

3. 朝天灯

朝天灯的光线都是向上方投射,将灯光照射于墙壁或顶棚,再将光线反射回空间。朝天灯可展现出具有特殊气质的光照背景,具有淡化墙壁色彩的功能,如果将朝天灯作为普通灯光和能营造出明亮、柔和的照明效果。

4. 聚光灯

聚光灯的安装形式多变,功能独特,可以嵌入吊顶、墙面或地板,也可以调整角度,以增加光线投射于物体时拖曳的长度。聚光灯用来强调焦点、突出主体,如在书画、古玩上形成一个焦点光域,形成渲染的光晕。

5. 壁灯

壁灯的形式不同、图案各异，展示的风貌也不同。其装饰作用比照明功能更突出，具有投射和晕染光线、牵引视线的作用，可以作为背景灯、指示灯或强调图纹的光源。在选择、安装壁灯时，要依据室内的布局、色调、装饰来选用材质、形状和图案（图3-78）。

图3-78　壁灯

6. 新中式灯具

新中式灯具从中国传统文化中汲取灵感，在式样上具有返璞归真的气质，是中式厅室中常用的元素。灯具上的题材多采用梅、兰、竹、菊、荷塘、蝶恋花等诗意十足的图案，兵马俑、飞天、刘海戏金蟾等神话人物、传统故事，以及中国古典诗词对联、古典小说人物，别有韵味。灯具的用材有实木、竹子、陶瓷、漆器、翡翠、大理石、天然玉、绢纱、丝绸、棉麻等（图3-79）。

九、茶楼陈设艺术设计

陈设艺术设计的个性表达力和艺术感染力是很强的，但要把握好"质"和"量"是很关键的。"质"是指陈设品要与茶楼主题相扣，扣得好则能画龙点睛；"量"是指陈设品要少而精，正如中国画中常表达的"留白天地宽"。陈设的范围主要是指墙壁上悬挂的各类书画艺术、图片、壁挂等，各类家具上陈设和摆设的瓷器、陶器、青铜器、玻璃器皿、石雕、木雕、盆景等。要从视觉形象上具有完整性，既表达了一定的民族

图 3-79　新中式灯具

性、地域性、历史性，又有极高的审美价值。

（一）传统吉祥图案

1. 动物

常见的动物类传统吉祥图案有蝙蝠（福）、鹿（禄）、鱼（余）、鹊（喜）等。

2. 植物

常见的植物类传统吉祥图案有"梅兰竹菊"、"岁寒三友"等，借用植物的生态特征，寓意崇高的情操和品行。比如，竹寓意人应有气节；梅、松寓意人应坚强不屈、不怕困难等。

3. 图形

常见的图形传统吉祥图案有回形纹，具有绵延流长的含义；再如万字纹，寓意绵长不断和万福万寿之意。

（二）盆景

盆景是集园林栽培、人文艺术及具象与抽象于一体的综合性造型艺术。它是中国独特的传统园林艺术之一。在室内陈设盆景，于斗室中领略旷野林木、自然山水的风貌，既使室内充满盎然生趣，又陶冶了性情，增进了艺术素养。另外，盆景可创作为一种缩景艺术。

1. 盆景的分类

（1）树桩盆景　树桩盆景主要是观赏树桩的色泽、形态和造型。

（2）山水盆景　山水盆景又称为山石盆景，以各种山石、化石等为主题材料，展现悬崖绝壁、险峰丘壑等山水景象。

2. 盆景的陈设

1）盆景一般陈设在几案、书桌等家具上面。陈设时应考虑盆景的种类和大小、盆景架的色彩搭配、盆景与环境的关系、盆景的高度、盆景之间的相互关系。

2）在选择背景色调时，一般以浅色为宜。

3）盆景之间要疏密相间，高低相衬。

4）盆、架的形状、大小、色泽、质地，力求和谐统一。

5）各种类别、形式和品种要搭配自然，并注意通风透气。大中型盆景多陈设于窗门、廊沿或室内四角。

（三）靠垫

中式古典风格的靠垫一般用绸、缎、丝、麻等材料，表面用刺绣或印花图案作为装饰；多选用红、黑或是宝蓝的色彩，既热烈又含蓄，既浓艳又典雅；通常绣上福、禄、寿、喜等字样，或者是龙凤呈祥之类的中国古祥图案。

第五节　现代酒店建筑室内设计

一、现代酒店空间室内设计概述

（一）现代酒店的主要分类

现代酒店通常分为城市商务酒店、风景区度假酒店、博彩酒店。

1. 城市商务酒店

城市商务酒店一般位于城市繁华市区，配套设施丰富，以高档商务客源为主，是具有高等级商务会晤、住宿、会议功能的高档酒店。

城市商务酒店一般又分为豪华酒店和精品酒店。

（1）城市豪华酒店　城市豪华酒店主要是酒店设计风格豪华典雅，设备硬件选用知名品牌，艺术陈述、家具灯具古典奢华，配套设施完善，投资造价较高，客人是一群特殊的高端消费者。

（2）城市精品酒店　城市精品酒店是一种新兴的具有独特风格的酒店类型，一般多位于世界性或地区性的大都会城市，地理位置优越，规模为中小型，艺术品位和设计感极强，具有鲜明的文化特征和风格定位，时代感突出，投资标准较高，客人多为具有相当品位的商务人士。

2. 风景区度假酒店

风景区度假酒店主要依托风景名胜区，周边具有优越的自然条件，离市区较远，具有浓郁的地域特征和度假氛围，为客人提供良好的休闲、会议功能。

3. 博彩酒店

博彩酒店主要分布于世界几大博彩中心地区，像拉斯维加斯、中国澳门等城市，一般规划设计较为完善，规模巨大，娱乐性强，配套完备。

（二）现代酒店设计的要点

1. 要突出独特性

现代我国各地的酒店在项目规划、设计风格与手法、材料乃至平面布置上都颇为相似。这种千篇一律、模式化的设计是与时代的发展极不相称的。

设计师应该在设计前对业主的设想和营业模式、当地的风土人情和人文特征，以及酒店的市场分析和定位等进行深入了解，并且，设计要有鲜明的主题。唯有如此，才能真正根据每个项目的不同特点，创造出具有独特形象与特色的酒店设计。

2. 要实现整体美

有的酒店外观很漂亮，但内部的功能规划、装修与装饰设计等却不尽如人意，实用性和艺术性很差。另外，有的只重视大堂设计而轻视了客房。而客人入住酒店后，大部分时间是在客房内度过的，而且客房才是酒店创造效益的主要部分，因此，客房设计的合理与否与客人的满意度乃至酒店的效益都有紧密的联系。因此，设计师应从酒店管理的需要和各种设施的功能入手，从酒店的特有属性和消费者的消费需求出发来进行设计。

3. 要体现文化性

酒店可以为顾客创造多种文化，如建筑文化、服务文化、管理文化、产品文化等。但现在很多新建酒店的设计缺少主题，过分追求时尚，仅仅是大量资金、新产品、新材料、新技术的堆砌和拼凑，整个设计没有灵魂、没有特色，甚至局部装饰与酒店的整体氛围很不协调。大部分酒店用品也都没有经过专业的系统设计，而是由供应商设计或直接从市场上采购，因此多为通版产品。通版产品能满足产品的基本功能，但无法形成特有的产品文化。另外，很多设计中西化现象突出，没有很好地反映中国传统文化和当地文化。

4. 要设计专家化

就酒店设计本身来说，其分工是极其精细的，需要规划、市政、金融、市场、设备、消防、灯光、音响、室内建筑、装饰、艺术等至少十几个门类的专家和专业技术人员来参与设计，甚至还有管理顾问、餐饮专家和保险公司的介入。建一家酒店所涉及的用品、设备和材料多达数万种，每一种都要有精通的行家来选择和处理。国内许多新建酒店的设计仅由一个设计单位负责设计，而多数情况下因为其设计力量单薄，很难设计出精品。

5. 要设计统筹化

酒店设计包括功能布局及分区设计、总体规划设计、建筑设计、内外景观及园林设计、室内装修设计、机电与管道系统设计、标志系统设计、交通组织设计、管理与对客服务流线（程）设计等内容，设计时需要统筹化。

6. 要着重细节处

在客房设计中，设计师应着重考虑家具及灯具的款式、窗帘的颜色、酒柜及衣柜的细节设计等，还应当根据酒店的不同定位提供相应的功能性设施。

7. 要设计绿色化

酒店设计应向人性化、绿色环保的方向发展。要重视整个酒店功能流线的分布和空间的使用效率，否则会直接影响并降低效率，同样会浪费大量资源、能量和人力。

同时要全方位落实绿色的概念，做到真正的环保，既要营造创新的环境，还要保证舒适度和绿色化。

8. 要设计人性化

以人为本，首先就要考虑人性化。人性化与个性化是不同的，它与家居化、亲情化紧密相关，因此要从技术层面和服务层面进行必要的提升和创新，使饭店的居住环境能跟上国内家庭环境的前卫步伐，并使酒店更能贴近和融合家居式的人性化。

9. 要设计时尚化

酒店时尚化就是在酒店设计中融入现代艺术和现代设计风格的元素，一般来说，可以从色彩、线条、材质、光线、装饰品等几方面来凸显设计的前卫理念。比如，简约化就是现在盛行的一种风格，简约化就是要让酒店回归清丽的风格、高雅的气质。当然，这并不是说酒店设计要简单，而是说不要过于奢华。

（三）国际酒店设计的发展趋势

1. 全面化

集吃、住、会议、娱乐、休闲多功能于一体的全方位、全面化的复合型酒店市场前景广阔。

2. 个性化

豪华型、主题性、精品类设计型的酒店已越来越被人们接受，设计上也更加体现地域文化和酒店风格。这样，当客人一进入酒店时，就能体会到酒店的特色，就知道自己身在何方。

3. 人性化

今后的酒店将结合文化概念，从构思旅行居住及生活形式的设计，到重视如何更贴近人的生活。室内材料设施更为高档和人性化，家具精良考究，灯光、弱电设计细致入微；餐饮方面，自助餐采用多菜系、开敞式厨房、近距离服务的模式；同时，艺术品的陈设、雕塑的摆放、不同家具和地毯的采用等，因为不同文化背景和不同地区的差异会通过这些物品鲜明地表达出来，从而给人以感染。

4. 时尚化

当今世界是一个时尚的世界，而在不同的地区会有不同的时尚，时尚又引领了风格和档次。时尚而简约的设计、清新并有文化底蕴的酒店，将成为未来酒店风格的主流。在度假酒店和高层商务酒店方面，越来越重视景观、视线的重要性，有的高层商务酒店已经把大堂设在顶层，利用窗外的景色和城市风光作为不可替代的总台背景，延展了整个空间。室内设计室外化，注重室内外环境的整体协调，没有严格意义上的区分室内外空间。而独立餐厅风格异于整体酒店，正成为一种潮流趋势。

5. 现代化

随着高新科技的发展，越来越多的新技术、新材料应用到酒店设计中，提升了酒店功能，并且向绿色、环保方向更进一步。其中，客房设计尤其具有代表性，客房和浴室拥有更大的空间，浴室成为卓越科技和缜密心思集中体现的舞台，客人就算是浸泡在浴缸里，也能随时、方便地操控灯光、浴室电视、免提电话、SPA音乐，客房带有保密功能的传真机、无线或固线上网，床的尺寸及性能越来越舒适，并符合人体工程学的要求。"科技带来舒适"已成为酒店设计今后发展的重要因素。

二、酒店室内设计

（一）大堂设计原则

大堂是酒店中最重要的区域，是酒店整体形象的体现。该区域的整体性、专业性和舒适度涉及以下几个方面：

1. 大堂的面积

大堂的面积应与整个酒店的客房总数成比例。

许多人误认为酒店的大堂越大、越高才算气派，实际上，面积过大的厅堂不仅会增加装修及运行成本，而且会显得异常冷清，不利于酒店的经营。

2. 大堂的装修风格

大堂的装修风格应与酒店的定位及类型相吻合。

无论哪一种类型的酒店，在室内装修风格上都应与其自身的酒店定位及类型相吻合，如度假型酒店应突出轻松、休闲的特征，而城市酒店的商务气氛则应更浓一些，时尚酒店的艺术及个性化氛围应更强烈一些。

3. 流线设计

流线设计要合理，平面布置图是酒店设计的关键。

酒店的通道分为两种流线，一种是服务流线，即酒店员工的后场通道；另一种是客人流线，即进入酒店的客人到达各前台区域所经过的路线。设计中应严格区分两种流线，避免服务流线与客人流线的交叉。流线混乱不仅会增加管理难度，还会影响前台服务区域的氛围。

4. 分区合理

要把最佳的位置留给客人，把无采光、不规整、不能产生效益的位置留给酒店后场。

（二）酒店大堂设计细节

1. 入口要宽敞

宽敞典雅的入口很重要，会给客人留下美好的第一印象。同时，酒店的入口最好有一个相对宽敞的过厅，形成室内外的过渡空间，这不仅可以提升酒店的档次，而且利于节能。

此外，还要考虑到残疾人的需求，为其设计专用的无障碍坡道。

2. 总台设置要合理

在大堂中，总台是必不可少的、最主要的场所，如果条件许可，其位置应尽可能不要面对大门，这样既可以给在总台办理相关手续的客人一个相对安逸的空间，又可以减少过浓的商业气息，给客人一种亲切感。

酒店的贵重物品保管间需要有两个方向的门，一扇供客人使用；另一扇连接总台，供服务人员进出。规模较小的酒店，商务中心可与总台相邻，以节约人力；而规模较大的酒店，商务中心与会议中心安排在一个区域内是理想的选择。

3. 大堂吧的设计要点

1）大堂吧面积和客位数应与酒店规模相吻合。

2）大堂吧要与服务后场紧密相连。

3）如空间不大或私密性较弱，可不设酒水台，有服务间即可。

4）有些酒店的大堂吧与咖啡厅结合在一起，可有效地利用空间及资源，可以提供自助早餐及特色自助餐的正餐。

4. 公共卫生间设置

1）卫生间的位置应隐蔽，开门不宜直接面对大堂，开门后应有过渡空间，不宜直接看见里面的活动。

2）水嘴及小便斗建议使用感应式设备，这样比较卫生。

3）手纸箱及垃圾箱应嵌入墙体。

4）坐厕应采用全封闭式，相互间的隔断应到顶，以增加私密性。

5）小便斗前及坐厕后可增加艺术品的陈设。

6）搭配和谐的石材墙面及地面，可有效提升卫生间的档次。

7）洗手台镜前的壁灯既要有合适的照明效果，又要体现家居性。

5. 其他区域

商场、摊点置于前厅明显位置，严重影响气氛。因此，小商店或精品屋这些商店主立面不应面对大堂。可将其安排在客人必经的通道上，这样不仅可以弱化商业气息，而且可使商店产生良好的效益。对于大堂通往各其他功能区域的空间，如电梯厅及轿厢、公共走道、楼梯等，应加以重点对待，不可忽视。这些区域实际上是大堂空间的延伸，对于整个酒店形象及品质来说非常重要。宴会预订最好安排到独立的房间内，这样相对安静并体现对客人的尊重。

6. 大堂的整体舒适度

（1）营造氛围　营造氛围并体现大堂风格的各类活动家具和艺术品陈设应既美观又舒适，由室内设计师统一设计款式，并挑选材料，由家具厂与艺术品供应商统一定制。

（2）重视大堂的灯光设计　由于室外光对大堂的影响会随时而变，所以有条件的酒店可考虑使用计算机调光系统。可根据不同的时段采用不同的灯光场景模式，使大堂在每一时段都保持最佳效果，同时使客人始终感到舒适（图3-80、图3-81）。

（3）重视色彩的运用　大堂的色彩不能走两个极端，色彩太单一，会使人乏味；色彩过于繁杂，又容易使人心浮气躁。最好将大堂统一在一个色调中，同时通过布艺等进行调节，再对艺术品的颜色重点处理，这样容易产生比较理想的效果。

图 3-80　大堂的灯光设计一

图 3-81　大堂的灯光设计二

7. 酒店导向系统设计要美观

酒店大堂中各功能的标识，不仅可为客人指引方向、发布信息，而且也是重要的装饰元素。

（三）酒店餐厅设计

1. 酒店餐厅设计原则

（1）整体性　整体性就是从餐厅在当地的消费指数、当地的餐饮类型发展趋势、人们的饮食习惯和餐厅的功能需求等方面来考虑。组织专业设计师、建筑师和饭店经营管理者，围绕饭店的市场定位、产品开发、功能布局、流程设计、管理模式及其配套隐蔽工程，实施整体布局。

（2）主题性　酒店餐厅的设计理念要适应当今的潮流，但也不能盲目跟风，装修中要突出自己的主题和个性，同时要满足客人追求完善舒适的心理需求。酒店餐厅的装修应该把舒适的用餐环境和完善的功能体系作为"豪华"的标准，不宜过于奢华（图 3-82、图 3-83）。

（3）舒适性　酒店餐厅设计中，公共空间要自然延伸，让其与外面的景观合二为一，起到相互辉映的效果。

（4）绿色性　酒店餐厅在设计中，要力求打造绿色环保型餐厅，所用的材料要符合相应的规范。对室内及周边环境进行绿化、美化、亮化，既要满足整体布局，又要满足经济性、安全性、环保性和舒适性。

2. 酒店餐厅设计要点

1）餐厅的面积可根据餐厅的规模与级别来综合确定，一般按 $1.0 \sim 1.5 \mathrm{m}^2/$座计算。餐厅面积指标的确定要合理，否则不是过分拥挤，就是造成面积浪费。

图 3-82　西式豪华餐厅

图 3-83　欧式古典风格餐厅

2）营业性的餐厅应设专门的顾客出入口、休息前厅、衣帽间和卫生门。

3）餐厅应紧靠厨房设置，但备餐间的出入口应处理得较为隐蔽，同时还要避免厨房气味和油烟进入餐厅。

4）顾客就餐活动路线与送餐服务路线应分开，避免重叠，同时还要尽量避免主要流线的交叉。送餐服务路线不宜过长（最大不超过40m），并尽量避免穿越其他用餐空间。在大型的多功能厅或宴会厅，应以配餐廊代替备餐间，以避免送餐路线过长。

5）在大餐厅中应以多种有效的手段（绿化、半隔断等）来划分和限定各不同的用餐区，以保证各区域之间的相对独立和减少相互干扰。

6）各种功能的餐厅应有与之相适应的餐桌椅的布置方式和相应的装饰风格。

7）室内色彩应建立在统一的装饰风格基础之上，如西餐厅的色彩应典雅、明快，以浅色调为主；而中餐厅则相对热烈、华贵，以较重的色调为主。除此之外，还应考虑采用能增进食欲的暖色调，以增加舒适、欢快的心情。

8）主要选用天然材质，以给人温暖、亲切的感觉。另外，地面还应选择耐污、耐磨、易于清洁的材料。

9）餐厅内应有宜人的空间尺度和舒适的通风、采光等物理环境。

3. 厨房的概念和设计要点

1）厨房面积同样可根据餐厅的规模与级别来综合确定，一般按0.7~1.2m²/座计算。餐厅如果经营多种菜肴，那么厨房面积相对较大。

2）厨房应设单独的对外出入口，在规模较大时，还需分设货物和工作人员出入口。

3）厨房的组成与工艺流程。厨房由食品储藏、原料粗加工、精加工、烹调、点心制作、备餐等组成。中餐厨房虽与西餐厨房或其他厨房有别，但厨房的工艺流程基本相同，只在专用设备上有所不同。厨房区域可以按照生产工艺流程划分为原料验收、储存及初加工区域，切配、烹调以及点心生产区域，产品整理完善与服务区域。

4）厨房应按原料处理、工作人员更衣、主食加工、副食加工、餐具洗涤、消毒存放的工艺流程合理布置。对原料与成品、生食与熟食，应做到分隔加工与存放。

5）厨房分层设置，应尽量在两层解决，若餐厅超过两层，只需增设备餐间。垂直运输生食与熟食的食梯应分别设置，不得合用。

6）备餐间是厨房与餐厅的过渡空间，在中小型餐厅中，以备餐间的形式出现；而在大型餐厅及宴会厅中，为避免在餐厅内的送餐路线过长，一般在大餐厅或宴会厅的一侧设备餐廊；若仅仅是单一功能的酒吧或茶室，备餐间也称为准备间或操作间。

7）餐具的洗涤与消毒必须单独设置。

8）厨房的各加工间应有较好的通风与排气。如果厨房位于单层建筑，可采用气窗式自然排风；如果若厨房位于多层或高层建筑的内部，应尽可能地采用机械排风。

9）厨房各加工间的地面均应采用耐磨、不渗水、耐腐蚀、防滑和易清洁的材料，并应处理好地面排水问题，同时，墙面、工作台、水池等设施的表面，均应采用无毒、光滑和易清洁的材料。

10）以中式餐饮为主的厨房，其排水系统中应设油水分离及回收装置。

4. 进口门厅与休息厅设计

（1）进口门厅　进口门厅是独立式餐厅的交通枢纽，是顾客从室外进入餐厅就餐的过渡空间。这里也是留给顾客第一印象的场所。因此，门厅装饰一般较为华丽，视觉主立面设店名和店标。根据门厅的大小，一般可选择设置迎宾台、顾客休息区、餐厅特色简介等，还可结合楼梯设置灯光、喷泉、水池或装饰小景（图3-84、图3-85）。

图3-84　酒店入口一

图3-85　酒店入口二

（2）休息厅　休息厅是附属式餐厅的前室。休息厅面向走廊、楼梯或电梯间，是从公共交通部分通向餐厅的过渡空间。休息厅通常设迎宾台和顾客休息等候区。休息厅与餐厅可以用门、玻璃隔断、绿化池或屏风来加以分隔和限定。

5. 卫生间设计要点

1）卫生间的设置分顾客卫生间和工作人员卫生间。

2）顾客卫生间的位置应隐蔽，其前室的入口不应靠近餐厅或与餐厅相对。

3）顾客卫生间可用少量艺术品或古玩点缀，以提高卫生间的环境质量。

4）顾客卫生间应设置标识。

5）工作人员卫生间的前室不应朝向各加工间。

6）工作人员卫生间应设置标识。

（四）酒店客房设计

1. 酒店客房基本功能

酒店客房基本综合功能元素　包括休息、办公、通信、娱乐、洗涤、化妆、卫生间（坐便器）、行李存放、衣物存放、会客、私晤、早餐、闲饮、安全等。因酒店的性质不同，客房的基本功能会有所增减，为基本功能而进行的设计主要体现在建筑平面、家具平面、顶棚平面和水电应用平面上。

2. 酒店客房休息区室内设计

客房的卧室是提供休息、工作、娱乐、通信的主要区域。

（1）卧室床的设计　单人床以1200mm×2000mm为标准式，但根据实际需要可适当调整，如果走道过窄不能满足基本功能，可以让床缩短至1900mm（床可大不可小），宽度根据客房的等级可以为1200～1500mm，床高根据家具的风格可以控制在480～600mm。另外，床离卫生间门的距离不得小于200cm，因为服务员需要一定的操作空间。

（2）床头灯的设计　床头要设计专用的阅读灯、夜灯和台灯（或者壁灯）。阅读灯需要柔和的光照，既要防眩光，也要耐用；台灯可设计成嵌入墙式的（装饰背景墙）。

（3）客房地毯的设计　客房的地毯要耐用、防污及防火，尽可能不要使用浅色或纯色的地毯。现今有很多的客房地面是复合木地板，既实用又卫生，而且温馨舒适，是值得推广的材料。

（4）客房家具的设计　客房家具的角最好都是钝角或圆角的，这样不会给客人带来伤害。

（5）窗帘的设计　窗帘的轨道一定要选耐用的材料，遮光布要选较厚的，帘布的褶皱要适当，而且要选用能水洗的材料，如果是只能干洗的材料，运营成本会增加。

（6）电视机的设计　电视机下要设可旋转的隔板，因为很多客人在沙发上看电视时需要调整电视的角度。

（7）房间的灯光控制　房间的灯光控制通常采用当前较流行的各按钮控制，而不是从前的触摸式电子控制板。插座的设计既要考虑手机的充电使用，还要考虑计算机上网线路的布置。

（8）高档酒店的电话设计 高档酒店一般设置三部电话，床头一部，工作区一部，卫生间一部，并且最好有一部是无绳电话，这样，顾客可以一边打电话，一边在卧室走动。

（9）行李台的设计 行李台的设计往往不受重视，因此，很多酒店客房的行李台的木质台边被撞得凹凸不平。如果采用这样的行李台，其软包部分最好能由平面转到立面上来，并且有50mm左右的厚度，可防止行李箱的碰撞；也可采用活动式的行李架，但墙壁上要做好防撞的设计。有的酒店行李台的防撞板是18mm厚的玻璃，既新颖有个性，又实用。

（10）艺术品的设计 艺术品，如挂画，最好选用原创的国画或油画，不管水平高低，也比计算机打印的装饰画值得一挂，而从侧面体现酒店管理者的品位。

3. 酒店客房卫生间室内设计

1）很多的酒店卫生间吊顶选用防水石膏板，其实不然，建议使用铝扣板或其他表面防锈防水的金属材料，但不要使用600mm×600mm或300mm×300mm的暗龙骨铝扣板，因为设备维修时其会因为人为拆装而变形。

2）卫生间的门下地面设防水石材板，应有挡水门槛，以免卫生间的水流入房间通道。

3）选用抽水力大的静音坐便器，淋浴的设施不要选用太复杂的，而要选用客人常用的和易于操作的设备。有的因为太复杂或太新奇，导致客人不会使用或使用不当而造成伤害。

4）设淋浴玻璃房的卫生间，一定要选用安全玻璃，玻璃门边最好设有胶条，既能防水渗出，又能使玻璃门开启时更轻柔舒适。

5）水龙头的水冲力不要太大，要选用轻柔出水、出水面较宽的水龙头，以免水流太猛，溅到客人的衣裤上。

6）镜子要防雾，并且镜面要大。因为卫生间一般较小，通过镜面反射，可使空间在视觉上和心理上显得宽敞。

7）卫生间的地砖要防滑、耐污。地砖与墙砖的收边处最后应打上防水胶，让污物无处藏身。

8）卫生间的电话要安放在坐便器与洗手台之间，以免被淋浴的水溅湿。

9）镜前灯要有防眩光的装置，吊顶中间的筒灯最好选用有磨砂玻璃罩的。

10）在卫生间的门及门套离地200mm左右的地方要做防水设计，可以设计为石材或砂钢饰面等。

11）淋浴房的地面要进行防滑设计，浴缸也可选择防滑设计，另外，防滑垫也是必须配备的。

12）五星级酒店至少在泡澡浴缸侧墙距地高70cm以下的位置安装紧急呼叫按钮或拉绳式呼叫装置。

13）根据不同酒店的性质，可以设浴缸，也可以只设淋浴间而不设浴缸（调查结果显示，大多数人喜欢淋浴的洗浴方式）。如果设置浴缸，就要考虑客人在泡洗过程中得到放松，如安放小电视机、靠窗欣赏风景、可以看到房间里的电视节目；如果只设淋浴间，就要在淋浴间内设座位，配以摆放洗浴用品的格、龛、架，以及高质量的、有多种水流选择的淋浴喷头。

14）卫生间不一定要与卧室以墙相隔，单人卫生间可以与卧室相通或者用玻璃隔断加个卷拉帘来增加卫生间与卧室的交流。有的卫生间采用深槽不安装花洒的独立式按摩浴缸，就完全可以与卧室相通。

15）现代酒店，特别是高档豪华酒店的卫生间，不仅要满足功能、舒适，还要有文化品位，设计师可以在洗手台或是浴缸侧台上放置一些工艺品，同时为那些工艺品提供专业的定向照明。

4. 客房入口的通道设计

一般情况下，客房入口通道部分设有衣柜、酒柜、穿衣镜等。在设计时要注意如下几个问题：

1）地面最好使用耐水耐脏的石材。因为某些客人会开着卫生间的门冲凉或洗手，水会溅出或由客人带出。

2）过道衣柜的设计要考虑行李箱和挂衣空间，以及小件衣物的不同分区。不同性质的酒店对衣柜空间的大小要求也不一样，如城市商务酒店的衣柜较小，因为客人停留的时间一般较短；休闲度假类的酒店衣柜一般设计得较大些，因为顾客大都是一家人出游，住的时间也较长。

3）衣柜的门不要在开启或滑动时发出噪声，轨道要用铝质或钢质的，因为噪声往往来自于合页或滑轨的变形。

4）目前衣柜流行一开门灯就亮的设计手法，其实是危险的。衣柜内的灯最好有独立的控制开关，否则会留下火灾或触电的隐患。

5）保险箱如果设在衣柜里，则不宜设计得太高，以客人完全下蹲能使用为宜，千万不要设计在弯腰的地方，不然客人会感到劳累。

6）穿衣镜最好不要设在门上，因为镜子会增加门的质量，而使门的开启显得不那么轻巧，时间长了，也会导致门的变形。穿衣镜最好设计在卫生间门边的墙上。

7）酒柜烧开水的插座不要离台面太近，起码要有 50~60cm 的距离，不然，插入插座时，由于插座的尾线是硬质的、不能弯曲而不便使用。

8）柜后的镜子要选用防雾镜，因为烧开水时会产生雾气。

9）顶棚上的灯最好选用带磨砂玻璃罩的节能筒灯，不会产生眩光。

5. 客房过道设计

1）客房的走道最好给客人营造一种安静、安全的气氛。客房的门可以凹入墙面，凹入的地方可以使客人在开门驻留时不影响其他客人的行走，但凹入不要太深，最好在 30cm 左右，如果凹入太深，有客人出门时，恰好别的客人由门前经过，反而会受到惊吓。灯光既不可太明亮，也不能太昏暗，要柔和并且没有眩光，可以考虑采用壁光或墙边光反射照明。在门的上方最好设计一个开门灯，使客人感觉服务的周到。

2）客房走道地面、墙面的材料要考虑其使用寿命和易于维护。客房的走道尽量不要选用浅色的地毯，而要选择耐脏耐用的地毯；墙边的踢脚板可以适当地做高一些，可以做到20cm高度左右，以免行李推车的边撞到墙面；有的酒店在客房走道甚至还设计了防撞的护墙板，也起到扶手的作用。如此，既防止使用过程中的无意损坏，也为老年人提供了行走上的方便。

（五）酒店设计中的几个技术问题

1. 墙面处理

国内酒店的外墙面材料一般采用石材、瓷砖和幕墙，也可如国外建筑的外墙，采用涂料或绿化墙。大绿化墙不仅可以改善酒店空气质量，还可以减少空调使用量。例如，中国香港的逸东智酒店，它有号称全港面积最大的酒店垂直花园，这是一面 6m × 8m 的绿化墙，由 3600 株虎尾兰组成。虎尾兰是一种常绿多年生草本植物，它最大的功效就是能够吸收空气中的有害物质，如甲醛、苯和硫化氢等。此外，虎尾兰叶子面积较一般植物的要大，因此在进行光合作用时能够释放出更多的氧气。这个垂直绿化墙的灌溉是在绿化墙的背后安装了滴水浇灌系统，系统可以根据植物的需求，及时为植物补充适量的水分。

另外，酒店的部分外墙可选用微层光学隔热膜，通过薄膜阻隔紫外线来保持室内的清凉，以减少空调的使用。

2. 涂料选择

（1）涂料选择原则

1）内墙涂料。一般应选无污染、耐擦洗的水溶性乳胶内墙涂料。一般而言（在相同的颜料、体积、浓度条件下），苯丙乳胶漆比乙丙乳胶漆耐水、耐碱、耐擦洗性好，乙丙乳胶漆比聚醋酸乙烯乳胶漆好。

2）外墙涂料。按地区的气候特点，南方宜选用防潮、防霉性好的涂料；北方宜选用低温施工性好的涂料；沿海城市的建筑物要重点选择耐盐雾性好的涂料；在酸雨污染的地区，应选择具有耐酸雨性质的外墙涂料。

外墙涂料应能适应施工环境条件，如气温低于5℃，不宜使用乳液涂料，否则涂层成膜不好，容易出现开裂、脱落等问题，应选择溶剂型涂料。

3）住宅、公共建筑和工业建筑等各类装修工程，可选用丙烯酸共聚乳液厚质外墙涂料（含复层、砂壁状等外墙涂料）。

4）对抗沾污性及耐候性要求高的各类装修工程，可选用溶剂型有机硅改性丙烯酸树脂外墙涂料、溶剂型氟碳树脂外墙涂料。

（2）涂料种类

1）内墙涂料。内墙涂料主要有低档水溶性涂料、水溶性乳胶漆、多彩涂料、仿瓷涂料、液体墙纸和水泥类粉末涂料。

2）外墙涂料。外墙涂料可分为强力抗酸碱外墙涂料、有机硅自洁抗水外墙涂料、钢化防水腻子粉、纯丙烯酸弹性外墙涂料、有机硅自洁弹性外墙涂料、高级丙烯酸外墙涂料、氟碳涂料、瓷砖专用底漆、瓷砖面漆、高耐候憎水面漆、环保外墙乳胶漆、丙烯酸油性面漆、外墙油霸、金属漆、内外墙多功能涂料等。

（3）几种新型涂料

1）纳米多功能外墙涂料。纳米多功能外墙涂料是选用进口乳液、助剂，结合新型纳米材料精制而成，集纳米多功能和外墙装饰于一体，具有耐沾污性、耐洗刷性、高保色性等特点，是别墅建筑广泛使用的高档环保型外墙涂料。其特点表现为通过纳米材料改性，有效屏蔽紫外线，具有优异的耐候性、保色性，涂膜亮丽持久；具有优异的耐水、耐碱、耐洗刷性；遮盖力强，容易施工；优异的抗藻防霉能力；高抗沾污，自洁能力强，能有效遮盖基层细微裂纹。

2）外墙刮砂型弹性质感涂料。外墙刮砂型弹性质感涂料由精细分级的填料、纯炳烯酸胶粘剂及其他助剂组成。特别设计的黏度结构，柔韧性佳，抗碰撞及冲击，涂层具优异的耐候性、憎水透气性，能有效桥连和掩盖墙体的细小裂缝，适用于砖墙面、水泥砂浆面、砂石面、胶合板、防锈钢板等基面，施工宽容性广。其特性表现为优异的附着力和完美的遮盖力；优异的户外耐候性，持久保色性；柔韧性好，抗碰撞及冲击；憎水透气，防潮吸声；质感强烈，表现力丰富。

3）矿物性涂料。在国外，已经开始使用矿物性涂料来取代外墙的瓷砖。这种矿物性涂料具有耐酸雨、可刷洗、可抗空气污染等优点。目前，国内已引进该种建材，实际运用在高级别墅住宅上。

4）英国发明一种新型楼房外墙涂料，它能分解空气中含有的有害物质；低碳艺术漆是利用植物材料造漆，将天然麦秆、原生竹纤维引入涂料制造。

3. 灯光预置

好的灯光设计不是游离于装饰之外，而是预置在装饰之中，与建筑融为一体。现在一般常用的装饰灯光有美耐管、跑马灯、泛光灯、霓虹灯和字体灯。其中，国内与跑马灯配套的灯泡寿命欠佳、功率也过大，可用调低电压的方法解决；国外的招牌字体一般是通体发亮，优点是字体不变形，品位高，不仅夜晚效果好，白天也很美观。而霓虹灯做字的最大缺点是白天不美观和易损坏。国内的灯光造型往往处在中慢速的不断变化之中，不能给人一种完整的图像；而国外的灯光造型采取动静结合、动则快速的方式，给人的印象既是完整的，又是充满活力与激情的。

4. 提高投入效果比的元素

（1）空间元素　空间的合理化设计，并给人们以美的感受，是设计基本的任务。要勇于探索时代、技术赋予空间的新形象，不要拘泥于过去形成的空间形象。

（2）色彩元素　室内色彩除对视觉环境产生影响外，还直接影响人们的情绪和心理。科学的用色有利于工作，有助于健康。色彩处理得当既能符合功能要求，又能取得美的效果。室内色彩除了必须遵守一般的色彩规律外，还随着时代审美观的变化而有所不同。

（3）光影元素　人类喜爱大自然的美景，常常把阳光直接引入室内，以消除室内的黑暗感和封闭感，特别是顶光和柔和的散射光，使室内空间更为亲切、自然。光影的变换使室内更加丰富多彩，给人以多种感受。

（4）装饰元素　室内整体空间中不可或缺的建筑构件，如柱子、墙面等，结合功能需要加以装饰，可共同构成完美的室内环境。充分利用不同装饰材料的质地特征，可以获得千变万化和不同风格的室内艺术效果，同时还能体现地区的历史文化特征。

（5）陈设元素　室内家具、地毯、窗帘等，均为生活必需品，其造型往往具有陈设特征，大多数起着装饰作用。实用和装饰二者应互相协调，求得功能和形式统一而有变化，使室内空间舒适得体、富有个性。

（6）绿化元素　室内设计中，绿化已成为改善室内环境的重要手段。室内移花栽木，利用绿化和小品，对于沟通室内外环境、扩大室内空间感及美化空间均起着积极作用。

（六）酒店的风水设计

1. 酒店平面设计

一般酒店的总平面由建筑小广场、道路、停车场、庭院绿化、小品雕塑、室外运动场和后勤内院组成。

现在许多大城市用地较紧张，在总平面设多层车库以解决停车问题。国外有的酒店因基地面积有限，则在房顶平面设网球场、游泳池、屋顶花园等。

平面设计中还应争取良好的景观效果，提高环境质量。因为良好的景观会使客人心身得到放松，使之流连忘返，酒店的生意必然会兴隆发达。景观并非只是指山河湖海等自然景色，还包括人文习俗、历史文化、名胜古迹，以及与周围建筑物形成的视觉形象。

2. 酒店外观设计

在外观形态设计上，为防止损害自然风景，应该重视其造型和色彩等。酒店外观不宜用深沉的冷色系，以免使客人有一种压抑感。

外观设计中，酒店的大门口是至关重要的，直接影响酒店的生意好坏。大门的形式设计应符合当地的气候条件、民众习惯、宗教信仰、酒店等级的要求。另外，不同等级、不同经营特点的酒店大门的大小、位置、数量都是不同的，要点是要进出通畅、舒适、外观引人入胜，并且显示酒店的独特标志或文化特色。另外，夜间门厅的灯光应格外引人。

3. 门厅设计

大堂应以宽敞、明亮为主格调，大堂装饰灯光和装饰摆设与主格调相配，可以体现当地特色。大堂比较大时，应设酒吧或咖啡厅，一是作为客人会客休息之处，二是也可以让酒店增加收入。

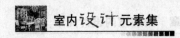

4. 内观设计

内观设计在酒店设计中也是十分重要的，其主要内容以客房设计为主。客房的设计好坏，直接影响酒店的形象和出租率，客房的层高一般以2.8m左右为好，太高有空虚感，太低有压抑感，房间内的装修一般以浅色格调为主。应尽量使每个房间朝向都好，争取都有阳光及较好的景观，使客人感到安逸舒适。

内观设计中还有一个重要的内容，即卫生间设计，因为卫生间会直接影响客人的健康。卫生间的门不可以对着床铺。在卫生间摆放小型绿色花草可以提高整个客房的舒适效果。

第六节　服装店建筑室内设计

一、服装店室内空间设计

（一）陈列设计分类

1. 分类型

大多数服装店经营的种类都比较多，可以按年龄顺序排放。比如，进门是少年装，中间是青年装，最里是老年装或童装；或左边是中档价位的服装，右边是高档价位的服装，最里边是提供售后服务的场所。科学的分类给顾客选购和店铺管理都带来了方便。

2. 变换型

服装店经营的是时尚商品，每刮过一阵流行风，时装店的面貌就应焕然一新。如果商品没有太大的变化，则可以在陈列、摆设、装潢上做一些改变，同样可以使店铺换一副新面孔，从而吸引顾客前往。

3. 方便型

将同一类消费对象所需要的系列用品摆放在一起，或将经常搭配的款式放在一起。比如，将男式衬衣、西装和领带、领带夹等摆放在一起，将秋冬外衣与帽子、围巾等摆放在一起。

4. 重复型

有些服装样式放在某一位置时间太长，由于光线和周围款式的影响等原因而无人问津，这时可将里边货架上的衣服移到外面的货架上，则会更加引人注意。通过循环重复，再配以新款式上架，整个服装店就会给人常变常新的感觉。

5. 衣柜组合型

在每个季节，消费者的衣柜都是一次全新的组合，各种场合、用途、主题的款式丰富而有序。随着都市生活节奏的加快，人们更需要衣柜组合设计方面的服务。服装店在组合商品时，不妨利用这一心理，在销售商品的同时也增加一项家政设计方面的服务。组合可分为单人组合、情侣组合、三口之家的组合等。

6. 装饰映衬型

在服装店做一些装饰衬托，可以强化服装产品的艺术主题，给顾客留下深刻的印象。比如，童装店的墙壁上画一些童趣图案，在情侣装附近摆上一束鲜花，在高档皮革服装店放上一具动物标本等，但装饰映衬千万不可喧宾夺主。

7. 模特展示型

大多数时装都采用直接向消费者展示效果的方法销售。人们看到漂亮的展示，就会认为自己穿上也是这样漂亮，这是一种无法抗拒的心理。商店除了吊挂展示和货架摆放展示，还可采用模特展示。一般有真人模特、假人模特展示，漂亮的营业员也可以充当模特，世界上第一位商业模特就是这样诞生的。

8. 效果应用型

店内所形成的效果并非仅仅靠服装款式本身就能够形成，其他的很多相关因素都会影响整体效果。比如，播放音乐、照射灯光、放映录像等，都与服装购买者的心情有关，也与商店的品位、可信度有关。一些大型商店设置儿童托管站，最终都是为了有好的销售效果。时装店安装大幅面镜，不仅在视觉上扩大了店铺的空间，也方便了顾客试衣。

（二）店内空间元素设计

1. 服装店顶棚设计

顶棚可以创造室内的美感，而且还与空间设计、灯光照明相配合，构成优美的购物环境。所以，对其装修是很重要的。在进行顶棚设计时，要考虑到顶棚的材料、颜色、高度，特别是注意顶棚的颜色。顶棚要有现代化的感觉，注重整体搭配，使色彩的优雅感显露无遗。年轻人，尤其是年轻的职业女性，喜欢有清洁感的颜色；年轻男性喜欢店铺的青春魅力，以使用原色等较淡的色彩为宜。一般的服饰专卖店的顶棚以淡粉红色为宜。

2. 服装店墙壁设计

服装店墙壁设计主要包括墙面装饰材料和颜色的选择以及壁面的利用。店铺的墙壁设计应与所陈列商品的色彩内容相协调，与店铺的环境、形象相适应。一般可以在壁面上架设陈列柜，安置陈列台，安装一些简单设备，摆放一部分服饰，也可以用来作为商品的展示台或装饰之用。

3. 服装店地板设计

服装店地板设计主要包括地板装饰材料及其颜色的选择，还有地板图形设计。服饰店要根据不同的服饰种类来选择图形。一般来说，女装店应采用圆形、椭圆形、扇形和几何曲线形等曲线组合为特征的图案，带有阴柔之气；男装店应有采用正方形、矩形、多角形等直线条组合为特征的图案，带有阳刚之气；童装店可以采用不规则图案，在地板上绘制一些卡通图案，显得活泼。

4. 服装店货柜货架设计

服装店货柜货架设计主要是对货柜货架材料和形状的选择。一般的货柜货架为方形，异形的货柜货架有三角形、梯形、半圆形及多边形等。异形的货柜货架一改其呆板、单调的形象，增添活泼的线条变化，使店铺表现出曲线的意味。

5. 服装店收银台设计

除了收银功能外，收银台还承载着服务台功能，包括开发票、咨询、存包、广播及背景音乐控制、防盗器控制、损耗预防、安全管理、宣传广告光盘播放、营业用品存放、店面监控、短缺物品登记等功能，还兼具传递打折、特价等促销资讯。

（1）收银台位置　收银台一般不宜设置在店门处，以免降低顾客进店的兴趣。如果收银台设置在入口靠墙的地方，虽然会方便顾客付款，但会造成流线的交叉和重叠，影响入店的人流，而且店门处是招揽顾客区域，属于黄金陈列位。如果收银台过于靠里，顾客不容易找到付款的地方，不方便付款。研究发现，收银台放置在店铺的中间是最合理的。

（2）收银台高度　因为服装店的商品体积较小，大批购买的现象极少出现。所以，收银台高约 1.2m 比较适宜。这样既方便站立的顾客与收银员交流，也不影响钱物交接。

（3）收银台设计的三大要点

1）要有一定的隐藏性。应从顾客的视觉角度去弱化收款台，降低顾客对消费的心理紧张度。

2）收银台除保证干净、整洁外，不宜有过于鲜艳、夸张的装饰。在收银台上可陈列一些简单的装饰品，但应考虑它们的摆放应既亲和又安全。

3）有效利用收银台来陈列。收银台也是放置 POP 广告的最佳场所之一，应确保 POP 广告摆放端正。在不影响收银的前提下，用以展示、推广、衬托产品的风格、品位。

6. 试衣间设计

（1）注意隐私问题　第一，有条件的话，男女试衣间应当分开；第二，试衣间最好是密闭的；第三，试衣间的门外最好还有一层遮挡。

（2）面积不能太小　试衣间应考虑各种体型的顾客都能较方便地在里面试衣。

（3）装修应重视功能　试衣间内应安装镜子。另外，在装修上要考虑一定的舒适性和适宜的光照效果。

（三）店内商品与空间关系

1. 同类商品类型的变化幅度

同类商品变化幅度的不同会形成不同的空间感。变化幅度大的商品，陈列起来造型丰富，但也容易零乱，设计时应强调秩序，减少人为的装修元素；变化幅度小的商品排列起来整齐，但容易单调，设计时应注重变化，增加装饰元素。

2. 商品的形

同类商品的形变化多，空间就显得活泼，但也容易杂乱。如果所售商品的形象差异不大，构思空间时应注重变化，否则会使人感到呆板。此外，商品的形还具有可变性。比如，可利用模特形成多姿多彩的形象，模特往往是时装店的主要构图元素。

3. 商品的色彩和质感

商品的色彩和质感要求室内设计色调起陪衬作用，尽量突出商品的色彩。此外，商品的质感也往往在特定的光照和背景下才显现出魅力。

4. 商品的群体与个体

商品是以群体出现还是以个体出现，对顾客的购买心理有很大影响。小件商品的群体可以起到引人注意的作用，但过多聚集也会带来"滞销"的猜测；不对称的群体处理得巧妙，会给人以"抢手"的印象。至于贵重的商品，只有严格地限制陈列数量才能充分显示其价值。对以群体出现的商品，室内设计应配以活泼，热烈的气氛；对以个体出现的商品，设计上应追求高雅、舒展的格调。

5. 商品的性格

商品的性格决定室内设计的风格。同样是时装店，高档女装店的清新优雅与青年便装店的无拘无束就截然不同。室内设计的风格与经营特色的和谐与否直接关系着商品的销售情况。

（四）建筑装修元素与服装店室内设计

以建筑装修元素来突出商品特色，可使用以下手法。

1. 创造主题意境

在室内设计中，依据商品的特点树立一个主题，围绕它形成室内装饰的一套手法，创造一种意境，容易给消费者以深刻的感受和记忆。比如，在儿童服装店中，设计师创造的主题是林中乐园，绒布动物在树上爬着、躺着、靠着，显得十分活泼可爱。这样的室内空间虽然装修朴素，但对小顾客的吸引力丝毫不弱。

2. 重复母题

一些专门经营某品牌服装的商店，常利用该品牌标志作为装饰，在门头、墙面装饰、陈列装置、包装袋上反复出现，以强化顾客的印象。经营品种较多的店铺也可以某种图案为母题，在装修中反复应用，以加深顾客的记忆。

3. 灵活变动

因为消费潮流会不断地变化，所以商店应能随时调整布局。国外有的服装店每星期都要做一些调整，给顾客以常新的印象。为此，一些可灵活使用的设计也大量出现。

总之，在不影响商品展示的前提下，对各种人为的装饰素材精心运用，不仅能使室内设计的风格鲜明，服装店的特色突出，而且还能对某些商品起很好的烘托作用。在市场竞争日趋激烈的时代，设计师必须综合运用以上三点，才能为服装店赢得竞争提供一个良好的基础。

二、消费心理元素与服装店室内设计

（一）商业心理学中的三类顾客

（1）有目的的购物者　有目的的购物者在进店之前就已经有购买目标，因此目光集中、脚步明确。

（2）有选择的购物者　有选择的购物者对商品有一定的注意范围，但也留意其他商品。他们脚步缓慢，但目光较集中。

（3）无目的的参观者　无目的的参观者去商店无一定目标，脚步缓慢，目光不集中，行动无规律。

不同的商店所接待的三种顾客的比例不尽相同。服装店是一个让人进行比较选择购买的场所。设计中应使空间环境富于吸引力。通过跟踪调查法绘出不同类型商店内的顾客行动轨迹，可为室内设计提供依据。

（二）消费心理过程的八个阶段

（1）钟情　消费者进入商场时，如果他（她）驻足于某件商品，就意味对某商品有好感或有一种想进一步了解的愿望，犹如人们一见钟情时的感觉。因为在注视过程中所获得的视觉享受是使消费者购买这种商品的最初动力。

（2）动情　消费者钟情某件商品后，其视觉享受会进一步刺激他（她）对这一商品的兴趣，这时他（她）会注意商品的其他方面，如使用方法、价格甚至功效、性能等。如果有了这一层感觉，就说明商品已经打动了消费者。

（3）联想　消费者对商品动了情后，就不仅想更仔细地看一看它，同时会产生用手去触摸商品的欲望，享受通过对商品的触摸而产生的满足感、亲切感，继而产生联想，联想自己使用商品时的情景，甚至乐趣。

（4）奢望　有了美妙的联想，消费者就会产生拥有、控制、使用商品的欲望。当然，他（她）又会产生疑问：有没有比这个更好的？还有比这更吸引自己的商品吗？

（5）权衡　产生购买欲望后，消费者就一定会在心理去比较、权衡（如价格、质量等），这时消费者表现出犹豫不决。这时他（她）会受到营业员或是同性或异性消费者的行为影响，这时营业员的精练介绍和推介将是最有用的。

（6）信心　经过一番权衡、比较后，消费者就会觉得"这东西不错，适合自己"。此时消费者已经对自己选定的商品产生了信心。这个信心来源于对商品品牌的信心、对自己购买行为的信心等。有了信心，就有产生购买的心理动机和决心。

（7）实施　一旦下定决心，消费者往往会实施购买行为，此时，如果营业员更进一步介绍该商品的其他优点，或商店还有对购买该商品的优惠条件等，会更加巩固消费者的购买行为。

（8）满足　消费者在购买后会有一种喜悦和自豪的感觉。这种感觉来源于两个方面：一是购物后的满足感，包括满足于拥有商品的喜悦和享受到店员优质服务的喜悦；二是商品使用过程中的喜悦，这种喜悦直接关系到是否产生重复购买的欲望和行为。如果消费者同时获得两方面的满足，他（她）将成为商品的忠实消费者。

（三）认识过程与视觉心理

从上面的分析可以看出，一系列心理过程的开头是"注意"，这就要求商品应具有一定的刺激强度才能被感知。根据视觉心理学原理，可采取以下对策：

（1）增强商品与背景的对比　商店内的各种视觉信息很多，人们只能选择少数部分作为识别对象。根据视觉心理原理，对象与背景的对比越大，越容易被感知，在无色彩的背景上容易看到有色彩的物体，在暗的背景上容易注意到亮的物体。比如，在室内设计中采用暗淡的色彩，并进行低度照明，而用投光灯把光线投射到商品上，使顾客的目光被吸引到商品上。又如，浅色商品以深色墙面为衬托，而深色商品以白色货架为背景，以突出商品。

（2）掌握适当的刺激强度　除了突出商品以外，广告、霓虹灯、电视等也用来吸引顾客。但是，如果刺激超过了一定限度，就起不到什么作用。招牌的数量越多，每块相对被注意的可能性越小。有实验表明，注意的可能性的减少要比人们仅从数量着眼所预料的快得多。比如，增加第二块招牌并不会把第一块招牌被注意的可能性减少一半，而第三块招牌的影响就大了，当到了第十五块时，某块特定的招牌被注意的可能性大大低于1/15。实验表明，一般人的视觉注意范围不超过七，如短时间呈现字母，一般人只能看到大约六个。这对于在室内设计中合理地确定商业标志和广告的数量、柜台的分组数量和空间的划分范围等是十分有用的。

（四）情绪心理与购买行动

在使消费者对商品引起注意之后，还要采取一系列对策来促进其顺利地实现购买行动。在室内设计中可以采取以下手法。

（1）唤起兴趣　新颖美观的陈列方式及环境设计能使商品看起来更诱人。国外商业建筑十分注意陈列装置的多样化，往往是根据商品来设计陈列装置，让商品的特点得到充分的展示。

（2）诱发联想　利用直观的商品使用形象来诱发顾客对使用的联想是非常有效的，如儿童服装店将儿童使用的卧具、玩具等布置成一个儿童房的形式，会比分类排队的陈列方式生动得多，能使顾客身临其境。

（3）唤起欲望　注意陈列装置的多样化，因为美观的陈列方式和环境与商品一样诱人，甚至比商品更诱人，它们使商品获得最充分的展示。

（4）促进信赖　这要求室内设计的风格与商品的特性相吻合。比如，运动服装商店不仅要把自己的品牌宣传突出（如用著名运动员着装的照片），而且要有造型新颖的室内装饰。

三、服装店室内布局

室内设计的原则可归纳为总体均衡、突出特色、和谐合适、方便购买、适时调整。

（一）室内布局的类型

室内布局是指室内的整体布局，包括空间布局和通道布局两部分。

1. 空间布局

一般说来，大多数服装店都由三个基本空间构成：一是基本空间，即商品空间，如柜台、橱窗、货架、平台等；二是店员空间；三是顾客空间。

2. 通道布局

顾客通道设计的科学与否直接影响顾客的合理流动。一般来说，通道设计有以下几种形式：

（1）直线式 直线式又称为格子式，是指所有的柜台设备在摆布时互成直角，构成方格网通道。

（2）斜线式 斜线式通道的优点在于它布局活跃，容易使顾客看到更多商品。

（3）自由滚动式 自由滚动式的布局是根据商品和设备的特点而形成的各种不同组合，或独立、或聚合，没有固定或专设的布局形式，销售形式也不固定。

（二）服装店的布局与设计

1. 根据主副通道，设定顾客流线

全面有效的展示商品并延长顾客在店内的滞留时间，是卖场行销的关键之一。一般来说，顾客习惯浏览的路线就是店内的主通道。大型服装店常布局为环形或井字形；小型服装店则布局为 L 形或反 Y 形。其中，热销款式及流行款式的商品应摆放在主通道的货架上，以方便顾客观看与触摸。副通道一般由主通道所引导，用于布置辅助款式及普通款式的商品，收款通道则应置于主通道的尾部。

2. 设计精美橱窗，展示流行魅力

橱窗是品牌的信息窗口，每一季的流行款式都可以通过橱窗进行简明的陈列，以达到吸引过往顾客的目的。橱窗的设计应当做到：

1）选取时尚的款式进行陈列，并注意背景图案设计与服装主题的协调。

2）橱窗服装陈列宜简单明了，配套的鞋帽及其他饰品不仅要与服装协调，还应与环境协调。注意橱窗整体留白，以突出服装的主角特质。

3）标注价格，使顾客能快速地了解该品牌的档次与定位。

4）巧借人工光线渲染产品特点。

5）运用多媒体，使顾客受到视觉与听觉的多重刺激。

3. 完美光照空间，渲染品牌形象

对于服装店的陈列而言，光照的作用不仅为了满足人的视觉需要，更是为了创造光照空间，渲染气氛，追求完美的视觉形象。

人工照明宜采用以下三种方式进行设计：

（1）基础照明 基础照明主要是使整体店铺内的光线形成延展，同时使店内色调保持统一，从而保证店铺内的基本照明。其中，主要的运用模式有嵌入式照明和直接吸顶式照明两种方案（图3-86、图3-87）。

（2）重点照明 对于流行款式及主打款式的商品而言，应用重点照明就显得十分重要。其中，重点照明不仅可以使产品形成一种立体的感觉，同时光影的强烈对比也有利于突出产品的特色。当然，重点照明还可以运用于橱窗、LOGO（徽标或者商标）、品牌代言人及店内模特，用于增强品牌独特的效果。常用的照明设备主要为射灯及壁灯，可以根据产品的具体特点而选用相关设备。

图 3-86 男士服装区照明设计

（3）辅助照明 辅助照明的主要作用在于突出店内的色彩层次、渲染气氛与加强视觉效果，辅助性地增强产品的吸引力与感染力。

4. 巧借音色功能，渲染店内气氛

音色设备的主要作用有以下几点：

1）营造购物气氛。

2）迎合顾客心理。

3）宣扬品牌文化。

4）疏解顾客情绪。

对于应用层面而言，则应根据店内的色调及产品的特点进行相应音乐播放，如充满青春朝气的服装店铺可以播放时尚流行音乐；复古情调的服装店铺可以播放古典音乐；正装及职业装店铺可以播放舒缓、休闲的音乐。同时，店铺内还可以通过视频设备播放企业

图 3-87 女士服装区照明设计

形象短片及产品广告片，以使顾客能够对品牌进行深度了解。

5. 满足顾客心理，营造休闲空间

在卖场面积富余的条件下，可以设置休息区来为顾客打造一个购物的休闲空间。比如，一个精致的茶几、几个时尚小巧的沙发椅、四周布置绿色植物，以及充满休闲与时尚气息的杂志。同时，巧妙地设置休息区还能够将不同风格的服装进行无形分割，而在休息之余，顾客也能够对品牌产品的广告及宣传画册有所留意，达到一举两得的效果。

（三）服装陈列的技巧与设计

1. 按服装陈列模式划分

（1）量感陈列　量感陈列模式较适合运动鞋服及中低端服装产品。其特点是能够使顾客感受到店铺内商品丰富，选择余地大。但对于高端商品而言，此种方式并非最佳。

（2）经典陈列　经典陈列模式在高级女装店铺较为常见，其风格简洁大方，强调产品的质感与特色，对流行款与主打款有明显的推介作用。

（3）综合陈列　综合陈列即结合量感陈列模式与经典陈列模式的组合模式。

2. 按服装性质陈列划分

（1）按商品的色调进行陈列　色彩是构成视觉美感最为重要的因素之一。具体陈列时，可以将颜色鲜亮的商品排在前方，暗色的商品排在后方，使整体色系产生明暗的层次，形成一种立体冲击力，以影响顾客的决策。

（2）按商品的档次与价格进行陈列　对于囊括中高低全线产品的店铺而言，此种方法比较适宜。通过价格进行陈列，可以使顾客较为容易地选取符合自己收入与品位的产品，方便顾客完成购买过程。

（3）按商品的造型陈列　将相同款式与风格的产品进行归类，可以使顾客快速地选定适合自己个性的产品，此举较适合高级女装陈列之用。

（4）按商品的尺码陈列　对于正装及男装而言，在设计风格相似的情况下进行尺码分类，可以使追求生活简单化的男士轻松地选取适合自己的服装。

（5）按人体模具陈列　人体模特是目前广为使用的服装陈列器具。通常情况下，在进行模具陈列时，同一姿势的模特要穿上同一造型、同一系列的服饰，而且颜色要协调，不宜使颜色混杂。同时，在服装材料方面也应遵循近似原则，如果各种面料混杂在一起，就失去了突出重点的效果，从而造成了陈列混乱的现象。

3. 服装陈列的规范元素

（1）正面挂装陈列规范　正面挂装陈列较适用于流行款式与主打款式的展示。陈列时应注意以下几点：

1）同系列商品应挂列在同一展示区域。同时，男女服装应分列挂示。

2）服装陈列时，应遵循从小到大的原则。

3）正面挂装陈列的色系应遵循从外及内、由浅至深的原则。

4）正面挂装应配置价格标签。

（2）横向挂装陈列规范 横向挂装较适合顾客进行对比挑选，同时，店内营业员也能够依照产品顺序进行依次讲解。陈列时应注意以下几点：

1）同一区域内应使用相同的衣架。

2）同一展示区域内，同款下装不得同时正面夹挂和侧面夹挂。

3）每款服装应保持一定的距离，一般为2～5cm。

4）正装的领带、皮带、拉链应保持完备。

5）保证每款服装都能够整洁有序，无褶皱痕迹。

（3）叠装陈列规范 叠装陈列有利于节省空间，扩充容量，同时还能给顾客以一种简约感与层次感。陈列时应注意以下几点：

1）叠装陈列区域不得有非同类服装出现。

2）每叠服装不宜过厚，一般保持在5～15cm为宜。

3）每叠服装应保持行间距为5～10cm。

4）在进行叠装陈列前，营业员应先将服装外包装去除。

5）陈列层板应经过设计，以保持与服装颜色的贴切。

6）叠装展示对于顾客视线有一定的障碍，就近位置应设置产品图册及着装人体模特。

7）叠装的色块渐变序列应依据顾客流向，遵循自场外向场内由浅至深的原则。

8）对于过季产品应单独设立陈列区域，同时应有POP广告等店内海报进行注释。

9）对于顾客挑选过的商品应及时整理，保持服装的整洁与有序。

（四）服装卖场设计技巧

（1）服装卖场的色彩 服装卖场的色彩要统一，服装和装修的色彩要和谐地融为一体，让人一眼就能看出卖场的主色调。但统一不是让服装和装修的色彩完全一致，那样会让卖场显得单调呆板，应该让局部有对比，并服从于整体。

（2）灯光的目的性 在服装卖场中，灯光起着关键的作用，同样一件衣服，设灯光和不设灯光的展示效果完全不一样，特别对于模特、点挂这类单件展示的商品，一定要用射灯进行烘托。灯光的颜色也要适当，蓝色的灯光给人以冰凉、冷酷、迷幻的感觉，黄色的灯光给人以温暖的感觉。

（3）试衣间的设计 试衣间很重要，顾客购买衣服的决定大多是在试衣间里做出的。试想，当顾客走进试衣间，踏上软软的羊毛地毯，关上精致的门把手，试穿后还有梳妆台梳理头发，还可以试用精致的香水，顾客是否会感觉自己是公主？这样的试衣间能有效地促进顾客做出购买决定。

（4）货架摆放留出行走空间 行走空间分为主通道和副通道，主通道宽度不得小于120cm，次通道宽度不得小于80cm。形象背景板对着主入口或卖场主通道。

第四章

装饰艺术构成元素

第一节 平面、立面构成元素

一、平面视觉形态基本元素

1. 点的概念

（1）点的基本概念 点是形态构成中最小的构成元素。在几何学中，点是抽象的，它在空间只有位置，而无面积。但在构成设计中，点是有大小的，而大到多少还能称之为点？这又是一个抽象的概念，一般要根据画面或空间的大小来定。

（2）点的潜在概念 点不仅指明了位置，而且使人能感觉到它的内部具有膨胀和扩散的潜能。点的形态会随着它的色彩的变化，呈现有不同的视觉效果。点对空间的影响将由点与空间的关系来决定，如明亮空间之中的单一黑点，由于空间中无任何其他的形态，黑点便牢牢地抓住了人们的视线，点对周围空间的扩张是显而易见的。同样，当点处于空间的高位，会产生不稳定感，它的重力问题成为视觉紧张的主要因素；当点处于空间的低位，重力问题便让位于动势，并呈现一种不确定的运动方向。点在空间中位置的偏移就意味着重心的失衡。由此可以得出，点能调节画面的平衡。点与周围空间的关系会影响观者对点的感觉，如果周围的空间大，点受到空间的压迫，作用就会显得小一些；相反，周围的空间小了，点的张力就要显得大些（图4-1）。

在平面设计中，点的意义在于独立运用与配合运用都能产生很好的审美作用。

2. 线的概念

（1）线的基本概念 在几何学中，线也是抽象的，它在空间有位置、长短、直曲和方向，而无粗细之分。但在构成设计中，线是有粗细的，而粗到多少还能称之为线？这

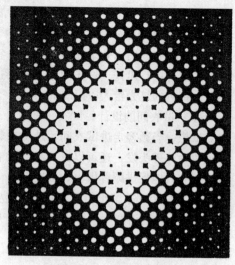

图4-1 点的潜在概念

同样是抽象的，一般也要根据画面或空间的大小来定。

（2）线的潜在概念　人们在心理上习惯于将线看作形的边缘，它依附于形，看起来好像是静止的，其实，线具有的特性是具有边界、方向、延续性和流动感。一条线可以被想象为一个点的运动轨迹，就像夜间街上的车灯轨迹。线的粗线、曲直有各自的特征与性格，粗细线的差异，同视觉上的前进与后退有关，细线有后退感，粗线有前进感；粗细线的差异也与负重能力有关，粗线具有较好的负重能力。应该意识到，线具有一种深度，就像墙壁上的裂缝，表现了光线所不能及的地方。这就是说，黑线是一种空间深度的表现。线有亮线和暗线之分，这是在光线的作用下划分的，亮线在视觉上会产生一种飘浮感，在空间上处于较前的位置，而暗线与亮线相比，则更具有质量感（图4-2）。

图4-2　线的潜在概念

设计中所运用的线条是多种线条的组合。线条通过组合，不但能产生运动感，而且能表达时间与空间。线被阻断，其力就被破坏，力的方向与大小就有了本质的变化。

3. 面的概念

（1）面的基本概念　在几何学中，面也是抽象的，它在空间有大小、形状，而无厚薄之分。在构成设计中，面不仅有几何形、任意形，面还有实面与虚面之分。虚面是指不真实存在但能被感觉到的，是由点、线密集而成的。

（2）面的潜在概念　凡是具有体积感的形态必定与面的视觉形象有关。面的几何形与任意形相比，在视觉上显示出明显的秩序性，正是这种秩序性能吸引视觉，给人一种整齐有序、舒适完整的心理感觉。其中，直线几何形显得简明、直率、稳定，而曲线几何形显得灵活、柔软、动感。任意形则与几何形不同，它体现出富有变化、充满想象的特点。

面在空间中的作用是依据各自的突出性来显示的，如完整的形、位于图形中心的形、有重力的形、视觉上比较紧张的形、异质的形、熟悉的形等都是比较容易引起注意的。从图4-3中可以清楚地看出，容易引起注意的形是视觉的引导点。当"面"的形态是突出的、生动的，"面"以外的画面就会显得次要一些，通常称为"底"。这样，在一个画面之中存在"图"与"底"的关系，使图的形态具有前进性、被知觉性和形态完整性。

图4-3　面的潜在概念

二、平面构成的形式设计

自然界的一切总是以均衡的形式展现在人们的面前。这种均衡不仅体现于它们共处于自然空间之中，也体现于它们本身在生存与发展过程中的均衡，均衡是大千世界中的一种存在方式。于是，在艺术设计中，为了求得视觉上的舒适效果，就必须将画面上的各种元素安排得相对均衡，以满足审美者的心理需求。平面构成的形式设计法则大体可以分为以下几种：

1. 对称

对称是均衡的一种标准形式，是一种以对称轴为中心、轴两边完全相同的构图方式。在这样的构图中，相同且均衡的形占有相同大小的空间，在视觉上是舒适的。对称在设计中的主要方式是反射，这在生活中称为镜面倒影或反影。对于点而言，有向心的"求心对称"，离心的"发射对称"，还有"旋转对称""逆向对称"等。

2. 非对称均衡

非对称均衡是一种非严格结构的对称关系，主要强调在形态排列中控制上下、左右、内外的平衡关系。在设计中可以运用反转的方法，即将相同的形象先对应地反射排列，然后将其中的一个反转（图4-4）。也可以运用扩大、中心对称等形式，即将相

图4-4　非对称均衡一

同的形象围绕一个中心点均衡排列（图4-5）。这种设计实质上也是反射与反转的设计。

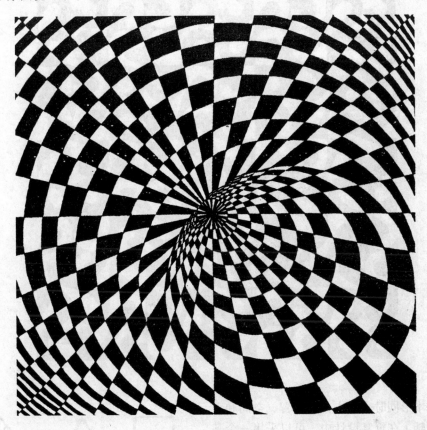

图4-5　非对称均衡二

3. 重复

相同的形态或相似的形态多次地出现，并有规律地排列，这是大自然本身所具有的一种形式。把数量较多的、相同的形态或相似的形态构成在同一个画面或一个空间里，这种设计称为重复形式的构成（图4-6）。对重复形式的设计可以从单一形象的设计与形象的排列规律两个方面进行，即基本形与骨格的设计。

（1）基本形　基本形是重复构成中的形象主体，从最简单的形态要素到比较复杂的图形，都可以成为基本形。基本形具有形状、大小、色彩、肌理的差异性，不少基本形是通过小的几何形交叠而产生的，在基本形的重复排列中也可能运用交叠的方式，所以，形态的交叠也是基本形设计的一个课题。交叠有多种情况，如联合、相接、复叠、分离、透叠、差叠、减缺（图4-7）。除此以外，当两个或两个以上的基本几何形相重叠去塑造基本形时，可以通过几何形的正负变化去产生更多的视觉形象。有时，相同形象的巧妙安排会产生节奏感，使整体画面产生一种律动，产生视觉上的活力。

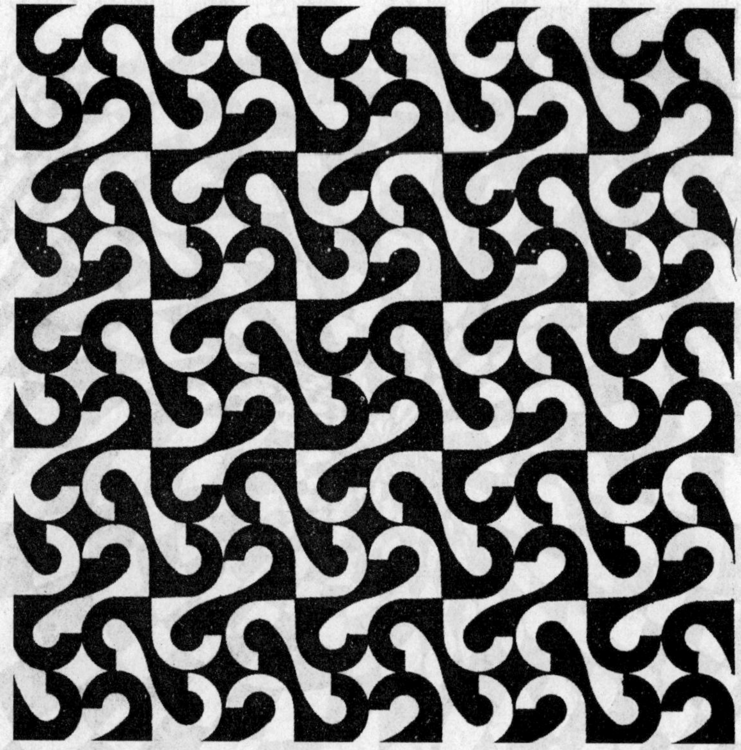

图4-6　重复

基本形同时受到方向、位置、空间和重心的管辖。在重复设计中，可以采用一个基本形，也可以采用两个或两个以上的基本形。

（2）骨格　骨格是重复构成中为安排重复的基本形而设计的，骨格的设计应是重复构成中的框架主体，它管辖并支配各类基本形的位置，也是画面的一种分割形式。骨格可分为规律性骨格与无规律性骨格，有形骨格与无形骨格。有形骨格是指具有明确的骨格线，并将基本形纳入骨格之中，故又称为作用性骨格。无形骨格是指没有明确的骨格线，仅依靠基本形的排列来产生重复效果，由于基本形的排列没有明显的骨格规律，又被称为无作用骨格；或虽基本形的排列有一定的规律，但基本形与基本形之间的"底"

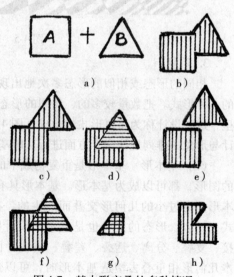

图4-7　基本形交叠的多种情况

a）基本形　b）联合　c）相接　d）复叠
e）分离　f）透叠　g）差叠　h）减缺

形态比较生动，使骨格线显得不明显。

对于有形骨格的设计，可以考虑以下几种方法：行列的移动、改变行列的方向、骨格线弯折、骨格线间隔距离（图4-8）的改变、骨格单位的联合、骨格单位的细分。

4. 节奏创造

每一个点与每一根线在空间中都具有自身的动能，将这些动能组织起来，就能创造画面的视觉运动。将基本形进行设计安排，引导视觉运动的形式称为节奏创造。节奏来自于有机生命体，通过研究，就会发现那些能引起生理和心理上愉悦和兴奋的视觉形式。这种节奏感有两种不同的形式，一种是将某类图形有规律地安排在平面空间中，视觉就会产生有规律的运动或延续，形成视觉的节奏（图4-9）；另一种是像舞蹈一样，随着音乐的节奏而跳动，又随着舞蹈者的情绪而变化，使人感到节奏的富于变化、难以把握，又使人关注这种节奏、难以摆脱。这就是节奏形式富有魅力之处。

图4-8 骨格线间隔距离的改变

图4-9 形成视觉的节奏

节奏的两种基本形式：

（1）渐变构成 渐变既是一种骨格的变化，也是一种基本形的变化。这种变化由于是有规律的、有秩序的，而且是逐渐递增或递减的过程。在生活中可以发现很多渐变构成。例如，向水中扔了石头，水纹便呈现了渐变的构成；圆木的年轮呈现一种渐变的构成。渐变构成主要有两种形式：

1）基本形不变，骨格变化。比如近大远小，物体位置的逐渐变化，方向的变化等。也有通过基本形的逐渐变化来显示事物的逐渐演化过程。利用骨格的渐变来设计，通常利用数列的方法来安排骨格，关键是熟悉各种数列带来的渐变效果。

2）基本形变化。凡有方向的基本形，由于空间的方向变化而引起视觉的注意，设计就达到了目的。当基本形呈三维形态时，这种方向上的变化就显得更为明显，包括利用光线角度的变化、利用基本形的位置变化来设计。渐变的魅力在于创造节奏感和韵律，而这一视觉效果的产生要依赖形象的变化能引起视觉运动（图4-10）。

（2）发射构成　发射是一种具有较强烈的动能结构设计，一般具有力的发射点、力向发射线和各种方向的力的运动。这种发射构成能创造较宏大的空间结构、复杂的空间关系，也有利于各种空间形象的塑造。发射构成有三种基本形态：

图 4-10　渐变——基本形变化

1）中心式发射构成。中心式发射构成有离心式和向心式两种。这是一种由发射中央向外或由外向发射中心布置发射线的构成设计。前者由于离心发射力向四周运动，故在视觉上产生向外的强烈扩张（图4-11）；后者由于其骨格线产生一种明显的向画面中心的力，故称为向心式（图4-12）。

图 4-11　离心发射

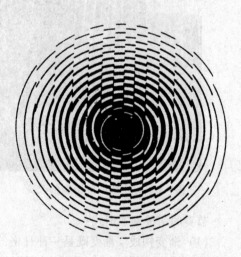

图 4-12　向心发射

2）同心式发射构成。同心式发射构成是指从发射中心开始，骨格线围绕着中心逐渐向外扩展，骨格线之间的距离或相同或渐变，就像池塘中的涟漪、空中的电波，将中心的力或能量一层一层地向外扩散。设计的方法与离心式相仿（图4-13）。

3）螺旋式发射构成。螺旋式发射构成是以旋转的排列方式进行的，旋转的基本形逐渐扩大形成螺旋式发射（图4-14）。

图 4-13　同心式发射

图 4-14　螺旋式发射

　　以上三种基本的发射构成设计可以结合起来运用（图 4-15），也可以将重复构成、对称形式、渐变构成与发射构成结合设计（图 4-16）。

图 4-15　发射构成组合

图 4-16　多种构成组合

5. 对比

　　（1）对比的概念　　对比是以相反性质的元素组合起来构成视觉上的差异，通过形态的、色彩的或质感的对比来构成画面，如大小、疏密、虚实、黑白、显晦、凹凸等。对比的视觉效果使人们能感觉到一种画面变化，所以说，对比是构图中最活跃的、最积极的形式之一。由这些对比因素所产生的变化可以取得醒目、生动、突出、律动、呼应和明朗化的视觉效果。但任何对比又必须保持一定的限度，使那些形态在画面中处于一定的平衡状态，产生均衡的效果。

（2）对比的形态　对比的形态可从以下三方面来体现：

1）形的方面。比如，形的大小、形的方圆、形的曲直、形的位置等。

2）质的方面。比如，形的粗细、形的轻重、形的刚柔、形的强弱等。

3）势的方面。比如，形的聚散、形的动静、形的方向、形的重力等。

（3）对比的方式　对比的方式有空间对比、聚散对比、大小对比、曲直对比、方向对比、明暗对比等。

1）空间对比。空间对比是指图与底的对比关系。画面中形象所占的空间与形象以外的空间会形成一种明显的视觉对比，形所占的空间太大，周围的空间势必太小，画面就有充塞感，对比就不成立了。要让画面中底与图的对比成立，就必须合理地设计形象，合理地安排空间（图4-17）。

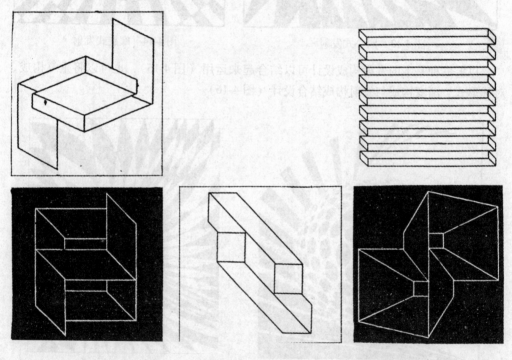

图4-17　空间对比

2）聚散对比。聚散对比是指构图中的形象安排问题。要处理好画面中的聚散关系，必须安排好主体形象与次要形象之间的关系，对形象的密集程度及整体效果、形象密集区与疏散形象之间的呼应及疏散形象的位置等给予恰当的安排（图4-18）。

3）大小对比。大小对比是指构图中形象的大小及它们所处的位置，既涉及画面的

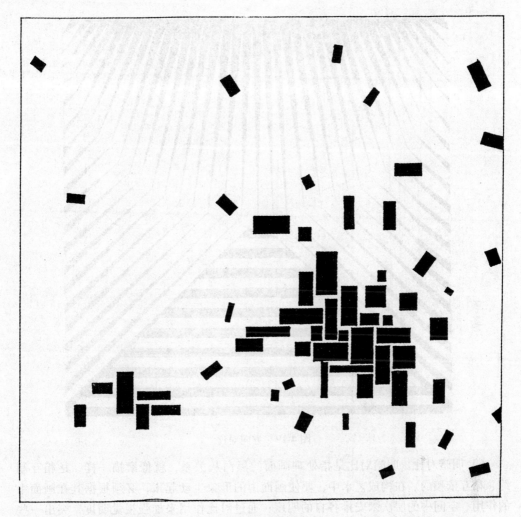

图 4-18 聚散对比

视觉引导，也关系画面的结构。大小相似的形象安排在一起，会使画面缺乏生气。突出主体形象，注意其空间的位置，让形作为对比，有利于给人明确的印象。

4）曲直对比。曲直对比是利用各种形态曲直之间的对比，使画面产生明显的空间变化。画面中的空间是有深度的，线的位置、长短、粗细、明暗、方向都直接影响其性格。所以，在曲直对比中，线的上述变化以及在对比中所处的地位，都对曲直对比的效果有直接作用。而面的曲直对比有利于空间形态的塑造。

5）方向对比。方向对比要避免产生单一方向的形态，因为这样可能引起画面的失衡和呆板。方向的对比是在同一画面中用反方向的形态来调整力的失衡，因而每一方向上的力总是受到总体力向的平衡的控制，在构成对比中既不能使对比力完全平衡，又不能让反方向的力起不到应该具有的力量（图 4-19）。

图 4-19 方向对比

6）明暗对比。明暗对比是指处理画面的黑白灰关系，就像素描一样，是相互制约、相互依赖的。在构成艺术中，要使画面中的形象生动起来，必须根据其在画面中的作用、空间中的层次来安排各自的明度；通过对比作用来加强视觉明度，突出一些明度并不很高的形态的视觉效果。当然，在画面中不能使用太多的中间色调，否则容易使画面发灰。也就是说，画面应有"压得住"的颜色，该亮的地方要大胆透亮。

（4）对比的适度 对比的适度是对比构成中的一个重点，画面中往往存在着多种对比形态与方式，就出现一个各对比间的主次问题。对于主要的对比关系，应该充分地显示出由对比而产生的视觉形象，不仅使其对比确立，还必须在画面中占有绝对的地位；对于次要的对比关系，必须控制它们的对比度，不能喧宾夺主，否则难免产生画面的繁杂。布局上，对于形象的空间比例、位置、虚实、明暗、方向应从整体入手，大的方面要对比布局，小的方面要对比平衡，避免在画面中过多过细地刻画。

6. 变异

变异是一种规律的突破，是某些构成要素违反次序、产生不规律的对比，使人在视觉上受到刺激，形成焦点，进而产生新奇的、生动的视觉效果。而要让变异部分突出，就必须让周围的形态平淡一些。当然，变异的程度可大可小，这是根据异变的形象所能起的作用来决定的。主要的变异方法有：

（1）形式变异　骨格的变异是形式变异的主要形式。对于骨格单位的异样，视觉是很敏感的。如图4-20所示，当骨格在某一部分漏排，这一漏排处便成为一个亮条，引人注目。当某一部分骨格线改变走向，原来的平面就产生起伏。当部分骨格线改变位置或排放规律，同样会引起视觉的注意。形式的变异是指骨格线改变原有的造型，吸引人们的注意。

（2）形象变异　在形象的重复构成中，特异是一种较为普遍的构成手法，凡变异处即是视觉的中心点。形象变异有三种设计方法：

图4-20　形式变异

1）局部形象变异。局部形象变异主要体现在重复构成中。

2）整体形象变异。比如让形象通过曲面变形、切割变形、压缩变形、拉长变形等来增加视觉形象的趣味变化。

3）放大或缩小变异。虽然在形象本身并无特别的变化，但形象通过扩大或缩小，形成了明显的对比效果，实际上起到了变异的效果。

7. 密集

密集在设计中是一种常见的组织构图的手法，基本形在整个构图中可自由散布、有疏有密。最疏或最密的地方常常成为整个设计的视觉焦点，在画面中形成一种视觉上的张力，并有节奏感。密集也是一种对比的情况，利用基本形数量排列的多少，产生疏密、虚实、松紧的对比效果（图4-21）。

密集构成中，基本形可采用具象形、抽象形、几何形等，但基本形的面积要小，数量要多，以便有密集的效果，基本形的形状可以是相同的或相近的，在大小和方向上也可有些变化。

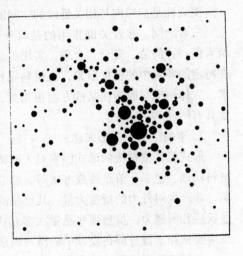

图4-21　密集构成

8. 肌理

肌理又称为质感，由于物体的材料不同，表面的排列、组织、构造各不相同，因而产生了粗糙感、光滑感、软硬感等。人们通过视觉来感受物体表面的质地，因而，视觉肌理成为设计作品的重要因素之一。

视觉肌理创造方法包括笔触的变化、印拓、喷绘、印染、刻刮、纸张加工、渗开或枯笔技法、纹理涂擦技法、大理石纹表现技法、蜡之排水性技法等。

三、立体视觉形态基本元素

（一）立体构成的概念

在室内设计、环境设计、建筑设计、景观设计、展示设计等领域，必须建立空间的结构，掌握结构的材料和材料的技术处理方式，才能较好地完成空间结构的形态创造。通过对形成立体构成的各种元素的了解，对不同结构方法的探索，对形态、材料、色彩、肌理的心理感受，熟悉立体形态一些内在的联系。

对一个空间的所有构成元素而言，各种元素需要远近平衡、虚实平衡、明暗平衡、明快与沉闷的平衡、熟悉与陌生的平衡、主导与退隐的平衡、流动与凝固的平衡。在每一种情况下，人们总是寻找和安排最有效的动态张力，来为所有对立要素及总体结构赋予最充分的意义。

（二）立体构成与空间结构系统

1. 立体构成的科学性、实用性与美观性

科学性是指物质结构的合理性，包括由结构而形成的空间大小与功能的合理性，结构材料选择运用上的合理性，以及安全性和简洁性。

实用性是指结构空间能最大限度地发挥自身的结构功能，体现其有效的视觉功能与使用功能。

美观性是指结构与相关延续的空间能给视觉心理带来审美愉悦。

三者之间，起着关键作用的是科学性，也就是说，最大限度地发挥结构的作用，给人们一种简洁、安全、合理、实用的感受。而在设计中，设计者要充分地考虑结构在特定的环境中的视觉形象，在材料选择、结构形式、色彩运用等方面兼顾审美的需求。立体构成与雕塑在某些方面很相近，但立体构成不同于雕塑，最主要的区别是雕塑具有明显的主题性。

2. 空间结构中的形式感

形式感是指结构的形式因素对人的精神所产生的某种感染力，如线条、空间界面、材料质地、色彩、节点构成方式等。当它们处于结构之中，形成一个被塑造的整体形象，并产生对外力的抵抗力量，其自身的生长力和向外的张力有一种视觉上的流动感、跳跃感和腾越力。虽然那些感觉大多是由审美者的心理反应产生的，但是，这些心理反应要依赖于设计师在设计中的诱发因素。

空间结构形式是与基本几何体的集合有关的。所以，对于一个立体构成结构而言，应熟悉几何体的切割和组合造型方法，运用线、面和实心材料来构成几何体。立体构成是以空间结构系统的创造为目标的。自然景观与人文景观、建筑与绿地、树木与景观、山石与水流之间的种种关系，就是一个空间结构问题，设计师不但要寻找一种和谐统一的融合，要借助于山丘、水流、植物、阳光，还要在结构的大小、方式、外表

的材质与色彩上，给予更多的思考。在室内设计中，利用不同空间的特殊性，对顶面的形态结构有着不同的处理方法，对墙面和局部空间的处理也存在着很多的创造性，在设计功能的同时追求着形式，给居住者带来的视觉感受（图39）。

（三）立体构成的基本元素及其在立体构成中的意义

1. 立体构成中的基本元素

立体构成中的基本元素包括点、线、面。

2. 点、线、面在立体构成中的意义

平面构成中的点、线、面只具有位置的意义，虽然这种位置有时能产生视觉中的空间效果，产生厚度和肌理，但这只是视觉化的效果，不能产生空间上的全方位的视觉变化。而在立体构成中，点、线、面的造型意义就大大地扩展了。例如，同样大小的点，由于空间的位置不同，就会产生大小、虚实、色彩上的差异；由于观看的视角不同，产生形态上的变化、位置上的变化，甚至结构意义上的变化。大的点有时能产生面的感觉。虽然点的面积在构成中是最小的，但在视觉张力上有惊人的作用，这体现了张力的大小并不以元素的大小来区分，而是与其在结构中的位置有关。

3. 立体构成中的点、线、面在结构力学上的意义

在某个角度来看，一条线可能只是一个点；一个点可能既是一个位置，又担负着联系其他材料的作用，也就是说是一个分解力的地方；而对于一根线来说，它的粗细可能与牢固有关，也可能产生形态上的完整、重心的稳定以及构件与构件之间的联系。这就是立体构成中的点、线、面，具有更丰富的表现角度，也存在更多设计意义上的把握难度。

4. 面与体的构成关系

面在立体构成中是一种多功能的形态，既可以作为围合的材料，又可以起到分割空间的作用。透明的、半透明的和不透明的面在空间中会产生不同的视觉效果。面的围合、半围合和分割使结构空间产生变化，能化整为零，也能内外呼应；能拆大为小，又能以小见大。尤其是面的装饰和加工，会使体的视觉空间有更多的张力（图4-22）。

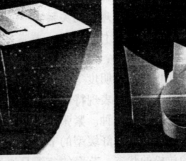

图4-22　面与体的构成关系

块状形态是立体构成中的主体，它可以分为几何体和非几何体。常见的几何体主要有立方体、长方体、球体、圆锥体、圆柱体、正三棱锥体、正四棱锥体等各种正多面体。这些几何体具有一些共同的特征，有着一些结构上的规律，而且每一种几何体都具有比较明确的审美心理特征，所以在立体构成中，几何体经常作为主要的构成件。在人类设计的各种器物中，有很多造型源于几何体。块材的形体塑造方法有添加法和削减法。几何体通过叠加、组合、减缺等方法，可以产生出无穷的变化。

5. 立体构成的形式美原则

在平面构成中，基本元素可通过不同的安排，产生重复、节奏、渐变、变异、对比和调和等形式，使平面中的诸多元素在一个二维空间中达到平衡，产生有力的视觉效应，立体构成亦然。在立体构成的基本形式中，应主要体现以下几个原则：

（1）整体与局部　在立体构成中，由于空间的拓展，产生出更多的局部，这些局部往往是构成主体的一部分。以室内设计为例，单一立面的设计是一个方面，还必须考虑各平面之间的视觉连续性和相互之间的不同关系，并能有效地利用视觉空间的作用。将众多的视觉元素在一个视觉空间中组织起来，就有一个整体性的原则。一个构成元素单独的视觉意义必须控制于整体的视觉之下，它的意义只是在整体的关系中才能被认识和确认。也就是说，设计师应该把构成中的每一种元素（大小、形状、色彩、材质、位置等）都放在一个整体中去观察，去安排。

（2）尺度与空间　尺度只规定了事物在空间中所占的比例，而不是全部内容。人们能感觉到某些物体在空间中的大小。如果一个物体的体量超过了规定，会将其他物体的应有空间挤压或挤掉，使各构成元素在空间中的关系失去平衡。较小规格的构成体不会对人们的视觉产生很明显的压力，而较大的构成体会对人们的视觉产生压力，甚至通过材料和不平衡的视觉张力，对人产生威慑。例如，古埃及的庙宇、中世纪的哥特式教堂之所以给人如此大的心理压力，就是这个原因。

（3）比例问题　形式的设计上更多地涉及比例关系。影响比例关系的因素很多，有整体与局部的比例关系问题，有三维空间中的长、宽、深的关系，有线条的长短比例关系，有基本元素在视觉空间所占的比例问题。一个构成就是对各种材料在空间中的位置、面积、长短、粗细做出某种比例上的规定，使各种元素能通过比例关系体现出一定的差异，在比例中凸现美的关系。

（4）节奏与韵律　在立体构成中，节奏是通过各种方式来实现的：由被材料分割的空间呈现出一种渐变秩序；由材料的质感变化或材料的肌理变化产生出的视觉印象；色彩、色调的变化也能通过明度等级上的跳动和纯度等级上的安排产生节奏等。不同的节奏变化可以产生不同的表现特征和不同的心理感受，产生不同的韵律。一般来说，节奏分为紧张型和舒缓型两种。紧张型是将可变因素大密度地交替和反复，人们会在心理上产生焦躁的反映；而舒缓型的节奏就像一首小夜曲，有着优雅的韵律，使人们的心理处在极为放松的状态。节奏的急缓是通过多种方法实现的，可变因素的交替可以是形态的，也可以是色彩的；可以是黑白之间的转换，也可以是肌理之间的转换，但有一条很重要，那就是要在反复中去实现，没有反复性作为形式基础，便成了对比，而形不成节奏。

韵律是指静态形式在视觉上所引起的律动效果，是造型、色彩、材质、光线等形式要素在组织上合乎某种视觉和心理上的节奏时的感觉。形成韵律的办法是单元重复，无论是形态上的差异，还是质量上的差异，组合成的一个单元，只要沿直线或曲线或上下或左右四个方向重复，都会产生韵律。这种重复，可以说是循环。在循环的过程中，还可以强调单元中的某些点或循环的路线，产生的韵律会是优雅的和流畅的，会使视觉效果清新、动荡。

（5）对比与和谐　对比是一种形式手段，是指将两种或两种以上的差异性极大的元素并置在一起，以达到因对比而互相突现。和谐可定义为协调，或定义为体现在构图中各部分之间或各部分组合当中的悦目统一性。和谐是形式因素中的高级形式。和谐的原则应包括对视觉要素的精心选择，它们应有一种相互联系的共性，如在造型上的，在色彩、肌理、材料上的。正是由于某种共性的重复，在室内众多成套陈设、家具的要素中，产生统一感与视觉上的和谐一致。

对比的基本方法一般有三种：

1）在基本元素的形态上，给予明显的区别。例如，在不同的几何形态之间，在几何形态与非几何形态之间，在完整的形态与不完整形态之间，在大的形态与小的形态之间、在形态的凹凸、粗细、厚薄、刚柔上，采用差别较大的形态。

2）在元素的使用材质上，通过色泽的明暗、色彩的差异形成对比。例如，色彩的色相、明度上的对比，也可以通过材料的新旧、软硬、精致与粗糙、有光泽与无光泽、透明与不透明、有肌理与无肌理来产生对比。

3）在各自的空间位置上用虚与实、重心的偏与稳、形态上的动与静等状态产生差别。例如，水平的与垂直的、视觉上方的与下方的、重心稳定的与偏离的、近的与远的，占有实空间的与构成概念空间的等。

（6）对光的利用　任何一种形态、色彩、空间的视觉效果都与光有直接的关系，因为有了光，才会有那些特性的存在。对于一个平面来说，光线的种种变化只能引起整体明暗的差异，但对于一个立体结构来说，光可以在一定程度上改变结构形态的空间特征，也可以改变物体的空间秩序，在视觉上就有更多的塑造可能。例如，光源的前置与后置、光源的正置与侧置、单光源与复光源等，不同的光源对结构的视觉效果起着完全不同的作用。所以，光也是立体构成中的形式塑造方法之一。对于一个立体构成来说，把光线下的效果在设计中一并考虑，会有利于材料的选择、色彩的设计及空间架构上的抉择。

（7）不同的空间组织逻辑　立体构成本来就是一种空间设计，是对自然界物质存在方式的一种探究。室内空间可分为物理空间与心理空间。物理空间是由实体包围的，是可测量的空间。空间的流动可通过同一元素的延续、灯光的暗示、家具设置、虚与实、形式感等方法来组织形成。空间限定有两种基本形式，除了中心限定外，还有分隔限定。心理空间因人而异，当空间的设计者在结构方式、构成语言中融入了自己的情感，而审美者在接受这一空间结构时，会以不同的理解方式来接受这一空间。

6. 立体构成的材料与材料处理

立体是由材料构成的，通过空间结构来实现其审美价值。所以，立体构成的基本元素是材料的基本形态、材料的色彩与肌理、材料的基本结构方式和材料所构成的空间与相关的环境。

立体构成是物质的，必须由材料来完成，是材料决定了立体构成的形态、色彩、肌理等因素。材料的质地会影响结构的牢固性和稳定性，材料的肌理和色彩也会在视觉上产生不同的心理反应，所以立体构成必须研究材料。

（1）立体构成的材料要素　在立体构成中，因为要利用材料的某些特性来完成结构上的创造，同时也必须通过材料的肌理和加工技术来完成视觉上的审美要求。所以，立体构成使用的材料是与视觉心理的效果直接相关的，包括材料经加工后所产生的视觉效果。

（2）材料特性的构成　材料的特性有很多方面，但主要有三个特性，即力学特性、质量和加工特性、视觉特性。

（3）材料的力学特性　材料的力学特性是一门学科，主要研究材料在荷载的条件下可能产生的变化，包括材料抵抗外力的方式、所产生的位移、材料本身因疲劳所产生的变化等。

（4）材料的处理　在材料上打孔、粘贴、镶嵌、包扎等，都是使材料增加视觉特性的手段。

第二节　色彩构成元素

一、色彩功能概述

（一）色彩在室内设计中的作用

色彩是室内设计中最重要的因素之一，既有审美作用，又有表现和调节室内空间与气氛的作用，它能通过人们的感知、印象来产生相应的心理影响和生理影响。色彩设计在室内设计中的具体作用如下：

（1）调节空间感　运用色彩的物理效应能够改变室内空间的面积或体积的视觉感，改善空间实体中不良形象的尺度。例如，对于一个狭长的空间，如果顶棚采用强烈的暖色调，两边墙体采用明亮的冷色调，就会减轻狭长的感觉。

（2）体现个性　色彩可以体现一个人的个性。一般来讲，性格开朗、热情的人，室内可选择暖色调；性格内向、平静的人，可选择冷色调。喜欢浅色调的人多半直率开朗；喜欢暗色调、灰色调的人多半深沉含蓄。

（3）调节心理　色彩是一种信息刺激，若过多使用高纯度的色相对比，会使人感到过分刺激，容易烦躁；而过少的色彩对比，会使人感到空虚、无聊，过于冷清。因此，室内设计要根据使用者的性格、年龄、性别、文化程度和社会阅历等，设计出各自适合的色彩，才能满足使用者视觉和精神上的需求，还要根据各房间的使用功能进行合理配色，以满足心理的平衡。

（4）调节室内温感　气候温度的感觉随着不同的颜色搭配方式而不同。色彩设计过程中，采用不同的色彩方案主要是为了改变人对室内温度的感受。比如，寒冷地区的色彩方案应选择红、黄等颜色，明度可以略低，但彩度必须相对提高；温暖地区可以选择蓝绿、蓝、蓝紫等颜色，使其明度升高，相对降低其彩度。但是，季节和地域的气候是循环变化的，因此，要因地制宜根据所在地区的常态来选择合适的色彩方案。

（5）调节室内光线　室内色彩可以调节室内光线的强弱。因为，各种色彩都有不同的反射率，如白色的反射率为 70% ~ 90%，灰色在 10% ~ 70%，黑色在 10% 以下。根据不同房间的采光要求，适当选用反射率低的色彩或反射率高的色彩来调节进光量。

（二）室内色彩的组成

1. 主体色彩

主体色彩是室内设计中面积最大、占主导地位的色彩。它给人以整体的印象，如暖色调、冷色调等，使人产生喜庆、温暖、冷静、严肃等不同的心理感受。主体色彩通常是指室内的顶棚、墙壁、门窗、地板等大面积的建筑色彩。如果将这些大面积色彩统一起来，使用某一变化微小的色调，如采用低纯度、高明度的明快色彩，会使人产生和谐而自然的感觉，这一手法通常在家居装饰和私人空间中使用；而采用高纯度的色彩则会使人产生激动和兴奋的感觉，这一手法通常在商业空间和公共空间中使用。主体色彩是陪衬色彩和点缀色彩的基础，因而它的选择是室内色彩设计的关键。例如，白色一直被认为是理想的主体色彩，这是因为白色是一种中性色彩，它能够与各种色彩相调和。现在的室内装饰一般都以白色为基础，略加色相的变化，从而产生高明度的浅色系列作为主体色彩，如粉红色、浅黄色、淡绿色、浅灰色等。此外，高纯度或低明度的色彩作为主体色的室内设计，配以淡雅的对比色来进行点缀，同样可以起到画龙点睛的作用。

2. 陪衬色彩

陪衬色彩在室内设计中是以主体色彩为依据进行选择的。如果主体色彩是红色系列，陪衬色彩可选用明度变化，如采用略深或略浅的红色进行陪衬；也可选择色相变化，如使用偏黄或偏蓝的红色进行陪衬。陪衬色彩是构成室内环境色彩的重要部分，也是构成各种色调的最基本的元素。在主体色彩和陪衬色彩的映照下，室内色彩会产生一种统一而有变化的整体效果。一般来讲，陪衬色彩面积应占室内空间面积的 20% ~ 30%。在室内占有一定面积的家具也应考虑陪衬色对其产生的影响。它们的造型应与室内设计的风格一致，其色彩也应与陪衬色彩基本一致，从而控制室内色彩的总体效果。此外，室内装饰中的织物色彩也是配色的主角，尤其是窗帘、帷幔、床罩、台布、地毯及沙发、座椅上的大块织物等，它们的材质、色彩、图案千姿百态，与人的关系也更为密切，一般选择其多数色彩与陪衬色彩相统一，少量的色彩可作为点缀色。

3. 点缀色彩

点缀色彩是指室内环境中最醒目、最易于变化的小面积色彩，它一般是室内设计中的视觉中心，应占室内面积的 5% ~ 10%；如形象墙、小景点、壁挂、靠垫、摆设品、花草等陈设的色彩。点缀色彩往往采用主体色彩和陪衬色彩的对比色或纯度较高的强烈色彩，使室内空间中的色彩既有统一又有对比，产生既变化又和谐的整体效果。

由此可见，室内环境的色彩效果有很大一部分是由陈设物的色彩决定的。对室内色彩的处理一般应进行总体的控制和把握，即室内空间的色彩应统一协调。当然，过分统一会使空间显得呆板、乏味，过分的色彩对比又会使室内空间杂乱无章。正确应用陈设品千姿百态的造型和丰富的色彩，就能赋予室内空间勃勃生机，使室内环境的色彩生动活泼起来。但切忌为了丰富色彩而选用过多的点缀色，那样会使室内显得凌乱无序，应考虑在主体色协调下的适当点缀。

（三）色彩在室内设计中的运用

1. 色彩的运用应随空间的使用目的而变

由于不同空间具有不同的使用目的，所以在满足色彩要求的同时，还要考虑体现不同空间的性格，以营造出不同的氛围。比如办公空间、商业空间、医院等，由于它们的使用目的各不相同，对色彩的选择也不尽相同。办公空间应选择偏冷的色彩，以表现其严肃而统一的特点；商业空间可根据所经营商品的特点来选择丰富多彩的暖色；医院则可选择肃穆、恬静、明度偏高的色彩。

2. 色彩的运用应随空间的大小和形式而变

大的空间多采用深一些的色调以增加室内的质量感；反之，应采用浅一些的色调来增加空间感。例如，居室空间顶棚过高时，可选用饱和度较高的色彩，以减弱空旷感，提高亲切感；墙面过大时，宜采用明度偏低的色彩；柱子过细时，宜用浅色增加体积感；柱子过粗时，宜用深色减弱粗重感。

3. 色彩的选择应根据空间的方位而定

不同方位在自然光线的作用下，色彩是不同的，冷暖感也有差别，因此，可利用色彩来进行调整。例如，朝北的房间常有阴暗沉闷感，可采用明朗的暖色，使室内光线趋于明快，给人以温暖的感觉；朝南的房间日照充足、光线明亮，可采用中性色或冷色；朝向为东西方向的房间有上、下午光线的强烈变化，且光线的温度较高，所以迎光面应涂刷明度偏低的冷色，以便中和自然光线对它的影响，整个房间以冷色调为宜。

4. 色彩的选择应考虑空间使用者的类别

不同个体对色彩的喜好有很大差别，所以色彩的选择应适合居住者的爱好。青年人和中老年人由于生活经验和知识结构不同，审美的需求也不一样，青年人喜欢鲜艳的色彩，老年人则喜欢沉稳大方的色彩。因此，对空间色彩的选择要有针对性，了解使用者的喜好，才能产生共鸣。

5. 色彩的设计应注意空间的使用时间

房间的色彩因其对视觉产生作用的时间较长，比服装对视觉的影响要强得多。所以，要根据空间使用时间的长短，利用色彩进行必要的调节，使在其中活动的人感到舒适而不致于产生视觉疲劳。比如天蓝色的内科病房，对病人有镇静安神的作用；再如过去医生和护士的服装统一为白色，由于长时间色彩的单一容易造成视觉疲劳，现在医院员工的服装还有粉红、浅蓝、淡绿等颜色。

6. 色彩选择应注意使用者的偏好

一般来说，在符合色彩搭配原则的前提下，应尽可能地满足不同使用者的爱好和个性。这种爱好和个性是因人而异的，是受民族、地域、性别、年龄、知识结构等影响的。比如有人偏爱红色，但红色不能在室内大面积使用，因为红色太过刺激，长时间待在红色环境中会使人产生焦虑不安的情绪。但红色可以作为点缀色和别的颜色搭配使用，这样会更加突出红红的魅力，在进行室内设计时，可以因势利导，在满足使用者要求的基础上，采用综合的方法选用一些类似色和陪衬色进行合理搭配，并用一些对比色进行点缀。

二、色彩的装饰性元素

（一）色彩属性的装饰性

1. 色相对比

两种以上色彩组合后，由于色相差别而形成的色彩对比效果称为色相对比。它是色彩对比的一个根本属性，其对比强弱取决于色相在色相环上的距离（角度），距离（角度）越小，对比越弱，反之，则对比越强（见文前彩插图4-23）。

（1）无彩色对比具有现代感　无彩色对比虽然无色相，但它们的组合在实用方面很有价值，如黑与白、黑与灰、中灰与浅灰，或黑与白与灰、黑与深灰与浅灰等，对比效果大方、庄重、高雅而富有现代感，但也易产生过于素净的单调感。

（2）无彩色与有彩色对比具有高雅感　比如黑与红、灰与紫，或黑与白与黄、白与灰与蓝等，对比效果既大方又活泼。无彩色面积大时，偏于高雅、庄重；有彩色面积大时，活泼感加强（见文前彩插图4-24）。

（3）无彩色与同种色相对比具有活泼、稳定感　比如白与深蓝与浅蓝、黑与橘黄与咖啡色等，对比效果综合了上两种类型的优点。对比效果既有一定层次，又显得大方、活泼、稳定（见文前彩插图4-26）。

（4）同种色相对比具有文静、稳重感　一种色相的不同明度或不同纯度变化的对比，俗称为姐妹色组合，如蓝与浅蓝（蓝+白）色对比，橙与咖啡（橙+灰）或绿与粉绿（绿+白）与墨绿（绿+黑）色等对比，对比效果统一、文静、雅致、含蓄、稳重，但也易产生单调、呆板感（见文前彩插图4-25）。

（5）邻近色相对比具有和谐、雅致感　色相环上相邻的二至三色对比，色相距离大约为30°，为弱对比类型，如红橙与橙与黄橙色对比等对比效果柔和、和谐、雅致、文静，但也会感到单调、模糊、乏味、无力，必须调节明度差来加强效果（见文前彩插图4-27）。

（6）类似色相对比具有活泼感　色相对比距离约为60°，为较弱对比类型，如红与黄橙色对比等。对比效果较丰富、活泼，又不失统一、雅致、和谐的感觉（见文前彩插图4-28）。

（7）中差色相对比具有明快感　色相对比距离约为90°，为中对比类型，如黄与绿色对比等，对比效果明快、活泼、饱满，使人兴奋，感觉有兴趣，对比既有相当力度，又不失调和之感（见文前彩插图4-29）。

（8）对比色相对比具有醒目感　色相对比距离约为120°，为强对比类型，如黄绿与红紫色对比等，对比效果强烈、醒目、有力、活泼、丰富，但也因不易统一而感到杂乱、刺激，会造成视觉疲劳，一般需要采用多种调和手段来改善对比效果（见文前彩插图4-30）。

（9）补色对比具有强烈感　补色对比距离为180°，为极端对比类型，如红与绿色、黄与蓝紫色对比等，对比效果强烈、炫目、响亮、极有力，但若处理不当，易产生幼稚、原始、粗俗、不安定、不协调等不良感觉（见文前彩插图4-31）。

2. 明度对比

两种以上色相组合后，由于明度不同而形成的色彩对比效果称为明度对比。它是色彩对比的一个重要方面，是决定色彩方案明快、清晰、沉闷、柔和、强烈、朦胧与否的关键。

明度对比强弱取决于色彩在明度等差色级数，通常把1～3划为低明度区，4～6划为中明度区，7～9划为高明度区（见文前彩插图4-32）。在选择色彩进行组合时，当基调色与对比色间隔距离在5级以上时，称为长（强）对比——长调（见文前彩插图4-33），3～5级时称为中对比——中调，1～2级时称为短（弱）对比——短调（见文前彩插图4-34）。另外，如果画面整体的色彩明度都很高，画面很亮，这就称为高调（见文前彩插图4-35）；反之，如果色彩明度都很低，画面很暗，就称为低调（见文前彩插图4-36）。据此可划分出十种明度对比基本类型（见文前彩插图4-37）。

（1）高长调有明快感　如9:7:1等，其中9为浅基调色，面积应大，7为浅配合色，面积也较大，1为深对比色，面积应小，该调明暗反差大，对比效果刺激、明快、积极、活泼、强烈。

（2）高中调具有鲜明感　如9:7:4等，该调明暗反差适中，对比效果明亮、愉快、清晰、鲜明、安定。

（3）高短调具有朦胧感　如9:7:5等，该调明暗反差微弱，形象不分辩，对比效果优雅、恬淡、柔和、高贵、软弱、朦胧、女性化。

（4）中长调具有稳重感　如4:6:9或7:5:1等，该调以中明度色作基调、配合色，用浅色或深色进行对比，对比效果于强硬、稳重中显生动、男性化。

（5）中中调具有丰富感　如4:6:8或7:6:3等，该调为中对比，对比效果较丰富。

（6）中短调具有含蓄感　如4:5:6等，该调为中明度弱对比，对比效果含蓄、平板、模糊。

（7）低长调具有强烈感　如1:3:9等，该调深暗而对比强烈，对比效果雄伟、深沉、警惕，有爆发力。

（8）低中调具有厚重感　如1:3:6等，该调深暗而对比适中，对比效果保守、厚重、朴实、男性化。

（9）低短调具有神秘感　如1:3:4等，该调深暗而对比微弱，对比效果沉闷、忧郁、神秘、孤寂、恐怖。

另外，最长调具有最强烈感，如1:9，对比效果强烈、单纯、生硬、锐利、炫目等。

3. 纯度对比

鲜艳的红色与含灰调的红色并置在一起，能比较出它们在鲜浊上的差异，这种色彩性质的比较称为纯度对比。纯度对比既可以体现在单一色相中不同纯度的对比中，也可以体现在不同色相的对比中，如纯红和纯绿相比，红色的鲜艳度更高；纯黄和纯黄绿相比，黄色的鲜艳度更高。当其中一色混入灰色时，视觉上也可以明显地看到它们之间的纯度差。比如，黑色、白色与一种饱和色相对比，既包含明度对比，也包含纯度对比，是一种很醒目的色彩搭配。在色彩设计中，纯度对比是决定色调华丽、高雅、古朴、粗俗、含蓄与否的关键。

可以通过两种方法降低一个饱和色相的纯度。

1）混入无彩色——黑、白、灰色。

2）混入该色的补色。

纯度对比强弱程度取决于色彩在纯度等差色标上的距离，距离越长，对比越强，反之，则对比越弱。

将灰色至纯鲜色分成9个等差级数，通常把1~3划为低纯度区，4~6划为中纯度区，7~9划为高纯度区（见文前彩插图4-38）。在选择色彩组合时，当基调色与对比色间隔距离在5级以上时，称为强对比；3~5级时称为中对比；1~2级时称为弱对比。据此可划分出九种纯度对比基本类型。

（1）鲜（高）强调具有鲜艳感　如9:7:1等，对比效果生动、活泼、华丽、强烈（见文前彩插图4-39）。

（2）鲜中调具有刺激感　如9:7:4等，对比效果较刺激、较生动。

（3）鲜弱调具有幼稚感　如9:8:7等，由于色彩纯度都高，组合对比后起着互相抵制、碰撞的作用，故对比效果刺目、俗气、幼稚、原始、火爆。如果彼此距离较大，对比效果将更为明显、强烈（见文前彩插图4-40）。

（4）中强调具有平淡感　如4:5:9或7:6:1等，对比效果适当、大众化。

（5）中中调具有舒适感　如4:6:8或6:5:3等，对比效果温和、静态、舒适。

（6）中弱调具有单调感　如4:5:6等，对比效果平板、含混、单调。

（7）灰（低）强调具有高雅感　如1:2:9等，对比效果大方、高雅而又活泼。

（8）灰中调具有沉静感　如1:3:6等，对比效果相互融合、沉静、较大方。

（9）灰弱调具有朦胧感　如1:3:4等，对比效果雅致、细腻、耐看、含蓄、朦胧、较弱。

（二）色彩构成的装饰性

1. 色彩的面积与位置对比

作为视觉色彩的载体，形态总有一定的面积。从这个意义上说，面积也是色彩不可或缺的特性。艺术设计实践中，经常会出现虽然色彩选择比较适合，但由于面积、位置控制不当而导致失误的情况。

（1）色彩对比与面积的关系

1）相同面积色彩对比有强烈感。色调组合，只有相同面积的色彩才能比较出实际的差别，互相之间产生抗衡，对比效果相对强烈（见文前彩插图4-41）。

2）大小面积色彩对比有强弱感。对比双方的属性不变，一方增大面积，取得面积优势，而另一方缩小面积，将会削弱色彩的对比。

3）大面积色彩对比有炫目感。色彩属性不变时，色彩的大面积对比可形成炫目效果。比如在环境艺术设计中，一般建筑外墙、室内墙壁等都选用高明度、低纯度的色彩，以减低对比的强度，形成明快、舒适的效果。

4）大面积色彩对比有错视感。大面积色彩稳定性较高，在对比中，对其他色彩的错视影响大；相反，受其他色彩的错视影响小。

5）同面积色彩对比，聚集度高者有注目感。相同性质与面积的色彩，形状聚集程度高者受其他色彩影响小，注目程度高；反之则相反。比如户外广告及宣传画等，一般色彩都较集中，以达到引人注意的效果。

6）面积色彩对比的平衡比。以红、橙、黄、绿、蓝、紫为序，其比值为6:4:3:6:8:9，即当红与橙两色在同一室内，那它们各自所占的面积比为3:2。

（2）色彩对比与位置的关系

1）近距离色彩对比其效果明显。对比双方的色彩距离越近，对比效果越强，反之则越弱。双方互相呈接触、切入状态时，对比效果更强。

2）二色互为对比时有最强效果。一色包围另一色时，对比的效果最强（见文前彩插图4-30）。

3）色彩位于视觉中心时有注目感。在设计中，一般是将重点色彩设置在视觉中心部位，最容易引人注目，如井字形构图的4个交叉点。

2. 色彩的肌理对比

色彩与物体的材料性质、形象表面纹理关系密切，影响色彩感觉的是其表层触觉质感及视觉感受。

（1）不同肌理材料的色彩对比有情趣感　对比的色彩如果用不同肌理的材料，会使对比效果更具情趣性。

（2）同类色用异质的肌理材料可弥补单调感　如将同样的红玫瑰花印制在薄尼龙沙窗及粗厚的沙发织物上，它们所组成的装饰效果既成系列配套，又有具材质变化的色彩魅力。

（3）同色彩而不同手法（绘具、绘法等）所产生的不同肌理效果具有情调感　绘具如蜡笔、马克笔、钢笔、毛笔等；绘法如拓、皴、化、防、拔、撒、涂、染、勾、喷、扎、淌、刷、括、点等，均可产生不同的肌理效果。

3. 色彩的连续对比

（1）同时对比有错视感　发生在同一时间、同一视域之内的色彩对比称为色彩的同时对比。这种情况下，色彩的比较、衬托、排斥与影响作用是相互依存的。比如在黄色纸张上涂一小块灰色，会感觉对比增强，出现补色错视。再如在黑纸和白纸上涂一同样面积及深浅的灰色小方块，同时对比的视觉感受使黑纸上的灰色更显明亮，形成明度错视。

（2）非同时对比有补色感　色彩对比发生在不同时间、不同视域，但又保持了短捷的时间连续性，人眼看了第一色再看第二色时，第二色会发生错视。第一色看的时候越长，影响越大。第二色的错视倾向于第一色的补色。这种现象是视觉残像及视觉生理、心理自我平衡的本能所致。比如医院中手术室环境及开刀医、护人员工作服都选用蓝绿色，显然是为了中和血液的红色，巧妙地利用色彩的连续对比，使医生在注视了蓝绿色后，不但可减少并恢复视觉的疲劳，同时更容易看清细小的血管、神经等，从而保证手术进行的准确性和安全性。

4. 色彩推移

（1）色彩推移的特点和种类

色彩推移是将色彩按照一定规律有秩序地排列、组合的一种作品形式，种类有色相推移、明度推移、纯度推移、互补推移、综合推移等。其特点是具有强烈的明亮感和闪光感，富有浓厚的现代感和装饰性，甚至有幻觉空间感。

1）色相推移。色相推移是指将色彩按色相环的顺序，由冷到暖或由暖到冷进行排列、组合的一种渐变形式。为了使画面丰富多彩、变化有序，色彩可选用色相环（似地球赤道），也可选用含白色、浅灰、中灰或深灰的色相环。

2）明度推移。明度推移是指将色彩按明度等差级系列的顺序，由浅到深或由深到浅进行排列、组合的一种渐变形式。一般选用单色系列组合，也可选用两个色彩的明度系列，但也不宜选用太多，否则易乱易花，效果适得其反（见文前彩插图4-42）。

3）纯度推移。纯度推移是指将色彩按等差级数系列的顺序，由鲜到灰或由灰到鲜进行排列组合的一种渐变形式。

4）互补推移。互补推移是处于色相环通过圆心180°两端位置上一对色相的纯度组合推移形式。

5）综合推移。综合推移是指将色彩将色相、明度、纯度推移进行综合排列、组合的渐变形式，由于色彩三要素的同时加入，其效果要比单项推移复杂、丰富得多（见文前彩插图4-43）。

（2）色彩推移的基本构图形式

色彩推移是一种特殊的构图形式，其构图及形象组织也有相应的特点和基本规律，种类有平行推移、放射推移、综合推移，以及错位、透叠及变形。

1）平行推移。平行推移是指将色彩按平行的垂直线、水平线、斜线、曲线或不规则线进行等间隔或不等间隔的条纹状，有秩序地安排、处理。

2）放射推移。

① 定点放射。定点放射又称为日光放射、离心放射，画面应确定一个或多个放射点，然后将色彩围绕入射点等角度或不等角度地排列、组合。

② 同心放射。同心放射又称为电波放射，画面有一个或多个放射中心，将色彩从放射中心呈同心圆、同心方、同心三角、同心多边、同心不规则等形象，向外扩散处理、安排。

③ 综合放射。综合放射是指将定点放射和同心放射综合在一个画面中进行组织、处理。

3）综合推移。综合推移是指将平行推移和放射推移的手法同时出现、安排在一个画面中，使作品的形态形成曲、直、宽、窄、粗、细等对比，构图复杂、多变、效果更为丰富、有趣。但为防止产生散、乱、花、杂的弊病，画面一般只应有一个中心或主体，切忌多中心和多主体。

4）错位、透叠及变形

① 错位。错位有整体错位和局部错位两种情况。

a. 整体错位：整体错位是为了进行色相的冷暖对比、明度的明暗对比、纯度的鲜灰对比，将底图的色彩作整体的、相反的排列。例如底色由冷到暖，则图色由暖到冷；底色由明到暗，则图色由暗到明；底色由鲜到灰，则图色由灰到鲜。

b. 局部错位：整体错位是处理规则块状色彩排列时采用的方法。例如，第一排用1、2、3、4号色，第二排用2、3、4、5号色，第三排用3、4、5、6号色等，每排错开一级或多级。有时，为了光感及立体感处理的需要，也可同时向左右两边错位，如第一排用1、2、3、4号色，左右第二排同时都用2、3、4、5号色作对称式错位。

② 透叠。透叠是一种当两个形体相重叠时，处理成二者都能显现形体、轮廓的表现手法。色彩透叠可产生透明、轻快的效果，趣味性和现代感很强。当底形和面形重叠时，如果其色相差级数小，则二者的的空间感缩小有紧贴感；如果色彩级数差增大时，则二者的空间感也随之增大而有远离感（见文前彩插图4-44）。

③ 变形。色彩推移的可变性及创造性的开发余地很大，在掌握基本构图形式后进行种种变化。变化的形式很多，如定点放射的放射线一般都处理成直线，可作弧线变形处理，呈有单向转动感的风车状，也可作双向交叉处理，则效果更为复杂丰富。

三、色调变化

（一）色彩综合对比

多种色彩组合后，由于色相、明度、纯度等差别，所产生的总体效果称为综合对比。这种多属性、多差别对比的效果，显然要比单项对比丰富、复杂得多，而且是设计中常用的对比。因此，设计师在进行多种色彩综合对比时要强调、突出色调的倾向，在色相、明度、纯度三者中，选其中一个为主，使某一主面处于主要地位，强调对比的某一侧面。从色相角度可分为浅、深等色调倾向；从明度角度可分浅、中、灰等色调倾向；从感情角度可分冷、暖、华丽、古朴、高雅、轻快等色调倾向。

（二）色调变化设计

1. 色调的概念

色调是指色彩外观的基本倾向。在色相、纯度、明度这三个要素中，某种因素起主导作有用，可以称之为某种色调。

1）以色相划分，有红色调、蓝色调。

2）以纯度划分，有鲜色调、浊色调、清色调。

3）把明度与纯度结合后，有淡色调、浅色调、中间调、深色调、暗色调等。

4）色调也可分为暖色调与冷色调。红色、橙色、黄色为暖色调，象征着太阳、火焰；绿色、蓝色、黑色为冷色调，象征着森林、大海、蓝天；灰色、紫色、白色为中间色调。冷色调的亮度越高越偏暖，暖色调的亮度越高越偏冷。

冷暖色调也是相对而言。譬如在红色系中，大红与玫瑰红在一起的时候，大红就是暖色而玫瑰红就属冷色，玫瑰红与紫罗兰相比时，玫瑰红就是暖色。

简单来说，色调就是明暗度，调整色调就是调整明亮度，共有 256 种色调。

颜色最饱和时，即纯度最高的色叫纯色，属鲜亮色调；纯色中加白色后，出现亮调、浅色调和淡色调；加黑会出现深色调和黑暗色调。

2. 色调倾向的种类及处理

综上所述，色调倾向大致可归纳成鲜色调、灰色调、深色调、浅色调、中色调等。

（1）鲜色调有生动感 在确定色相对比的角度、距离后，尤其是中差（90°）以上的对比时，必须与无彩色的黑、白、灰及金、银等光泽色相配，在高纯度、强对比的各色相之间起到间隔、缓冲、调节的作用，以达到既鲜艳又直接、既变化又统一的积极效果，显得生动、华丽、兴奋、自由、积极、健康等（见文前彩插图 4-45）。

（2）灰色调有大方感 在确定色相对比的角度、距离后，于各色相之中调入不同程度、不等数量的灰色，使大面积的总体色彩向低纯度方向发展，为了加强这种灰色调倾向，最好与无彩色特别是灰色组配作用，显得高雅、大方、沉着、古朴、柔弱等（见文前彩插图 4-46）。

（3）深色调有古朴感 在确定色相对比的角度、距离时，首先考虑多选用些低明度色相，如蓝、紫、蓝绿、蓝紫、红紫等，然后在各色相之中调入不等数量的黑色或白色，显得老练、充实、古雅、朴实、强硬、稳重、男性化等。

（4）浅色调有时尚感　在确定色相对比的角度、距离时，首先考虑多选用高明度色相，如黄、橘、橘黄、黄绿等，然后在各色相之中调入不等数量的白色或浅灰色，同时为了加强其粉色调倾向，最好与无彩色中的白色组配使用（见文前彩插图4-47）。

（5）中色调有随和感　中色调是一种使用最普遍、数量最众多的配色倾向，在确定色相对比的角度、距离后，于各色相中都加入一定数量黑、白、灰色，使大面积的总体色彩呈现不太浅也不太深、不太鲜也不太灰的中间状态，显得随和、朴实、大方、稳定等。

3. 色调的整体与对比

在优化或变化整体色调时，最主要的是先确立基调色的面积统治优势。一幅多色组合的作品中，大面积、多数量使用鲜色，势必成为鲜调；大面积、多数量使用灰色，势必成为灰调。但是，如果只有基调色而没有对比色，就会令人感到单调、乏味。如果设置了小面积对比强烈的点缀色、强调色、醒目色，由于其不同色感和色质的作用，会使整个色彩气氛丰富、活跃起来。但整体与对比是矛盾的统一体，应注意对比、变化不能过多或面积过大，否则容易破坏整体。

4. 色调变化及类型

变调即色调的转换，是艺术设计中色彩选择多方案考虑及同品种多花色系列设计的重要内容。变调的形式一般有定形变调、定色变调、定形定色变调等。

（1）定形变调　定形变调的实质为在保持形态（图案、花形、款式等）不变的前提下，只变化色彩而达到改变色调倾向的目的，是纺织、服装、装潢、包装、装帧、环艺等多种实用美术中经常采用的产品同品种、同花形、多色调的设计构思方法。

定形变调主要有两种形式。

1）同明度、同纯度、异色相变调。

2）异色相、异明度、异纯度变调。

（2）定色变调　定色变调的实质是保持色彩不变，变化图案、花形、款式等，即变化色彩的面积、形态、位置、肌理等因素，达到改变总体色调倾向的目的，是实用美术中作品同色彩多方案多品种的系列设计构思方法。

（3）定形定色变调　在各色调的花形与色彩都相同的前提下，考虑将大小、位置、布局进行适当变化的系列设计构思方法。

四、色彩调和

色彩调和是指两种或两种以上的色彩，有秩序、协调和谐地组织在一起，并能使人产生心情愉快、舒适、满足等的色彩匹配关系。

在色彩构成中，调和具有两个层面的含义：一是对有明显差异或暧昧的色彩搭配进行有针对性的调整，使之处于赏心悦目、和谐统一的画面整体之中；二是通过对有显著区别颜色的合理布局，以期在画面上实现和谐美的意图。色彩的和谐之美，不仅要求色彩的组合关系要互相匹配，即调和，还要彼此独立，即对比。没有对比，就谈不上调和。所以，讨论色彩调和是以色彩存在差别（即色彩对比）为前提的。对比与调和是色彩关系中的两个方面，是相互依存的，只要看到色彩，就会感到色彩的对比与调和同时存在。

下面重点介绍几种具有普遍指导意义且简便易行的色彩调和方法。

（一）同一调和

当两种或两种以上的色彩因差别大而非常不调和时，增加各色的同一颜色因素，使强烈刺激的各色逐渐缓和。增加各色的同一颜色因素越多，调和感越强。这种选择同一性很强的色彩组合，或增加对比色各方的同一性，取得色彩调和的方法，即同一调和（见文前彩插图4-48）。

常用的同一调和方法有以下四种：

（1）同明度调和 同明度调和是指在孟塞尔色立体（见文前彩插图4-49）同一水平面上各色的调和。由于同一水平面的各色只有色相、纯度的差别，明度相同，所以除色相、纯度过分接近而模糊或互补色相之间纯度过高而不调和外，其他搭配均能取得含蓄、丰富、高雅的调和效果。

（2）同色相调和 同色相调和是指在孟塞尔色立体同一色相页上各色的调和。由于同一色相页上的各色均为同一色相，只有明度、纯度上的差别，所以各色的搭配给人以简洁、爽快、单纯的美。除过分接近明度差、纯度差及过分强烈的明度差外，均能取得极强的调和效果。

（3）同纯度调和 同纯度调和是指在孟塞尔色立体上，同色相同纯度的调和；各不同色相同纯度的调和；只表现明度差的调和；以及既表现明度差又表现色相差的调和。除明度差、色相差过小过分模糊或纯度过高互补色相过分刺激外，均能取得审美价值很高的调和效果。

（4）无彩色调和 无彩色调和是指孟塞尔色立体的中轴，即无纯度的黑、白、灰之间的调和。只表现明度的特性，除明度差过小过分模糊不清及黑白对比过分强烈炫目外，均能取得很好的调和效果。黑、白、灰与其他有彩色搭配，也能取得调和感很强的色彩效果。

（二）近似调和

在色彩搭配中，选择性质或程度较为近似的色彩进行组合，以增强色彩调和的方法称为近似调和。近似调和主要包括以下几种（以孟塞尔色立体为根据）：明度近似调和、色相近似调和、纯度近似调和、明度与色相近似调和、明度与纯度近似调和、色相与纯度近似调和，以及明度、色相、纯度均近似调和（见文前彩插图4-50）。

这种调和方法有如下一些规律：

1）尽管色彩的明度、色相、纯度存在着差异，但只要将色立体上相距较近的色彩进行组合，都可以得到调和感较强的近似调和，相距越近，调和程度越高。

2）在色立体中心区域的色，与周围相邻的色较多，能与之组成近似调和的色也多；反之，与远离中心的色相邻的色数少，能组成近似调和的色也少。当然，色立体表面上的色，能与之组成近似调和的色数少，能与纯色组成近似调和的色数最少。根据这一点可知，明度中等、纯度较低的色，与之组成近似调和的色数较多；而纯度高的色，其调和的区域较小。

3）在明度对比各级中的弱对比、在色相对比中近似色的搭配，在纯度对比各基调中的弱对比等，均能构成近似调和。

（三）对比调和

对比调和以变化为主，是通过色彩三要素的差异来实现的。为了使色彩对比不过于强烈，必须在变化中求统一。如果色相呈对比，就得在明度和纯度中求统一；反之，如果明度和纯度呈对比，就应利用同一或近似的色相来求得统一和变化的均衡效果（见文前彩插图4-51）。

对比强烈时常用的一些方法如下：

（1）加入白色调和　在强烈刺激的色彩双方或多方（包括明度、色相、纯度过分刺激）加入白色，借此提高各色彩的明度，降低纯度，促成各色和谐相处，形成淡泊散淡的浅色调。加入的白色越多，调和感越强。

（2）加入黑色调和　在过分刺激的色彩双方或多方加入黑色，使双方或多方的明度、纯度降低，削弱对比，增加同一性，达到调和效果，形成沉稳蕴藉的暗色调。加入的黑色越多，调和感越强。

（3）加入同一灰色调和　在尖锐刺激的色彩双方或多方加入同一灰色，即在色彩双方或多方同时加入白色与黑色，使双方或多方明度向该灰色靠近，纯度降低，减小对比，使之调和。加入的灰色越多，调和感越强。

（4）加入同一原色调和　在尖锐刺激的色彩双方或多方加入同一原色，使双方或多方的色相向该原色靠近，增强共同因素，达到调和效果。例如，对比强烈的红与绿，给人的感觉过分刺激而不调和，如果给红与绿分别加入同一原色黄，使红加黄演变为橙红或红橙，而绿加黄则显现出黄绿或绿黄，使之调和。

（5）加入同一间色调和　加入同一间色调和，即在强烈刺激的色彩双方或多方加入两原色（因为间色为两原色相混而成），在调和感方面与加入同一原色调和的作用一样。

（6）互混调和　在强烈刺激的色彩双方，使一方按一定比例加入对方，或双方按一定比例加入对方，这样，一方的色彩向对方靠近，或双方的色彩向对方靠近，以缩小双方的差别，达到调和的作用，但在互混中要防止过灰过脏。

（7）点缀同一色调和　在强烈刺激的色彩双方，共同点缀同一色彩，或者双方互为点缀，或将双方之一的色彩点缀进另一方，都能取得一定的调和感。

（8）连贯同一色调和　当对比的各色彩过分强烈刺激，显得十分不调和，或色彩过分含糊不清时，为了使画面达到统一的色彩效果，可以用黑、白、灰、金、银或同一色线加以勾勒，使之既相互连贯又相互隔离，从而达到统一。

（9）无彩色间隔调和 在对比的色彩之间以无彩色或金、银等极色作为间隔，间隔色在不调和的两色之间建立了一个缓冲，使之调和。在中国民间艺术的用色中，多用这种手法。

（四）秩序调和

把不同明度、色相、纯度的色彩组织起来，形成渐变的或有节奏、有韵律的色彩效果，使原来对比过分强烈刺激的色彩关系变得柔和，本来杂乱无章的色彩因此变得有条理、有秩序、和谐统一，以取得调和的方法称为秩序调和。

在强对比色彩中，可添加几个以对立色彩相互混合的等级过渡色，达到调和的目的。其效果是你中有我，我中有你，互为联系，互为依存，如在黑与白中增加几个灰层次；在鲜红与浊红间排列几个中间色等。这种方法使得彼此孤立、排斥的色彩呈现出循序渐进、节奏鲜明的艺术特色。

秩序调和的几种方法如下所示：

（1）无彩色的明度秩序调和 这种调和是指孟塞尔色立体的中轴，即无彩色的黑、白、灰之间的调和，只表现明度的特性。在黑与白中增加几个灰层次，就可达到调和的效果。

（2）同色相同纯度的明度秩序调和 这种调和主要表现为单色相的明度属性变化，色相和纯度都不变，构成色调感觉单纯、清爽、明快。

（3）同色相同明度的纯度秩序调和 这是单一色相在同明度下的纯度系列，明度相同，只有纯度的变化。这种调和色调和谐而含蓄，给人以梦般的色调。

（4）同明度同纯度的色相序列调和 由多色相的同明度同纯度的序列构成。它的主要特色是色相变化，明度与纯度不变，因为没有明度与纯度的变化，所以一定秩序的色相间隔选择显得更为重要。所构成的色调如晨曦，如夕阳，如夜景，很神奇，情调有令人神往的感觉。

（5）互补色相混秩序调和 包括两种表现形式：单向混色与双向混色。

1）单向混色。单向混色是指在补色的一方兑加对方颜色。例如，在黄色不变的条件下，在紫色中加入黄色，由于紫色中包含了黄色成分，而使双方展示出相互融合、吸纳的色彩造型姿态。

2）双向混色。双向混色是指补色双方均被对方色彩所浸润。同样以黄、紫色为例，当它们进行互混时，其结果为紫中带黄、黄中见紫。但是在互混时，一定要避免等值调和，不然画面将会出现污浊的缺陷现象，从而吞噬色彩的原始相貌特征及生命力。

五、色彩形式美的手法

（一）色彩平衡

（1）色彩对称 对称是一种形态美学构形式，有左右对称、放射对称、回旋对称等。对称是一种绝对的平衡。色彩的对称给人以庄重、大方、稳重、严肃、安定、平静等感觉，但也容易产生平淡、呆板、单调、缺少活力等不良印象。

（2）色彩均衡　均衡是形式美的另一构成形式。虽是非对称状态，但由于色彩的强弱、轻重等性质差异关系，表现出相对稳定的视觉和心理感受。这种形式既有活泼、丰富、多变、自由、生动、有趣等特点，又有良好的平衡状态。色彩均衡要比较全局，色彩不能偏于一方。比如，墙面中心有大色，则四周一定要有一些小色；左边色彩有一定的明度，右边就不能完全灰暗或空白，也要有适量的明色。

（3）色彩不均衡　色彩的不均衡即所用色彩的强弱、轻重、大小存在着明显的差异，表现出视觉心理及心理的不稳定性。由于它有奇特、新潮、极富运动感、趣味性足等特点，在一定的环境及方案中可大胆加以应用而被人们所接受和认可，称为不对称美。但是处理不当，极易给人倾斜、偏重、怪诞、不安定、不大方的感觉。

（二）色彩比例

色彩比例是指色彩组合设计中各部分局部与局部、局部与整体之间，长度、面积大小的比例关系。它随着形态的变化、位置空间的变换而产生，对于色彩设计方案的整体风格和美感起着决定性的作用。

常用的比例有等差数列、等比数列、贝尔数列、柏拉图矩形比、平方根矩形数列、黄金分割等。

（三）色彩节奏

色彩节奏明显带有时间及运动的特征，能感知有规律地反复出现的强弱及长短变化，是秩序性形式美的一种。通过色彩的聚散、重叠、反复、转换等，在色彩的变更、回旋中形成节奏、韵律的美感。一般有三种表现形式：

（1）重复性节奏　重复性节是指通过色彩的点、线、面等单位形态的重复出现，体现秩序性美感。

（2）渐变性节奏　渐变性节奏是指将色彩按某种定向规律进行循序推移变动，它相对淡化了"节拍"意识，有较长时间的周期特征，形成反差明显、静中见动、高潮迭起的闪色效应。渐变性节奏有色相、明度、纯度、冷暖、补色、面积、综合等多种推移形式。

（3）多元性节奏　多元性节奏由多种简单重复性的节奏组成，它们在运动中的急缓、强弱、行止、起伏也受到一定规律的约束，也可称为较复杂的韵律性节奏。其特点是色彩运动感很强，层次非常丰富，形式起伏多变。但如果处理、运用不当，易出现杂乱无章的"噪色"不良效果。

（四）色彩呼应

色彩呼应也称为色彩关联。为使同一平面或相关平面、空间不同位置的色彩，相互之间有所联系、避免孤立状态，采用"你中有我，我中有你"，相互照应、相互依存、重复使用的手法，从而取得具有统一协调、情趣盎然的反复节奏美感。色彩呼应手法一般有两种：

（1）分散法　分散法是指一种或几种色彩同时出现在作品画面的不同部位，使整体色调统一在某种格调中，如浅蓝、浅红、墨绿等色组合，浅色作为大面积基调色，深色作为小面积对比色，成为粉彩的高长调类型。此时，墨绿色最好不要仅在一处出现，相对集中之外，可适当在其他部位做些呼应，使其产生相互对照的态势。但色彩不要过于分散，以免使画面出现平板、模糊、零乱、累赘之感。

（2）系列法 系列法是指使一种或多种色彩同时出现在作品、产品的不同平面与空间中，组成系列设计，能产生协同、整体感。

（五）色彩重点

在组配色调的过程中，有时为了改进整体设计单调、平淡、乏味的状况，增强活力感，通常会在作品或产品某个部位设置强调、突出的色彩，以起到画龙点睛的作用。为了吸引观者的注意力，重点色彩一般都应选择、安排在画面中心或主要地位。

重点色彩的使用要点：

1）重点色彩的面积不宜过大，否则容易与主色调发生冲突、抵消，从而失去画面的整体统一感。面积过小，则容易被四周的色彩同化，不被人注意而失去其作用。只有恰当面积的重点色彩，才能为主色调起到积极的配合和补充，使色调显得既统一又活泼，而彼此相得益彰。

2）重点色彩应选用比基调色更强烈或相对比的色彩。

3）重点色彩的设置不宜过多，否则多重点即无重点，多中心的安排将成为过头设计，将会破坏主次有别、井然有序的效果。

4）并非所有的作品都必须设置重点色彩。

六、室内设计配色方案

（一）概念

1. 色彩的协调

色彩的协调是配色方案成功的要素。这涉及色彩的三原色（红、黄、蓝）、三间色（橙、绿、紫）和三次色（红与橙、橙与黄、黄与绿、紫与蓝组合等），以及色彩的对比、色调的混合等概念。

2. 色彩与色调的选择

色彩与色调的选择可以通过两种方法来实施：一是由业主通过自己的回忆或记忆来明确，因为每个人在生活中都可能遇到给自己留下深刻印象的色彩与色调，哪种是自己喜爱的，会引起快感或放松；哪种是反感的或引起紧张的。当然有些人可能以前对色彩不敏感，没什么记忆，那就需要第二种方法，即由设计师来协助明确。设计师可给出各种色彩与色调的图例，来帮助业主选择自己所喜爱的色彩与色调。

（二）主要配色方案

1. 装饰物配色方案

该方案简便易学，要求设计师或业主在自己喜爱的一些装饰物中挑选某种色彩或色调，用以作为主色调。比如以室内的织物（窗帘、沙发、靠垫等）为选择对象，前提是这类织物的图案上至少应有三种以上的色彩，或是这些织物有着明确的色调。

2. 传统的配色方案

此类方案一般采用较大的色相与明度对比。如果墙面色彩较深，那么，就配以白色或米色的门窗套、顶棚、墙裙和踢脚板等；反之，如果采用白色等浅色的墙面，那么，门窗套等就用深色。

3. 中性色配色方案

常用的中性色有灰色系、非纯白色系和褐色系等。中性色会使室内显得现代、高雅或庄重，但有时也会显得乏味和单调。它们既可与任何色彩搭配使用，也可单独使用。中性色配色方案的成功要素在于不同织物、不同质地的巧妙组合，并且要与家具和饰品协调一致（见文前彩插图4-52）。

4. 黑白配色方案

黑、白色在室内设计中属于万能色，可以在任何场合同任何色彩相搭配。白色背景墙衬托下的各种黑白组合图案会有令人印象深刻的效果。例如，在北欧风格的家庭居室中，黑、白色常常作为主色调或重要的点缀色使用（见文前彩插图4-53）。

5. 单色相配色方案

单色相配色难度较大，一般用于较特殊的环境，如餐厅或是住宅中的某一卧室。例如，以红色调为主的餐厅，如果无其他色参与，那将是非常糟糕的，但加上一些白色和绿色，就会获得意想不到的效果，会取得微妙的平衡感（见文前彩插图4-54）。

6. 相似色配色方案

选择一个主色调，然后在色环上选择一个相近色作为重点色彩。因为这两种色彩比较接近，所以这类配色方案很难产生色彩冲突问题。比如以蓝色为主色调，那么可用紫色或蓝灰色为重点色彩（见文前彩插图4-55）。

7. 对比色配色方案

选择一个主色调，然后在色环上选择一个对比色作为重点色彩。这种配色方案会因为对比色彩的不同而产生不同的视觉效果。色相对比会产生强烈、醒目、有力、活泼的效果，但也会因为不易统一而显得杂乱、刺激，造成视觉疲劳。补色对比具有强烈感，如红与蓝绿、黄与蓝紫对比等，效果强烈、炫目、极有力，但处理不当，易产生幼稚、原始、不安定、不协调等不良感觉（见文前彩插图4-56）。

8. 三色组配色方案

三色组是指色环上等距离的任何三种颜色。在配色方案中使用三色组时，将给予观察者某种紧张感，这是因为这三种颜色均对比强烈。基色和次生色均是三色组（见文前彩插图4-57）。

9. 四色组配色方案

选择的颜色越多，配色方案就越复杂。不过有窍门，选定一种亮色、灰色调或是暗色，并注意色环上与选定颜色形成交叉的区域，而不是去混合调配纯色及它们的亮色、灰色调和暗色。这种方法很适于四色方案这样的配色方案。这种四色方案与互补色方案很相似,不同之处只在于使用了两组等距的互补色(见文前彩插图4-58)。

10. 同色调配色方案

当从装饰品中选出某种色彩作为整个房间室内配色方案的主色调时(通常为图案中最浅的那个色彩),同一种颜色的中间色调将成为室内的次要色,通常用于地面、窗帘及装饰线条,或者将某一面墙做成中间色调,那个最亮的色调则用于饰品点缀,如靠垫等(见文前彩插图4-59)。

七、色彩的情感性

日常生活中观察的颜色在很大程度上受心理因素的影响,即形成心理颜色视觉感。在色度学中,颜色的属性是指色相、明度、纯度三要素。而在工作中,表达色彩感的用词大致可分为三类:将色相、色光、色彩表示为一类;明度、亮度、深浅度、明暗度、层次表示为一类;饱和度、鲜度、纯度、彩度、色正不正等表示为一类。

在心理上把色彩分为红、黄、绿、蓝四种,并称为四原色。通常,红与绿、黄与蓝称为心理补色。红、黄、绿、蓝加上白和黑,成为心理颜色视觉上的六种基本感觉。尽管在物理上黑是人眼不受光的反映,但在心理上黑确实是一种感觉。

(一)色彩的视觉心理

1. 色彩的物质性心理错觉

色彩的心理效应来自色彩的光刺激对人的生理产生的直接影响。心理学家曾做过许多实验,他们发现在红色环境中,人的脉搏跳动会加快,血压有所升高,情绪容易兴奋冲动;而处在蓝色环境中,脉搏跳动会减缓,情绪也较沉静。有的科学家发现,色彩能影响脑电波,脑电波对红色的反应是警觉,对蓝色的反应是放松。这些经验都明确地肯定了色彩对人心理的影响。

(1)色彩的冷、暖感

1)暖色:人们见到红、红橙、橙、黄橙、红紫等色后,马上联想到太阳、火焰、热血等物象,产生温暖、热烈、危险等感觉。

2)冷色:人们见到蓝、蓝紫、蓝绿等色后,很容易联想到太空、冰雪、海洋等物象,产生寒冷、理智、平静等感觉。

3)波长长的红光和橙、黄色光给人以暖和的感觉;相反,波长短的紫色光、蓝色光、绿色光给人寒冷的感觉。色彩的冷暖感觉,不仅表现在固定的色相上,而且在比较中还会显示其相对的倾向性。例如,同样表现天空的霞光,用玫瑰红描绘朝霞那种清新而偏冷的色彩,感觉很恰当,而描绘晚霞则需要温暖感强的大红了。但与橙色相比,前面两色又都加强了寒冷感倾向。

(2)色彩的轻、重感 色彩的轻、重感主要与色彩的明度有关。明度高的色彩使人联想到蓝天、白云、彩霞及花卉,还有棉花、羊毛等,产生轻柔、飘浮、上升、敏捷、灵活等感觉;明度低的色彩易使人联想到钢铁、大理石等物品,产生沉重、稳定、降落等感觉。

（3）色彩的软、硬感 色彩的软、硬感主要来自色彩的明度，但与纯度也有一定的关系，明度越高感觉越软，明度越低则感觉越硬。但白色较为特殊，软、硬感并不突出。明度高、纯度低的色彩有软感，中纯度的色也呈现柔软感，因为它们易使人联想起动物的皮毛、绒织物等；高纯度和低纯度的色彩都呈硬感，如果它们的明度低，则硬感更明显。色相与色彩的软、硬感几乎无关。

（4）色彩的前、后感 由各种不同波长的色彩在人眼视网膜上的成像有前后，红、橙等光波长的色在后面成像，感觉比较迫近，蓝、紫等光波短的色则在外侧成像，在同样距离内感觉就比较退后。

实际上，色彩的前、后感是视错觉的一种现象，一般暖色、纯色、高明度色、强烈对比色、大面积色、集中色等有前进感；相反，冷色、浊色、低明度色、弱对比色、小面积色、分散色等有后退感。

（5）色彩的大、小感 由于色彩有前、后感，因而暖色、高明度色等有扩大、膨胀感；冷色、低明度色等有减小、收缩感。

（6）色彩的华丽、朴素感 色彩的三要素对华丽、朴素感都有影响，这与纯度关系最大，其次是与明度有关。鲜艳而明亮的色彩具有华丽感，浑浊而深暗的色彩具有朴素感；有彩色系具有华丽感，无彩色系具有朴素感；运用色相对比的配色具有华丽感，其中，补色最为华丽；强对比色调具有华丽感，弱对比色调具有朴素感。但无论何种色彩，如果带上光泽，都能获得华丽的效果。

（7）色彩的活泼、庄重感 暖色、高纯度色、丰富多彩色、强对比色感觉跳跃、活泼、有朝气；冷色、低纯度色、低明度色感觉庄重、严肃。

（8）色彩的兴奋、沉静感 色彩的兴奋、沉静感与色相、明度、纯度都有关，其中纯度的作用最为明显。在色相方面，偏红、橙的暖色系具有兴奋感，属于蓝、青的冷色系具有沉静感；在明度方面，明度高的色具有兴奋感，明度低的色具有沉静感；在纯度方面，纯度高的色具有兴奋感，纯度低的色具有沉静感。因此，暖色系中明度最高且纯度最高的色兴奋感最强，冷色系中明度最低且纯度最低的色最有沉静感；强对比的色调具有兴奋感，弱对比的色调具有沉静感。

（9）色彩的明快、忧郁感 色彩明快、忧郁感与纯度和明度有关。明度高而鲜艳的色具有明快感，深暗而混浊的色具有忧郁感；低明基调的配色易产生忧郁感，高明基调的配色易产生明快感；强对比色调有明快感，弱对比色调具有忧郁感。

2. 色彩的心理联想

色彩的联想带有情绪性的表现，受到观察者年龄、性别、性格、文化、教养、职业、民族、宗教、生活环境、时代背景、生活经历等各方面因素的影响。色彩的联想有具象和抽象两种：

（1）具象联想 人们看到某种色彩后，会联想到自然界、生活中某些相关的事物。

（2）抽象联想 人们看到某种色彩后，会联想到理智、高贵等某些抽象概念。

一般来说，儿童多具有具象联想，成年人多具有抽象联想。

（二）色彩性格

1. 具有象征性的色彩

各种色彩都有其独特的性格，简称为色性。它们与人类的色彩生理、心理体验相联系，从而使客观存在的色彩有了复杂的性格。

（1）红色　红色光的波长最长，穿透力强，感知度高。它易使人联想起太阳、火焰、热血、花卉等，让人感觉到温暖、兴奋、活泼、热情、积极、希望、忠诚、健康、充实、饱满、幸福等向上的倾向，但有时也被认为是幼稚、原始、暴力、危险或者卑俗的忌妒、控制的印象，容易造成心理压力。因此，与人谈判或协商时，则不宜身着红色。住宅室内也不宜采用红色，以免使居住者因长期受红色刺激而改变秉性脾气。

（2）粉红色及桃红色　粉红色象征温柔、甜美、浪漫、没有压力，可以软化攻击、安抚浮躁。因此，粉红色很受女孩的喜爱，可用于她们的卧室，但应有针对性地点缀一些其他颜色，因为长期面对大面积的粉红色，有人会变得越来越敏感，有人会失去学习或工作的积极性。另外，如果要与女性谈公事，或者需要源源不绝的创意时，在安慰别人时，最好选择些粉红色。

比粉红色更深一点的桃红色则象征着女性化的热情，比起粉红色的浪漫，桃红色是更为洒脱、大方的色彩。而桃红色的艳丽则很容易把人淹没，不宜大面积使用。

（3）橙色　橙与红同属暖色，具有红与黄之间的色性，它使人联想起火焰、灯光、霞光、水果等物象，是最温暖、响亮的色彩。因此，适合于客厅或怕冷的老人卧室等。橙色令人感觉活泼、华丽、辉煌、跃动、炽热、温情、坦率、开朗、健康、甜蜜、愉快、幸福等，但也有疑惑、嫉妒、伪诈等消极性倾向。

含灰的橙呈咖啡色，含白的橙呈浅橙色（俗称血牙色），与橙色本身都是家装中常用的甜美色彩。介于橙色和粉红色之间的粉橘色，则是浪漫中带着成熟的色彩，让人感到安适、放心。橙色是从事社会服务工作时，特别是需要阳光般的温情时最适合的色彩之一。

（4）黄色　黄色是所有色相中明度最高的色彩，给人以轻快、光辉、透明、活泼、光明、辉煌、希望、功名、健康等印象。但黄色过于明亮而显得刺眼，并且与他色相混极易失去其原貌，故也有轻薄、不稳定、变化无常、冷淡等倾向。

含白的淡黄色感觉平和、温柔，深黄色却另有一种高贵、庄严感，因此适用于室内外墙体。

黄色还被用作安全色，如室外作业的工作服，因为黄色极易被人发现。黄色明度极高，能刺激大脑中与焦虑有关的区域，具有警告的效果，所以雨具、雨衣多半是黄色。艳黄色象征信心、聪明、希望；淡黄色显得天真、浪漫、娇嫩。

（5）绿色　在大自然中，除了天空和江河、海洋，绿色所占的面积最大，几乎到处可见，它象征生命、青春、和平、安详、新鲜等。绿色最适宜人眼的注视，有消除疲劳的调节功能。黄绿带给人们春天的气息，颇受儿童及年轻人的欢迎；蓝绿、深绿是海洋、森林的色彩，有着深远、稳重、沉着、睿智等含义。绿色的适用范围很广，适合于各种室内外空间。

绿色给人无限的安全感，在人际关系的协调上可扮演重要的角色。绿色象征自由和平、新鲜舒适；黄绿色给人清新、有活力、快乐的感受；明度较低的草绿、墨绿、橄榄绿则给人沉稳、知性的印象；含灰的绿，如土绿、橄榄绿、咸菜绿、墨绿等色彩，给人以成熟、老练、深沉的感觉，是人们广泛选用的颜色，也是军、警规定的服色。

（6）蓝色　与红色、橙色相反，蓝色是典型的冷色，表示沉静、冷淡、理智、高深、透明等含义。随着人类对太空事业的不断开发，它又有了象征高科技的强烈现代感。所以蓝色既可用作装饰线条，也可作为室内色彩的主色。

浅蓝色系明朗而富有青春朝气，为年轻人所钟爱，但也有不够成熟的感觉。深蓝色系沉着、稳定，为中年人普遍喜爱的色彩。其中，略带暖色的群青色，充满着动人的深邃魅力；藏青则给人以大度、庄重的印象。蓝色也有其另一面的性格，如刻板、冷漠、悲哀、恐惧等。

蓝色是灵性、知性兼具的色彩，在色彩心理学的测试中，几乎没有人对蓝色反感。明亮的天蓝，象征希望、理想、独立；暗沉的蓝，意味着诚实、信赖与权威；正蓝、宝蓝在热情中带着坚定与智能；淡蓝、粉蓝可以让自己，也让对方完全放松。蓝色在美术设计上是应用得最广的颜色。浅蓝或天蓝是医院室内常用的色彩。

（7）海军蓝（深蓝色）　海军蓝（深蓝色）象征权威、保守、中规中矩与务实。穿着海军蓝时，配色的技巧如果没有拿捏好，会给人呆板、没有创意、缺乏趣味的印象。海军蓝适合强调一板一眼、具有执行力的专业人士。

（8）紫色　紫色具有神秘、高贵、优美、庄重、奢华的气质，有时也有孤寂、消极感。尤其是较暗或含深灰的紫，易给人以不祥、腐朽、死亡的印象。但含浅灰的红紫或蓝紫色，却有类似太空、宇宙色彩的幽雅、神秘之感，在室内运用时会产生一种混搭的效果。

紫色是优雅、浪漫的象征，并且是具有哲学家气质的颜色。紫色光的波长最短，在自然界中较少见到，所以被引申为象征高贵的色彩。淡紫色的浪漫，不同于粉红色那种小女孩式，而是像隔着一层薄纱，带有高贵、神秘、高不可攀的感觉；而深紫色、艳紫色则是魅力十足、有点狂野又难以捉摸的华丽浪漫。

（9）褐色、棕色、咖啡色系　这三类色彩有着典雅中蕴含安定、沉静、平和、亲切等意象，给人以情绪稳定、容易相处的感觉。但没有搭配好的话，会让人感到沉闷、单调、老气、缺乏活力。当需要表现友善亲切时可以穿棕褐、咖啡色系的服饰，如参加部门会议或午餐汇报时、募款时、做问卷调查时。当不想招摇或引人注目时，褐色、棕色、咖啡色系也是很好的选择。

土褐色是含一定灰色的中、低明度各种色彩，如土红色、土绿色、熟褐色、生褐色、土黄色、咖啡色、咸菜色、古铜色、驼绒色、茶褐色等色，性格都显得不太强烈，其亲和性使之易与其他色彩配合，特别是与鲜色相伴，效果更佳。

这三类色彩也使人想起金秋的收获季节，故均有成熟、谦让、丰富、随和之感。

（10）黑色　黑色为无色相无纯度的色彩，往往让人感觉沉静、神秘、严肃、庄重、含蓄，另外，也易让人产生悲哀、恐怖、不祥、沉默、消亡、罪恶等消极印象。尽管如此，黑色的组合适应性却极广，无论什么色彩，特别是鲜艳的纯色，都能与其相配，都能取得赏心悦目的良好效果。但黑色不能大面积使用，否则，不但其魅力大大减弱，相反会产生压抑、阴沉的恐怖感。

黑色象征权威、高雅、低调、创意，也意味着执著、冷漠、防御。黑色用在室内，会使其他颜色更显纯洁；用在室外，它是百叶窗、线条、门和铸铁工艺品的首选色。

（11）白色　白色给人的印象是洁净、光明、纯真、清白、朴素、卫生、恬静等。在它的衬托下，其他色彩会显得更鲜丽、更明朗，因此白色适用于室内外。但多用白色还可能产生平淡无味的单调、空虚之感。

（12）灰色　灰色是中性色，突出的性格为柔和、细致、平稳、朴素、大方。它不像黑色与白色那样明显影响其他的色彩。因此，与其他中性色一样，灰色适合于室内外的许多场合，也可作为背景色彩。任何色彩都可以和灰色混合，略有色相感的含灰色能给人以高雅、细腻、含蓄、稳重、精致、文明而有素养的感觉。当然，滥用灰色也容易暴露其乏味、寂寞、忧郁、无激情、无兴趣的一面。

灰色象征诚恳、沉稳、考究。其中，铁灰、炭灰、暗灰在无形中散发出智能、成功、强烈权威等强烈信息；中灰与淡灰则带有哲学家的沉静。

（13）光泽色　除了金、银等贵金属色以外，所有色彩带上光泽后，都有其华美的特色。金色——富丽堂皇，象征荣华富贵、名誉忠诚；银色——雅致高贵、象征纯洁、信仰，比金色温和。它们与其他色彩都能配合，几乎达到万能的程度。光泽色小面积点缀，具有醒目、提神的作用，大面积使用则会产生过于炫目的负面影响，显得浮华而失去稳重感。如果巧妙使用、装饰得当，不但能起到画龙点睛的作用，还可产生强烈的高科技现代美感。

2. 具有性格特点的色彩元素（成人）

（1）蓝色　喜欢蓝色的人的基本性格：不仅具有很强的团队协调能力，还很讲究礼貌，为人也很谦虚谨慎。他们绝不是头脑冲动的人，在行动前会制定周密的计划。他们还是谨慎派，严格遵守各种规则。和平主义者也有喜欢蓝色的倾向。

喜欢天蓝、水蓝等明亮蓝色的人，一般非常感性，能够自如表达心中的想法。他们虽然不具备社交型的性格，却会通过某种形式（例如艺术）与他人建立联系。喜欢藏青色等深蓝色的人，一般比较理性。创业者和教育者大多喜欢深蓝色，反之，喜欢深蓝色的人也比较适合创业或从事教育行业。此外，喜欢深蓝色的女性自立的决心比较强，在工作中往往可以找到人生的价值。

喜欢蓝色的人的缺点是比较固执己见、喜欢和平、不好斗，这样性格的人有时会显得有些懦弱。比如，对后辈或者弱小的对手，他们特别谦虚、和蔼；而对于强硬的对手或上司，他们简直就是在压抑自己、委曲求全，很少说出自己的真实想法。

给喜欢蓝色的人的一点建议：蓝色不仅可以激发人的好奇心，还可以促使人作出判断。蓝色还是一种对直觉有刺激的颜色。如能在工作中正确运用蓝色，可以充分激发自己的潜能。蓝色是和谐之色，如果你想维护好团队关系，并取得同伴、上司、部下的协助，就穿蓝色衣服吧。

（2）橙色　喜欢橙色的人的基本性格：竞争心强，从不认输，喜怒哀乐表现得都很激烈。喜欢橙色的人活动力强，而且精力充沛，但他们并不觉得自己过于好动。这种人结婚的愿望不强，很多人都终身没有结婚。喜欢橙色的人基本上不认生、不拘束，比较开朗，但也有个别的人不太善于交际。喜欢橙色的人支配别人的欲望很强烈，而且一旦决定要做的事情就一定会坚持到底。他们注意力集中、做事效率高，对设计和色彩比较敏感，具有一定的天赋。喜欢橙色的人还喜欢说话，在众人面前讲话时，他们会尽自己的所能让场面热烈起来。不过，他们虽然好动、爱说话，但身体往往并不太好。

喜欢橙色的人适合做面对很多人的工作，比如售货员、推销员、服务行业等，女性也可以做空中乘务员。另外，设计师、建筑师等职业也适合喜欢橙色的人。

给喜欢橙色的人的一点建议：当心情低落的时候，可以穿上自己喜欢的橙色衣服，马上就可以让心情恢复，再度露出笑容。当感觉欲望得不到满足的时候，可以穿略带粉色的橙色衣服；当心情亢奋时，佩带红色或黄色的装饰品可以使心情平静下来。

（3）黄色　喜欢黄色的人的基本性格：具有幽默感，工作能力强的理想主义者。喜欢黄色的人很理性、上进心强、喜欢新事物、讨厌一成不变、好奇心强、爱好钻研等。总之，喜欢黄色的人是个"挑战者"。他们性格独特，在人群中往往是中心人物。在商业方面，他们有着独树一帜的想法，具备走向成功的能力和推动力。喜欢黄色的人多是理想主义者，擅长制定各种计划，并一步步实现。他们喜欢新鲜事物，故而也喜新厌旧、缺乏长性。再者，喜欢黄色的人还爱"打小算盘"。这是一个中性的特点，好坏参半。

黄色多受孩子的喜爱，黄色也是追求爱情的颜色。喜欢黄色的人还有依赖他人的倾向，其中有人缺乏自立心。在心理上，他们比较孩子气，喜欢自由自在，害怕受到束缚。喜欢黄色的人大多是"人前疯"，适合当搞笑艺人；也有人能说会道，适合做推销员。

此外，喜欢黄色的人对幸福的需求过高，常会感觉自己得到的关爱不够。不过，虽然同是黄色，喜欢奶油色这种淡黄色的人性格却很稳定，平衡局面的能力也很强。

给喜欢黄色的人的一点建议：过度使用黄色容易引起焦虑或招致别人的讨厌，在室内装潢或服装中过多使用黄色，也会造成不好的影响。因此，最好使用黄色作为点缀或与其他颜色搭配使用。黄色在短时间内可以提高人的注意力，但黄色太多会适得其反。

（4）红色　喜欢红色的人的基本性格：外向型性格，热情、正义感强烈。红色是非常受欢迎的一种颜色，而且在这点上没有男女之分。性格外向的人大多喜欢红色。喜欢红色的人活泼好动，行动力强，运动神经还很发达，不过有时行动前不愿深入思考。喜欢红色的人情绪起伏比较大，一旦发怒，后果不堪设想。他们的行动总是先于思考，说话也容易口无遮拦。

此外，喜欢红色的人大多热情且极富正义感。他们还很健谈，说起话来经常手舞足蹈。喜欢红色的人富有魅力，但也有任性的一面。当人们渴望爱情时，也会倾向于喜欢红色。

有的人虽然心里喜欢红色，但却不太敢穿红色的衣服或戴红色的饰物。这部分人对红色的热情还没有达到一定的程度，但也是喜欢红色的预备军。红色太醒目，也许这些人并不想太引人注意。他们往往比较理性，但又渴望具有行动力，因而会喜欢上红色。这类人一旦感受到红色的魅力，就会一发而不可收拾。他们会突然全身上下都穿红色，连嘴唇都涂上鲜艳的红色。红色特别适合那些缺乏自信的人，可以让他们由内而外地喜欢自己。

给喜欢红色的人的一点建议：喜欢红色的人情绪起伏比较大，只要多使用淡一点的红色或让人冷静的红色，就可以弥补性格中的缺点。然而，过多地穿红色衣服对身体也不好，如能适当调整红色面积的比例，则可以收到一举两得的效果。有时，一点红色可以起到很好的点缀效果，使人显得更时尚。

（5）黑色　喜欢黑色的人的基本性格：喜欢黑色的人可能有两种性格，大体可以分为两类，即"善于运用黑色的人"和"利用黑色进行逃避的人"。前者大多生活在大都市，精明而干练。他们一般拥有打动人心的力量，能很好地处理各种局面。他们想让别人在黑色中感觉到自己的理性和智慧。有些人则利用黑色进行逃避。这类人大多很在乎别人的看法。挑选衣服时，选来选去最后还是选了黑色的人大多属于这一类人。他们害怕别人对自己品头论足，因而买衣服时常挑黑色，这样才不会太显眼。其实，这是一种逃避心理。比如，有的女性喜欢穿黑色，大部分时间都穿黑色的长裙和长靴，把自己包裹得严严实实的。她们希望借此营造出一种高贵、神秘的感觉。与此同时，她们似乎也想隐藏什么。不过，这类性格的人中，有不少非常有自信，甚至还有些固执。

喜欢黑色的人虽然有两种不同的性格，但他们有一个共同点，那就是并非从小就喜欢黑色，而是因为在成长的过程中发生了一些事才开始喜欢黑色的。如果能回想过去的经历，锁定开始喜欢黑色的时间点，也许能找到人生中的分岔点，从而更好地了解自己的性格，更好地把握自己的人生。

给喜欢黑色的人的一点建议：喜欢黑色的女性往往不受爱神的眷顾。即使碰到了自己喜欢的异性，恋爱也大多不顺利，即使有所进展，到最后也难成眷属。因此，建议喜欢黑色的女性谈恋爱时多穿一些亮色的衣服。黑色虽然能阻挡压力感和紧张感，更好地保护自己，但与此同时也会使自己的运气变得糟糕。

（6）绿色　喜欢绿色的人的基本性格：态度认真、礼貌有加的和平主义者，具有坚定的信念。喜欢绿色的人社会意识比较强，态度认真。他们是和平主义者，和周围的人可以和睦共处，但是警惕性非常高。喜欢绿色的人社交能力强，可以与人和谐相处，但在心底里他们不愿相信任何人。虽然喜欢与人相处，但他们更希望能够在大自然中与动物一起过着恬静的生活。喜欢绿色的人待人礼貌，个性率直，基本不会掩饰内心的想法。他们会把自己的信念表达出来，并为了信念而努力。当问到自己的信念时，一般人都不太愿意说出来，但喜欢绿色的人却毫不掩饰。

此外，喜欢绿色的人好奇心强，但不会积极采取行动，大多时候都要等同伴召唤后再一起行动，不愿当领头羊。再者，喜欢绿色的人还很敏感，会深入思考，把问题分析得很透彻。他们不太喜欢运动，但酷爱美食，因而大多偏胖。

绿色也分很多种，比如黄绿、苹果绿等绿中带黄的颜色，喜欢这类绿色的人友好、圆滑、行动力强，但性情温顺，与喜欢普通绿色的人相比更善于社交。此外，喜欢深绿色的人沉着、冷静、干练且性格温厚。独生子女或者兄弟姐妹少的人有喜欢深绿色的倾向。

给喜欢绿色的人的一点建议：当我们需要做出决定但犹豫不决的时候，穿绿色系的衣服可以帮助我们下定决心。

（7）灰色　喜欢灰色的人的基本性格：善于平衡局面。喜欢灰色的大多为做事干练、教养良好且知识丰富的人。他们总是为别人着想，与抛头露面相比，他们宁愿支持和衬托他人。灰色是无彩色，一般不太招人喜欢，但它具有衬托其他颜色的特性。喜欢灰色的人在性格方面也许和灰色有相似之处。他们不会过度兴奋，显得很稳重，还会巧妙地避开人生中的各种障碍。如果说喜欢黑色人倾向于利用黑色阻挡外界的压力，那么喜欢灰色的人则利用灰色来中和或减弱外界的压力并承受压力。喜欢灰色的人大多具有平衡局面的能力，因而很受欢迎。年轻人中喜欢灰色的较少，由此可见灰色更适合成熟稳重的人。

喜欢"银灰色"或"亮灰色"的人更有都市感，不仅时髦，还有很敏锐的时尚感。喜欢"深灰色"和"灰黑色"等浓重灰色的人则具有或者追求稳定感。经营者大多喜欢这类颜色，这是因为他们要面对很多制约和阻碍，而浓重的灰色给人一种安心的感觉，有助于使人冷静地思考问题。

给喜欢灰色的人的一点建议：当人想摆脱现状但又缺乏行动的勇气时，往往会投向灰色的怀抱。此时，人的精神状态与灰色的特性非常吻合。建议在这个时候多使用一些粉色或淡紫色，这几种颜色与灰色搭配起来非常合适，会使灰色显得明亮起来，可以让人从沉稳冷静的状态向轻松活跃顺利过渡。

（8）粉色　喜欢粉色的人的基本性格：稳重、温柔。一般而言，在富裕的家庭中长大、家教良好又偏理性的人大多喜欢粉色。喜欢粉色的人性格稳重、温柔，大多是和平主义者。其中，喜欢淡粉色人不仅具有高贵典雅的气质，还很会照顾他人。喜欢深粉色的人则在性格上比较接近喜欢红色的人，具有活泼热情的一面。

粉色代表温柔，一般多为女性所喜爱。喜欢粉色的女性往往性格稳重、温柔，但却非常敏感，容易受到伤害。独处时，她们总沉浸在幻想中，向往着浪漫的爱情和完美的婚姻。喜欢粉色的男性大多也有着温柔的个性，心胸也比较宽广。喜欢粉色的人对各种事物都容易产生兴趣，但却不愿主动探究，还有依赖他人的倾向。

有一个有趣的现象：有的女性原本对粉色没有特殊的感情，既不特别喜欢也不十分讨厌，但是有一天她会突然爱上粉色，这肯定与她想得到男性的关注有关。为了让自己显得温柔一些，她会有意或无意地喜欢上粉色。这是因为粉色是恋爱之色，人在恋爱时倾向于喜欢粉色。

给喜欢粉色的人的一点建议：喜欢粉色的人中有很多虽然心里总想着做点什么，但往往难以付诸行动。建议这样的朋友多使用一点红色，如穿衣服时可以以红色为主色调或者点缀一点红色。红色具有推动人行动起来的力量。

3．具有性格特点的色彩元素（儿童）

（1）粉红色——依附性特别强　大部分女孩子都喜欢漂亮的粉红色。如果您的小女儿喜欢粉红色的话，表示您的家庭经济环境在一般水准之上，也象征着双亲爱心的充分表现。在爱心的保护下，这种女孩子多具备高度审美观、细心体贴、优雅柔顺。

4～6岁的女孩中，也有特别讨厌粉红色的。粉红是这样一种颜色，讨厌它的人特别讨厌，而追捧它的人，连枕头和漱口杯都要买粉红色。

大量的证据表明，热爱粉红的女孩与父母的亲子关系特别亲密，在心理上依赖父母，不论什么事都希望大人替她拿主意。

（2）绿色和蓝色——讨厌竞争　喜爱绿色和蓝色的小朋友大多有回避竞争的倾向，绿色尤甚。喜爱绿色的孩子，个性上较为随和开朗，没有什么心机，具有包容宽恕的心胸及强烈的好奇心，而且颇有求知的上进心。这类儿童在成人后如有恒心踏实工作，定有成功的一日。许多才气纵横的男孩都属于这一类型。

（3）紫色——内向与敏感　热爱紫色的孩子的情绪失控不会向外，只会向内，别人一个眼神、一句话的语气，他都会在心里放大很多遍，非常敏感。对他的态度有些许变化，都能左右他一两天的心情。喜欢紫色的男孩比女孩更多，这或许可以解释两个事实：第一，为什么神经质有成就的艺术家从来是男多于女；第二，为什么生闷气的怪男孩屡见不鲜。敏感的女孩会用眼泪来释放压力，男孩从小被教育不能哭，要坚强，就只剩下闹别扭一种表达方法了。因此，假若发现热爱紫色的小男孩在闹别扭，千万别呵斥他，想一想如何有效安抚他那颗容易受伤的心吧。

（4）橙色——活力与自大　喜爱橙色的人，个性上较外向活泼，喜爱说话而且人缘很好，有趣的是，从小喜欢橙色的人，会从一而终地喜欢到成年。这类儿童创造性强，自我为中心，较不懂得体谅他人，粗枝大叶。当然，他是乐观主义者，开朗热心，唯一的缺点是不懂妥协，永远不肯立于从属地位。偏爱橙色的孩子似乎总是处在交友困扰中：因为他的活力和热情，到一个新环境中很容易交上朋友，而他的自大及过度以自我为中心，使得新交的朋友也很容易与之吵翻。

（5）水蓝和白色——完美主义倾向　有大约15%的女孩和6%的男孩有较严重的完美主义倾向，他们无一例外地喜爱白色，以及浅到极点的水蓝色。热爱白色的孩子几乎都有洁癖：不愿别的小朋友上他的床、用他的毛巾或借用他的文具，他本人的爱干净程度也是一流，夏天时可能一天要换三套白色衣裤、五双白袜子。他总是在努力交朋友，但很快又因为不能容忍朋友的缺点而否定别人。热爱白色的孩子与父母的亲子关系也常常有些尴尬。

（6）米色——温暖而包容　米色具有很强的包容感，介于白色与灰色之间，给人以亲切温暖的视觉感受，它们与许多色彩均可取得良好效果的搭配，显得自由随意，也为许多人所接受。

（7）花色——活泼、有层次　花色由多种色彩搭配在一起、根据图纹的不同形成一定的层次感，花色在与深色搭配时可以反映浅色系的感受，在与浅色搭配时又能显示出深色系的感受。可自由搭配。花色视觉效果鲜艳、有层次感、易搭配，显得年轻、有朝气、醒目。

第五章

风格与流派设计元素

第一节　流行性的装饰风格

一、地域性的流行风格

（一）中式古典室内装饰风格

1. 中式古典风格的概念

中式古典风格的室内设计是在室内平面及立体布置、线型、色调及家具、陈设的造型等方面，吸取传统装饰"形"、"神"的特征，如室内传统木构架的墙面、藻井、雀替、窗棂、什锦窗、挂落、格扇、博古架及明、清家具造型和款式。

中式古典风格的主要特征是以木材为主要建材，创造出独特的木结构或穿斗式结构，讲究构架制的原则，重视横向布局；利用庭院组织空间，用装修构件分合空间，注重环境与建筑的协调，善于用环境创造气氛；运用色彩装饰手段，如彩画、雕刻、书法和工艺美术、家具陈设等艺术手段来营造意境；在布局、形体、外观、色彩、质感和处理手法等方面，具有独特的形式和风格。在住宅的细节装饰方面，中式风格往往可以达到移步换景的装饰效果。这种装饰手法，给空间带来了丰富的视觉效果，如屏风、步步锦窗格、帷幔、翘头案等，都展现出了中国传统艺术的永恒美感。

2. 中式古典风格的室内设计元素

（1）界面与构件

1）墙面。墙面大都采用建筑材料的原色，木料一般会上漆并绘上丹青彩画装饰。梁柱的上半边多用青绿色调，下半部则以红色为主。

2）藻井。顶面多用藻井顶棚，一般建在屋顶的中心部位，口径较大，层次很多，结构复杂，如同花罩伞盖一般。藻井是中国古代建筑的内檐装饰之一，起到重要的装饰作用及调节室内温度的作用。历来的藻井结构多采用抹角、交叉叠木的做法，含有五行以水克火、预防火灾之义，一般位于寺庙佛座上或宫殿的宝座上方。平顶的凹进部分有方格形、六角形、八角形或圆形，上有雕刻或彩画，常见的有"双龙戏珠"等。

藻井的做法和彩画集中代表了中国传统建筑的特点和精髓。石青、石绿、抽金和大红大绿的色彩以及藻井的方圆交替，增加了室内富丽堂皇的气氛，通体金饰，华美壮观的藻井，表现了中国装饰工艺的高度技巧。

3）雀替。雀替又称为插角或托木，有龙、凤、仙鹤、花鸟、花篮、金蟾等各种形式，雕法则有圆雕、浮雕、透雕，位于梁柱或垂花与寿梁交角上的近三角形木雕构件，功用有三：一是缩短梁净跨的长度；二是减少梁与柱相接处的剪力；三是防阻横竖构材间角度的倾斜。随着时间的推移，雀替从力学上的构件逐渐发展成美学上的构件，就像一对翅膀在柱的上部向两边伸出，一种生动的形式随着柱间框格而改变，轮廓由直线转变为柔和的曲线，由方形变成有趣而更为丰富、更自由的多边形，甚至出现龙、凤、鳌鱼、仙鹤、花鸟、花篮、金蟾等各种形式的雀替（图5-1）。

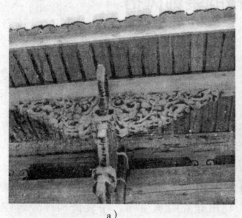

a）

b）

图5-1 雀替

4）窗棂。窗棂中的心屉与裙板的长短有一定比例，即心屉占隔扇全高的十分之六，裙板占十分之四。综环板按抹头高的二倍定之。隔扇全高依位置不同而定，在檐柱之间，按檐柱高减去檐枋和下槛高定之。心屉四周有仔边，仔边厚按边挺十分之七，宽按十分之五定之。仔边之内用棂条做成各种花纹芯，如步步锦、灯笼锦、龟背锦、冰裂纹、盘肠纹、斜万字、正万字心屉等（图5-2）。

5）什锦窗。什锦窗是指院墙和围墙上一种装饰性的牖窗，有各种各样外形，如扇形、月洞、海棠形、五角形、三环形、寿桃形等，如图5-3所示，一般分为直折线型和曲线型两大类。什锦窗有三种类型：镶嵌什锦窗、单层什锦漏窗和夹樘什锦灯窗。镶嵌什锦窗又称为盲窗，是镶嵌在墙壁的一面，不透通墙厚，主要起装饰点缀作用；单层什锦漏窗是墙上留有窗洞，窗框居中安装，既通风透亮，也起装饰作用；夹樘什锦灯窗是在窗洞的贴墙两面各安装一个窗心，中间安置照明灯，窗心镶嵌玻璃或糊贴诗画纸纱。

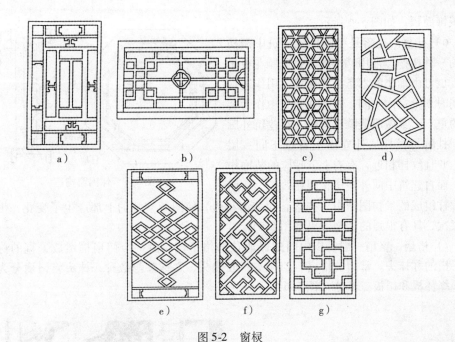

图 5-2 窗棂

a) 步步锦心屉 b) 灯笼锦心屉 c) 龟背锦心屉 d) 冰裂纹心屉
e) 盘肠纹心屉 f) 斜万字心屉 g) 正万字心屉

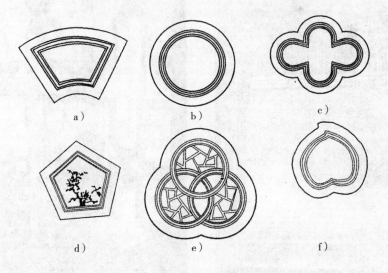

图 5-3 什锦窗

a) 扇形 b) 月洞形 c) 海棠形 d) 五角形 e) 三环形 f) 寿桃形

什锦窗由桶座、边框、仔屉和贴脸四部分组成。桶座又称为筒子口，是什锦窗最外层一圈的口框，单层漏窗及夹樘窗的桶座宽同墙洞厚；边框是窗心（即窗扇）的外框，安在桶座内；仔屉是窗心内框，供镶玻璃或安装棂条；贴脸是窗洞外口紧贴墙面的装饰面板，如图5-4所示。

6）挂落。挂落是中国传统建筑中额枋下的一种构件，常用镂空的木格或雕花板做成，也可由细小的木条搭接而成，用作装饰或同时划分室内空间。挂落在建筑中作为装饰的重点，常做成透雕或彩绘。在建筑外廊中，挂落与栏杆从外立面上看位于同一层面，并且纹样相近，有着上下呼应的装饰作用。而自建筑中向外观望，则在屋檐、地面

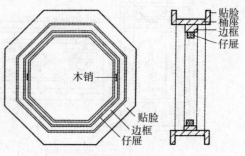

图5-4　什锦窗构造

和廊柱组成的景物图框中，挂落有如装饰花边，使图画空阔的上部产生了变化，出现了层次，具有很强的装饰效果（图5-5）。

7）格扇。格扇一般是指中间镶嵌通花的格子门，由一个门扇框组成，直的称边梃，横的称抹头。常用的格扇有四抹头、五抹头、六抹头等数种，抹头将格扇分为心屉、绦环板和裙板三部分（图5-6）。

图5-5　挂落

图5-6　格扇

8）博古架。博古架又称多宝格，其上布置丰富的吉祥图案，称为博古图。吉祥图案的题材大多取自中国神话、历史故事等，其纹样有动物、植物、自然、文字、人物、

器物等，可由单一题材代表意义，也可由多样题材组合传达完整的含义。

9）柱子。柱子常雕有各种动物纹样，或刻有名人书法，颜色一般用朱红色。

（2）中式家具 中式家具是以明清家具样式为主，这类家具造型简练、以线为主，采用卯榫结构（图5-7）。在跨度较大的局部之间，镶以牙板、牙条、圈口、券口、矮老、霸王枨、罗锅枨、卡子花等，装饰手法有雕、镂、嵌、描，用材也很广泛，有珐琅、螺钿、竹、牙、玉、石等；少堆砌，不曲意雕琢，根据整体要求，在局部位置小面积透雕或镶嵌；用材广，有紫檀、花梨、鸡翅木、铁力木、红木、乌木、楠木等，木材纹理自然优美。

图5-7 中式风格家具

1）案。案又细分为供案、画案、书案。供案通常在厅堂中陈设，多采用雕刻装饰。案最先出现在神圣的场合，后来出现的画案、书案则是案类家具的生活化，很能体现中国文人的审美特点。

2）桌。中式家具中的桌有长桌、方桌、书桌、炕桌等。厅堂方桌是一户的门面，通常选用上好的硬木，造型稳重端庄，做工细致，装饰考究。

3）椅。中式家具中的椅有太师椅、官帽椅、圈椅等，不同的椅子有不同的大小尺寸，其中，清式太师椅最大，常放在正厅中。

4）床。一般的中式床是四柱式或六柱式的架子床，架子上可以围上帷幔，床顶部有顶盖；还有罗汉床，有点像加宽的长条椅，没有架子，通常放在书斋，供午休时用。

（3）中式装饰图案与装饰品

1）中式装饰图案。蝙蝠（象征有福）、鹿（象征有禄）、鱼（象征富裕）、鹊（象征喜气）是较常见的装饰图案。另外，"梅、兰、竹、菊"、"岁寒三友"等图案也是常用的，它们是一种隐喻，借用植物的某些生态特征，赞颂人类崇高的情操和品行。梅象征高洁傲岸；兰象征幽雅空灵；竹象征虚心有节；菊象征冷艳清贞。同理，石榴象征多子多孙；鸳鸯象征夫妻恩爱；松鹤象征健康长寿等。

2）装饰品。装饰品包括瓷器、陶艺、中式窗格、字画、灯笼、盆景、布艺及具有一定含义的中式古典物品等。

（二）新中式室内装饰风格

1. 新中式风格的概念

新中式风格是中国传统风格文化意义在当前时代背景下的演绎，是在对中国当代文化充分理解基础上的当代设计。新中式风格不是纯粹的元素堆砌，而是通过对传统文化的认识，将现代元素和传统元素结合在一起，以现代人的审美需求来打造富有传统韵味的事物，让传统艺术的脉络传承下去。

2. 新中式风格的室内设计元素

（1）新中式风格的构成　新中式风格的构成主要体现在传统家具（以明清式家具为主）、装饰品及黑、红、深棕色为主的装饰色彩与现代主义设计理念、现代装饰材料的结合上。室内多采用对称式的布局方式，格调高雅，造型简朴优美，色彩浓重而自然。中国传统室内陈设包括字画、匾幅、挂屏、盆景、瓷器、古玩、屏风、博古架等，追求一种修身养性的生活境界（图5-8）。

图5-8　新中式风格

（2）新中式风格的层次　新中式装饰风格中，对室内空间的层次做出功能性的分隔，常采用落地罩或简约化的博古架来区分；在需要隔绝视线的地方，则使用中式的屏风或窗棂。通过这种新的分隔方式，单元式住宅也可以展现出中式家居的层次之美。

（3）新中式风格的造型　空间装饰多采用简洁硬朗的直线条。直线装饰在空间中的使用，不仅反映出现代人追求简单生活的居住要求，也迎合了中式家具追求内敛、质朴的设计风格，使新中式风格更加实用，更富现代感。

（4）新中式风格的装饰色彩　新中式风格的家具多以深色为主，色彩搭配一是以苏州园林和京城民宅的黑、白、灰色为基调；二是在黑、白、灰基础上以皇家住宅的红、黄、蓝、绿等作为局部色彩。

（5）新中式风格的装饰材料　新中式风格的装饰材料有丝、纱、织物、壁纸、玻璃、仿古瓷砖、大理石、仿古色彩的铝合金等。

（6）新中式风格的饰品　新中式风格的饰品有瓷器、陶艺、中式窗格、字画、布艺，以及具有一定含义的中式古典物品等。

（三）欧式室内装饰风格

1. 欧式风格的概念

欧式风格是指具有欧洲传统艺术文化特色的风格。根据不同的时期常分为古典风格（古罗马风格、古希腊风格）、中世风格、文艺复兴风格、巴洛克风格、新古典主义风格、洛可可风格、后现代主义风格等；根据地域文化的不同则分为地中海风格、法国巴洛克风格、英国巴洛克风格、北欧风格、美式风格等。

2. 欧式风格的室内设计元素

（1）古罗马柱　古罗马柱包括的多立克柱式、爱奥尼柱式、科林斯柱式，既是古希腊建筑的基本柱式，也是欧式建筑及室内设计最显著的特色。

（2）阴角线　阴角线是与顶棚的交界线。

（3）挂线　挂线是指固定在室内四周墙壁上部的水平木条，用来悬挂镜框或画幅等。

（4）腰线　腰线是指建筑墙面上中部的水平横线，主要起装饰作用。

（5）壁炉　壁炉是在室内靠墙砌的生火取暖的设备。由于欧洲地处北半球以北，气温较为寒冷。壁炉是欧式风格较为显著的特色。正如中国北方的炕，而南方没有。

（6）拱形或尖肋拱顶　拱形或尖肋拱顶在欧式的巴洛克风格和哥特式风格中较为常用。

（7）梁　梁是托梁与柱或墙的交接处常用的构件。

（8）拱及拱券门　拱及拱券门是在门洞及窗处经常采用的形式。

（9）顶棚灯盘或者壁画　中国也有顶棚绘画的习惯，但不同的是，欧式风格中的绘画以基督教内容为主；而中国更多的是祥云及吉祥图案。欧式风格的顶棚造型常用藻井、拱顶、尖肋拱顶、穹顶。与中式风格不同的是，欧式风格的藻井及吊顶有着更丰富的阴角线（图5-9）。

图 5-9　欧式风格

（10）墙面　在现代的室内设计中，出于造价因素，丰富的墙面装饰线条或护墙板常用墙纸代替。

（11）地面　地面一般采用波打线及拼花进行丰富和美化，也常用实木地板拼花方式。一般都采用小几何尺寸块料进行拼接。

（12）木材　常以胡桃木、樱桃木及榉木为原料。

（四）古典欧式室内装饰风格

1. 古典欧式风格的概念

古典欧式风格最大的特点是造型极其讲究，给人的感觉是端庄典雅、高贵华丽，具有浓厚的文化气息。家具选配一般采用宽大精美的家具，配以精致的雕刻，整体营造出一种华丽、高贵、温馨的感觉。壁炉作为居室中心是这种风格最明显的特征，因此被广泛应用。在色彩上，经常以白色系或黄色系为基础，搭配墨绿色、深棕色、金色等，表现出古典欧式风格的华贵气质；在材质上，一般采用樱桃木、胡桃木等高档实木，表现出高贵典雅的贵族气质。根据不同的时期，古典欧式风格常分为文艺复兴装饰风格、巴洛克装饰风格、洛可可装饰风格等。

2. 古典欧式风格的室内设计元素

（1）家具　家具常用中高档桦木、桃木、紫檀、红木制作，或采用高档红胡桃饰面板。产品线条流畅、高雅尊贵，在细节处雕花刻金。在配饰上，金黄色和棕色的配饰衬托出古典家具的高贵与优雅，常用古典弯腿式，描有花草等图案装饰。如果在客厅布置一套贵妃椅，造型优雅精致，金黄的椅面与客厅的主色调相得益彰，加之古典美感的窗帘和地毯、造型古朴的吊灯使整个空间显得大方典雅，柔和的浅色花艺为整个空间带来了柔美的气质，给人以开放、宽容的气度。

（2）墙面　墙面镶以仿古砖、木板或皮革，再在上面涂上金漆或绘制优美图案或悬挂风景油画或装饰画，也可以选择一些比较有特色的欧式风格墙纸装饰房间，如绘有圣经故事或各种巴洛克式曲线条的墙纸就是很典型的古典欧式风格。

（3）地板　大厅的地板可以采用石材铺设，这样会显得大气。如果是普通居室，客厅与餐厅最好还是铺设木质地板。部分用地板、部分用地砖，房间反而显得狭小。卧室地面可铺地毯，地毯的舒适脚感和典雅的独特质地与西式家具的搭配相得益彰。

（4）顶面　顶面配以装饰性石膏工艺装饰，常用装饰线和大型吊灯。

（5）柱子　柱子主要采用古希腊柱式（多立克柱式、爱奥尼柱式和科林斯柱式）

（6）门窗　门窗通常采用拱和柱相结合的造型，常与华丽的窗帘挂画、绣布相搭配。

（7）色彩　一般的古典欧式风格常用金、银、铜、紫红、宝蓝色呈现居室的气派与复古韵味。

（8）壁炉　壁炉已经成为古典欧式风格的一个标志。壁炉的原有作用是取暖，但在中国现代家居设计中，壁炉更多的作用是装饰。现在流行的新式壁炉构思巧妙、造型时尚、创意丰富、工艺简约，与现代装饰设计风格非常统一。壁炉的装饰元素主要有：

1）玻璃。白色的壁柱嵌以黑色玻璃壁龛，壁柱上精致的雕花和复杂的曲线造就了雍容华贵的气质。

2）红砖。壁炉前是沙发区，花形的吊灯、朴实的红砖壁炉将人和环境有机地结合在一起。

3）毛石。在壁炉的营造中采用毛石铺面，显得古朴、自然。

4）动态电子火焰。壁炉的采暖方式可改为用电热燃起的"火焰"进行取暖，伴随着音响里播放的柴火燃烧的"噼啪"声，古典欧式的情调随暖意缓缓升起。

（9）灯具　灯具采用传统纹样和现代几何形体相结合，水晶灯饰是古典欧式风格很好的表现方式，显出高贵典雅，流光溢彩，很能衬托辉煌的氛围。

（10）饰品　多采用金属质感的饰品，以古董、挂钟、艺术品和油画居多。

（11）布艺　以传统的巴洛克式、洛可可式纹样居多，色彩华贵。另外，靠垫的面料应是丝质面料，更显高贵。

（12）绿化　使用少量植物进行室内绿化。

（五）地中海室内装饰风格

1. 地中海风格的概念

地中海风格具有四大特点：自由精神、自然气质、浪漫情怀、休闲感受，这是地中海风格所蕴含的灵魂。地中海风格的家具以其极具亲和力的田园风情及柔和的色调组合，很快被地中海以外的广大区域人群所接受。

2. 地中海风格的室内设计元素

（1）纯美的色彩方案

1）蓝与白。蓝与白是比较典型的地中海颜色搭配。在地中海的东岸——希腊，其白色的村庄、沙滩与碧海、蓝天连成一片，甚至门框、窗户、椅面都是蓝与白的配色，加上混着贝壳和细砂的墙面、小鹅卵石铺地、拼贴马赛克、金银铁的金属器皿，将蓝与白不同程度的对比与组合发挥到极致（图5-10）。

图5-10　地中海风格

2）黄、蓝紫和绿。意大利南部的向日葵、法国南部的熏衣草花田，金黄与蓝紫的花卉与绿叶相映，形成一种别有情调的色彩组合，十分具有自然的美感。

3）土黄及红褐。土黄及红褐是北非特有的沙漠、岩石、泥、砂等天然景观颜色，再辅以北非本土植物的深红、靛蓝，加上黄铜色，带来一种大地般的浩瀚感觉。

（2）回廊、穿堂、过道　众多的回廊、穿堂、过道，一方面增加海景欣赏点的长度，另一方面利用风道的原理增加对流，形成穿堂风这样被动式的降温效果。拱门与半拱门窗、白色毛墙面，常采用半穿凿或全穿凿来塑造室内的景中窗，增强实用性和美观性（图5-11）。

（3）不修边幅的线条　无论是家具，还是建筑，地中海风格都采用一种独特的非直线的浑圆造型，显得比较自然。白墙的不经意涂抹、修整，也形成一种特殊的不规

图 5-11 拱门与白色毛墙面

则表面。

（4）独特的装饰方式　地中海风格的家具尽量采用低彩度、线条简单且修边浑圆的木质家具。地面则多铺赤陶或石板。马赛克镶嵌、拼贴在地中海风格中算是较为华丽的装饰，主要利用小石子、瓷砖、贝类、玻璃珠等素材，切割后再进行创意组合。在室内，窗帘、桌巾、沙发套、灯罩等均以低彩度色调和棉织品为主，素雅的小细花条纹格子图案是主要风格。室内装饰以棉制品及贝壳为主，饰以编织、铁艺等装饰艺术。

（5）居家植物　藤类植物是常见的居家植物，同时配以小巧的盆栽，如粉红色九重葛、深红色天竺葵等。

（六）北欧室内装饰风格

1. 北欧风格概念之一——概述

北欧风格以简洁著称于世，并影响到后来的"极简主义"、"简约主义"、"后现代"等风格。现在常说的北欧风格更接近于现代风格，原因就在于它的简练。

2. 北欧风格概念之二——设计理念

北欧风格是注重人与自然、社会、环境有机的、科学的结合，它的身上集中体现了绿色设计、环保设计、可持续发展设计的理念；显示了对手工艺传统和天然材料的尊重与偏爱；在形式上更为柔和与有机，因而富有浓厚的人情味，其家居风格很大程度体现在家具的设计上，注重功能，简化设计，线条简练，多用明快的中性色。

1）黑白色的使用。黑白色在室内设计中属于万能色，可以在任何场合同任何色彩相搭配。但在北欧风格的家庭居室中，黑白色常常作为主色调或重要的点缀色使用。材质上的精挑细选，工艺上的尽善尽美，回归自然，崇尚原木韵味，外加现代、实用、精美的设计风格，反映出现代都市人进入后现代社会的另一种思考方向。

2）强调简单结构与舒适功能的完美结合。即便是设计一把椅子，不仅要追求它的造型美，更要注重人体工程学，使家具与人体协调，还要满足亲近自然，注重环保的需要。

3）富有大众化的民主传统，强调产品的经济法则，致力于发展大众化的产品，考虑综合批量生产、经济法则、人性因素、形式美等各种条件，推进合理设计。

4）强调有机的设计思想和产品的人格化、情感化。

3. 北欧风格的室内设计元素

（1）空间　北欧风格在空间方面一般强调室内空间宽敞、内外通透，最大限度地引入自然光。在空间平面设计中追求流畅感，常用原木、假梁来构造空间。

（2）界面　在室内界面设计方面，墙面、地面、顶棚及家具陈设乃至灯具器皿等，均以简洁的造型、纯洁的质地、精细的工艺为特征。室内的顶、墙、地三面完全不用纹样和图案装饰，只用线条、色块来区分点缀。

（3）家具　在家具设计方面，产生了各类完全不使用雕花、纹饰的北欧家具，其共同点是简洁、直接、功能化且贴近自然，显现一份宁静的北欧风情。常用枫木、橡木、云杉、松木和白桦等原木制作家具。

（4）色彩　色彩以自然简洁为原则，整体采用浅色基调，运用朴素的颜色，如白、黑、米色、浅木色、棕、灰和淡蓝等，常用黑白两色布置空间。

（5）饰材　北欧人在进行室内装修时大量使用隔热性能好的木材。饰材选用少量的金属（如铁艺等）及玻璃点缀，以及多彩的棉麻地毯和窗帘、靠背和抱枕等。

4. 北欧风格的种类

（1）欧式田园风格　欧式田园风格重在对自然的表现，主要分为英式和法式两种田园风格。前者的特色在于华美的布艺及纯手工的制作，如碎花、条纹、苏格兰风格，每一种布艺都乡土味道十足；家具材质多使用松木、椿木，制作及雕刻是纯手工的，十分讲究。后者的特色是家具的洗白处理及大胆的配色（图5-12）。

（2）欧式古典风格　欧式古典风格主要是指西洋古典风格。这种风格强调以华丽的装饰、浓烈的色彩、精美的造型达到雍容华贵的装饰效果。斯堪的纳维亚各国在不断的交流、融合中形成了风格相近的美学标准，其简单实用的传统设计的观念，以功能主义为第一要素，在功能与形式之间找到新的平衡，设计简单、大方、实用，针对普通大众。它代表了一种回归自然的时尚，也反映出现代都市人进入后消费时代的一种理性取向。

图 5-12 欧式田园风格

（3）北欧现代风格 总地来说，北欧现代风格可以分为三个流派，因地域而区分为瑞典设计、丹麦设计和芬兰现代设计，三个流派统称为北欧风格设计。现代北欧风格的类型主要有两种，一种是充满现代造型线条的现代风格，另一种则是崇尚自然、乡间质朴的自然风格。

北欧现代风格是指在继承了原有的尖屋顶、斜屋面、石木结构的基础上，增加了大面积的采光玻璃及现代钢结构。其结构简单实用，建筑结构之间体现室内装修风格，没有过多的造型装饰。原始石材面及木纹暴露于室内，但其主题又偏向于现代钢木结构，使室内设计形成了现代与古典相结合的效果。

北欧自然风格是指一种非常接近自然的原生态的设计，没有一点多余的装饰，一切材质都袒露出原有的肌理和色泽。它改变了纯北欧风格过于理性和刻板的形象，融入了现代文化理念，加入了新材质的运用，更加符合国际化社会的需求。

（七）美式室内装饰风格

1. 美式风格的概念

美国是一个崇尚自由的国家，这也造就了其自在、随意的生活方式，没有太多造作的修饰与约束，不经意中也成就了另外一种休闲式的浪漫。而美国的文化脉络又是以移植文化为主导，它有着欧洲的奢侈与贵气，又结合了美洲这块水土的不羁。美式风格和欧洲的传统的贵族风格比起来更随意、更舒适、更大方，更贴切于实用，强调简洁、明晰的线条和优雅、得体有度的装饰，注重实用性、品质感和细节（图5-13）。

图5-13　美式风格

2. 美式风格的室内设计元素

（1）客厅　客厅整体风格简洁明快，比居室内的其他空间的布置显得更明快光鲜，通常使用大量的石材、仿古墙地砖和木饰面装饰。在家居装饰品上则突显出一种悠远的历史感，仿古处理的饰品能让空间充满浓浓的历史气息。总体而言，美式田园风格的客厅是宽敞而富有历史气息的。

（2）卧室　美式家居的卧室布置较为温馨。作为整个家居的私密空间，卧室的布置主要以功能性和实用舒适度为打造重点。在软装饰和用色上也是相当统一，多以温馨柔软的成套布艺进行装点。一般的卧室不设顶灯。

（3）书房　美式家居的书房简单实用，但软装饰颇为丰富，各种象征主人过去生活经历的陈设一应俱全，如翻卷边的古旧书籍、颜色泛黄的航海地图、乡村风景的油画、一支鹅毛笔等。

（4）厨房　厨房多为开放型设计，同时会在厨房的一隅设置便餐台。整体橱柜简单耐用且功能强大，并与烤箱、微波炉等家用电器组合成嵌套式设计，在水槽下装有残渣粉碎机，并有容纳双开门冰箱的宽敞位置和足够大的操作台面。厨房里的软装饰可选择一组色彩和图案相配套的块毯和罗马帘为点缀。在装饰上也有很多讲究，如喜好仿古的墙砖，橱柜门板喜好用实木门扇或是白色模压门扇仿木纹色。另外，厨房的窗也选择配置窗帘等。

（5）餐厅　餐厅一般选用长方形的餐桌作为整个空间里的重要家具，而这些实木家具都通过精美的纹理和雕刻工艺来突显出美式风格的特点。另外，也可以再搭配几只单人的休闲沙发，营造整洁而美观的就餐空间。

（6）卫浴间　自然休闲的卫浴间通过天然材料，如原木、藤质和陶砖等来呈现一种自然而不简陋的气质。卫浴间里木材的色调搭配绿色植物加以点缀。

（7）休闲区（或家庭室）　休闲区（或家庭室）一般设置在客厅或是餐厅旁边，该空间里的休闲座椅或长条座凳多选择轻松明快的式样，而功能区里的装饰品、绿植也非常丰富。家庭室作为家庭成员休息、交流的中心，属于私密性很强的空间，一般设于餐厅旁，并设有电视机，室内装饰画和家庭生活照较多。

（8）工作室　美式风格中的家庭工作室布置相对比较简单实用，但整个房间里的软装饰布置却非常丰富，常利用一些古旧的陈设，如泛黄的仿古装饰品足以为美式风格的家庭工作室加分。

（9）家具　家具用材多为实木，表面会精心涂饰并雕刻，展现其独有的风格特色。美式家具的风格粗犷大气，不但表现在用料上，更是表现在整体感觉上。美式风格的家具也常常进行做旧处理，以体现质朴自然的原生态。

（10）色彩　不同于欧式风格中的金色运用，美式风格更倾向于使用木质本身的单色调。大量的木质元素使美式风格的家居带给人们一种自由闲适的感觉。当然也有色彩丰富、包容性强、融合多种风情于一体的设计。

（八）美式乡村室内装饰风格

1. 美式乡村风格的概念

美式乡村风格摒弃了烦琐和奢华，并将不同风格中的优秀元素汇集融合，不论是感觉笨重的家具，还是带有岁月沧桑的配饰，均以强调回归自然，突出生活的舒适和自由。特别是在墙面色彩的选择上，以自然色调为主，绿色、土褐色最为常见；壁纸多为纯纸浆质地；家具颜色多仿旧处理，式样厚重。总体而言，整个宽大的房子中一般没有直线出现，拱形的垭口、窗及门，可以营造出田园的舒适和宁静。

2. 美式乡村风格的室内设计元素

1）美式家具虽有不少的流派，但一般给人的印象是体积巨大厚重，非常的自然舒适，充分显现乡村的朴实风味（图5-14）。

2）布艺是美式乡村风格中非常重要的运用元素，本色的棉麻是主流，布艺的天然感与乡村风格能很好地协调；各种繁复的花卉植物、靓丽的异域风情和鲜活的鸟虫鱼图案很受欢迎，舒适且随意。

3）摇椅、野花盆栽、小麦草、水果、瓷盘、铁艺制品等，都是美式乡村风格空间中常用的。

图 5-14　美式乡村风格

4）美式家具将许多欧洲贵族的家具平民化，有着简化的线条、粗犷的体积、自然的材质，较为含蓄保守的色彩及造型，但它以舒适为设计准则。有着抽象植物图案的清淡优雅的布艺点缀在美式风格的家具当中，营造出闲散与自在的氛围。另外，美式乡村风格的家具通常都带有浓烈的大自然韵味，且在雕琢上独具匠心，如优美的床头曲线、床头床尾的柱头及床头柜的弯腿等。

在布料、沙发的皮质上，强调其舒适度，感觉宽松柔软。家具以殖民时期的为代表，体积庞大，质地厚重，坐垫也相应加大，气派而且实用。美式家具的材质以白橡木、桃花心木或樱桃木为主。西部风情运用有节疤的木头以及拼布，主要使用松木、枫木，不做雕饰，仍保留木材原始的纹理和质感，还刻意添上仿古的瘢痕和虫蛀的痕迹，创造一种古朴的质感，展现原始粗犷的美式风格。

（九）东南亚室内装饰风格

1. 东南亚风格的概念

（1）地域多元文化　东南亚风格融合了多民族文化特色，通过不同的材料和色调搭配，使其细节的设计十分精致，图案的勾勒体现了当地的民俗。东南亚有许多有创意的民族及其独特的宗教和信仰，带有浓郁宗教情结的家饰也相当风靡（图5-15）。

（2）材质自然朴素　东南亚的家居风格非常崇尚自然。在材质方面，大量运用麻、

图 5-15　东南亚风格

藤、竹、草、原木等天然材料，从而营造一种充满乡土气息的生活空间。除了柚木外，藤、海草、椰子壳、贝壳、树皮、砂岩等也都可制作成家具、灯具和饰品，散发着浓烈的自然气息。石材的大面积选用，搭配富有东南亚风情图案的壁画，内嵌灯散发着幽幽的光。

　　东南亚风格主要靠绚烂和华丽的软装饰来体现，家具反而选用最朴素的样式、最沉实的材质，两种完全不同的性格互相映照，方才构成最为饱满的东南亚风情。此外，东南亚传统的家具样式受到欧式家具的影响，造型上喜欢用曲线，或饰以包铜和错铜，或描以丰富彩绘，或精雕细刻，非常适合现在流行的混搭风。

　　（3）色彩以深色为主　东南亚风格家居多以深色或对比色相搭配，局部点缀鲜艳浓丽的色调，如温暖的深棕色、耀眼的金色、妩媚的暗红色、神秘的藕紫色、沉着的墨绿色等色调，常常被大规模地运用，营造出一种沉稳大气、富丽堂皇的异国情调。

　　香艳的紫色是营造东南亚风格的必备，它的妩媚与妖冶让人沉溺，但用得过多会显得俗气，适合局部点缀，如纱幔、手工刺绣的抱枕或桌旗；清新可人的蓝绿色是近年来的流行，使用时可比紫色多一些，如窗帘、桌布、挂毯等；精致的白色沙发，简约时尚；金色、红色等靠枕的搭配，尽显主人的高贵品味。注意，可大面积使用协调色，小范围使用对比色。

东南亚家居色彩以宗教色彩中浓郁的深色系为主，如深棕色、黑色、金色等，令人感觉沉稳大气。受到西式设计风格影响的则以浅色比较常见，如珍珠色、奶白色，给人轻柔的感觉。

（4）布艺艳丽柔美　一条艳丽轻柔的纱幔、几个色彩妩媚的泰丝靠垫，流光溢彩的东南亚布艺是成就东南亚风情最不可缺少的道具。细致柔滑的泰国丝、白色略带光感的越南麻、色彩绚丽的印尼绸缎、线条繁复的印度刺绣等，这些充满异国风情的软装饰布艺材料，在居室随意放置，总能起到看似漫不经心的点缀作用。

搭配的原则很简单，深色的家具适宜搭配色彩鲜艳的装饰，如大红、嫩黄、彩蓝；而浅色的家具则应该选择浅色或对比色，如米色可以搭配白色或黑色。

（5）饰品有异国风情　东南亚家居饰品以浓郁鲜艳的色彩和异国风情而闻名，性格强烈，往往一件饰品就能为空间定性。石雕人像、陶瓷饰品、木质器皿这些带有民族特色的工艺品，可以很好地渲染气氛；印尼的木雕、泰国的锡器可以拿来作为重点装饰，即使随意摆设，也能平添几分神秘气质。

精致的东南亚风格陶瓷餐具由浅褐色、翡翠绿自由搭配，瓷面略带冰裂纹的晶莹光泽，可为厨房增添东南亚热带风情。

2. 东南亚风格的室内设计元素

（1）取材纯自然　取材自然是东南亚家居最大的特点，如印度尼西亚的藤，马来西亚河道里的风信子、海藻等水草，以及泰国的木皮等纯天然的材质。以椰子壳、果核、香蕉皮等为材质的小饰品，其色泽纹理有着人工无法达到的自然美感；而更多的草编、麻绳编结成的花篮，由豆子竹节穿起来的抱枕，或者由粒粒咖啡豆串起来的小饰品都有异曲同工之妙。在色泽上，也表现为以原藤、原木的原色调为主，或多为褐色等深色系。在视觉感受上，有泥土的质朴，原木的天然，再搭配布艺的适当点缀，非但不会显得单调，反而会使气氛相当活跃。

（2）色彩巧搭配　在东南亚家居中最抢眼的装饰要属绚丽的泰丝，为了避免空间的沉闷压抑，因此用夸张艳丽的色彩冲破视觉的沉闷；明黄、果绿、粉红、粉紫等斑斓的色彩其实就是大自然的色彩。艳丽的泰式抱枕是沙发或床最好的装饰；绚丽的泰丝如果悬挂于床头屏风或架子，泰丝有了被风吹就随之飘舞的姿态，整个家中便飘逸着轻盈慵懒的华丽。

（3）布艺色点缀　各种各样色彩艳丽的布艺装饰是东南亚家具的最佳搭档。用布艺装饰、适当点缀，能避免家具的单调气息，令气氛活跃。在布艺色调的选用上，东南亚风情标志性的炫色系列多为深色系，在光线下会变色，沉稳中透着贵气。

（4）搭配东南亚风格的重点元素

1）统一中性色系。东南亚风格家具最常使用的实木、棉麻及藤条等材质，将各种家具，包括饰品的颜色控制在棕色系或咖啡色系的范围内，再用白色全面调和，是最安全又省心的做法。

2）轻型天然材质。近几年，东南亚风情家具成为中国家具市场上的一股时尚飓风，彰显贵族气息的芭堤雅风格家具，让人叹为观止的果皮家具，造型粗犷的木皮家具，清新质朴的水草家具，形态各异的藤艺家具，惟妙惟肖的红木家具，妩媚的纱幔，树根、竹帘、棕榈叶、木皮、麻绳、椰子壳、芭蕉叶等，都让人感受到其取材天然，设计人性化。讲求绿色环保的东南亚风情家具多数只是涂一层清漆作为保护，因此保留原始本色的家具难免颜色较深。

3）精美品质饰品。在饰品搭配上，经常可以看到醒目的大红色的东南亚经典漆器，金色、红色的脸谱，金属材质的灯饰，如铜制的莲蓬灯，手工敲制的具有粗糙肌理的铜片吊灯，这些都是最具民族特色的点缀，能让空间散发出浓浓的异域气息，同时也可以让空间禅味十足。

（十）日本和室室内装饰风格

1. 日本和室风格的概念

日本和室风格装修典雅而又富有禅意，其散发着稻草香味的榻榻米，营造出朦胧氛围的半透明障子纸，贯穿在日式房间的设计布局中，而天然质材是日式装修中最具特点的部分，不推崇豪华奢侈，以淡雅节制、深邃禅意为境界，重视实际功能。日本和室风格特别能与大自然融为一体，选用材料上也特别注重自然质感，以便与大自然亲切交流，其乐融融（图5-16）。

图5-16 日本和室风格

2. 日本和室风格的主要室内设计元素

（1）榻榻米

1）榻榻米在公共场所多用蓝色饰边，在家装中采用紫红色或碧绿色饰边，是由纯天然植物稻草和蔺草加工而成，以席为面，方法是铺成田字形、井字形和对称型。

2）榻榻米有标准正规矩形和非标准矩形，正规矩形的长宽比为2:1，尺寸规格为1800mm×900mm，标准厚度为35mm、45mm、55mm，但一般均采用55mm厚度规格，其他尺寸很少用。

3）榻榻米不能直接敷设在水泥地面上，应镶嵌敷设在设计好的木地台上。

（2）地台

1）地台的设计高度。不设计升降桌时，地台高度一般设计在150～200mm之间；需要设计升降桌时，地台高度为客户订购的升降桌完全叠和后的高度与升降桌桌面厚度之和。

2）地台是在地面上先架起龙骨，再铺细杠板或夹板，以保证地台面的平整。设计有升降桌的地台，在地台的中间必须预留升降桌升降孔。

（3）彩绘门、天袋、地袋

1）彩绘门。彩绘门多用于衣柜门或房门。彩绘门的标准尺寸：高度为1900mm，宽度为800mm。定制的彩绘门不能超过2100mm，宽度不能超过930mm。如果需要做得更高，可以在上面做天袋或在下面做地袋。

2）天袋、地袋。天袋、地袋是指在衣柜上（天袋）或下（地袋）留有小柜储物，也有做出一块空位，凹进去一块，上设挡板，专门挂字画或放大型饰品，这块空间称为床间。天袋、地袋的标准尺寸：高度为400mm，宽度为800mm。定制的天袋、地袋高度不能超过600mm，宽度不能超过930mm。天袋、地袋一般各设计于彩绘门的上、下方，地袋也可设计在窗台下或其他空间。

3）彩绘门、天袋、地袋应使用专用滑槽，该滑槽经过特殊干燥处理，能长期使用不变形，木槽内用滑条，无需设计滑轮。

（4）障子门、窗

1）障子门多用于房间隔断门。障子门的标准尺寸：高度为2000mm，宽度为750mm。定制的障子门高度不能超过2200mm，宽度不能超过920mm，如果需要做更高，可以在上面做天窗。

2）障子门、窗的基准色调为本色，也可考虑与室内设计的其他装饰风格的色调融合。

3）障子门、窗的外延边框必须包门、窗套，包门窗套的木线条必须垂直落地，横向生根、碰角。如果客户的窗户上已有其他窗体，或房间的窗户很小，可在里面做一扇装饰性的障子窗配套。

4）障子纸是日本传统工艺制作的专用纸，一般用于障子门、窗及日式纸灯，两面采用木纤维制成。

（5）壁龛、顶天立地柱

1）壁龛。壁龛在设计时，一般贴近衣柜彩绘门和壁龛的位置，宽度一般在900mm左右，高度按房间具体高度权衡，上延应设置挡板。壁龛搁台的台面高度一般在榻榻米的上层面高出200～300mm。壁龛的顶部应设计射灯。

2）顶天立地柱。顶天立地柱在设计时，应首先考虑在靠壁龛或彩绘门的位置，如果该位置有局限，再考虑以装饰美观为主，不刻意局限方位。顶天立地柱一般为圆柱形，也可设计为方柱形。顶天立地柱一般很少修饰，并特意保留疤、节。顶天立地柱的高度为300mm，可按室内高度进行剪裁，如超高可定制。

（6）墙面、吊顶、灯饰

1）墙面。墙面不要设计踢脚板。墙面材料一般采用浅色素面暗纹壁纸饰面，顶面饰面材料一般采用深色的木纹顶纸饰面。墙面设计时，应采用木装饰线条做成象征性的房屋横梁与立柱（也可以用实木制作），且为光滑平面的饰条，所有的装饰条都为直角边，不得带装饰花边。横梁与立柱的间距按壁纸的最大接缝宽度设计，以便压缝。横梁与立柱在设计时要横对接，竖到地，一定要延伸到墙顶角。

2）吊顶。条件允许的话，也可采用实木装饰吊顶；也有在屋顶与顶面衔接的地方设细格挡板，体现出典雅、华贵的特色；还可以采用一种颇有新意的竹席进行吊顶，营造出自然、朴实的风格。

3）灯饰。和室灯有顶灯、壁灯、落地灯等类别，且多为木制产品。

（7）推拉门　推拉门多用桧木制作，可用手绘的福司玛，也可用木格绷障子纸，推拉门需在上下的滑槽中安装专门的滑带，除作房间门外，也用于衣柜门，此外，还有折叠门、卷帘。

（8）福司玛　福司玛也称为浮世绘，一面是纸，一面是棉布，布面有手工绘制的图案，用来制作推拉门。

（9）家具　家具有矮几或矮桌、床榻、矮柜、书柜、无腿椅，常用山毛榉、桦木、柏木、杉木、松木、胡桃木、紫檀、桃花芯木、香枝木等。灵活的移动屏风可变化室内空间，这在日本室内装饰中是一个非常重要的概念。

（10）饰物　饰物包括垫子或日式人偶、持刀武士、一幅传统仕女画、扇形画、一枝花、一柱香、壁龛（用于放轴画或饰品，或供佛像）、暖炉台、日式纸灯（球形或柱形灯罩）等；另外，包括一些美丽的古董、和服和其他精细的刺绣等，以及日本茶道用具或阳伞；还有日本的植物，如盆景、竹子和兰花等。

3. 日本和室风格的室内空间界面设计元素

（1）墙壁和色彩　选择色调柔和的中性色调和自然的色彩，不要选择明亮的白色作为中性色，而应选择温暖柔和的米色、棕色和灰色调。镶嵌着稍透亮的白纸皮的深色木方格墙体，是一种用来作为四周墙壁或用于将室内划分成更小空间的非常典型的日本风格。

（2）玻璃窗户　条件许可的话，选择圆形窗口。这是一种非常正宗的日本风格——月亮窗。或尝试简单的圆镜子，会有一种令人轻松的感觉。一般说来，窗帘应该较小。而百叶窗是最适合这种风格的。如果你选择了窗帘，应用朴素和中性的材料和色彩。白色薄纱总是会很好看，给你的房间柔和、宽松和清洁的感觉。

（3）照明　选择实用、简约的照明，如竹灯罩、现代风格的简单射灯或纸灯笼，既朴素又有装饰性。

（4）地板　硬地板是必不可少的，无论是硬木地板（常用金檀木铺设），还是竹地板、剑麻等天然材料地板。另外，特殊脚垫或地垫是很典型的日本风格。

（5）寝殿造元素　寝殿造元素包括板户、障子（推拉门或隔扇）、幔、帘、屏风、软帐、冲立、软障、榻榻米、炭火盆等。

（6）书院造元素　主室选用榻榻米、木地板的装饰台、书柜书架、坐垫、绘画、雕刻。通常在室内的床（装饰台）、柜架、书院（客厅）内绘画。摆件的装饰有定式：装饰台壁面上悬挂绘画，以二～四幅为一组，前置香炉，左右放花瓶或烛台。

（7）数寄屋元素　面皮柱、花头窗和窗上部的障子构成，栏间花格、木本色为主的雅致装修，其空间还包含茶室：多用实木地板，配以原木的矮桌和坐垫直铺地面，桌上的红木托盘放全套茶具，常用格子的图案作装饰，如桌上格子布的桌布、罩子为格子的白色纸灯等（注：寝殿造、书院造、茶室和数寄屋是日本和式建筑的主要几种形式）。

（十一）伊斯兰的室内装饰风格

1. 伊斯兰风格的概念

伊斯兰风格在继承古波斯的传统上，吸取了西方的古希腊、古罗马、拜占庭以及东方的中国与印度的文化艺术，创立了自己独一无二的光辉灿烂的建筑风格。其建筑风格一是在立方体房屋上覆盖穹窿，有形式多样的叠涩拱券、彩色琉璃砖的镶嵌与高耸的宣礼塔等；二是建筑以拱门、尖塔、拱形圆顶为特点，且以花草、书法和抽象的几何图案装饰室内外。由于伊斯兰教不崇拜偶像，因而其室内设计不用人物与动物图案装饰。

2. 伊斯兰风格的主要室内设计元素

（1）室内整体装饰效果　室内整体装饰效果主要表现为两大类：一类是多种花式的拱券和与之相适应的各式穹顶。拱券的形式有双圆心的尖券、马蹄形券、海扇形券、复叶形券、盖层复叶形券等。它们具有强烈的装饰效果，如复叶形券和海扇形券在叠层时具有蓬勃升腾的热烈气势；另一类是内墙装饰，往往采用大面积表面装饰，采用种种不同的手法，如在墙面上作粉画，在厚灰浆层上趁湿模印图案，或用砖直接砌出图案花纹，具有很强的立体感和肌理效果（图5-17）。

（2）装饰的图案　装饰的图案是伊斯兰建筑室内大量使用的装饰语言。装饰图案一般可分为三种：第一种是以曲线为基础的图案，源于藤蔓的曲线，以波浪或涡卷形为主要特征；第二种是以直线为基础的几何形图案，装饰中的几何形图案反复连续排列，千变万化，并富有视觉美感；第三种是花体书法，它是以阿拉伯字母为基础进行

图 5-17　伊斯兰建筑风格

变化，用字母的笔画组成富有节奏和韵律的图案，如阿尔汗布拉宫正殿的室内装饰色彩绚丽，以蓝色为主色调，辅以金黄和红色，墙面图案精巧细腻，并模仿伊朗的玻璃贴面效果。

（3）穹顶　穹顶包括双圆心尖券、尖拱、尖穹顶、四圆心券拱、穹顶、马蹄形券、扇贝形券、火焰式券及花瓣形券等。

（4）墙面　室内常砌成各式纹样或贴石膏浮雕、大理石的雕花和透雕。室外常用平浮雕式彩绘和琉璃砖，涂绘以深蓝、浅蓝。在清真寺的经坛、隔板和围栏中饰以精美的木雕（图 5-18），有时壁龛也用木雕；住宅中的门窗往往也是木雕的。室内喜欢用蓝、绿、红、紫等色彩。

（5）门窗、券面　门窗、券面常用雕花木板和大理石板。

（6）壁毯和地毯　墙面挂毯，地面铺地毯。

（7）纹样

1）几何形花纹。几何形花纹包括圆形、多角形、锯齿形、格子形、波浪形、万字形。

图 5-18　伊斯兰木雕

2）植物花纹。植物花纹以蔓草花纹为主体，以葡萄藤般的曲线为中心而展开，在曲线方向转折的反曲点上伸出与曲线方向相反的分枝，在分枝尖端加花卉、叶子或葡萄类的装饰。

3）文字图案。文字以纳斯希体为最优秀；图案以花卉为主（蔷薇、风信子、郁金香、菖蒲等为题材）或缀以《古兰经》经文。

（十二）俄罗斯的室内装饰风格

1. 俄罗斯风格的概念

此处主要讲俄罗斯宫廷室内装饰风格。俄罗斯宫廷室内装饰的主要特征是俄罗斯传统艺术形式与西欧华丽的巴洛克风格并存。皇帝彼得一世的行宫——彼得宫，是最具规模和豪华的宫殿，在室内装饰设计上体现得也最为充分。在整个建筑内部空间中，正厅的楼梯最富丽，洁白的墙面饰以镀金镂花雕刻，壁龛、雕塑、柱式比比皆是，尤其是雕花楼梯栏杆更是极尽豪华高雅。切斯梅厅的内部装饰也是场面恢弘，四周墙壁饰有俄军大败土耳其舰队的海战场面。但最具匠心的还要数橡木厅，因墙面全部采用橡木板装饰而得名，橡木板上雕饰着代表俄国各方面成就的画面。整个厅内装饰严谨简约、风格庄重而不奢华。

2. 俄罗斯风格的主要室内设计元素

1）俄罗斯传统建筑的特色，包括木结构的层次叠砌架构与大斜面帐幕式尖顶，外墙民俗浮雕；另外，还有独立的塔形结构与堆砌成团的战盔形剖面装饰。

2）俄罗斯风格最有代表性的当属华丽雍容的图案设计，频繁地使用形态方向多变的 C 形、S 形或涡卷形曲线、弧线，大量运用花环、花束、弓箭及贝壳图案纹样。室内装修造型优雅，线条具有婉转、柔和等特点（图5-19）。

3）室内设计色彩多以简练、冷静的基调为主，如以浅米黄色系作为基调，地面与大块量体分割采用深胡桃色与深色对比强烈的视觉效果。或者，选用深色麂皮沙发与胡桃木系家具突显质感。善用金色和象牙白，色彩明快、柔和、清淡却豪华富丽。

4）俄罗斯风格的装饰常有华贵的皮草，充满异国情调的带有滚边和浓郁色彩的刺绣、华美的彩色宝石、闪耀的项链、腰链、别针、手镯等，室内装饰造型高耸纤细，不对称，并常用大镜面作为装饰，再现了凝重的帝俄风格。

5）桦木的地板，实木的餐厅桌椅，给人的感觉是亲近温和。

（十三）印度的室内装饰风格

1. 印度风格的概念

印度的室内设计风格较明快，其家具、装修材料、纺织品及辅料有一种迷人的颓废感。室内设计时，可以在一个角落里用印度风格装饰一个货架或窗口，如组成一个家庭照片装帧或有着华丽雕刻的艺术收藏品的框架。更具戏剧性的是印度装饰件中的一些建筑元素。一个家庭内部可能采用大篷架床，在壁炉、窗户、古式木刻门或金属门上的石膏浮雕拱门。在其外部空间会有一个在木雕梁和瓦顶下的传统的印度式露台。由石柱和混凝土长梁构成的门廊或入口。如在壁灯、工艺品或塑像的基座加上小型雕

图 5-19 俄罗斯风格

塑，显示出一种庄严。

2. 印度室内装饰风格的主要设计元素

（1）色调和模式 印度风格的色调充满活力。明亮的橘黄色来映衬倒挂金钟，并通过各种小装饰品穿接起来，如金属的金丝线、小贝壳串珠、条纹和小镜片贴花。宝石色调，如翡翠色、蓝宝石色、祖母绿色、红宝石色和紫水晶色与花的图案一起显现。例如，一个奶黄色的房间可能用芒果色或橙色强调墙。地板可用简单的赤土砖或普通的木板，但通常是用有质感的地毯和竹席覆盖。

（2）家具及配件 印度家具通常是由实木和雕刻艺术组成的。因为采用了打磨过的五金和画成深红色的门，并再镶上钴蓝色的边条，一个简单的木制衣柜便成为一个艺术作品。与有些装饰风格不同，许多印度室内装饰都服从一个"More is more"的原则，因此，一个单件家具就是一个亮点，室内到处是色彩艳丽的纺织品、散放的枕头和各种华丽的陈设。室内设计时，可以在手绘墙上布置着印度式面具或一些提线木偶，或使用印度纱丽作为窗帘、覆盖物或床罩。

二、时尚性流行风格

（一）现代简约室内装饰风格

1. 现代简约风格的概念

现代简约风格提倡功能第一，提出适合流水线生产的家具造型，在建筑装饰上提倡简约。简约风格的特色是将设计的元素、色彩、照明、原材料简化到最少的程度，但对色彩、材料的质感要求很高。因此，简约的空间设计通常非常含蓄，往往能达到以少胜多、以简胜繁的效果（图5-20）。

图5-20　现代简约风格

简约风格不是"简单＋节约"，现代简约风格非常讲究材料的质地和室内空间的通透哲学。一般室内墙地面及顶棚和家具陈设，乃至灯具器皿等均以简洁的造型、纯洁的质地、精细的工艺为特征。尽可能不用装饰并取消多余的东西，认为任何复杂的设计、没有实用价值的特殊部件及任何装饰都会增加建筑造价，强调形式应更多地服务于功能。室内常选用简洁的工业产品，家具和日用品多采用直线，玻璃、金属也较多使用。

少即是多，多即是少，这就是简约主义。以宁缺毋滥为精髓，合理地简化居室，从简单舒适中体现生活的精致。

在家具配置上，独特的光泽使家具倍显时尚，具有舒适与美观并存的享受；在配饰上，延续了黑白灰的主色调，以简洁的造型、完美的细节，营造出时尚前卫的感觉。

2. 现代简约风格的主要室内设计元素

（1）金属灯　金属灯罩、玻璃灯＋高纯度色彩＋线条简洁的家具和软装饰。

各种不同造型的金属灯，都是现代简约派的代表产品。

（2）色彩　空间简约，色彩就要跳跃出来。苹果绿、深蓝、大红、纯黄等高纯度色彩的大量运用，大胆而灵活，不单是对简约风格的遵循，也是个性的展示。

（3）家具　家具强调功能性设计，线条简约流畅，色彩对比强烈，这是现代简约风格家具的特点。此外，用钢化玻璃、不锈钢等新型材料作为辅材，也是现代简约风格家具的常见装饰手法，能给人前卫的感觉。由于线条简单、装饰元素少，现代风格家具需要完美的软装饰配合，才能显示出美感，如沙发需要靠垫、餐桌需要餐桌布、床需要窗帘和床单陪衬，软装饰到位是现代风格家具装饰的关键。

（4）界面特点　室内墙面、地面、顶棚及家具陈设，乃至灯具器皿等，均以简洁的造型、纯洁的质地、精细的工艺为特征。

（二）欧式田园室内装饰风格

1. 欧式田园风格的概念

欧式田园风格，在设计上讲求心灵的自然回归感，给人一种扑面而来的浓郁田园气息。把一些精细的后期配饰融入设计风格之中，充分体现设计师和业主所追求的安逸、舒适的生活氛围。

欧式田园风格在前面已有阐述，此处不再赘叙。

2. 欧式田园风格的主要设计元素

1）重在对自然的表现是欧式田园风格的主要特点，欧式田园风格在对自然进行表现的同时，又强调浪漫与现代流行主义的特点。

2）欧式客厅非常需要用家具和软装饰来营造整体效果。宽大、厚重的家具，深色的橡木或枫木家具，色彩鲜艳的布艺沙发，都是欧式客厅里的主角。

3）欧式客厅顶部喜用大型灯池，并用华丽的枝形吊灯营造气氛。

4）门窗上半部多做成圆弧形，并用带有花纹的石膏线勾边。入厅口处多竖起两根豪华的罗马柱。

5）室内有真正的壁炉或假的壁炉造型。

6）墙面最好用壁纸，或选用优质乳胶漆，以烘托豪华效果。还有浪漫的罗马帘，精美的油画，制作精良的雕塑工艺品等，都是欧式风格不可或缺的元素。

7）地面材料以石材或地板为佳。

8）在材料选择上多倾向于硬质、光挺、华丽的材质。

3. 欧式田园风格家具的特点

（1）沙发、茶几　沙发、茶几多选择纯实木（常用白橡木）为骨架，外刷白漆，配以花草图案的软垫，坐起来舒适而不失美观；还有常见的全布艺沙发，图案多以花草为主，颜色较清雅，配以木制的浅纹路茶几；另外，如果屋内的装修比较花哨，可配以纯木制的条格椅，刷上白漆，更能体现出田园的自然、和谐。

（2）餐桌、椅　餐桌、椅多以白色为主，木制的较多，木制表面的涂装或体现木纹，或以纯白磁漆为主，但不会有复杂的图案在内；有的选择带坐垫的椅子，坐垫的布艺图案也是根据整体风格来定的，以花草为主，体现出乡村的自然感。

（3）床、床头柜　现在的床，能体现乡村风格的并不多，目前见到的多是以白色、粉色、绿色布艺为主，也有纯白色床头配以手绘图案的，但这不完全体现其风格特点。

（三）时尚混搭室内装饰风格

1. 混搭风格的概念

混搭并不是简单地把各种风格的元素放在一起做加法，而是把它们有主有次地组合在一起。混搭的关键是看是否和谐，最简单的方法是确定家具的主风格，用配饰、家纺等来搭配，并将所有的细节都要事先想好，包括日后的调整方案，如增添家具饰品、纺织品的更换等（图5-21）。

图5-21　混搭风格

2. 混搭规则

（1）混搭总规则　中西元素的混搭是主流，另外还有现代与传统的混搭。在同一个空间里，不管是传统与现代，还是中西合璧，都要以一种风格为主，靠局部的设计增添空间的层次。

（2）家具混搭规则 家具混搭主要有三类方式，即设计风格一致，但形态、色彩、质感各异。中式与西式、古董与现代家具的搭配黄金比例是3:7，因为中式和古董家具的造型和色泽十分抢眼，太多反而会杂乱无章。东南亚家具也适合用来混搭，原则是印尼家具适合与中式家具混搭，印度家具最适合欧式或者美式风格。

（3）材质混搭规则 在搭配的材质上，可采用的选择也十分多元，原则是金属、玻璃、瓷、毛皮等比较特殊的材质尽量作为点缀，木头、皮质、塑料等比较稳重的材质可以大面积使用。一般来说，木材是"万能"材质，任何色彩、任何材质都可与之搭配；浅色皮质不适合与玻璃、金属搭配；毛皮也不适合与玻璃等透明材质搭配。

（4）家纺混搭规则 除了黑白色，各类纺织品一定要慎用对比色。如果窗帘是红色的，则地毯或床品不能用绿色；如果家具和配饰都是古典风格（包括欧式古典和中式古典）的，那么各类纺织品一定不能选择对比色。在色调统一的前提下，图案的选择可以随心所欲，如果一定要使用对比色，建议使用素色的纺织品。

（5）装饰混搭规则 用装饰进行混搭是最简单、最出效果的。不过装饰品切忌多、杂、乱，一个空间内有三四件就够了，不然就必须用多宝格或收纳柜来收藏它们了。那种堆砌的陈列方式只适合大房子，否则一不留神，家里就会变成杂货铺，不美观也不方便使用。

（四）精致室内装饰风格

1. 精致室内风格的概念

随着国内居民生活水平的提高，人们在装修中开始追求精致的装饰效果，从使用精致的设计、装饰材料和家具，到精致的施工过程与标准，人们对各种装饰风格都提出了精致的要求。例如有精致的中式风格、精致的欧式风格、精致的东南亚风格，乃至精致的简约风格等。尤其是女性，主张的精致生活，更有女性细致、专一的特点（图5-22）。

2. 精致室内风格的主要装饰设计元素

以精致的设计与女性的审美取向为主导，弱化一般装饰，而强调少而精的原则，或以女性饰物为主，进行后期装饰为主导的个性

图5-22 精致风格

体现。例如，高规格的欧式风格织物类墙纸，高档的柚木、檀木、枫木、橡木、山毛榉、花梨木等实木地板，尤其是高档的厨卫家具等。如果从女性角度考虑，绚烂的布艺、饰物、玩偶，断断续续垂落的流苏灯饰，缀满亮片、珠子的靠垫，以及镂空的纱质窗帘等饰品，都是很好的装饰元素。

因此，精致风格的设计元素要根据风格特点来确定。

（五）自然室内装饰风格

1. 自然风格的概念

自然风格包括田园风格、草原风格、沙漠风格、地中海风格、冰雪极地风格、热带雨林风格、乡土风格等。自然风格倡导回归自然，在美学上推崇自然美，使人们取得生理和心理上的放松与自由。因此，室内常运用天然木、石、藤、竹等材质质朴的纹理，巧于设置室内的绿化，创造自然、简朴、高雅的氛围。这种对自然风格追求的内涵包含几个方面：首先是自然风格追求一种单纯和感悟；其次是自然风格追求一种人与自然和空间的和谐相处。自然风格的室内设计中，在材料上，木、石、藤等越自然越好，色彩上越接近原始色越好；在空间上，越透光越通透越好。

2. 各种自然风格的主要设计元素

（1）中式田园　中式田园风格采用丰收的金黄色色调，选用木、石、藤、竹、织物等天然材料及绿色盆栽、瓷器、陶器等摆设。

（2）英式田园　英式田园风格以白色色调为主，高档的桦木、楸木等作框架，拥有优雅的造型，细致的线条和高档涂装处理。

（3）美式乡村　美式乡村风格倡导回归自然，形成务实、规范、成熟的特点，材料选择上多用自然、朴实、厚重的材质。

（4）法式田园　法式田园风格包括家具的洗白处理及配色上的大胆鲜艳，洗白处理使家具流露出古典家具的隽永质感，椅脚被简化成卷曲弧线及精美的纹饰。

（5）东南亚田园　东南亚田园风格粗犷，但因平和而容易接近，材质多为柚木，光亮感强，也有椰壳、藤等材质，做旧工艺多，并喜好做雕花，色调以咖啡色为主。

（6）欧式田园　欧式田园风格参见欧式田园室内装饰风格章节。

（7）韩式田园　韩式田园风格简洁明快，使用大量的石材和木饰面装饰及各种仿古墙地砖、石材，富有历史气息。

（六）轻快室内装饰风格

1. 轻快风格的概念

轻快风格主要体现在现代主义的装饰风格和后现代主义的装饰风格。因为现代主义风格的主要精神就是"Less is more"（简约、轻快就是丰富、豪气）；而后现代主义风格则强调室内设计应具有历史的延续性，或将古典构件的抽象形式以新的手法组合在一起。因此，在进行轻快风格的室内设计时，应优先考虑现代主义风格，如果业主同时对古典风格产生兴趣，则可考虑采用后现代主义风格。

2. 轻快风格的主要设计元素

1）可参照现代主义的装饰风格和后现代主义的装饰风格，当采用后现代主义时，可将一些古典元素（如中式的明清风格窗格、欧式风格的巴洛克式铁艺等）用非传统的混合、叠加、错位、裂变等手法和象征、隐喻等手段进行装饰。但有一阶段，这种风格基本上以樱桃木作为主要的木工饰面。

2）在设计中适当加入一些中式（如屏风、中式格门或格窗等）和欧式（如石膏线、装饰壁炉）的装饰符号，再配上中式（如中国画、中式花瓶、古玩、中式家具等）和欧式（如油画、复古灯具、欧式家具）的配饰，从而达到一种倾向于中式和欧式混搭的装饰效果，又不必完全按照纯中式或纯欧式的要求。这种风格重在意境，而不在形式，难点在于尺度的把握。

（七）柔和室内装饰风格

1. 柔和风格的概念

柔和风格是一种追求平稳中带点豪华的风格。这种风格比较强调较为简单但又不失内容的装饰形式，如地中海风格就较符合这种装饰要求。而且，这种风格与现代主义中的简约主义和极简主义较为接近（图5-23）。

图 5-23 柔和风格

2. 柔和风格的主要设计元素

喜欢欧式的，可参照地中海风格的设计元素；喜欢中式的，可参照中式简约风格。但有一阶段，这种风格基本上以黑胡桃为主要木工装饰面板。

（八）优雅室内装饰风格

1. 优雅风格的概念

（1）优雅 优雅是一种和谐，类似于美丽，只不过美丽是上天的恩赐，而优雅是艺术的产物。优雅从文化的陶冶中产生，也在文化的陶冶中发展。

（2）优雅风格 优雅风格是出现在20世纪末21世纪初的一种设计风格，这种风格强调比例和色彩的和谐。整个风格显得十分别致和恬静，不带有一丝的浮躁。有人说，最理想的设计应该是简洁而且优雅的，其次是简洁但尚雅致，再次是优雅但尚简明，最次是既不优雅也不简洁。可见优雅的重要性。还有人说，简洁是科学，优雅是艺术。科学没有天分可以通过学习掌握，但艺术离不开天分。

2. 优雅风格的主要设计元素

1）墙面基本上以墙纸为主要装饰面材，墙纸的图案应以欧式为主，但墙的下部也可结合混油的木工做法。

2）色彩应以淡雅的浅色调为主。

3）家具的造型应以古典欧式为样本，以曲线形腿脚造型为主。

4）如果是中式的优雅风格，一是色彩不要太深；二是隔断、挂饰、家具多采用明清式样的窗棂图案，多为曲线状的连接与过渡。

（九）清新室内装饰风格

1. 清新风格的概念

清新风格是在简约主义影响下衍生出来的一种带有个性的室内设计风格。这种风格尤其适合于单身贵族或者丁克一族，或者没子女共同居住的中年夫妇。由于有的居住者不与老人和小孩共同生活，因而在装修中不必考虑众多的功能问题，他们往往强调随意性、平淡性和舒适性。

2. 清新风格的主要设计元素

1）可参照现代简约风格。

2）要考虑个性设计的各种元素，如让业主可以任意地变更隔间来符合自己的需求；各种风格、流派的厨卫家具一定既要有品牌，又要价廉物美；其他家具、墙面、地面和配饰既要有个性，又要简洁、美观和舒适，如采用实木复合地板等，装饰物要给人以清新优雅、朴素秀气之感。

（十）现代乡村室内装饰风格

1. 现代乡村风格的概念

现代乡村风格是一种现代又质朴的新型风格，带点复古感觉，又有法式、英式、美式或中式、韩式等各种不同的乡村风格。这种风格有点像田园风格，但田园风格显得高雅些，而现代乡村风格显得朴实些。

2. 现代乡村风格的室内设计元素

（1）色彩　色彩以白色与原木色和砖墙原色等搭配的乡村风格色调为主。

（2）搭配比例　现代主体风与乡村风搭配比例最好控制在 8:2 左右，置物变化比例最多不能超过 7:3。只要掌握这一配比原则，就不用担心风格起冲突了。而充满乡村味道的小饰物可以增添一分惊喜与新鲜感。

（3）家具　做旧风格的木质家具淳朴厚重，充满质感；颜色艳丽的装饰品，如缀有花草藤蔓图案的装饰柜，玻璃雕花屏风，更令家居生动而艺术。

（4）墙面　电视墙或某一墙面以文化石作为装饰，红色或灰白色的砖面让整个空间变得温馨起来。

（5）饰物　色彩淡雅的仿旧地毯，断断续续坠落的流苏灯饰，缀满亮片、珠子的靠垫以及镂空的纱质窗帘等饰品，都会让一种奇妙的味道在家居空间中尽情倾泻。只要主次分明，配比适当，任何风格带点流行乡村风都无妨。

这其中，最需要考虑的就是装饰细节的变化。通过对花器、相框、抱枕、拖鞋等小饰物的选择，来营造各种风格的乡村气息。

（十一）后奢华室内装饰风格

1. 后奢华风格的概念

后奢华风格是装饰艺术风格的延续，是对现代西方奢华风格的演绎。装饰艺术风格的最主要特点是以黑色为主，因为这一风格在产生之初使用的是非洲乌木，乌木大都是黑色或深色的。而后烤漆工艺逐渐代替了乌木，把这种奢华风格往浅色调过渡，往中色系、白色系过渡，不再是以前那种黑色配金银玻璃的路线。随着时代的变迁，装饰主义在传统与现代中寻求最佳结合点，呈现更时尚的状态。昂贵的乌木被新一代的烤漆工艺所替代，古典的家具及装饰元素被夸张变形，配有金、银、皮、毛、玻璃等装饰物，重塑新一代的装饰艺术风格，因而被称作新古典主义的欧式后奢华时代。

2. 后奢华风格的室内设计元素

（1）配饰 带有流苏的抱枕、浅色调的水晶珠帘、奢华的皮毛装饰毯、白色的仿鳄鱼皮纹砖、橱柜装饰有烤漆玻璃的门板、复古家具等，对金属、亮面玻璃元素的运用是其灵魂所在。

（2）风格定位 采用了欧式后奢华的风格定位，就是简化了欧式那些繁复的浮雕、圆雕、装饰线脚和多层曲线，而只保留了欧式气质，但是对材质的要求很高，且家具与厨卫用品也应选用品位较高、精美奢华的产品。

（3）地面 入户花园与客厅的地面，可分别选用麦田石与秋香石。麦田石用在此处堪称锦上添花；而客厅中秋香石的运用，则赋予室内西洋油画般的浓重格调。

（十二）波西米亚室内装饰风格

1. 波西米亚风格的概念

波西米亚，原意是指豪放的吉卜赛人和颓废派的文化人，因为波西米亚人行走世界，风格上自然就混杂了所经之地各民族的影子：印度的刺绣亮片、西班牙的层叠波浪裙、摩洛哥的皮流苏、北非的串珠，全都熔为一炉。令人耳目一新的异域感，也正符合各种元素混搭的潮流。波西米亚风格代表着一种前所未有的浪漫化、民俗化和自由化。

2. 波西米亚风格的室内设计元素

（1）装修特点 波西米亚风格的装修比较注重简洁随意，崇尚自由，体现为单纯、休闲。室内设计元素包括绿色植物，藤编的餐椅，木制家具多保留木质本身的天然纹路并加以涂刷光泽型涂料，窗帘面料以自然界中的花朵、配色自然的条纹或以纯净的白纱为主，款式简洁，自然清新。

波西米亚风格装修设计在总体感觉上靠近毕加索晦涩的抽象画和斑驳陈旧的中世纪宗教油画，还有错综迷乱的天然大理石花纹，杂芜、凌乱而又惊心动魄。暗灰、深蓝、黑色、大红、橘红、玫瑰红，还有风行一时的玫瑰灰都是这种风格的基色。

（2）饰品 镂空的装饰物，加上流苏、夸张的图案，典雅舒适，流行的藏饰、发黑的银器、天然的或染色的石头，都是室内点缀的好饰品。

（十三） 法式浪漫室内装饰风格

1. 法式浪漫风格的概念

法式浪漫风格以 18 世纪的洛可可风格为主，采用流动感的大曲线造型、白色壁板、金色装饰线，间以淡青、玫瑰红色装饰。

法式风格有一种无可取代的时尚浪漫气息，纯白色系的家居和雕花玻璃、大面积镜子运用，增加了室内空间感和整体亮度，营造宽敞的视觉感受，在复古纹样的布艺和松软靠枕的装点下变得舒适而华丽。

2. 法式浪漫风格的室内设计元素

（1） 布局　布局上突出轴线的对称，恢宏的气势，豪华舒适的居住空间。

（2） 色彩　色彩上以素净、单纯与质朴见长，爱浪漫的法国人偏爱明亮色系，喜欢运用米黄、白色与饱满的原色。例如，乳白色在透着浪漫的同时传递着温馨，配以绿色的植物、红色的抱枕，将设计的效果凸显出来，再加上红色的地毯，为这份温馨浪漫增添了一丝奢华。

（3） 家具　法国装饰艺术风格最集中体现在家具设计，造型趋于简单的几何形状，简单明快，但对比强烈。可选用仿旧设计的家具、饰品，如经过洗白处理的边几，或者故意做旧的橱柜，与居室的整体风格融为一体。在配饰上稍微点缀一下，统一风格，浪漫、轻柔的房子就简单地打造出来了。华丽浪漫的水晶吊灯，时尚感十足的大理石餐桌，妆点出法式贵族的奢华风情，细节处理上运用了法式廊柱、雕花、线条，制作工艺精细考究。

（4） 点缀要素　点缀要素包括鸢尾花线条、建筑废弃壁炉、复古风格布艺、垂幔装饰。

（十四） 现代时尚室内装饰风格

1. 现代时尚风格的概念

现代时尚的装饰风格是以现代主义为主调，以时尚为点缀，在创作思想上，将现代抽象艺术的创作思想及其成果引入现代室内装饰设计中，力求创造出独具新意的简化装饰，设计简朴、通俗、清新，更接近人们的生活。

2. 现代时尚风格的室内设计元素

（1） 用料　用料以现代高新材料为主，如各种新潮的装饰玻璃、各种金属材料等。

（2） 用色　在用色上可考虑以色相对比为主。

（3） 装饰特点　装饰特点由曲线和非对称线条构成，如花梗、花蕾、葡萄藤、昆虫翅膀，以及自然界各种优美、波状的形体图案等，体现在墙面、栏杆、窗棂和家具等装饰上。

（十五） 欧式宫廷室内装饰风格

1. 欧式宫廷风格的概念

欧式宫廷讲究奢华气质，欧式宫廷风格从整体到局部，精雕细琢，镶花刻金，给人一丝不苟的印象。当代的欧式宫廷风格在保留了古典风格、材质、色彩的同时，摒弃了过于复杂的肌理和装饰，用更为洗练的设计传达着深邃的历史和厚重的文化。当代的欧式宫廷风格可分为两类：一类是以表达贵族文化的意境、体现宫廷审美的风格为特征的，在手法上偏向以古典的意去彰显现代的形；另一类则较关注于古典的装饰元素，通常以华丽造型的家具、繁复装饰的细部形成文化符号，从而产生强烈的宫廷视觉效果。欧式宫廷风格更像是一种多元化的思考方式，将旧时贵族的浪漫情怀与现代人对生活的需求相结合，兼容华贵典雅与时尚现代。

2. 欧式宫廷风格的室内设计元素

（1）豪华风格　欧式豪华风格多用蕾丝、复杂的褶皱、欧式名品家具打造奢华风格，加上松软的床、工艺繁杂的水晶灯，构成具有浓郁欧式风格的华丽卧室。窗帘多采用水波形的帘头复式设计，面料选用闪着光泽感的清雅淡金色、本白色。

（2）家居　在现代家居运用上，多偏向简洁的结构，而在装饰风格上偏重繁复。在家具和配饰上，均以其优雅、奢华的姿态，平和而富有内涵的气韵，描绘出居室主人高尚的品位和低调开放的生活态度。

（3）色彩　欧式宫廷风格善于运用白色、金色、黄色、红色这些明亮辉煌的色调，使整个空间给人以开放、宽容的非凡气度。

（十六）白与黑室内装饰风格

1. 白与黑风格的概念

黑白家具的设计或夸张，或走极简路线，用它们来布置居室，能起到瞬间颠覆传统居室风格的作用。白色是宁静与博大的基底，黑色则是构筑内心世界的桥梁，二者的结合如一幅云淡风轻的山水写意画。这样的空间，除了视觉上的美感给人超凡脱俗的震撼以外，也给予人放松心灵的暗示。更多的留白，让人觉得身轻如燕，思维得以神游四海。

2. 白与黑风格的室内设计元素

（1）以白色为基调　在白与黑风格设计中，一般均以白色为基调，黑色或灰色可以块面或黑灰色图案点缀其间，也可用黑灰白三色条纹为主旋律，如写意的黑白花纹和几何纹理的布艺窗帘，均可柔化居室生硬的表情。注意，在布置房间时，黑色的使用必须把握一个尺度，如果深色家具过多，会使人产生压抑的感觉。

（2）以红色为装饰　配几只橘红色的靠垫或小面积的红色装饰，会使室内冷酷而严肃的气氛得到缓和。

第二节　历史性的装饰风格

一、古典室内装饰风格

（一）古埃及室内装饰风格（公元前3100年～公元525年）

1. 古埃及装饰风格的概念

古埃及装饰风格简约、雄浑，以石材为主，柱式是其风格的标志，柱头如绽开的纸莎草花，柱身挺拔巍峨，中间有线式凹槽、象形文字、浮雕等，下面有柱础盘，古老而凝重，喜欢采用动物造型及图案形象。

古埃及的装饰艺术可分为三种：

第一种是构筑装饰，即在建筑物的某部分外部覆有精美的装饰。埃及柱子的造型都是模仿一株纸莎草（图5-24）。柱子的柱础象征纸莎草的根，柱身象征其长秆，柱头则是一朵完全绽放开来的纸莎草花，周围环绕有一圈圈植物造型。纸莎草丛的造型不仅可以通过柱林表现出来，而且在单个柱子上也可以设计出来。埃及建筑的檐口或者上楣往往饰有羽毛，这是君权的象征；檐口中央则是双翼球体，这是神权的象征。

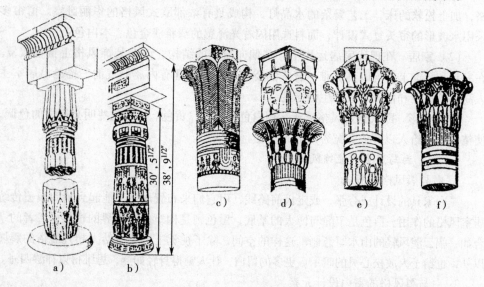

图5-24 古埃及柱式

第二种装饰艺术指的是神庙或者陵墓里的壁画。它们常常描绘真实的世俗生活。同样，在这些壁画中，不管是祭祀之用的祭品，还是日常生活用品，都大量存在纸莎草装饰。纸莎草的描绘取法自然，叶片的伸展和其上的纹脉都形象生动，从主干上发散出来的枝条柔美优雅。不仅单支的花朵描绘遵循着自然法则，即使是成群的花束也不例外。

第三种形式是纯装饰艺术。纸莎草在这方面的装饰应用可以从陵墓、衣物、器皿和石棺上的绘画中见到。这些装饰图案共同的特征是结构严谨对称，设计巧夺天工。

2. 古埃及装饰风格的主要设计元素

（1）柱式、浮雕和壁画 古埃及的浮雕和壁画有其艺术上独特奇异的风格（图5-25），这种风格特征是：

1）正面律。表现为人物姿势必须保持直立，双臂紧靠躯干，正面直对观众，头部为正侧面，眼为正面，肩为正面，腰部以下为正侧面；面部轮廓写实，有理想化修饰，表情庄严，几乎没有表情。

图 5-25 古埃及浮雕和壁画

2）横带状排列结构，用水平线划分。

3）根据人物的尊卑来安排比例大小和构图位置。

4）填塞法，画面充实，不留空白。

5）固定的色彩程式。男子皮肤为褐色，女子皮肤为浅褐或淡黄，头发为蓝黑，眼圈为黑色。雕塑着色，眼圈描黑，有的眼球用水晶、石英材料镶嵌，以达到逼真的效果。

6）其内容表现了对自然的热爱，对大众生活的信心和对文明成果的骄傲。它具备普遍的社会功能，表现了人类总体的生存状态，用以维系社会精神。

7）象形文字和图像并用。始终保持绘画的可读性和文字的绘画性两大特点。

（2）家具 古埃及的家具多由直线组成，直线占优势，家具腿多用兽爪，如狮爪、鹰爪、雄牛蹄和鹰嘴造型。

（二）古波斯室内装饰风格（公元前 553 年～公元 330 年）

1. 古波斯装饰风格的概念

古波斯装饰风格的特点是采用普通砖、琉璃砖和木结构，室内装饰豪华艳丽，有壁画、浮雕。宫殿往往与神庙结合成一体，以中轴线为界，分为公开殿堂和内室两个部分，中间有一个露天庭院。最著名的古波斯装饰风格建筑就是萨尔贡王宫。宫殿中有四座方形塔楼，夹着三个拱门，在拱门的洞口和塔楼转角的石板上雕刻着象征智慧和力量的人首翼牛像，正面为圆雕，可看到两条前腿和人头的正面，侧面为浮雕，可看到四条腿和人头侧面，一共五条腿。因此，各角度看上去都比较完整，并没有荒谬的感觉（图5-26）。宫殿室内铬黄色的釉面砖和壁画成为装饰的主要特征。雪花石膏墙板上布满了浅浮雕，主要内容是战争功绩、狩猎活动和祭祀活动。

2. 古波斯装饰风格的主要设计元素

（1）陶工艺制品　古西亚是世界上最早出现陶工艺的地区之一，它的陶工艺大多都装饰有致密的几何纹和风格化的牛头、奔鹿、山羊、驴马和水禽等变形动物纹，其色彩主要有红、绿、青等。另外，彩色的陶瓷锦砖也是建筑墙面壁画的主要用材，其画面有多种变形动物，如雄狮、野牛、蛇首龙等，色彩为大面积的深蓝点缀金黄色、白色、绿色和赭石色等。

图5-26　萨尔贡王宫拱门人首翼牛像

（2）金属工艺制品　金属工艺制品的造型大都为牦牛、翼狮、羊、鹿等。另外，其金银制品善于将动物形态与器皿相结合，其中以翼狮形黄金角杯最具代表性。

（3）染织工艺制品　波斯的织锦最先用亚麻和羊毛，后来传入了中国的丝绸，但其织法与中国的平纹组织和经线起花不同，是斜纹组织和纬线起花，以联珠纹组成饰带并配以动物纹样最为常见。另外，波斯羊毛或丝绸织毯更是世界闻名，其图案多为圣树、云朵、鲜花、飞鸟及各类动物等。

（三）古希腊室内装饰风格（公元前800年~公元前146年）

1. 古希腊装饰风格的概念

古希腊的建筑艺术是欧洲建筑艺术的源泉与宝库。古希腊建筑风格的特点主要是和谐、完美、崇高，而古希腊的神庙建筑则是这些风格特点的集中体现者。古希腊的柱式是古希腊最典型、最辉煌的建筑艺术。多立克柱式，其雄壮的柱身从台面上拔地而起，柱子的收分和卷杀十分明显，力透着男性体态的刚劲雄健之美；爱奥尼柱式，其外在形体修长、端丽，柱头则带有两个婀娜潇洒的涡卷，尽展女性体态的清秀柔和之美。另外，古希腊的瓶画、家具、陶器、雕塑和其他装饰元素，都是西方古典建筑和室内装饰中的经典。

2. 古希腊装饰风格的主要设计元素

（1）三种柱式　多立克柱式、爱奥尼柱式、科林斯柱式是古希腊风格的典型设计元素，追求建筑檐部（包括额枋、檐壁、檐口）及柱子（柱础、柱身、柱头）严格和谐的比例和以人为尺度的造型形式。古希腊建筑则以此三种柱式为构图原则（图5-27）。

多立克柱式粗犷、刚劲，基座有三层石阶，柱身由一段段石鼓构成，呈底宽上窄

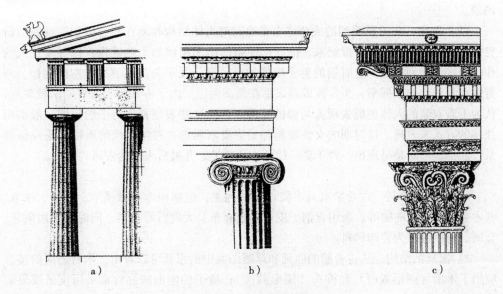

图 5-27　古希腊柱式

a) 多立克柱式　b) 爱奥尼柱式　c) 科林斯柱式

渐收式，柱头由方块和圆盘构成，无纹饰。爱奥尼柱式整体造型风格坚挺娟秀，比多立克柱式多一个柱础，纵向有 24 条凹槽，各凹槽的交接棱角上设计一部分圆面，最具特色的是它的柱头，左右各有一对华丽、精巧、柔美的涡卷式装饰。科林斯柱式用莨苕叶作为装饰，形似盛满花草的花篮式柱头，规范而细腻，充满生气，其柱高、柱径比例、凹槽都同于爱奥尼柱式。

（2）装修风格和色调　装修风格崇尚简约、和谐，讲究对称之美，色调以明亮的白色或蓝色为主，可点缀复古的元素，如铁艺的莨苕叶和涡卷等花草，其修饰特质由曲线和非对称线条组成，如花梗、花蕾、葡萄藤、昆虫翅膀以及自然界各种优美、波状的形体图案等，也可用绿色植物作为装饰陪衬。另外，可用古希腊的黑色与血色来修饰背景和渲染气氛。

（3）饰物　也可用古瓶、竖琴、花环等作为饰物，体现在墙面、栏杆、窗棂和家具等修饰上。线条有的优美风雅，有的遒劲而富于节拍感，整个平面形状都与层次显明的、有节拍的曲线融为一体。

（4）陶器　在荷马时代，古希腊的陶器上经常用各式各样的几何图形进行装饰。当时的陶器上经常有多管笔描绘的平行线纹、波浪纹和同心圆形状的种种图案，以后又渐渐在其中加上了鸟兽和人物图像。公元前 8 世纪的荷马时代之后到公元前 5 世纪的希波战争之间的几百年被称为古风时期，希腊陶器逐渐形成了东方风格、黑绘风格、红绘风格等几种陶器的绘画风格。东方风格中出现了兽首人身像、植物纹样等图案。其中，瓶画是古希腊艺术中十分重要的组成部分，是希腊人结合器皿的性质和造型所创造出的既实用又优美的陶器，其题材包括了神话、历史故事和日常生活的种种艺术场景。

（5）雕塑　古希腊雕塑的成功建立在他们对人体结构和动作形态的细致观察与研究的基础上。到公元前6世纪末，他们已经制作出了栩栩如生的雕像，比古埃及人的作品更加生动而真实。这时期的男子雕像如出一辙，几乎全都是直立，左腿前伸，两臂垂在身旁，两手握拳，头发梳成辫式垂在颈部两边。由于古希腊人特有的宗教观点，认为不着衣装的人体更能表现人与神的完美，因此这些表现青年男子的塑像一般都用裸体的方式来表现。这时期的女性雕塑都是穿着衣服的。古风时代的雕像不论身份背景，面部表情总是呈现出一种千篇一律的永恒微笑，并被后人称为古风式微笑。

（6）家具

1）家具的材料　古希腊家具主要以木材为主，包括橡木、橄榄木、雪松、榉木、枫木、乌木、水曲柳等；兼用青铜、皮革、亚麻布、大理石等材料；同时还采用象牙、金属、龟甲等作为装饰材料。

2）家具的结构　从古希腊的瓶画和浮雕图案中的家具可以看出，木材之间的接合应用了木梢（圆形截面）和榫头（矩形截面）；椅子的座面或靠背常采用皮条或皮索编织而成。在公元前7世纪，古希腊人学会了车削，并把家具的腿做成圆形。

3）家具的装饰　古希腊家具装饰风格的起源多受三种柱式的影响，腿部一般雕刻有玫瑰花结和一对棕叶饰，棕叶周围被切掉，呈现出C形漩涡状切痕。

古希腊家具有座椅、卧榻、供桌和三条腿的桌，家具腿部常用建筑柱式造型，以曲线构成椅腿和椅背，常以蓝色作底色，表面彩绘忍冬草、月桂、葡萄等纹样。

（7）纹饰　古希腊家具的纹饰包括山形墙、涡卷、莨苕叶饰、竖琴、古瓶、桂冠、花环、浮雕、雅典娜像女像柱。

（四）古罗马室内装饰风格（公元前9世纪初~公元1453年）

1. 古罗马风格的概念

古罗马风格以豪华、壮丽为特色，其建筑广泛采用券拱技术，并运用柱式与拱券相结合的方法，两柱之间是一个券洞，形成一种券与柱大胆结合、极富兴味的装饰性柱式，成为西方室内装饰最鲜明的特征。广为流行和实用的有多立克柱式、爱奥尼柱式、科林斯柱式及其发展创造的塔司干柱式和混合柱式。柱子及柱头的造型式样比古希腊的更加丰富。比如，古罗马式的爱奥尼柱式和科林斯柱式，比古希腊式的在线脚与雕饰上更为丰富与细腻；古罗马的建筑比古希腊的高大，柱子也就高大；另外，塔司干柱用一组线脚代替多立克柱式的一个线角，使其更有层次，更耐看。

神庙建筑中精巧的穹顶结构，又是古罗马建筑的一大特色。比如著名的万神庙，其高达43.3m的大殿就是靠直径也是43.3m的穹隆创造的。

2. 古罗马装饰风格的主要设计元素（图5-28）

（1）穹窿构造　通过圆拱、圆顶组成拱券结构，获得宽阔的内部空间。

（2）木结构　木结构中区别木桁架的拉杆和压杆。

（3）柱式　柱式主要有古罗马三柱式，发展了古希腊柱式构图，创造出柱式同拱

图 5-28 古罗马风格

券的组合，即券柱式构图，券柱式和连续券既作为结构又作为装饰（图 5-29）。

（4）家具 古罗马家具主要是青铜家具、大理石家具和木材家具，有三个特点：一是兽足形立腿和旋木腿；二是木家具开始使用格角桦木框镶板结构，并施以镶嵌装饰；三是常用动植物纹样，如雄鹰、翼狮、胜利女神、桂冠、忍冬草、卷草、人面狮身形、莨苕叶形等。

（5）壁画 罗马壁画分为四种风格。

1）砖石结构式。砖石结构式是指绘画与建筑相结合，先使用不同质地、大小的大理石组合砌筑墙面，制造出平面、线条、立柱及小型浮雕等图案，然后用不同的色彩涂绘，从而产生凹凸的浮雕效果。

2）建筑结构式。建筑结构式是从舞台布景变换而来的一种浮华的室内装饰，直接在墙上用阴影和透视技法描绘建筑结构和人物、场景，制造出奇妙的三维立体效果，令人产生墙壁另一面还有空间的幻觉。

3）装潢式。装潢式一改建筑结构式的虚幻，遵循古典学院风格，还原墙面的本来面目，以单色的直线将整面墙分隔为三个画框，分别绘制华丽精致、富有装饰性的作品，主题以静物、风景、宗教和神话传说为主。

4）复合式。复合式是将建筑结构式的透视效果与装潢式的装饰纹样相结合，体现出古罗马艺术样式的多样性。题材也更为广泛和世俗化，戏剧演出、流浪汉、对神明的嘲讽都成为描绘的对象。这一时期的作品用色艳丽，技法纯熟，充满生气和动感，又被称为庞贝的巴洛克。

（6）装饰色彩　在室内装饰色彩上，古罗马人用红、黑、绿、金等色彩表现了华丽的风格，还能用色彩模拟大理石的效果，用细致的笔触画出窗口及窗外的风景。

图 5-29　券柱式

（五）哥特式室内装饰风格（12～16 世纪）

1. 哥特式装饰风格的概念

哥特式装饰风格其实是在古罗马式基础上发展起来的一种基督教的建筑风格，其建筑以尖拱、尖塔、飞扶壁等为结构，外形上显示出纤细而高耸的特征，有向上升腾飞跃的气势（图 5-30）。从结构上看，哥特式建筑的十字尖拱减薄了顶部，在侧廊上方采用了独立的飞券，使侧廊的拱顶不再承担中厅拱顶的侧推力（图 5-31）。建筑细部的窗格花式、彩色玻璃、柱头、亚麻布装饰等都营造了一种神秘的宗教气氛。装饰细部，如华盖、壁龛等，也都用尖券作为主题，建筑风格与结构手法形成了一个有机的整体。

2. 哥特式装饰风格的主要设计元素

（1）室内壁面　哥特式室内壁面采用尖形拱窗、彩色玻璃窗格、拱顶、飞扶壁（由侧厅外面的柱墩发券，平衡中厅拱脚的侧推力）、尖券、尖拱、束柱、扇拱、火焰纹式券廊。

（2）家具　哥特式家具从形体到装饰都受教堂的影响很深，造型一般细高，以强调垂直线的对称为主，并模仿建筑上的某些特征，如采用尖顶、尖拱、细柱、垂饰罩，用浅雕或透雕的镶板装饰。家具的每一平面几乎都有规律地划成矩形，其中布满藤蔓、花叶、根茎和几何图案的浮雕，也常嵌入金属和附加铆钉等。

（3）装饰纹样　装饰纹样包括室内以竖向排列的柱子和柱间尖形向上的细花格拱形洞口、窗口上部火焰形线脚装饰，卷蔓、亚麻布、螺形等。

（4）结构　哥特式结构由石砌的骨架券和飞扶壁组成，其基本单元是在一个正方形或矩形平面四角的柱上做双圆心骨架尖券，四边和对角上各一道，屋面石板架在券

图 5-30　哥特式室内装饰风格

上，形成拱顶。

（5）造型　哥特式建筑常用拉丁十字形。

（六）早期基督教建筑室内装饰风格（4～9世纪）

1. 早期基督教建筑风格的概念

早期的基督教建筑外部形象是相当朴素的，而室内空间不仅高大宽敞，而且装饰豪华，主要是由丰富多样的材料和室内陈设品构成的。当时的教堂格局同拜占庭建筑一样，有三种形式：巴西利卡、集中式与十字式。早期的基督教建筑的风格为墙体厚重，砌筑粗糙，灰缝厚，教堂装饰简单，沉重封闭，缺乏生气。

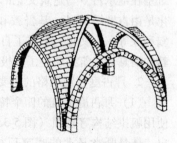

图 5-31　肋拱穹顶示意图

一座引人注目的巴西利卡式教堂是罗马城外的圣保罗教堂，其空间形式也是主廊两侧有两组侧廊（图 5-32），无论是墙壁还是拱顶，都充满与宗教思想内容相结合的镶嵌壁画，其中人物往往表现为正面严肃古板的形象，强调对称和平面构图。另外，还有一些诸如混合式柱头与科林斯式柱头等许多装饰细部。人在教堂里，高侧窗射进来的微弱光线能照到圣坛附近。室内大部分采光只靠颤动的烛光，照在布满镶嵌画的墙壁和顶棚上，与彩色闪耀的画面相辉映，就像进入一个炫目的幽灵世界。教堂完全被这种神秘的气氛所笼罩。

2. 早期基督教建筑风格的主要设计元素

（1）室内空间装饰　早期基督教建筑室内空间装饰主要用大理石墙壁、镶嵌壁画、陶瓷锦砖的地坪或穹顶，以及从古罗马继承的华丽的柱式。

（2）家具　早期基督教装饰风格的家具比较呆板，曲线造型虽然继续应用，但是它们大多比较简洁，更加严格，如衣柜的端面是方正的。其他特点包括内面是平直的，配上宽幅面的玻璃门，用小柱取代底座。

图 5-32　圣保罗教堂室内

（3）建筑格局　建筑格局为集中式的教堂，其中央由圆形大厅和柱廊构成，中央穹顶架在由双柱组合而成的环形列柱上，环形列柱的外侧是筒拱覆盖的环廊。厚厚的外墙上开有很多壁龛，用于安放遗体和祭坛等。结构为拱及穹顶，主要用材为砖、石，室内装饰常用彩色云石。

（七）拜占庭室内装饰风格（395～1453 年）

1. 拜占庭装饰风格的概念

拜占庭原是古希腊的一个城堡，公元 395 年，显赫一时的古罗马帝国分裂为东西两个国家，西罗马的首都仍在当时的罗马，而东罗马则将首都迁至拜占庭。拜占庭建筑是在继承古罗马建筑文化的基础上发展起来的，同时，由于地理关系，拜占庭的文化是由古罗马遗风、基督教和东方文化三部分组成的，它又汲取了波斯、两河流域、叙利亚等东方文化，形成了自己的建筑风格，并对后来的俄罗斯的教堂建筑、伊斯兰教的清真寺建筑都产生了积极的影响。

2. 拜占庭装饰风格的主要设计元素

（1）拜占庭建筑的四个特点　第一是屋顶造型，普遍使用帆拱结构穹隆顶（图 5-33）；第二是整体造型中心突出，体量既高又大的圆穹顶往往成为整座建筑的构图中心，围绕这一中心部件，周围又常常有序地设置一些与之协调的小部件；第三是它创造了把穹顶支承在独立方柱上的结构方法和与之相应的集中式建筑形制，其典型做法是在方形平面的四边发券，在四个券之间砌筑以对角线为直径的穹顶，使内部空间获得了极大的自由；第四是在色彩的使用上，既注意变化，又注意统一，使建筑内部空间与外部立面显得灿烂夺目。

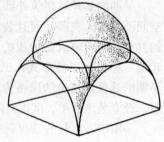

图 5-33　帆拱结构示意图

（2）大理石贴面　在室内墙面上往往铺贴彩色大理石，拱券和穹顶面不便贴大理石，就使用陶瓷锦砖或粉画。为保持大面积色调的统一，在玻璃陶瓷锦砖后面先铺一层底色，最初为蓝色的，后来多为金箔做底。陶瓷锦砖往往有意略作不同方向的倾斜，以造成闪烁的效果。在一些规模较小的教堂，墙面抹灰处理之后，由画师绘制一些宗教题材的彩色灰浆画。柱子的特点是柱头呈倒方锥形，并刻有植物或动物图案，一般常见的是忍冬草。地面也可用陶瓷锦砖铺装。

大理石贴面的色彩，一般由白、绿、黑、红等色组成图案。柱子大多是深绿色的，也有深红色的。柱头可以是贴着金箔的白色大理石，柱头、柱身和柱础的交接处都可包有一环一环的金箍。

（3）家具 这个时代的椅子或桌子都是以古希腊、古罗马的形式为基本样式，其中有许多已由曲线形式转变成直线形式。拜占庭的宫殿或教堂中所见的家具风格，已有明显的东方色彩。家具的材质多为木材、金属，并常以金、银、象牙、宝石装饰，也有以玻璃陶瓷锦砖镶嵌或雕刻作为表面装饰的。留下来的有著名的马克西米安宝座。这个高靠背的宝座是木制的，象牙板完全将木胎包起来。宝座的前后左右全部雕成带有情节的宗教内容。该座椅造型华贵庄重，工艺细腻精致，成为这一时期家具中的典范作品（图5-34）。

图 5-34 马克西米安宝座

（八）罗曼（古罗马式）室内装饰风格（10～12世纪）

1. 罗曼（古罗马式）装饰风格的概念

罗曼建筑是欧洲基督教流行地区的一种建筑风格。罗曼建筑又译作罗马风建筑、罗马式建筑、似罗马建筑等。罗曼建筑风格多见于修道院和教堂。罗马式一词，是指一种艺术风格，基于罗马、拜占庭和叙利亚的影响。罗马式一词意指罗马的影子。这一时期的建筑构造方式采用了典型的古罗马拱券结构，拱顶主要有筒拱和十字交叉拱两种形式，十字交叉点往往成为整个空间艺术处理的重点。由于两个筒形拱顶相互成十字交叉，形成四个挑篷，以及它们结合产生的四条具有抛物线效果的拱棱，这种结构造型给人的感觉是冷峻而优美（图5-35）。

图 5-35 古罗马式教堂

罗曼（古罗马式）建筑又对古罗马的拱券技术不断进行试验和发展，采用扶壁以平衡沉重拱顶的横推力，后来又逐渐用骨架券代替厚拱顶，平面仍为拉丁十字。罗曼（古罗马式）建筑作为一种过渡形式，它的贡献不仅在于把沉重的结构与垂直上升的动势结合起来，而且在于它在建筑史上第一次成功地把高塔组织到建筑的完整构图之中。

罗曼（罗马式）建筑大量使用石材，这与古罗马时期使用砖块是有所不同的。就建筑而言，最有特色的就是其外部的装饰，主立面中的小圆柱加一排排的连拱形成了一种独特的、井然有序的结构，仿佛音乐节奏淋漓尽致的展示，既传达出庄重肃穆的氛围，又有变化有致的情调。

2. 罗曼（古罗马式）装饰风格的主要设计元素

（1）雕刻和绘画　雕刻和绘画渗透着表现主义的倾向。雕刻作为教堂建筑不可分割的一部分，主要使用浮雕和圆雕。其题材广泛，常出现民间寓言和具有讽刺性的题材等，且多采用寓意、象征、夸张、变形等非写实性手法。还有一些纪念性雕塑，常表现在柱头和门楣上，如人像艺术、历史和教义内容的雕塑。另外，以动植物为题材的雕塑表现出变形和风格化的倾向。

柱体也用壁画来装饰，整体颜色为高纯度的色彩几何块重复组成。门楣也开始大量用浅浮雕及壁画来代替（壁画及浅浮雕以基督圣经《新约》《旧约》为题材，构图为几何构图，但通常不采用标准几何造型）。

（2）装饰和陈设　罗曼（古罗马式）在装饰和陈设上也很丰富，吊灯、饰着珠宝的十字架、圣物箱、镀金的家具和彩色的雕塑等，也增添了许多富丽的光彩。

（3）家具　古罗马式家具除了模仿建筑的拱券，最突出的就是旋木技术的运用，简朴、平实，比如桌椅甚至全部采用旋木，而且古罗马式家具的特点在于整体构造的表现，而很少刻意地装饰。例如，橱柜的造型比较简单，往往在顶端用两坡尖顶形式，表面附加铁皮构件、帽钉；皇室家具多为木雕，而且采用连续拱的形式。

（九）文艺复兴时期室内装饰风格（14世纪中期~16世纪末）

1. 文艺复兴时期建筑的概念

文艺复兴时期建筑是欧洲建筑史上继哥特式建筑之后出现的一种建筑风格。意大利文艺复兴建筑在文艺复兴建筑中占有最重要的位置。

文艺复兴时期建筑最明显的特征是扬弃了中世纪时期的哥特式建筑风格，而在宗教和世俗建筑上重新采用古希腊和古罗马时期的柱式构图要素。文艺复兴时期的建筑师和艺术家们认为，哥特式建筑是基督教神权统治的象征，而古希腊和古罗马的建筑是非基督教的。基于对中世纪神权至上的批判和对人道主义的肯定，建筑师希望借助古典的比例来重新塑造理想中古典社会的协调秩序，所以一般而言，文艺复兴时期建筑是讲究秩序和比例的。他们认为，这种古典建筑，特别是古典柱式构图体现着和谐与理性，并同人体美有相通之处，这些正符合文艺复兴运动的人文主义观念（图5-36、图5-37）。

图 5-36　巴黎圣母院室内

图 5-37　圣彼得大教堂神亭

2. 文艺复兴时期建筑的主要设计元素

（1）建筑特点　文艺复兴时期的建筑拥有严谨的立面和平面构图，以及从古典建筑中继承下来的柱式系统；对建筑的比例有强烈的追求，如必须是 3 和 2 的倍数，使用对称的形状等。

（2）家具

1）意大利文艺复兴时期的家具风格。意大利文艺复兴初期的家具线型纯美，比例适度。雕刻虽不多，但雕技精良，所雕纹样是浅平的，形象精美、构图匀称。文艺复兴盛期的家具造型比例更加完美，式样喜欢采用古代建筑式样，如柱廊、门廊、山花、旋涡花饰。往往采用不同颜色的木片镶嵌成各种图案，甚至组成栩栩如生的神话故事。还有在家具表面常做有很硬的石膏花饰并贴上金箔，有的还在金底上彩绘。家具工匠采用熟悉而美丽的事物作为艺术图案和装饰设计灵感。而人体、花、树、乐器（如竖琴和七弦琴）、藤蔓与花瓶等雕刻都曾应用在家具的装饰上。意大利设计家自成一种综合风格，这种风格中有的艺术图案虽然较怪异和奇想，但从艺术的角度来看仍属精美，如人头龙身和女性形体的植物构造的图案等。

另外，深红色天鹅绒布垫装饰及大量使用缘带（tassels）和扁平黄铜钉子处理缘饰（fringe）更增添家具的精致感。

文艺复兴风格的椅子都为长方形和直线条，而桌子是宽大的。它们的边端都车成装饰性狮爪形。大多数的箱匣、碗柜、化妆台直接立在地面，而无柜脚支撑。椅子的扶手从椅背到前端皆呈直线，前端处不是平面的，就是呈向下弯的形状。此时，几乎每件家具都带有精致的饰条。这使得摆设的每件家具看起来都得以产生完美的平衡。家具所用的材料基本上都是胡桃木，有时也用橡木。每件家具的颜色都处理得很明亮，如象牙及金属一样。文艺复兴后期，橱柜和靠墙台桌的面板都是大理石制成。

在整体结构方面，突破了中世纪家具的全封闭式的框架嵌板形式，消除了以往家具设计的沉闷与刻板的弱点；在细部结构方面，虽然还流行对建筑装饰的模仿，但鲜有生搬硬套的痕迹；在装饰手法上，充分调动绘画、雕刻、镶嵌、石膏浮雕等各种艺术手段，来营造整体的艺术效果；在装饰题材上，消除了中世纪装饰的宗教性色彩，而更多赋予了人情味与生活气息。

2）法国文艺复兴时期的家具风格。法国文艺复兴时期的家具外观大致都保有一些哥特式的影响，也因此有着多雕刻、巨大厚重和多装饰的特性。椅子扶手大多呈直线形，椅腿也是直的，但都经过车床加工而成。椅背形似宝座状。

（3）室内装饰　文艺复兴时期建筑的室内虽然空间宏阔，但装饰较为理性、克制，家具的种类与数量都较为有限，家具的陈设与布置方式也多遵循对称原则。其最具代表性的家具是一种婚嫁用的大箱子。此外，人体雕塑、大型壁画和线型图案的锻铁饰件也开始用于室内装饰，并参照人体尺度，运用数学与几何知识，分析古典艺术的内在审美规律来进行创作。因此，将几何形式用作室内装饰的母题是文艺复兴时期的主要特征之一。

意大利文艺复兴反映在艺术上，以古希腊、古罗马风格为基础，同时加入东方式和哥特式艺术来装饰建筑外部与室内。室内陈设单纯，细部装饰糅合了莨苕叶、植物蔓藤、天使、怪兽、假面等雕饰作为家具的装饰，在庄重中显示优雅华丽的特点。

文艺复兴盛期的建筑最突出的特点是世俗建筑占有重要的地位。例如，罗马麦西米府邸的整个内部空间充满着从引导、激发、高潮，到形成一个有张有弛的、完整而流动的连续空间序列。在内部装饰上，大厅的长方形顶棚是一组井子格，简洁大方，造型用各种饰线装饰，层次分明。四周是一圈复合型的檐口线，把墙面分成上下两部分，上边部分是一幅幅长方形构图的浮雕，下边部分每个墙立面均被四个爱奥尼式半壁方柱分成三个长方形，并以两道线脚装饰。两个横立面每侧各开两扇门，门两侧各有一对带有基座的雕塑，其中一个横立面正中是个大壁炉。地面处理仍以各色大理石拼花装饰。整个界面装饰处理比例匀称、朴素典雅，而且细部装饰精致细腻。

这一时期的居室色彩主调为白色。

（十）巴洛克室内装饰风格（16 世纪下半叶～18 世纪）

1. 巴洛克风格的概念

巴洛克这个名称，有奇特、古怪的意思。巴洛克风格是在文艺复兴运动开始趋向衰退时首先产生于意大利的，它热情奔放、追求动态、室内装饰上注重过多的装饰，体现浪漫的装饰效果。室内地面铺以华美的地毯，墙面装有大理石、石膏灰泥、大型镜面、雕刻墙板，悬挂精美的壁毯或大型的油画。高阔的顶棚采用绚丽的模型装饰，顶棚中央绘有油画。整个室内用雕塑、绘画、工艺品进行装饰和陈设。家具以直线和曲线进行处理，造型巨大、优美。室内用色以酒红、叶绿、宝石蓝等表现富贵华丽，并以金色加以协调。巴洛克的室内装饰设计还具有平面布局开放多变、空间追求复杂与丰富的效果，装饰处理强调层次和深度的特点（图5-38）。

图5-38 巴洛克风格

2. 巴洛克风格的主要设计元素

（1）室内空间装饰

1）墙面 在室内将绘画、雕塑、工艺集中于装饰和陈设艺术上，多采用大理石、石膏泥灰或雕刻墙板，饰以华丽织物、精美油画，多彩法国壁毯；也有用深栗色木材墙板，间以蓝青、深绿织物饰面的。

2）顶棚 顶棚采用精致的模型装饰，布满雕刻。

3）地面 地面常铺华贵的地毯。

（2）装饰构造

1）在造型上采用曲线与曲面，以及圆形、椭圆形、梅花形、圆瓣形等极富生动的形式，突破了古典及文艺复兴端庄严谨、和谐宁静的规则，着重强调变化和动感。

2）打破了建筑空间与雕刻和绘画的界限，使它们互相渗透，强调艺术形式的多方面综合。室内中各部分的构件如，顶棚、柱子、墙壁、壁龛、门窗等综合成为一个集绘画、雕塑和建筑的有机体，主要体现在天顶画的艺术成就。

3）造型手法。正门上面分层檐部和山花做成重叠的弧形和三角形，大门两侧用倚柱和扁壁柱，立面上部两侧作两对大涡卷，柱子一般都较为粗大，而且古典壁柱与山花联结。

（3）色彩与饰件　在色彩上追求华贵富丽，多采用红、黄等纯色，并大量饰以金银箔进行装饰，甚至选用一些宝石、青铜、纯金等贵重材料，以表现奢华的风格。

（4）家具　家具外形是以端庄的形体与含蓄的曲线相结合而成。其特点是外形自由，追求动态，喜好富丽的装饰和雕刻、强烈的色彩，常用穿插的曲面和椭圆形空间。

家具材料多用胡桃木、花梨木等硬木，采用金箔贴面，描金涂漆，并在坐卧家具上大量应用面料包覆，靠背椅均用涡纹雕饰，采用优美的弯腿，座位靠背用豪华锦缎等织物。

3. 巴洛克风格的主要特点

1）豪华，既有宗教特色，又有享乐主义的色彩。

2）极力强调运动，运动与变化是巴洛克艺术的灵魂，造型上多采用圆、椭圆、弧来表现作品的张力。

3）作品突出空间感和立体感，是一种激情艺术，非常强调艺术家的丰富想象力。

4）具有综合性，强调艺术形式的综合手段。例如，在建筑上重视建筑与雕刻、绘画的综合，此外，也吸收了文学、戏剧、音乐等领域里的一些因素和想象。

5）大量使用装饰品（通常是镀金、石膏，或者粉饰灰泥、大理石或人造大理石），以及巨大尺度的顶棚壁画。

（十一）洛可可室内装饰风格（18世纪20年代～18世纪后期）

1. 洛可可风格的概念

洛可可风格是法国巴洛克风格之后发展起来的设计风格，于18世纪中后期在欧洲盛行。洛可可一词来源于法语，是岩石和贝壳的意思，意在表明装饰形式的自然特征。与巴洛克风格的厚重相比较，洛可可风格趋向于纤巧柔和的装饰形式。为了模仿自然形态，室内建筑部件也往往做成不对称形状，喜欢用弧线和S形线，变化万千，但有时流于矫揉造作。其特点为造型多用曲线、转折、旋转等形态进行装饰，装饰繁琐、华丽，具有女性化的特征。室内空间与家具的体积缩小，墙壁以植物叶、飞禽、蚌纹等装饰，具有流动、轻快的特征。家具造型曲线优美，制作精细，装饰豪华（图5-39）。

2. 洛可可风格的主要设计元素

（1）室内空间装饰

1）墙面　墙面大量镶嵌镜子、镶板，护壁板有时用木板，有时作框格，框内四周有一圈花边，中间衬以浅色东方织锦，墙面粉刷爱用嫩绿、粉红、玫瑰红等鲜艳的浅色调，线脚用金色。

2）顶棚　顶棚多用天蓝色，绘以白云，闪烁光泽，顶棚与墙面有时以弧面相连，转角处布壁画。

（2）装饰构造

1）装饰呈平面化而缺乏立体感。在室内设计中排斥一切建筑母题，如过去用壁柱

图 5-39 洛可可风格

的地方改用镶板或镜子，四周用细巧复杂的边框围起来。圆雕和高浮雕换成色彩艳丽的小幅绘画和薄浮雕，并且浮雕的轮廓融进底子的平面之中，线脚和雕饰都是又细又薄的。

2）装饰题材趋向自然主义。最常用的是千变万化的、舒卷纠缠的草叶，此外还有贝壳、棕榈等。

3）惯用娇艳的颜色。常选用嫩绿、粉红、玫瑰红等色彩，线脚多为金色，顶棚往往画着蓝天白云的天顶画。色彩以金色、黑色布置于色彩之中，增加色彩的对比度。

4）喜爱闪烁的光泽。墙上大量镶嵌镜子，悬挂晶体玻璃或水晶吊灯，常陈设各种瓷器，壁炉用磨光的大理石围护，喜欢在镜前安装烛台，营造摇曳不定的迷离效果。

5）洛可可装饰的特点是细腻柔媚，常常采用不对称手法。

（3）雕刻 多用色彩艳丽的浅浮雕，线脚和雕饰较为细薄。

（4）饰物 饰物包括烛台（安装在大镜子前）、壁炉（采用磨光大理石）、瓷器。

（5）家具 家具以胡桃木为主，常用回旋曲折的贝壳形曲线和精细纤巧的雕饰为主要特征，腿部用S形弯腿，少用交叉的横撑，图案装饰题材有海贝、卵形、花叶、果实、绶带、涡卷和天使，座椅蒙面材料多为绣有花纹图样的天鹅绒或缎子，涂饰色彩有黑、红、绿、白、金等色。

（6）造型　无方形墙角，喜欢圆、椭圆、长圆或圆角多边形。

（十二）新古典主义室内装饰风格（18世纪下半叶至今）

1. 新古典主义的概念

新古典主义建筑风格在历史上曾三度出现。第一次是在18世纪下半叶～19世纪后期，这是欧洲古典主义的最后一个阶段，其特点是体量宏伟，柱式运用严谨，而且很少用装饰；第二次出现在20世纪初期，带有一定的复古特征；第三次出现在20世纪后期，其主要特征是把古典主义和现代主义结合起来，并加入新形势，这一风格在当今世界各国颇为流行。新古典主义，一方面起于对巴洛克和洛可可艺术的反对，另一方面则是希望以重振古希腊、古罗马的艺术为信念即反对华丽的装饰，尽量以俭朴的风格为主。

新古典主义也称为历史主义，主要是运用传统美学法则，并使用现代材料与结构进行室内空间设计，追求一种端庄、典雅的设计风格，反映现代人的怀旧情绪和传统情结。在建筑及内部设计上，新古典主义虽然以古典美为典范，但重视现实生活，认为单纯、简单的形式是最高理想，强调在新的理性原则和逻辑规律中，解放性灵，释放情感（图5-40）。

图5-40　新古典主义装饰风格

新古典主义的具体特征如下：一是追求典雅的风格，并用现代材料和加工技术去追求传统的风格特点；二是对历史中的样式用简化的手法，且适度地进行一些创造；三是注重装饰效果，往往会照搬古代家具、灯具及陈设艺术品来烘托室内环境气氛。

2. 新古典主义的主要设计元素

（1）布局　寻求功能性，力求厅室布置合理。

（2）装饰　在室内空间装饰上，各界面构件造型，如帆拱、筒形拱顶均采用规整的几何形，严谨而有分寸，细部极其精致。各部位的线脚、檐壁涡形浮雕图案等都清晰明确，浮雕、壁画、圆雕合理分布在恰当的位置。地面一般采用色彩明艳的大理石，与顶面相呼应，整个内部结构严密紧凑。

（3）柱式　古典柱式被重新采用，广泛运用多立克、爱奥尼、科林斯式柱式，复合式柱式则被取消，设在柱础上的简单柱式或壁柱式代替了高位柱式。

（4）家具　家具通常用镀金的铜作为镶嵌或装饰件，色调华丽。另外，路易十六式的风格也比较盛行，仍然以直线作为造型构图基调，即使是曲线，也只是比较规矩的圆、椭圆或圆弧。装饰逐渐向简洁、严正和单纯的方向发展。

（5）色调　白色、金色、黄色、暗红色是常见的主色调，糅合少量白色，使色彩看起来明亮、大方，使整个空间给人以开放、宽容的非凡气度，丝毫不显局促。

（6）造型　几何造型再次成为主要形式，提倡自然的简洁和理性的规则，比例匀称，形式简洁而新颖。在造型语言上，常选用羊皮或带有蕾丝花边的灯罩，铁艺或天然石磨制的灯座，古罗马卷草纹样和人造水晶珠串也是常用的视觉符号。

（十三）浪漫主义室内装饰风格（18世纪末~19世纪后期）

1. 浪漫主义的概念

浪漫主义建筑思潮主张发扬个性，提倡自然主义，反对僵化的古典主义，主张用中世纪的艺术风格与学院派的古典主义艺术相抗衡。这种思潮在建筑上表现为追求超尘脱俗的趣味和异国情调。因其更多地以哥特式建筑形象出现，所以又称为哥特复兴。浪漫主义除了仿哥特式建筑外，还吸收土耳其、埃及、中国等国家的建筑艺术，但又对东方建筑艺术一知半解，使脱离现实的幻想更加浪漫（图5-41）。

2. 浪漫主义风格的主要设计元素

（1）具有古典主义内涵和哥特式的外衣　例如英国议会大厦，其内部设计更多地流露出玲珑精致的哥特式风格，尤其是立面，通过对体积、比例上的精巧平衡以及轮廓明晰的细节，传达出一种哥特式设计风格所特有的艺术魅力。

（2）运用新的材料和技术　19世纪初，一些浪漫主义建筑运用了新的材料和技术，这种科技上的进步，对以后的现代风格产生了很大的影响。最著名的例子是巴黎国立图书馆。该图书馆在大厅的顶部由铁骨架构成帆拱式的穹窿，下面以铁柱支撑。圆的穹顶和弧形拱门起伏而有节奏，给人以强烈的空间感受。同时，为了保留对传统风格的延续，在适当的部位进行古典元素的处理，如铁柱的下部加了柱基，在拱门上

图5-41　浪漫主义装饰风格

做了一圈金属花饰环带。

（十四）折衷主义室内装饰风格（19世纪末～20世纪初）

1. 折衷主义的概念

折衷主义风格的特点是：任意模仿历史上的各种风格，或对各种风格进行自由组合。不讲求固定的法式，只讲求比例均衡，注重纯形式美。但它仍没能摆脱复古主义的范畴。建筑在内容和形式之间的矛盾仍没有获得解决。代表作有巴黎歌剧院（图5-42）。

2. 折衷主义风格的主要设计元素

折衷主义风格就是一种古典建筑风格的"混搭风"，可称之为随意主义，但折衷主义本身追求的是最终的美感与平衡。由于时代的进步，折衷主义追求的是创新。可以以现代室内设计风格为主线，加入一些巴洛克或洛可可风格的华丽装饰作为点睛之笔，也可用中国古典元素与现代风格相结合。

（十五）工艺美术运动室内装饰风格（19世纪下半叶～20世纪初）

1. 工艺美术运动的概念

工艺美术运动起源于19世纪下半叶英国的一场设计改良运动，艺术家莫里斯提倡艺术化的手工制品，强调古趣，提出了"要把艺术家变成手工艺者，把手工艺者变成艺术家"的口号。主张回溯到中世纪的传统，同时也受日本艺术的影响，他们的目的是诚实的艺术。1859年，莫里斯邀请同事韦伯为其设计住宅——红屋，这座红色清水墙的住宅融合了英国乡土风格及17世纪的意大利风格，平面根据功能需要布置成L

a)

b)

图 5-42 巴黎歌剧院

形，而不采用古典的对称格局（图 5-43）。

2. 工艺美术运动的主要设计元素

（1）室内装饰性强 室内装饰强调手工艺术。比如，红屋的木制中楣将墙划分成几个水平带，其最上部用连续的石膏花饰，贴着流金的日本花木图案的壁纸，并陈设上具有东方情调的古扇、青瓷、挂盘等。

（2）壁纸织物 壁纸织物设计成平面化的图案。

（3）家具颜色 家具采用拉斐尔前派爱用的暗绿色来代替赤褐色。

图5-43　红屋外观

（十六）新艺术运动室内装饰风格（19世纪80年代~20世纪初）

1. 新艺术运动的概念

新艺术运动不同于工艺美术运动，它主张艺术与技术相结合，在室内设计上体现了追求适应工业时代精神的简化装饰。其最重要的特性就是充满有活力的、波浪形和流动的线条，使传统的装饰充满了活力。新艺术运动发展的最高峰是1900年在巴黎举行的世界博览会。霍尔塔设计的布鲁塞尔都灵路12号住宅，即塔塞尔住宅，是新艺术运动的最早实例。该住宅外装修较节制，室内装饰却热情奔放，铁制龙卷须把梁柱盘结在一起，尤其是令人难忘的楼梯及立柱上面的铁制线条所具有的韵律感，既整体又和谐。可以看出，设计师把铁看成一种有机的线条，从而把这种新的结构材料与其装饰的可能性充分结合起来（图5-44）。另外，在色彩处理上也轻快明亮，这也蕴含了现代主义设计的许多思想。新艺术运动的家具同样以表现自然曲线作为家具的装饰风格，模仿自然形态，处处满布枝干曲线和花叶的装饰纹样，蜿蜒起伏，完全像植物一样富有活力。

2. 新艺术运动的主要设计元素

（1）装饰主题　装饰主题模仿自然界草本形态的流动曲线，如塔塞尔住宅中的楼梯及立柱上面的铁制线条，顶棚的角落和墙面也画上卷腾的图案（图5-45），以及灯具和陶瓷锦砖地面都运用了这一类图案。

（2）家具造型　家具造型以自然曲线作为家具的装饰风格。

图 5-44　都灵路 12 号住宅

图 5-45　莫里斯壁纸

二、现代的装饰设计风格

（一）现代主义室内装饰风格（20 世纪初至今）

1. 现代主义风格的概念

20 世纪初，在欧洲和美国相继出现了艺术领域的变革，这场运动的影响极其深远，它完全、彻底地改变了视觉艺术的内容和形式，出现了诸如立体主义、构成主义、未来主义、超现实主义等一些反传统而富有个性的艺术风格。所有这些都对建筑及室内设计的变革产生了直接的激发作用。现代主义建筑风格主张设计为大众服务，改变了数千年来设计只为少数人服务的立场。它的核心内容不是简单的几何形式，而是采用简洁的形式达到低成本的目的，强调建筑师要研究和解决建筑的实用功能和经济问题，主张积极采用新材料、新结构，坚决摆脱过时的建筑样式的束缚，放手创造新的建筑风格，主张发展新的建筑美学，创造建筑的新风格（图 5-46）。

现代主义建筑的代表人物提倡新的建筑美学原则。其中包括表现手法和建造手段的统一；建筑形体和内部功能的配合；建筑形象的简洁和逻辑性；灵活均衡的非对称构图；在建筑艺术中吸取视觉艺术的新成果。现代主义建筑是功能至上的。盛期的现代主义建筑被称为国际主义风格，它主要由理性国际主义、粗野主义、典雅主义和有机功能主义四个流派组成。

2. 现代主义风格的主要设计元素

1）重视功能和空间组织，注重发挥结构构成本身的形式美，造型简洁，反对多余

图 5-46　现代主义装饰风格

装饰；讲究材料自身的质地和色彩的配置效果；强调设计与工业生产的联系。

2）现代主义就是代表实用、理性、简洁和中性。现代主义用减法去掉繁杂的装饰、非本质的功能和情感，力求创造出适应工业时代精神、独具新意的简化装饰，设计通俗、清新。

3）现代主义风格的空间设计着重体现营造简洁、轻松的空间感，留给人们一个没有束缚、自由简约的生活空间。

4）现代主义风格家具主张从功能出发，着重发挥形式美，多采用最新工艺与科技生产的材料。现代风格家具突出的特点是简洁、实用、美观，兼具个性化展现，色彩以中性或单色为主，有时会出现一两种非常明亮的点缀色。

5）现代主义风格的色彩主要以低纯度高明度为主，多用黑、白、灰等中性色，有层次感但不跳跃，处处讲究舒适，线条简洁、大方、流畅，不做过多的修饰。

6）现代主义风格设计尊重材料的性能、质地和色彩的配置效果，如坚硬、平整的花岗石地面，平滑、精巧的镜面饰面，轻柔、细软的室内纺织品，以及自然、亲切的本质面材等。

（二）国际主义室内装饰风格（20世纪30年代～20世纪70年代）

1. 国际主义的概念

现代主义设计是对于工业化和当时贫穷的社会状况进行的探索性设计，但是国际主义在美国富裕的环境下完全抛弃了这一点，它是一种商业性的设计。国际主义风格运动阶段，主要是以密斯的国际主义风格为主要建筑特征而形成的，具体特征是采用"Less is more"，即"简洁就是丰富"的减少主义原则，强调简单、明确、结构突出，强化工业特点。在国际主义风格的主导下，出现了各种不同风格的探索，从而以多姿多彩的形式丰富了建筑及室内设计的风格和面貌。国际主义风格时期的建筑与室内设计作品尽管风格虽不相同，但都注重功能和建筑工业化的特点，反对虚伪的装饰。在室内设计方面，具有空间自由开敞，内外通透；内部空间各界面简洁流畅；家具、灯具、摆设以及绘画、雕塑等质地纯洁、工艺精细等诸多特点。

2. 国际主义风格的主要设计元素

（1）材料

1）使用钢铁、玻璃、混凝土等现代材料。这一点与现代主义没有多少区别，都注重对现代材料的运用。

2）预制安装件，这也和现代主义一样。运用工业化的大批量标准化的生产，使得这种方式成为可能。

3）玻璃幕墙是国际主义的一个很重要的特征。将墙面用大片的玻璃代替是由美国的社会所决定的，美国人需要有种形式能够显示他们的富裕，玻璃幕墙就非常对他们的胃口，它既能显示美国人的富有，又展示了他们的高科技成果和现代化程度。

（2）少就是多，采用几何形式 国际主义在这点上继承或夸张了密斯·凡·德罗"少就是多"的思想。现代主义只是反对过分的、繁琐的装饰，达到一种简洁的、单纯的审美感受；而国际主义极其推崇几何的形式，不要装饰。

（3）在设计上影响广泛 国际主义在设计上影响广泛，平面、产品、室内设计都受到它的影响。比如平面设计——以简单明快的排版和无饰线体字体为中心，形成高度功能化、非人性化、理性化的平面设计方式，影响了世界各国的设计风潮。

（三）未来主义室内装饰风格（20世纪初~20世纪后期）

1. 未来主义的概念

未来主义是20世纪初期流行于欧洲的资产阶级文艺思潮流派之一。它首先产生在欧洲的南端——意大利，波及英、法，而后盛行于俄罗斯。

未来主义者认为，20世纪的工业、科学、交通的发展突飞猛进，使人类世界的精神面貌发生了根本性的变化，技术和竞争已成为时代的主要特征。因此，他们宣称追求未来，主张与过去截然分开，否定以往的一切文化成果和文学传统，鼓吹在主题、风格等方面采取新形式，以符合机器和技术、速度和竞争的时代精神。未来主义者蔑视一切文化遗产，主张否定过去，毁灭艺术传统。他们深感只有都市化、工业化和高速这三个要素，才足以体现时代的新精神。马利内特在《未来主义宣言》中指出："最新科学上的种种发明使人的感受性非常敏锐，在实际上，不能不用新的感情以代替旧的感情了。新的感情必定用新的表现形式来表达"。他们设想要把艺术从消极的颓废引向积极的抗衡，从象征转到现实，从过去带到未来，这就是未来主义的由来及其含义。

直到20世纪后期，在世界上的一些著名建筑作品中，还能看到未来主义建筑师的各种思想火花，如巴黎蓬比杜艺术文化中心和中国香港汇丰银行大厦等。

2. 未来主义风格的主要设计元素

未来主义风格是由大量采用新金属、新建筑材料、色彩的大胆使用和夸张的表现形式而形成的共同体。例如，北京奥运会主场馆鸟巢就是未来主义的典范。

（四）粗野主义室内装饰风格（1953～1967年）

1. 粗野主义的概念

粗野主义建筑来自20世纪50年代初的英国。它主张使用不抹灰的钢筋混凝土构件，这样比较经济，同时可以形成一种毛糙、沉重与粗野的风格，给人以不修边幅但很有力度的感觉。马赛公寓是粗野主义达到成熟阶段的标志。

伦敦南岸艺术中心和伦敦英国皇家剧院像是巨大而沉重的雕塑品，一块块的巨大房屋部件，连同粗大而毛糙的混凝土横梁，仿佛是粗鲁地碰撞在了一起，成为"粗野主义"的杰作。以保留水泥表面模板痕迹，采用粗壮的结构来表现钢筋混凝土的"粗野主义"，以柯布西耶为代表人物，追求粗鲁的、表现诗意的设计，是国际主义风格走向高度形式化的一种发展趋势。柯布西耶在法国设计的朗香教堂，是其里程碑式的作品，粗糙而古怪的形状，无论是墙面，还是屋顶，几乎找不到一根直线（图

图5-47　朗香教堂

5-47）。史密森夫妇追随柯布西耶粗犷的建筑风格，热衷于对建筑材料特性的表现，并将之理论化、系统化，形成一种有理论、有方法的设计倾向。他们自称为"新粗野主义"，即柯布西耶以前的探索则为"粗野主义"。二者一脉相承，并无本质上的差异。

2. 粗野主义风格的主要设计元素

1）粗野主义以表现建筑自身为主，讲究建筑的形式美，认为美是通过调整构成建筑自身的平面、墙面、空间、车道、走廊、形体、色彩、质感和比例关系而获得的。

2）粗野主义把表现与混凝土的性能及质感有关的沉重、毛糙和粗鲁作为建筑美的标准，在建筑材料上保持了自然本色。

3）以大刀阔斧的手法使建筑外形形成粗野的面貌，突出地表现了混凝土"塑性造型"的特征。

（五）典雅主义室内装饰风格（20世纪初～20世纪中后期）

1. 典雅主义的概念

典雅主义可译为形式美主义，又称为新复古主义，是第二次世界大战后，美国官方建筑的主要思潮。它吸取古典建筑传统构图手法，比例工整严谨，造型简练轻快，偶有花饰，但不拘于程式；以传神代替形似，是第二次世界大战后新古典区别于20世

纪30年代古典手法的标志；建筑风格庄重精美，通过运用传统美学法则来使现代的材料与结构产生规整、端庄、典雅的安定感。典雅主义发展的后期出现两种倾向：一种是趋于历史主义，另一种是着重表现纯形式与技术特征。

2. 典雅主义风格的主要设计元素

1）典雅主义讲究结构精细、简洁利落提出设计要满足心理功能，即秩序感等形式美的因素，以及使人的生活增加乐趣和令人欢娱振奋的形态，而不仅仅是满足实用这一功能要求。

2）典雅主义讲求结构及室内装饰的形式美。例如，约翰逊早在1949年为自己设计了玻璃住宅，其钢筋混凝土梁柱在形式上力求精美，起居室中布置的密斯巴塞罗那钢皮椅子，其精致的形式与建筑空间极为协调，同时运用油画、雕塑和白色的长毛地毯等室内陈设品丰富了建筑过于简练的结构形式，说明这一时期的设计已充分考虑到使用者的心理需求（图5-48）。

图5-48　玻璃住宅

（六）有机功能主义室内装饰风格（始于20世纪中叶）

1. 有机功能主义的概念

（1）有机设计　有机这个名词原指造型上展示曲线或生物形态，而有机设计是指一种设计，当它整体中的各部分能根据结构、材料和使用目的核心地组织在一起时，就可以称作是有机的。在这一定义中，可以不需要徒劳无用的装饰或多余之物，而美的部分仍然是显赫的——只要有理想的材料选择、视觉上的巧妙安排以及将要使用之物有其理性上的优雅即可。这是对有机设计最完善和最深刻的理解。

（2）功能主义　功能主义是指要在设计中注重产品的功能性与实用性，即任何设计都必须保证产品功能及其用途的充分体现，其次才是产品的审美感觉。简而言之，功能主义就是功能至上。

（3）有机功能主义　有机功能主义是以粗壮的有机形态，用现代建筑材料和结构形式来设计大型公共建筑空间。其最突出的代表人物是美国建筑师沙里宁，他被称为有机功能主义的主将。有机功能主义风格采用有机形态和现代建筑结构相结合，打破了国际主义建筑简单立方体结构的刻板面貌，增加了建筑内外的形式感。肯尼迪国际机场的美国环球航空公司候机大楼是沙里宁有机功能主义的重要建筑。其外观造型酷似一只振翅欲飞的大鸟，内部空间层次丰富、功能合理。更重要的是，由于结构的因素而产生一种全新的空间形象。它集象形特质、应力形态与功能性于一体，充分实现了结构、形式和功能的统一。

被称为建筑史上最经典的抒情建筑——悉尼歌剧院，也属于这一风格的作品，尤其是最小一组壳片拱起的屋面系统覆盖下的餐厅内部，更有一种前所未有的视觉空间效果（图5-49）。

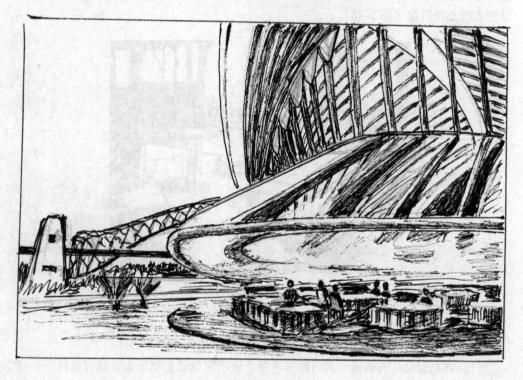

图5-49　悉尼歌剧院餐厅

2. 有机功能主义的主要设计元素

1）将室内建筑的功能、结构、适当的装饰及建筑的环境融为一体，强调建筑的整体性，使室内建筑的每一部分都与整体协调。

2）有机功能主义主要采用柔和的曲线，充分发挥色彩的作用，在日用品、家具和室内建筑上，形成了一种新的设计风格。其风格在于它的形体和边角都发生了柔化和弯曲，并与天然材料相结合，形成了一种怀旧的有机形，如"天鹅椅"、"蛋椅"、"蚁椅"等，更加符合大众的审美情趣。

3）无论是起居室、卧室、厨房、卫生间、衣柜的设计，还是在室内空间的照明设计，都运用了人机工程学的原理进行优化设计，而且都注重材料的新型性、节能性和环保性，做到了设计与实际的统一。

（七）后现代主义室内装饰风格（20世纪中叶至今）

1. 后现代主义的概念

20世纪60年代末，在建筑中产生的后现代主义，主要是针对现代主义、国际主义风格千篇一律、单调乏味的减少主义，主张以装饰的手法来达到视觉上的丰富，设计讲究历史文脉、隐喻和装饰。后现代主义室内设计理念完全抛弃了现代主义的严肃与简朴，往往具有一种历史隐喻性，充满大量的装饰细节，刻意制造出一种含混不清、令人迷惑的情绪。后现代主义的概念至今都没有一个确切的定义，这是由后现代主义的多元性和复杂性决定的。不确定性是后现代主义的根本特征之一，这一概念具有多重含义。美国建筑师罗伯特·斯特恩提出后现代主义建筑有三个特征：采用装饰，具有象征性或隐喻性，与现有环境融合。"Less is bore"（太简单让人厌烦）较能体现这一理念（图5-50）。

图5-50　后现代主义装饰风格

后现代主义的设计可以由以下事实得到鉴别：不同风格，无论是新的还是旧的，被加以折衷主义地并置在一起，并通过现代主义的技术与最新的材料得到强化。立柱、柱廊、拱门重新复活了，空间里填满了树木花草与小喷泉，断断续续的线条受到欢迎，色彩被邀请与形状相合作。建筑也需有叙事，它采用过去的象征性符号，试图变得有趣而又热烈，这样就能皆大欢喜地受到观众的喜爱。

2. 后现代主义的主要设计元素

（1）强调形态的隐喻以及装饰的文化性和历史性 后现代主义室内设计运用了众多隐喻性的视觉符号，肯定了装饰对于视觉的象征作用，使装饰又重新回到室内设计中，装饰意识和手法有了新的拓展，光、影和建筑构件构成的通透空间成了装饰的重要手段。后现代设计运动的装饰性为多种风格的融合提供了一个多样化的环境，使不同的风貌并存。

（2）主张新旧融合、兼容并蓄的折衷主义立场 后现代主义设计并不是简单地恢复历史风格，而是把眼光投向被现代主义运动所摒弃的广阔的历史建筑中，承认历史的延续性，有目的、有意识地挑选古典建筑中具有代表性的、有意义的东西，对历史风格采取混合、拼接、分离、简化、变形、解构、综合等方法，运用新材料、新的施工方式和结构构造方法来创造历史风格，从而形成一种新的形式语言与设计理念。

（3）强化设计手段的模糊性和戏谑性 后现代主义室内设计师运用分裂与解析的手法，打破和分解了既存的形式、意向格局和模式，导致一定程度上的模糊性和多义性，将现代主义设计冷漠、理性的特征反叛为一种在设计细节中采用的调侃手段，以强调非理性因素来达到一种设计中的轻松和宽容。

（八）戏谑古典主义室内装饰风格（时段类同新古典主义）

1. 戏谑古典主义的概念

戏谑古典主义（Ironic Classicism）或译为嘲讽的古典主义，也有人称之为符号性古典主义，是后现代主义中影响最大的一种类型。从设计的装饰动机来看，应该说这种风格与文艺复兴时期以来的人文主义有密切的联系。与传统的人文主义风格的不同之处在于它嘲讽古典主义，而设计师除了冷嘲热讽地采用古典符号来传达某种人文主义信息之外，对于现代主义、国际主义风格则基本是无能为力的。被称为后现代主义室内设计典范作品的奥地利旅行社。旅行社营业厅是一个独特的、饶有风味的中庭。中庭是拱形的发光顶棚，它仅用一根植根于已经断裂的古希腊柱式中的白钢柱支撑，这体现了设计师对历史的理解，因而采用这种寓意深刻的处理手法。当人们从休息亭回头观望时，会看到一片倾斜的大理石墙面与墙壁相接，使人很自然联想到古埃及的金字塔。所有这些历史的、现代的、不同地域的、不同国家的语言、符号，恰如其分地体现着"含混"、"折衷"和"戏谑"（图5-51）。

2. 戏谑古典主义的主要设计元素

1）重新确立历史传统的价值，采用古典建筑元素。

2）采用装饰，追求隐喻与象征。

3）走向文化的多元性和大众化。

图5-51 奥地利维也纳旅行社中庭

4）设计中采用折衷的、戏谑的、嘲讽的表现手法来运用部分的古典主义形式或符号。

5）用各种刻意制造矛盾的手段，诸如变形、断裂、错位、扭曲等，把传统构件组合在新的情境中，以期产生含混复杂的联想，在设计中还充满一种调侃、打趣的色彩。

（九）传统现代主义室内装饰风格（时段类同后现代主义）

1. 传统现代主义的概念

传统现代主义其实也是后现代主义风格的一种狭义类型。它与戏谑古典主义不同，没有明显的嘲讽。后现代主义从现代主义和国际主义风格中衍生出来，并对其进行反思、批判、修正和超越。然而，后现代主义在发展的过程中没有形成坚实的核心，也没有出现明确的风格界限，有的只是众多的立足点和各种流派不尽相同的风格特征。位于美国肯塔基州的休曼纳大厦是最为突出的传统现代主义的代表作品，其内部设计更堪称后现代主义中的经典。大堂墙面左右两侧和正前方都是深绿色的大理石洞口，从而使空间霍然开敞，顶棚是带有古典意味的拱顶。圆厅中心是一个极其简洁的紫红色大理石环廊，让人很自然地联想到古罗马的圆形柱廊，既凝重又不失古典的浪漫。整个形象运用了现代的空间

图 5-52　休曼纳大厦

和手法，没有明显的古典语汇，但通过隐喻与暗示带来一种传统的高雅而华贵的氛围（图 5-52）。

2. 传统现代主义的主要设计元素

1）传统现代主义属于后现代主义的范畴，也具有后现代主义建筑的三个特征：采用装饰，具有象征性或隐喻性，与现有环境融合。

2）传统现代主义体现在"传统"上，即它以采用传统风格为动机，实际上多半界于一半现代主义、一半传统风格之间，没有任何冷嘲热讽的动机。但更加讲究细节的装饰效果，因而更加丰富、奢华。

3）传统现代主义的基础依然是现代主义，只是适当地采取古典的比例、尺度、某些符号特征作为发展的构思，同时更注意细节的装饰，在设计语言上更加大胆而夸张，并多借鉴折衷主义的手法。

（十）高技派室内装饰风格（20 世纪中叶至今）

1. 高技派的概念

高技派风格在建筑及室内设计形式上主要是突出工业化特色和技术细节，运用新技术手段反映建筑和室内的工业化风格，创造一种富有时代情感和个性的美学效果。高技派反对传统的审美观念，在建筑室内设计中坚持采用新技术，在美学上极力鼓吹

表现新技术的做法，以及讲求技术精美和粗野主义倾向。其代表作是法国蓬皮杜国家文化艺术中心，其建筑外观像一个现代化的工厂，结构和各种涂上颜色的管道均暴露在外。在室内空间中，所有结构管道和线路同样都成为空间构架的有机组成部分。其主体空间是跨度达48m的极度灵活的大空间，可以根据需要自由布置，而电梯、楼梯、设备等辅助部分被放置在建筑外面，以保证内部空间的绝对灵活性（图5-53）。

图5-53　法国蓬皮杜国家文化艺术中心

2. 高技派风格的主要设计元素

1）认为功能可变，结构不变。表现技术的合理性和空间的灵活性，既能适应多功能需要，又能达到机器美学效果。这类建筑的代表作首推法国蓬皮杜国家文化艺术中心。

2）内部结构外显，显示内部构造和管道线路，强调工业技术特征。

3）表现过程和程序，表现机械运行，如将电梯、自动扶梯的传送装置都做透明处理，强调透明和半透明的空间效果。

4）提倡采用最新的材料，如高强钢、硬铝、塑料和各种化学制品来制造体量轻、用料少，能够快速与灵活装配的建筑。

5）室内装修中多使用金属材料、玻璃、石材这三大材料。其中，金属材料以铝材、不锈钢为主。铝材有铝通、铝单板，其表面涂饰有氟碳喷涂、静电粉末喷涂、锔漆和本色四大工艺；不锈钢的表面处理常用的有镜面、拉丝面、砂面、腐蚀面工艺，特别是在镜面不锈钢上加药水砂，其视觉效果很特别。玻璃从本身的功能来看，有安全玻璃、艺术玻璃、普通玻璃；从饰面效果来分有焗漆、喷砂、药水砂、绿网砂等装饰工艺。

（十一）解构主义室内装饰风格（始于20世纪中后期）

1. 解构主义的概念

解构主义是对具有正统原则的现代主义与国际主义风格的否定与批判。其作品采用极度扭曲错位和变形的手法，使建筑物及室内表现出无序、失稳、突变、动态的特征。设计特征可概括为：刻意追求毫无关系的复杂性，无关联的片断与片断的叠加、重组，具有抽象的废墟般的形式和不和谐性；反对一切既有的设计规则，热衷于肢解理论，打破了过去建筑结构重视力学原理的横平竖直的稳定感、坚固感和秩序感；无中心、无场所、无约束，具有设计者因人而异的任意性。解构主义的出现与流行也是因为社会不断发展，用以满足人们日益高涨的对个性、自由的追求以及追新猎奇的心理。

被认为是世界上第一个解构主义作品的是弗兰克·盖里的住宅。这个住宅的厨房和餐厅是其设计的精华所在。餐厅转角处倾斜的透明玻璃与厨房的天窗产生一种摇摇欲坠、跌落成斜角的效果，但有扩大采光面积与采光角度的功能。这两个窗同墙上的漏窗在同一立面上，构成了充满矛盾、强烈对比的形象。然而，这种破碎的、对立的结构方式只是停留在形式方面，而在功能方面不可能真的解构，像厨房中的操作台、橱柜等都是水平的，各种保温、隔声、排水等功能也不能任意颠倒（图5-54）。

解构主义给了室内设计一个充满新意、可以自由变化的空间，要将解构主义应用于室内装修设计中，使设计成功地显示出艺术及实用完美结合的效果，必须通过形体叠加、突变等来表现。例如中国台湾著名的创意料理餐厅的空间设计，其流体般的交错美感——解构主义美学、华丽流畅的线条、强烈的动感、震撼的力度，展现犹如来自外层空间超现实的意境，让不规则的秩序与动态的平衡相互交融并存。

图5-54 盖里的住宅内部

2. 解构主义的主要设计元素

（1）"块状"形式 解构主义的表现形式是以"块"出现，主要考虑形体变化，色彩的应用也应通过大色块来体现，但色彩的对比一定要错开，这样的处理能表现较强的逻辑性，形体交代清楚，明显弱化装饰，会产生非常好的整体效果。

（2）散乱 避开古典的建筑轴线和团块状组合，总体形象上一般都做得支离破碎、疏松零散，边缘上纷纷扬扬、犬牙交错、变化万千。在形态、色彩、比例、尺度、方向的处理上极度自由，超脱建筑学已有的一切程式和秩序。

（3）残缺 有的地方故做残缺状、缺落状、破碎状、不了了之状，力避完整，不求完全，令人们愕然，耐人寻味。处理得好，则令人有缺陷美之感。

（4）突变 种种元素和各部分的连接常常很突然，没有预示，没有过渡，生硬、牵强、风马牛不相及，偶然、碰巧是突变的特点。

（5）动势 大量采用倾倒、扭转、弯曲、波浪形等富有动态的形体，制造出失稳、失重，好像即将滑动、滚动、错移、翻倾、堕落以至似乎要坍塌的不安态势。有的则能产生轻盈、活泼、灵巧以至潇洒、飞升的印象，同古典建筑稳重、端庄、肃穆的姿态完全相反。

（6）新奇 建筑师在创作中总是努力标新立异，极力超越常理、常规，追求让人惊诧叫绝、叹为观止的形式。

（7）符号化 讲究从古典文化、历史传统和实践经验中提炼出具有象征性的符号、符号化的拼贴、符号寓意的形体的穿插。

（十二）极简主义室内装饰风格（始于20世纪中后期）

1. 极简主义的概念

极简主义是对现代主义的"少就是多"纯净风格的进一步精简和抽象，发展成"Less is all"，抛弃在视觉上任何多余的元素，强调设计的空间形象及物体的单纯、抽象，采用简洁明晰的几何形式，使作品整体简洁、有序而有力量（图5-55）。这种设计风格，在感官上简约整洁，在品位和思想上更为优雅。

图5-55　极简主义风格

2. 极简主义的主要设计元素

1）将室内各种设计元素在视觉上精简到最少，大尺度、低限度地运用形体造型。

2）追求设计的几何性秩序感。

3）注意材质与色彩的个性化运用，并充分考虑光与影在空间中的作用。

（十三）新洛可可派室内装饰风格（始于20世纪初）

1. 新洛可可的概念

洛可可原为18世纪盛行于欧洲宫廷的一种建筑装饰风格，以精细轻巧和繁复的雕饰为特征。新洛可可仰承了洛可可繁复的装饰特点，但装饰造型的"载体"和加工技术却运用现代新型装饰材料和工艺手段，从而具有华丽而略显浪漫、传统中仍不失有时代气息的装饰氛围，强调利用科学技术提供的可能性，反映现代工业生产的特点，即用新的手段去达到洛可可派想要达到的目的。

新洛可可风格在当今室内装饰的应用仍具有典型的女性特征，其线条、装饰图案等都具有女性的柔性情怀（图5-56）。

2. 新洛可可派的主要设计元素

1）大量采用表面光滑和反光性强的材料。

2）重视灯光效果，特别喜欢用灯槽和反射灯。

3）常采用地毯和款式新颖的家具，以营造一种华丽、浪漫的气氛。

4）家具及室内墙面的色彩都体现一种女性文化的特点，家具上的线条与装饰图案爱采用弧线、S形曲线、花草、贝壳等柔性线条；墙面色彩爱用嫩绿、粉红等鲜艳的淡色。

图 5-56　新洛可可派风格

（十四）风格派室内装饰风格（始于20世纪20年代）

1. 风格派的概念

风格派起始于20世纪20年代的荷兰，是以画家P. 蒙德里安等为代表的艺术流派，强调"纯造型的表现"，"要从传统及个性崇拜的约束下解放艺术"。风格派认为，"把生活环境抽象化，这对人们的生活就是一种真实"。风格派主要追求一种终极的、纯粹的实在，追求以长和方为基本母题的几何体，把色彩还原回三原色，界面变成直角，无花饰，用抽象的比例和构成代表绝对、永恒的客观实际。室内装饰和家具经常采用几何形体以及红、黄、青三原色，间或以黑、灰、白等色彩相配置。风格派的室内设计在色彩及造型方面都具有极为鲜明的特征与个性。建筑与室内常以几何方块为基础，对建筑室内外空间采用内部空间与外部空间穿插统一构成为一体的手法，并以屋顶、墙面的凹凸和强烈的色彩对块体进行强调（图5-57）。

2. 风格派的主要设计元素

1）把传统的建筑、家具和产品设计、绘画、雕塑的特征完全剥除，变成最基本的集合结构单体，或者称为元素。

2）把这些几何结构单体进行结构组合，形成简单的结构组合，但在新的结构组合当中，单体依然保持相对独立性和鲜明的可视性。

3）对非对称性的深入研究与运用。

4）非常特别地反复应用横纵几何结构和基本原色及中性色。

（十五）装饰艺术派室内装饰风格（始于20世纪20年代）

1. 装饰艺术派的概念

装饰艺术派（或称为艺术装饰派）起源于20世纪20年代在法国巴黎召开的一次装饰艺术与现代工业国际博览会，后传至美国各地。它不是那种昙花一现般新兴艺术

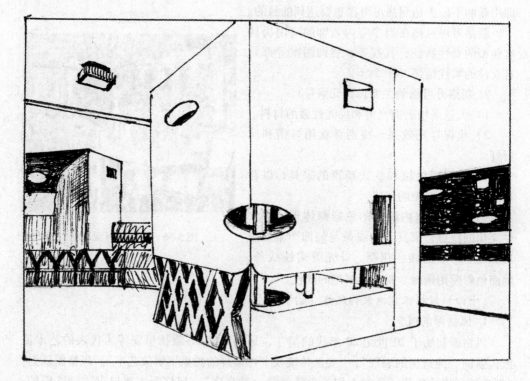

图 5-57　风格派

表现的旋涡与曲线，也不是那种要回溯到古希腊古罗马对称建筑时代的新古典主义，也并非仅仅是现代主义。装饰艺术派集灵巧的装饰、夸张与超越感于一身。例如，上海早年建造的老锦江饭店及和平饭店等建筑的内外装饰，均为装饰艺术派的手法。近年来，一些宾馆和大型商场的室内，出于既具时代气息，又有建筑文化的内涵考虑，常在现代风格的基础上，在建筑细部饰以装饰艺术派的图案和纹样。

2. 装饰艺术派的主要设计元素

1）装饰艺术派善于运用多层次的几何线型及图案，重点装饰于建筑内外门窗线脚、檐口及建筑腰线、顶角线等部位。

2）装饰艺术派以轮廓和色彩明朗粗犷，呈流线型和几何形为特点。

3）装饰艺术派的设计元素无处不在，无论是家具还是饰品，无论是餐具还是生活用品，到处存在着装饰艺术。例如，上海的装饰艺术派建筑不仅融合了该风格的常见特征，如之字形外观、舷窗般的窗户、风格化的花卉和动物图案，同时还加入了独特的中国元素，如云纹、古钱、八卦等。

（十六）新地方主义的室内装饰风格（始于 20 世纪中后期）

1. 新地方主义的概念

与现代主义趋同的"国际式"相对立，新地方主义主要是强调地方特色或民俗风格的设计创作倾向，提倡因地制宜的乡土味和民族化的设计原则。

2. 新地方主义的室内设计元素

1）由于地域的差异，因而没有严格的、一成不变的规则和确定的设计模式，设计时发挥的自由度较大，以反映某个地区的艺术特色。

2）设计中尽量使用地方材料和做法。

3）注意建筑室内与当地风土环境的融合，从传统的建筑和民居中汲取营养，使之具有浓郁的乡土风味。

（十七）超现实主义室内装饰风格（20 世纪 20 年代～20 世纪后期）

1. 超现实主义的概念

超现实主义在室内设计中营造一种超越现实的、充满离奇梦幻的场景，通过别出心裁的设计，力求在有限的空间中制造一种无限的空间感觉，创造"世界上不存在的世界"，甚至追求太空感和未来主义倾向。超现实主义室内设计手法离奇、大胆，因而会产生出人意料的室内空间效果。

2. 超现实主义的主要设计元素

1）设计奇形怪状的、令人难以捉摸的内部空间形式。

2）运用浓重、强烈的色彩及五光十色、变幻莫测的灯光效果。

3）陈设并安放造型奇特的家具和设施。

（十八）孟菲斯派室内装饰风格（始于 20 世纪后期）

1. 孟菲斯派的概念

1981 年，以索特萨斯为首的设计师们在意大利米兰结成了"孟菲斯集团"，他们反对单调冷峻的现代主义，提倡装饰，强调以手工艺方法制作产品，并积极从波普艺术、东方艺术、非洲、拉美的传统艺术中寻求灵感。孟菲斯派对世界范围的设计界影响是比较广泛的，尤其是对现代工业产品设计、商品包装、服装设计方面都产生了广泛的影响。

2. 孟菲斯派的主要设计元素

1）室内设计空间布局不拘一格，具有任意性和展示性。

2）常用新型材料、明亮的色彩和新奇的图案来改造一些传统的经典家具，显示其双重性，既是大众的，又是历史的；既是传世之作，又是随心所欲的（图 5-58）。

3）在设计造型上打破横平竖直的线条，采用波形曲线、曲面和直线、平面的组合，来取得室内的意外效果。

4）常对室内界面进行表层涂饰，具有舞台布景般的非长久性特点。

图 5-58　孟菲斯派家具

（十九）白色派室内装饰风格（始于 20 世纪中叶）

1. 白色派的概念

在室内设计中大量运用白色，构成了这种流派的基调。由于白色给人以纯净的感觉，又能增加室内的亮度，而且在造型上有独特的表现力，使人能感到积极乐观或产生美的联想。

2. 白色派的主要设计元素

1）空间和光线是白色派室内设计的重要元素，往往予以强调。

2）室内的墙面和顶棚一般均为白色材质，或带有一点色彩倾向的接近白色的颜色。通常在大面积白色的情况下，采用小面积的其他颜色进行对比。

3）地面色彩不受白色的限制，一般采用各种颜色和图案的地毯。

4）选用简洁、精美和能够产生色彩对比的灯具、家具等室内陈设品（图 5-59）。

图 5-59　白色派

（二十）光亮派室内装饰风格（始于 20 世纪中后期）

1. 光亮派的概念

光亮派竭力追求丰富、夸张、富有戏剧性变化的室内气氛。在设计中强调利用现代科技的可能性，充分运用现代材料、工艺和结构，去创造光彩夺目、豪华绚丽、交相辉映的效果。

2. 光亮派的主要设计元素

1）设计时大量使用不锈钢、铝合金、镜面玻璃、磨光石材或复合光滑的面板等装饰材料。

2）注重室内灯光照明效果，惯用反射光照明以增加室内空间丰富的灯光气氛。

3）使用色彩鲜艳的地毯和款式新颖、别致的家具及陈设艺术品。

（二十一）新表现主义室内装饰风格（始于 20 世纪中后期）

1. 新表现主义的概念

新表现主义的室内作品多使用自然的形体，包括自然动物和人体等有机形体，运用一系列粗俗与优雅、变形与理性的相对范畴来表现这种风格。同时以自由曲线、不等边三角形及半圆形为造型元素，并通过现代技术成果创造出前所未有的视觉空间效果（图 5-60）。

2. 新表现主义的主要设计元素

1）运用有机的、富有雕塑感的形体以及自由的界面进行处理。

2）高新技术提供的造型语言与自然形态的对比。

3）时常采用一些隐喻、比拟等抽象的于法。

（二十二）新现代主义室内装饰风格（始于20世纪中后期）

1. 新现代主义的概念

新现代主义是指现代主义自20世纪初诞生以来直至20世纪70年代以后的发展阶段。新现代主义继续发扬现代主义理性、功能的本质精神，但对其冷漠单调的形象进行了不断的修正和改良，突破早期现代主义排斥装饰的极端做法，而走向一个肯定装饰的、多风格的新阶段，同时随着科技的不断进步，在装饰语言上更关注新材料的特质表现和技术构造的细节，而且在设计上更强调作品与人文环境和生态环境的关系（图5-61）。

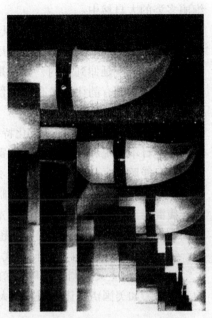

图 5-60 新表现主义风格

图 5-61 新现代主义风格

2. 新现代主义的主要设计元素

1）主张建筑应包含自然生态环境。例如，美国的彩虹中心四季庭园，坐落于尼亚加拉瀑布城中心区的一条商业步行街上。建筑采用钢结构玻璃幕墙，室内则是鸟语花香另一番景象，高大的常绿乔木，低矮的灌木和草皮，以及精心设计的硬质铺底、水池喷泉和小品。在阳光的照耀下，树影千重、浓绿翠黛，人们漫步其间，犹如沐浴在绚丽多姿的大自然中。

2）新现代主义肯定装饰的多风格。例如，美国旧金山现代艺术博物馆的设计采用了"黑与白"风格，建筑的中央大厅是由黑白条石构成的斜面塔式筒体，黑白相间的水平装饰带一直延伸到室内，无论是地面、墙面，还是柱础、接待台，都非常有节制地运用了这种既有韵律感又有逻辑性的语言，不仅增加视觉上的雅致和趣味，也使空间顿时流畅起来。

3）关注人文因素和地域文化特征。例如，日本双生观茶室就是运用现代材料和手法来表达日本传统和风住宅原型数寄屋的精神实质。茶室侧面的窗位很低，进入室内的光线只能照亮桌与地，使墙壁失去了支撑的意义而成为一种围合空间媒介。另外，窗的上半部及另一个入口隐没在黑暗中，整个室内笼罩在宁静平和的气氛中，柔和的光线使混凝土表面蒙上一层朦胧的光晕，同时也软化了墙面的僵硬感并丧失了其质量感，成为一种抽象的存在，把一种超越物质领域的精神世界带入现代生活中。

4）新现代主义不排斥任何时代、风格的装饰物，但千万不能变成商品陈列柜。

5）新现代主义强调空间与技术的交融，注重技术构造和新材料的应用来增强设计的表现力，如美国伊利诺伊州联邦大厦大量应用金属和镜面玻璃。

第六章

室内工程元素

第一节 人体工程学概论

一、人体工程学概念

1. 人体工程学（Ergonomics）

人体工程学又称为人体工学、人机工程学或人类工程学，是探讨人与环境尺度之间关系的一门学科，即应用人体测量学、人体力学、劳动生理学、劳动心理学等学科的研究方法，对人体结构特征和机能特征进行研究，提供人体各部分的尺寸、质量、体表面积、比重、重心以及人体各部分在活动时的相互关系和可及范围等人体结构特征参数；还提供人体各部分的出力范围以及动作时的习惯等人体机能特征参数，分析人的视觉、听觉、触觉及肤觉等感觉器官的机能特性；分析人在各种劳动时的生理变化、能量消耗、疲劳机理以及人对各种劳动负荷的适应能力；探讨人在工作中影响心理状态的因素以及心理因素对工作效率的影响等，并将有关的知识应用在有关的设计中，从而使环境适合人类的行为和需求。对于室内设计来说，人体工程学的最大课题就是尺寸的问题。

2. 人因工程学（Human Factor）

人因工程学也称为人素工程学、人机工程学，是探讨人类日常生活和工程中人与工具、环境、设备、用户、机器之间的交互作用的关系和如何去设计这些会影响人的事物和环境，以及人在使用这些关系时的心理和行为习惯。在人因工程中，人是其中的一个子系统，在设计过程中，要尽可能使整个系统的各子系统有很好的配合。通俗地说，就是设计的东西，要在人的能力和本能极限之内，并得以合理使用。

二、人体工程学与室内设计

依据以人为中心、为人而设计的原则，运用人体测量及生理、心理计测等方法，研究人体的结构功能、心理等方面与室内空间环境合理协调的关系，创造适合人活动需求的室内空间。在室内设计中，要营造各种有利于人的身心健康的舒适环境，主要采用科学的手段，包括人体尺度和人类的生理及心理需求这两方面。除此之外，人体自身空间构成的相关问题的重要性也显现出来，所以，在开始研究之前，先来探讨空间构成的话题。

（一）人体空间的构成元素

（1）体积　体积就是人体活动的三维范围。这个范围将根据研究对象的国籍、生活的区域，以及个人的民族、生活习惯的不同而异。所以，人体工程学在设计实践中经常采用的数据都是平均值，此外，还向设计人员提供相关的偏差值，以供余量的设计参考。

（2）位置　位置是指人体在室内空间中的相对"静点"。个体与群体在不同空间的活动中，总会趋向一个相对的空间"静点"，以此来表示人与人之间的空间位置和心理距离等，它主要取决于视觉定位。同样，它也根据人的生活、工作和活动所要求的不同环境空间，表现在设计中则是一个弹性的指数。

（3）方向　方向是指人在空间中的动向。这种动向受生理、心理及空间环境的制约。这种动向体现着人对室内空间使用功能的规划和需求。比如，人在黑暗中有趋光性的表现，而在休息室则有背光的行为趋势。

（二）人体基础数据

（1）人体构造　以解剖学、测量学、生理学和心理学等知识为研究基础，了解并掌握在室内环境空间中，人的活动能力和极限，熟悉人体功能相适应的基本尺度。与人体工程学关系最紧密的是运动系统中的骨骼、关节和肌肉，这三部分在神经系统的支配下，使人体各部分完成一系列的运动。骨骼由颅骨、躯干骨、四肢骨三部分组成，脊柱可完成多种运动，是人体的支柱，关节起骨节间的连接且能活动的作用，肌肉中的骨骼肌受神经系统的指挥收缩或舒张，使人体各部分协调动作。

（2）人体基本尺度　人体基本尺度是人体工程学研究最基本的数据之一。它主要以人体构造的基本尺寸（又称为人体结构尺寸，主要是指人体的静态尺寸，如身高、坐高、肩宽、臀宽、手臂长度等）为依据，通过研究人体对环境中各种物理、化学因素的反应和适应力，分析环境因素生理、心理及工作效率的影响程序，确定人在生活、生产和活动中所处的各种环境的舒适范围和安全限度，所进行的系统数据比较与分析结果的反映。它也因国家、地域、民族、生活习惯等的不同而存在较大的差异。比如，日本市民男性的身高平均值为1651mm，美国市民男性身高平均值为1755mm，英国市民男性身高平均值为1780mm。我国不同地区人体各部分平均尺寸见表6-1。

（3）人体动作域　人在室内各种工作和生活活动范围的大小即动作域，它是确定室内空间尺度的重要因素之一。以各种计测方法测定的人体动作域，也是人体工程学研究的基础数据。如果说人体尺度是静态的、相对固定的数据，人体动作域的尺度则为动态的，其动态尺度与活动情景状态有关。

（4）人体基本动作尺度　人体基本动作尺度是指人体处于运动时的动态尺寸，是处于动态中的测量（图6-1）。

表6-1 我国不同地区人体各部分平均尺寸表 （单位：mm）

编号	部位	较高人体地区（冀、鲁、辽）		中等人体地区（长江三角洲）		较低人体地区（四川）	
		男	女	男	女	男	女
A	人体高度	1690	1580	1670	1560	1630	1530
B	肩宽度	420	387	415	397	414	385
C	肩峰至头顶高度	293	285	291	282	285	269
D	正立时眼的高度	1513	1474	1547	1443	1512	1420
E	正坐时眼的高度	1203	1140	1181	1110	1144	1078
F	胸廓前后径	200	200	201	203	205	220
G	上臂长度	308	291	310	293	307	289
H	前臂长度	238	220	238	220	245	220
I	手长度	196	184	192	178	190	178
J	肩峰高度	1397	1295	1379	1278	1345	1361
K	1/2上骨骼展开长	869	795	843	787	848	791
L	上身高长	600	561	586	546	565	524
M	臀部宽度	307	307	309	319	311	320
N	肚脐高度	992	948	983	925	980	920
O	指尖到地面高度	633	612	616	590	606	575
P	上腿长度	415	395	409	379	403	378
Q	下腿长度	397	373	392	369	391	365
R	脚高度	68	63	68	67	67	65
S	坐高	893	846	877	825	850	793
T	腓骨高度	414	390	407	328	402	382
U	大腿水平长度	450	435	445	425	443	422
V	肘下尺寸	243	240	239	230	220	216

（三）人体工程学在室内设计中的应用

（1）确定人和人际在室内活动所需空间的主要依据 根据人体工程学中的有关计测数据，从人的尺度、动作域以及人际交往的空间等确定空间范围。

（2）确定家具、设施的形体、尺寸及其使用范围的主要依据 家具设施为人所使用，因此，它们的形体、尺寸必须以人体尺度为主要依据；同时，人们为了使用这些家具和设施，其周围必须留有活动和使用的最小余地。

（3）提供适应人体的室内物理环境的最佳参数 室内物理环境主要有室内热环境、声环境、光环境、重力环境、辐射环境等。室内设计时有了上述要求的科学参数后，在设计时就可以作出正确的决策。

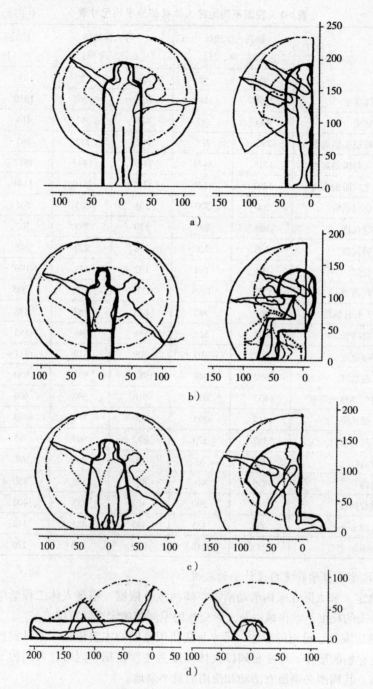

图6-1 人体各种姿势的动作域

a）立姿活动空间，包括上身及手臂的活动范围　b）坐姿活动空间，包括上身、手臂和腿的活动范围
c）跪姿活动空间，包括上身及手臂的活动范围　d）仰卧姿势活动空间，包括手臂和腿的活动范围

（4）对视觉要素的计测为室内视觉环境设计提供科学依据 人眼的视力、视野、光觉、色觉是视觉的要素，人体工程学通过计测得到的数据为室内光照设计、室内色彩设计、视觉最佳区域等提供了科学的依据。

（四）人体与家具

家具设计除了造型的美观外，更重要的是功能合理。功能合理就是如何使家具基本尺度适应人体静态的各种姿势变化，诸如人体的站立、移动、坐靠、卧躺等一系列的生活动作。按照人体工程学原理与家具的使用关系，家具可分为三类：

1. 人体家具类

人体家具类主要指支持人的身体、承受人体质量的坐卧性家具，如椅、沙发、床等。坐卧性家具的基本功能是满足人们坐得舒适、睡得安宁和提高工作效率，使人在使用家具时，静疲劳降到最低限度。

（1）坐具的基本要求 人坐下来时，受骶骨和骨盆转动的影响，腰椎难以保持原来的自然状态，随着不同的坐姿而改变曲度，肌肉与韧带处于紧张的收缩状态，时间长了会逐渐产生并加重不舒适感，这就是静疲劳。所以，在设计各种坐具时，关键是要掌握座面与靠背所构成的角度，选择适当的支撑位置，分析体压分布的情况，使接触面得到令人满意的舒适感。

（2）卧具的基本要求 床的使用功能务必注重考虑与人体的关系，着重于床的尺度与弹性结构的综合设计，应该以脊椎自然形态的仰卧姿势为依据，使腰部与臀部压陷略有差异，差距以大于30mm为宜。较硬的床可以使背部肌肉维持休息状态，支撑力较好，且多数医生认同硬床比软床更适合容易腰背酸痛者。医生认为，以体型而言，身材较胖者应睡较硬的床，因为过重的体重会使人身陷软床，压弯脊椎；瘦小者的脊椎两侧缺乏肌肉保护，睡硬床容易造成长时间过度伸展，并与床面过度摩擦，所以选择较软的床为宜。因此，合乎人体工学的床才是好床。一般情况下，因为床太硬而造成身体结构上变形的可能性不大，而太软的床较容易对身体结构产生影响。

床是否能消除疲劳，除了合理的尺度外，主要取决于床的硬软度能否使人体卧姿处于最佳状态。为了使体压得到合理分布，需精心设计床垫的弹性材料，可以采用不同材料搭配成三层结构较合适：与人体接触的面层采用柔软材料；中层采用硬一些的材料，有利于身体保持良好的姿态；最下层是承受压力的部分，用稍软的弹性材料起缓冲作用。

2. 建筑家具类

建筑家具类主要指附属于建筑物上的储存性壁柜、搁板、隔断等。

储存性家具用于存放日常生活用品，首先是按人体工程学的原则，根据人体操作活动的可及范围来安排；其次是考虑物品使用频度来安排所存放的位置。一般而言，物品存放的位置以高出地面标高600～1650mm的范围最方便。因此，常用物品放在这个取用方便的区域，不常用物品可放在距地面600mm以下或1650mm以上的

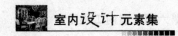

位置。

3. 准人体家具类

准人体家具类是介于人体家具类和建筑家具类之间的家具，是人们工作和生活所需的辅助性家具。它虽然不需要支持人的身体，但人需在其上进行操作，如餐桌、写字台、梳妆台、茶几以及柜台、收银台、讲台与各类工作台等。

三、人的行为心理与空间环境元素

人的行为特征因人类社会的复杂多样，受各种因素的影响，诸如文化、社会制度、民族、地区等，而呈现出复杂多样的行为特征。

（一）心理空间

人并不仅仅以生理的尺度去衡量空间范围，对空间的满意程度及使用方式还取决于人的心理尺度，这就是心理空间。

1. 个人空间

每个人都有自己的个人空间，这是直接存在于每个人周围的空间，通常具有看不见的边界，在边界以内不允许"闯入者"进来。可以随着人移动，还具有灵活的收缩性。

个人空间的存在有很多证明，如在一群交谈的人中、在图书馆中、在公共汽车上或在公园中、在人行道上等都可以发现个人空间的存在。人与人之间的密切程度就反映在个人空间的交叉和排斥上。

（1）领域性　领域性是从动物的行为研究中借用过来的。人也具有领域性，虽来自于人的动物本能，但与动物不同，因为领域性对人已不再具有生存竞争的意义，而更多的是心理上的影响。

与个人空间不同的是，领域性并不表现为随着人的活动而具有可移动的特点，它倾向于表现为一块个人可提出某种要求承认的场地，"闯入者"将令人不快。领域性在日常生活中是常见的，如办公室中自己的位子、住宅门前的一块区域等。

（2）人际距离　人与人之间距离的大小取决于人们所在的社会集团（文化背景）和所处情况的不同。不同身份的人，人际距离也不一样（熟人和平级人员较近，生人和上下级较远）。人际距离可分为四种：密友、普通朋友、社交、其他人。

2. 私密性与尽端趋向

如果说领域性主要在于空间范围，则私密性更涉及在相应空间范围内，包括视线、声音等方面的隔绝要求。私密性在居住类室内空间中的要求更为突出。比如在集体宿舍里挑选床位，人们总愿意挑选在房间尽端的床铺，这是由于在生活、就寝时可相对较少受干扰。同样情况也见之于就餐人对餐厅中餐桌座位的挑选，餐厅中靠墙卡座的设置更符合散客就餐时"尽端趋向"的心理要求。

3. 依托的安全感

在室内空间活动的人们，从心理感受来说，并不是越开阔、越宽广越好。人们通常在大型室内空间中更倾向于有所"依托"的物体。在火车站和地铁车站的候车厅或站台上，人们并不是较多地停留在最容易上车的地方，而是愿意待在柱子边，在柱边，人会感到有了依托，更具安全感。

4. 从众与趋光心理

在一些公共场所内发生紧急情况时，人们往往会盲目跟从领头几个急速跑动的人，不管其去向是否是安全疏散口。当火警或烟雾开始弥漫时，人们无心注视标志及文字的内容，甚至对此缺乏信赖，上述情况即属从众心理。同时，人们在室内空间中运动时，具有从暗处往较明亮处移动的趋向，紧急情况时，语言引导会优于文字的引导。上述心理和行为现象提示设计者，在创造公共场所室内环境时，尽管标志与文字的引导也很重要，但首先应注意空间与照明等的导向。

5. 空间形状的心理感受

由各界面围合而成的室内空间，其形状特征常会使活动于其中的人们产生不同的心理感受。如著名建筑师贝聿铭曾对他的作品——具有三角形斜向空间的华盛顿艺术馆新馆——有很好的论述，贝聿铭认为三角形、多灭点的斜向空间常给人以动态和富有变化的心理感受。

（二）人在空间中的定位

即使是偶然观察在公共场合等待的人们，也可以发现人们确实在可能在占据的整个空间中均匀地散布着，他们不一定在最适合上车的或干其他事的地方等候。

1）心理专家观察了伦敦地铁各车站候车的人以及剧场、门厅的人们，发现人们总愿意站在柱子附近并远离人们行走路线的地方。在其他铁路车站也进行了类似的研究。从这些研究中可以看出，人们总是设法站在视野开阔而本身又不引人注意的地方，并且不至于受到行人的干扰。

2）在选择餐馆的座位时，人们愿意坐在靠边窗旁而不是中间的桌子边。

（三）空间环境与人际交流

人类的行为模式与空间的构成有密切的关系。专家研究了空间的不同布局中发生的人际交流的类型，发现那些位于住宅群体布局中央的人有较多的朋友。

（四）捷径效应

捷径效应是指人在穿过某一空间时总是尽量采取最简洁的路线，即使有别的因素影响，也是如此。

观众在穿过典型的矩形式展厅中的行为模式与其在步行街中的行为十分相仿。观众一旦走进展览室，会停在头几件作品前，然后逐渐减少停顿的次数，直到完成观赏活动。由于运动的经济原则（少走路），故只有少数人完成全部的观赏活动。

（五）幽闭恐惧

人们在日常生活中多少会遇到幽闭恐惧，有的人重些，有的人轻些。比如人在乘电梯、坐飞机时，总是有一种危机感，会莫名其妙地认为万一发生问题会跑不出去。原因在于人们对自己的生命抱有危机感，这些并非是胡思乱想，而是这类空间形式断绝了人们与外界的直接联系。

（六）恐高症

人们在登临高处时，会引起血压和心跳的变化，登得越高，恐惧心理越重。这时，人们会对平时感到合理或安全的设施产生怀疑，如栏杆的高度是否够高、是否牢固。在这里，人们衡量的标准主要是心理感受。

由此可以认为，空间的使用既由人决定，又决定人的行为。

四、人体工程学词汇

（一）基本词汇

（1）构造尺寸　构造尺寸是指静态的人体尺寸，是在人体处于固定的标准状态下测量的。

（2）功能尺寸　功能尺寸是指动态的人体尺寸，是人在进行某种功能活动时肢体所能达到的空间范围。它是在动态的人体状态下测得，是由关节的活动、转动所产生的角度与肢体的长度协调产生的范围尺寸，对于解决许多带有空间范围、位置的问题很有用。

（3）种族差异　不同的国家、不同的种族，因地理环境、生活习惯、遗传特质的不同，人体尺寸的差异是十分明显的。

（4）百分位　百分位表示具有某一人体尺寸和小于该尺寸的人占统计对象总人数的百分比。

（5）正态分布　大部分属于中间值，只有一小部分属于过大和过小的值，它们分布在范围的两端。

（二）人体构造尺寸及与座椅相关的尺寸词汇

（1）身高　身高是指人身体直立、眼睛向前平视时从地面到头顶的垂直距离。

（2）正常坐高　正常坐高是指人放松坐着时，从座椅表面到头顶的垂直距离。

（3）眼高（站立）　眼高（站立）是指人身体直立、眼睛向前平视时从地面到内眼角的垂直距离。

（4）眼高（座位）　眼高（座位）是指人的内眼角到座椅表面的垂直距离。

（5）肩高　肩高是指从座椅表面到脖子与肩峰之间的肩中部位置的垂直距离。

（6）肩宽　肩宽是指两处三角肌外侧的最大水平距离。

（7）两肘宽　两肘宽是指两肋屈曲、自然靠近身体、前臂平伸时两肋外侧面之间的水平距离。

（8）肘部高度　肘部高度指从地面到人的前臂与上臂接合处可弯曲部分的距离。

（9）挺直坐高　挺直坐高是指人挺直坐着时，座椅表面到头顶的垂直距离。

（10）肘高　肘高是指从座椅表面到肘部尖端的垂直距离。

（11）大腿厚度　大腿厚度是指从座椅表面到大腿与腹部交接处的大腿端部之间的垂直距离。

（12）膝盖高度　膝盖高度是指从地面到膝盖骨中点的垂直距离。

（13）膝腘高度　膝腘高度是指人挺直身体坐着时，从地面到膝盖背后（腿弯）的垂直距离。测量时，膝盖与髁骨垂直方向对正，赤裸的大腿底面与膝盖背面（腿弯）接触座椅表面。

（14）臀部-膝腿部长度　臀部-膝腿部长度是由臀部最后面到小腿背面的水平距离。

（15）臀部-膝盖长度　臀部-膝盖长度是从臀部最后面到膝盖骨前面的水平距离。

（16）臀部-足尖长度　臀部-足尖长度是从臀部最后面到脚趾尖端的水平距离。

（三）人体功能尺寸词汇

（1）垂直手握高度　垂直手握高度是指人站立、手握横杆，然后使横杆上升到不使人感到不舒服或拉得过紧的限度为止，此时从地面到横杆顶部的垂直距离。

（2）侧向手握距离　侧向手握距离是指人直立、右手侧向平伸握住横杆，一直伸展到没有感到不舒服或拉得过紧的位置，这时从人体中线到横杆外侧面的水平距离。

（3）向前手握距离　向前手握距离是指人肩膀靠墙直立，手臂向前平伸，食指与拇指尖接触，这时从墙到拇指尖的水平距离。

（4）肢体活动范围　肢体的活动空间实际上也就是人在某种姿态下肢体所能触及的空间范围。因为这一概念也常被用来解决人们在工作各种作业环境的问题，所以也称为作业域。

（5）作业域　作业域是指人们在工作的各种作业环境中在某种姿态下肢体所能触及的空间范围。

（6）人体活动空间　现实生活中，人们并非总是保持一种姿势不变，人们总是在变换着姿势，并且人体本身也随着活动的需要而移动位置，这种姿势的变换和人体移动所占用的空间构成了人体活动空间。

（7）姿态变换　姿态的变换集中于正立姿态与其他可能姿态之间的变换，姿态的变换所占用的空间并不一定等于变换前的姿态和变换后的姿态占用空间的重叠。

（8）静态肌肉施力　无论是人体自身的平衡稳定或人体的运动，都离不开肌肉的机能。肌肉的机能是收缩和产生肌力，肌力可以作用于骨骼，通过人体结构再作用于其他物体上，称为肌肉施力。肌肉施力有两种方式：一是动态肌肉施力，二是静态肌肉施力。

（四）生理与心理因素词汇

（1）睡眠深度　休息的好坏取决于神经抑制的深度，也就是睡眠的深度。睡眠深度与活动的频率有直接关系，频率越高，睡眠深度越浅。

（2）视野　视野是指眼睛固定于一点时所能看到的范围。

（3）绝对亮度　绝对亮度是指眼睛能感觉到光的光强度。

（4）相对亮度　相对亮度是指光强度与背景的对比关系，称为相对值。

（5）辨别值　光的辨别难易与光和背景之间的差别有关，即明度差。

（6）视力　视力是眼睛观测小物体和分辨细节的能力，它随着被观察物体的大小、光谱、相对亮度和观察时间的不同而变化。

（7）残像　眼睛在经过强光刺激后，会有影像残留于视网膜上，这是由于视网膜的化学作用残留引起的。残像的问题主要是影响观察，因此应尽量避免强光和眩光的出现。

（8）暗适应　人眼中有两种感觉细胞：锥体细胞和杆体细胞。锥体细胞在明亮时起作用，而杆体细胞对弱光敏感，人在突然进入黑暗环境时，锥体细胞失去了感觉功能，而杆体细胞还不能立即工作，因而需要一定的适应时间。

（9）色彩还原　光色会影响人对物体本来色彩的观察，造成失真，影响人对物体的印象。日光色是色彩还原的最佳光源，食物用暖色光、蔬菜用黄色光照明较好。

（10）噪声　噪声最简单的定义就是干扰声音。凡是干扰人的活动（包括心理活动）的声音都是噪声，这是从噪声的作用来对噪声下定义的；噪声还能引起人强烈的心理反应，如果一个声音引起了人的烦恼，即使是音乐，也会被人称为噪声，如某人在专心读书，任何声音对他而言都可能是噪声。因此，也可以从人对声音的反应这个角度来定义噪声，噪声即是引起烦恼的声音。

（11）触觉　皮肤的感觉即为触觉，皮肤能反应机械刺激、化学刺激、电击、温度和压力等。

（12）心理空间　人们并不仅仅以生理的尺度去衡量空间，对空间的满意程度及使用方式还决定于人们的心理尺度，这就是心理空间。空间对人的心理影响很大，其表现形式也有很多种。

（13）个人空间　每个人都有自己的个人空间，这是直接存在于每个人周围的空间，通常具有看不见的边界，在边界以内不允许"闯入者"进来。它可以随着人移动，还具有灵活的伸缩性。

（14）领域性　领域性是从动物的行为研究中借用过来的，它是指动物的个体或群体常常生活在自然界的固定位置或区域，各自保持自己一定的生活领域，以减少对于生活环境的相互竞争。

（15）人际距离　人与人之间的距离大小取决于人们所在的社会集团（文化背景）和所处情况的不同。人的身份不同，人际距离也不相同（平级人员较近，上下级较远；身份越相似，距离越近）。人际距离可分为四种：密友、普通朋友、社交、其他人。

（16）恐高症　登临高处，会引起人的血压和心跳的变化，人们登临的高度越高，恐惧心理越重。在这种情况下，许多在一般情况下是合理的或足够安全的设施也会被认为不够安全。

（17）幽闭恐惧　参见 P345。

第二节 室内设计与人体工程学相关的尺寸

一、家装常用家具尺寸

1. 墙面尺寸

（1）踢脚板高 踢脚板高一般为 80 ~ 200mm。

（2）墙裙高 墙裙高一般为 800 ~ 1500mm。

（3）挂镜线高 挂镜线高（挂画中心距地面高度）一般为 1600 ~ 1800mm。

2. 卧室

（1）单人床 单人床宽为 0.9m、1.05m、1.2m；长为 1.8m、1.9m、2.0m、2.1m；高为 0.35m ~ 0.45m。

（2）双人床 双人床宽为 1.35m、1.5m、1.8m，长、高同上。

（3）圆床 圆床直径一般为 1.86m、2.125m、2.424m。

（4）矮柜 矮柜厚为 0.35 ~ 0.45m；柜门宽为 0.3 ~ 0.6m；高为 0.6m。

（5）衣柜 衣柜厚为 0.6 ~ 0.65m；柜门宽为 0.4 ~ 0.65m；高为 2.0 ~ 2.2m。

3. 客厅

（1）沙发 沙发厚为 0.8 ~ 0.9m；座位高为 0.35 ~ 0.42m；背高为 0.7 ~ 0.9m。

1）单人式沙发 单人式沙发长为 0.8 ~ 0.9m。

2）双人式沙发 双人式沙发长为 1.26 ~ 1.50m。

3）三人式沙发 三人式沙发长为 1.75 ~ 1.96m。

4）四人式沙发 四人式沙发长为 2.32 ~ 2.52m。

（2）茶几

1）小型长方形茶几 小型长方形茶几长为 0.6 ~ 0.75m；宽为 0.45 ~ 0.6m；高为 0.33 ~ 0.42m。

2）大型长方形茶几 大型长方形茶几长为 1.5 ~ 1.8m；宽为 0.6 ~ 0.8m；高为 0.33 ~ 0.42m。

3）圆形茶几 圆形茶几直径为 0.75m、0.9m、1.05m、1.2m；高为 0.33 ~ 0.42m。

4）正方形茶几 正方形茶几宽为 0.75m、0.9m、1.05m、1.20m、1.35m、1.50m；高为 0.33 ~ 0.42m；但边角茶几有时可稍高一些，为 0.43 ~ 0.5m。

4. 书房

书房主要考虑的家具有书架、书柜、书桌及座椅或沙发，其中，尤以书桌为设计重点。

（1）单人书桌 一般来说，单人书桌的尺寸为 600mm × 1100mm，书桌台面高为 710 ~ 750mm。对于靠墙边的书桌，离台面 450mm 处可设一灯槽，上面用书柜或构件装饰，这样，书写时既看不见灯光管，台面的光照又很充足。

（2）儿童书桌 对少年儿童使用的书桌，其设计尺度更要仔细确定，桌面尺寸至少为 450mm×500mm，高度控制在 580～710mm，座椅也一定要与其年龄和生理条件相符合。最好在设计家具的时候，能考虑使家具的尺度随着孩子年龄的变化而适时地调节。例如，做一个可升降的台面，在墙面或柜边钉一些板条，使台面板像层板一样可以一格格升上去。又如，有一种商店陈列柜用的重力支架是可调节倾斜度的，做一个台面安置在上面，就可以随意升降台面，也可以将台面放平或倾斜了。

（3）其他常用家具尺度　书房中其他的常用家具尺度，一般要按照我国正常人体生理特征进行测算。例如，写字台高为 750～780mm，座椅高为 380～450mm，书柜的高度不宜超过 2200mm 等；书架的厚为 0.25～0.4m，长为 0.6～1.2m，高为 1.8～2.0m，下柜高为 0.8～0.9m。

5. 餐厅

（1）餐桌高　餐桌高为 750～790mm，西式餐椅高度一般为 0.68～0.72m。

（2）餐椅高　餐椅高为 450～500mm，扶手椅内宽为 0.46m。

（3）圆桌直径　二人圆桌直径一般为 500mm；三人圆桌直径一般为 800mm；四人圆桌直径一般为 900mm；五人圆桌直径一般为 1100mm；六人圆桌直径一般为 1100～1250mm；八人圆桌直径一般为 1300mm；十人圆桌直径一般为 1500mm；十二人圆桌直径一般为 1800mm。

（4）方餐桌　二人方餐桌尺寸一般为 700mm×850mm；四人方餐桌尺寸一般为 1350mm×850mm；八人方餐桌尺寸一般为 2250mm×850mm。

（5）长方桌　长方桌宽为 0.8m、0.9m、1.05m、1.20m；长为 1.50m、1.65m、1.80m、2.1m、2.4m。

6. 卫生间

（1）盥洗台　盥洗台宽为 0.55～0.65m，高为 0.85m。

（2）通道　盥洗台与浴缸之间应留有约 0.76m 宽的通道。

（3）淋浴房　淋浴房尺寸一般为 0.9m×0.9m，高为 1.9～2.2m。

（4）抽水马桶　抽水马桶高为 0.68m，宽为 0.38～0.48m，进深为 0.68～0.72m。

二、公装常用家具尺寸

1. 餐厅

（1）餐桌高　餐桌高为 750～790mm，西式餐椅高度一般为 0.68～0.72m。

（2）餐椅高　餐椅高为 450～500mm，扶手椅内宽为 0.46m。

（3）圆桌直径　二人圆桌直径一般为 500mm；三人圆桌直径一般为 800mm；四人圆桌直径一般为 900mm；五人圆桌直径一般为 1100mm；六人圆桌直径一般为 1100～1250mm；八人圆桌直径一般为 1300mm；十人圆桌直径一般为 1500mm；十二人圆桌直径一般为 1800mm。

（4）方餐桌尺寸　二人方餐桌尺寸为 700mm×850mm；四人方餐桌尺寸为 1350mm×850mm；八人方餐桌尺寸为 2250mm×850mm。

（5）餐桌转盘直径　餐桌转盘直径为 700～800mm。

（6）餐桌间距　餐桌间距（其中座椅占 500mm）应大于 500mm。

（7）主通道宽　主通道宽为 1200～1300mm。

（8）内部工作通道宽　内部工作通道宽为 600～900mm。

（9）酒吧台　酒吧台高为 900～1050mm，宽为 500mm。

（10）酒吧凳高　酒吧凳高为 600～750mm。

2. 商场营业厅

（1）单边双人走道宽　单边双人走道宽为 1600mm。

（2）双边双人走道宽　双边双人走道宽为 2000mm。

（3）双边三人走道宽　双边三人走道宽为 2300mm。

（4）双边四人走道宽　双边四人走道宽为 3000mm。

（5）营业员柜台走道宽　营业员柜台走道宽为 800mm。

（6）营业员货柜台　营业员货柜台厚为 600mm，高为 800～1000mm。

（7）单靠背立货架　单靠背立货架厚为 300～500mm，高为 1800～2300mm。

（8）双靠背立货架　双靠背立货架厚为 600～800mm，高为 1800～2300mm。

（9）小商品橱窗　小商品橱窗厚为 500～800mm，高为 400～1200mm。

（10）陈列地台高　陈列地台高为 400～800mm。

（11）敞开式货架　敞开式货架宽为 400～600mm。

（12）放射式售货架　放射式售货架直径为 2000mm。

（13）收款台　收款台长为 1600mm，宽为 600mm。

3. 饭店客房

（1）标准面积　大客房标准面积为 25m²；中客房标准面积为 16～18mm²；小客房标准面积为 16mm²。

（2）床　床高为 400～450mm；床靠背高为 850～950mm。

（3）床头柜　床头柜高为 500～700mm；宽为 500～800mm。

（4）写字台　写字台长为 1100～1500mm；宽为 450～600mm；高为 700～750mm。

（5）行李台　行李台长为 910～1070mm；宽为 500mm；高为 400mm。

（6）衣柜　衣柜宽为 800～1200mm；高为 1600～2000mm；深为 500mm。

（7）沙发　沙发宽为 600～800mm；高为 350～400mm；靠背高为 1000mm。

（8）衣架　衣架高为 1700～1900mm。

4. 卫生间

（1）卫生间面积　卫生间面积为 3～5m²。

（2）浴缸长度　浴缸长度一般为 1220mm、1520mm、1680mm；宽为 720mm；高为 450mm。

（3）坐便器　坐便器尺寸为 750mm×350mm。

（4）冲洗器　冲洗器尺寸为 690mm×350mm。

（5）洗手盆　洗手盆尺寸为550mm×410mm。

（6）淋浴器　淋浴器高为2100mm。

（7）化妆台　化妆台长为1350mm，宽为450mm。

5. 会议室

（1）中心会议室客容量　会议桌边长为600mm。

（2）环式高级会议室客容量　环形内线长为700～1000mm。

（3）环式会议室服务通道宽　通道宽为600～800mm。

6. 交通空间

（1）楼梯间休息平台净空　楼梯间休息平台净空等于或大于2100mm。

（2）楼梯跑道净空　楼梯跑道净空等于或大于2300mm。

（3）客房走廊高　客房走廊高等于或大于2400mm。

（4）两侧设座的综合式走廊宽度　两侧设座的综合式走廊宽度等于或大于2500mm。

（5）楼梯扶手高　楼梯扶手高为850～1100mm。

（6）门的常用尺寸　门宽为850～1000mm。

（7）窗的常用尺寸　窗宽为400～1800mm（不包括组合式窗）。

（8）窗台高　窗台高为800～1200mm。

7. 灯具

（1）大吊灯　大吊灯高度最小为2400mm。

（2）壁灯　壁灯高为1500～1800mm。

（3）反光灯槽　反光灯槽最小直径等于或大于灯管直径的两倍。

（4）壁式床头灯　壁式床头灯高为1200～1400mm。

（5）照明开关　照明开关高为1000mm。

8. 办公家具

（1）办公桌　办公桌长为1200～1600mm，宽为500～650mm，高为700～800mm。

（2）办公椅　办公椅高为400～450mm，尺寸为450mm×450mm。

（3）沙发

1）单人式沙发　单人式沙发长为800～950mm，深为850～900mm，坐高为350～420mm，背高为700～900mm。

2）双人式沙发　双人式沙发长为1200～1500mm，深为800～900mm。

3）三人式沙发　三人式沙发长为1750～1900mm，深为800～900mm。

4）四人式沙发　四人式沙发长为2300～2500mm，深为800～900mm。

（4）茶几　前置型茶几的尺寸为900mm×400mm×400mm；中心型前置型茶几的尺寸为900mm×900mm×400mm、700mm×700mm×400mm；左右型前置型茶几的尺寸为600mm×400mm×400mm。

（5）书柜　书柜高为1800mm，宽为1200～1500mm，深为450～500mm。

（6）书架　书架深为350～450mm（每一格），长为600～1300mm；下大上小型书架下方深为 350～450mm，高为 800～900mm；总高为 1800mm。

（7）衣橱　衣橱深度一般为 600～650mm；推拉门宽度一般为 700mm，衣橱门宽为 400～650mm。

（8）推拉门　推拉门长为 750～1500mm，高为 1900～2400mm。

（9）矮柜　矮柜深为 350～450mm，柜门宽为 300～600mm。

（10）电视柜　电视柜深为 450～600mm，高为 600～700mm。

（11）室内门　室内门宽为 800～950mm（医院室内门为 1200mm），高为 1900mm、2000mm、2100mm、2200mm、2400mm。

（12）厕所、厨房门　厕所、厨房门宽为 800mm、900mm，高为 1900mm、2000mm、2100mm。

（13）窗帘盒　窗帘盒高为 120～180mm；单层布窗帘盒深为 120mm，双层布窗帘盒深为 160～180mm（实际尺寸）。

（14）茶几　小型长方形茶几长为 600～750mm，宽为 450～600mm，高为 380～500mm（380mm 最佳）；中型长方形茶几长为 1200～1350mm，宽为 380～500mm 或 600～750mm；中型正方形茶几长为 750～900mm，高为 400～500mm；大型长方形茶几长为 1500～1800mm，宽为 600～800mm，高为 380～420mm（380mm 最佳）；圆形茶几直径为 750mm、900mm、1050mm、1200mm，高为 380～420mm。

（15）书桌　固定式书桌深为 450～700mm（600mm 最佳），高为 750mm，书桌下缘离地至少 580mm，长度最少为 900mm（1500～1800mm 最佳）。

三、橱柜尺寸

1）厨房的设计应适合主妇的身高。操作台的高度应以主妇站立时手指能触及水盆底部为准。过高会令人肩膀疲累，过低则会令人腰酸背痛。操作台一般分为高、低两级：高的操作台尺寸是 890～910mm，这是西方国家常用的尺寸；低的操作台尺寸是 810～840mm，这是中国香港特别行政区常用的尺寸。

现在，有的橱柜可以通过调整脚座来使操作台面达到适宜的尺度。操作台面到吊柜底，高的尺寸是 600mm；低的尺寸是 500mm。橱柜布局和操作台的高度应适合主妇的身高。用双头炉的灶台高 600mm，灶台放上双头炉后，再加上 150mm 或 200mm，就与 810mm 高的操作台面大致相平；若灶台高过 600mm，主妇炒菜时，就会感到不方便。若用平面炉（四头炉、炉柜），炉面高宜为 890mm，工作台与灶台深切 10mm，至少不能小于 460mm；地方大时，可取用 600mm。

2）抽油烟机的高度应使炉面到机底的距离为 750mm。冰箱如果是后面散热的，两旁要各留 50mm，顶部要留 250mm 的空间，否则，散热慢，会影响冰箱的功能。

3）在同一个厨房内，吊柜深度最好采用 300mm 及 350mm 两种尺寸。

4）家庭主妇站立时，应垂手可开柜门，举手可伸到吊柜第一格，在这之间的水平空间中放置常用物品，称为常用品区。厨房操作台台面尺寸不可小于 900mm×460mm，

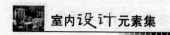

否则，不够摆放物件。如果地方不够，可考虑将微波炉、烤炉等放到高架上，以腾出工作台面。

四、家居中的最佳高度

（1）照明灯具 照明灯具距桌面的高度，60W 白炽灯泡为 100cm，40W 白炽灯泡为 65cm，25W 白炽灯为 50cm，15W 白炽灯为 30cm；荧光灯距桌面的高度，40W 荧光灯为 150cm，30W 荧光灯为 140cm，20W 荧光灯为 110cm，8W 荧光灯为 55cm。

（2）灶台 灶台尺寸一般为 65cm×70cm，锅架离火口 4cm 为宜，抽油烟机离灶台 70cm 为宜。无论使用平底锅还是尖底锅，都应用锅架把锅撑起，以保证最大限度地利用火力。

（3）床铺 床铺高度以略高于使用者的膝盖为宜，使使用者上、下方便。

（4）枕头 枕头的高度应与一侧肩宽相等，这样可使头略向前弯曲，颈部肌肉充分放松，呼吸保持通畅，胸部血液供应正常。但不满周岁的婴儿则以不高于 6cm 为宜，老年人用枕头不宜过高，以免头部供血不足。

（5）写字台 写字台台面高度应以身体坐正直立、两手撑平放于台面上时，不必弯腰或弯曲肘关节为宜。使用这一高度的写字台，可以减轻因长时间伏案工作而导致的腰酸背痛。

（6）座椅 座椅的坐面距地面的高度应低于小腿长度 1cm 左右，这样，坐时下肢可着力于整个脚掌，也便于两腿前后移动。

（7）柜类、桌类 柜类、桌类的高度设计以人的立位基准点为准。

（8）座位使用的家具 座位使用的家具，如写字台、餐桌、座椅等应以座位基准点为准。设计座椅高度时，就是以人的座位（坐骨结节点）基准点为准进行测量和设计，高度常定在 390~420mm 之间，因为高度小于 380mm，人的膝盖就会拱起而不舒适，而且起立时感到困难；高度大于人体下肢长度或 500mm 时，体压分散至大腿部分，使大腿内侧受压、下肢肿胀等。另外，座面的宽度、深度、倾斜度、背部弯曲度等，无不充分考虑了人体的尺度及各部位的活动规律。

（9）卧具 床、沙发床及榻等卧具以卧位基准点为准，床垫的弹性设计以人为主体，从人的生理需要出发。

（10）沙发 沙发的设计注重人体工程学。沙发的设计首先强调符合人体工程学，柔软但不能过度，不然会造成使用者的骨骼变形及坐卧习惯的偏差。

第三节 建筑物理基础知识

一、建筑热工学知识

1. 热量

热量是一个比较抽象的概念，很难用一两句话来简单地界定。实验指出，当两个温度不同的物体相互接触一段时间后，高温物体的温度会降低，低温物体的温度会升高，这时就说它们之间发生了热传递，或者说有热量从高温物体传到了低温物体。这就是说，热量是热传递过程中所传递的能量，用 Q 表示，其单位为 J。

一般来说，物体获得热量后温度会升高，放出热量后温度会降低。物体获得的热量

$$Q = mc\Delta T = mc\Delta t$$

式中　　　　m——物体的质量，单位为 kg；

　　　　　　c——物体的比热容，代表每千克物质温度升高 1℃ 所吸收的热量，单位为 J/（kg·K）；

$\Delta T = T_2 - T_1$——物体吸热前后的温度差（增量），单位为 K。

2. 导热

两个温度不同的物体相互接触，经过一段时间后便会有热量从高温物体自动流向低温物体；或者，如果一个物体各部分的温度不同，则过一段时间后便会有热量从高温部分自动流向低温部分，这样的现象称为导热。

导热现象的发生可用分子动理论来解释。按照分子动理论，物体温度越高，其分子（或原子）的平均动能就越大，当它们与低温物体分子碰撞时便会发生能量交换，使得高温物体分子的平均动能减少，低温物体分子的平均动能增加，在宏观上便表现出有热量从高温物体传到低温物体，即发生了导热。

3. 建筑传热的基本方式

根据传热机理的不同，传热的基本方式分为传导、对流和辐射三种。建筑物的传热大多是传导、对流和辐射三种方式综合作用的结果。

4. 与传热有关的要素

（1）材料的热导率　热导率是说明材料传递热量的一种能力，用 λ 来表示，单位为 W/（m·K）。热导率越小，则材料的绝热性能越好。工程上常把 λ 值小于 0.23W/（m·K）的材料称为绝热材料，如矿棉、泡沫塑料、珍珠岩等。

影响材料热导率的主要因素有材料的分子结构及其化学成分、材料质量密度、材料湿度状况和材料温度状况等。

（2）材料的蓄热系数　材料的蓄热系数就是表示材料储蓄热量的能力。质量密度大的材料蓄热系数大，材料能储蓄的热量就越多，其蓄热性能好；质量密度小的材料，蓄热系数小，其蓄热性能差。轻型围护结构热稳定性差，其原因就在于此。

（3）体形系数　体形系数为建筑物与室外大气接触的外表面积 F_0 与其所包围的体积 V_0 的比值（面积中不包括地面和不采暖楼梯间隔墙与户门的面积）。同样体积的建筑物，在各面外围护结构的传热情况均相同时，外围护结构的面积越小，则向外传导的热量越少。

如果建筑物的高度相同，则其平面形式为圆形时，体形系数最小，其次为正方形、长方形及其他组合形式。随着体形系数的增加，单位面积的散热量也相应加大。建筑

的长宽比越高，则体形系数就越大，散热量比值也越大。

5. 湿度

空气的干湿程度称为湿度。依据描述侧重面的不同，湿度有绝对湿度与相对湿度之分，它们各有各的特性和用途。

（1）绝对湿度 每立方米湿空气所含水蒸气的质量称为绝对湿度，用 f 表示，其单位为 g/m^3。绝对湿度越大，说明空气所含水蒸气的质量也越大。因此，绝对湿度从一个侧面反映了空气的干湿特性——水蒸气含量的多少。

相应于饱和状态下的绝对湿度称为饱和绝对湿度，用 f_{max} 表示，其单位与绝对湿度的单位相同。饱和绝对湿度代表着每立方米空气所能含有水蒸气量的最大值，它与绝对湿度之差反映出绝对湿度为 f 的空气每立方米还能接受水蒸气的能力。

饱和绝对湿度并不为常量，而是一个随空气温度变化而变化的量。例如，18℃时空气的饱和绝对湿度为 $153g/m^3$，而 300℃ 时则为 $301g/m^3$。因此，对于绝对湿度 $f = 153g/m^3$ 的空气，在气温为 18℃ 的情况下，其湿度已达极大，不具备再吸收水蒸气的能力，但如果气温达到 30℃，则其最大湿度（饱和绝对湿度）值便上升为 $301g/m^3$，说明这时的空气仍是很干燥的，还有极大的吸收水蒸气的能力。可见，绝对湿度虽然能够反映空气每单位体积（$1m^3$）所含水蒸气的多少，但不能科学地反映空气的干湿程度。为此，还需引进一个更为科学的反映空气干湿程度的物理量。

（2）相对湿度 空气的绝对湿度 f 与同温同压下的饱和绝对湿度 f_{max} 之比称为相对湿度，用 φ 表示。可见，φ 是一个无量纲（无单位）的纯数（现称为量纲为一的量）。φ 值越大，f 与 f_{max} 越接近，这时的湿空气就越接近饱和；$\varphi = 0$ 时，说明 $f = 0$，这时的空气为干空气，具有极大的吸收水蒸气的能力；$\varphi = 1$（100%）时，说明 $f = f_{max}$，此时湿空气包含水蒸气的量已达最大，不具备任何再吸收水蒸气的能力，即空气的湿度已达最大值。可见，相对湿度的大小能较好地反映出空气的干湿程度。

6. 露点（温度）

饱和空气的水蒸气分压力 p 随着空气温度而变化，空气温度越低，相应的饱和蒸气压越小。因此，当空气达到某一饱和绝对湿度时，在气压及含湿（水蒸气）量不变的前提下，如果使空气降温，则相应的气压值就下降，使空气出现超饱和状态，从而迫使超饱和部分的水蒸气量凝结成水珠从空气中析出，形成露水，这种现象称为结露。相应于这种状态的温度称为露点温度，简称为露点，用 t_d 表示，单位为℃。

7. 避免室内结露、潮湿的措施

产生室内表面冷凝结露的原因是室内空气湿度过高和壁面温度过低。所以应采取以下措施：

1）应尽可能使外围护结构内表面附近的气流畅通，家具、壁橱等不宜紧靠外墙布置。围护结构内表面层宜采用蓄热系数大的材料，利用它蓄存的热量起调节作用，减少出现周期性冷凝的可能性。

2）降低室内湿度，应有良好的通风换气设施。

3）夏季防止结露的方法有：

① 利用架空层或空气层，将地板架空，对防止首层地面、墙面的夏季结露有一定作用。

② 用热容量小的材料装饰房屋内表面和地面，如铺设地板、地毯，以提高表面温度，减少夏季结露的可能性。

③ 利用有控制的通风防止夏季结露。

8. 风玫瑰图

风常用风向和风速两个指标来表示。风向一般分 8 个或 16 个方位观测，累计某一时期中（如一月、一年或多年）各方位风向的次数，并以各风向次数所占该时期不同风向的总次数的百分比值（即风向频率）来表示。再按一定的比例，在各方位的射线上点出，最后将各点连接起来，即为某地这一时期的风玫瑰图。也可用同样方法，测定各风向的风速值，绘制成风玫瑰图（图 6-2）。根据我国各地一月、七月和全年的风玫瑰图，按其相似形状进行分类，可分为季节变化、主导风向、双主导风向、无主导风向和准静止风等五大类，为不同类型区域的规划和建筑设计提供直接的依据。

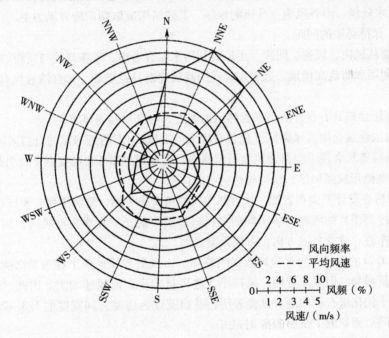

图 6-2　风玫瑰图

9. 室内气候及影响室内气候的因素

建筑物经常受到室内外各种气候因素的作用，其中，室内空气的温度、湿度、流态以及生活中散发的热量和水分等因素综合作用，构成了室内热环境，形成了不同的室内气候。

影响室内气候的因素主要有室内外热湿作用、建筑规划与设计、材料性能及构造方法、设备措施等。一定的室外热湿作用对室内气候的影响程度和过程，主要取决于围护结构材料的物理性质和构造方法。此外，房屋的朝向、间距、环境绿化、房屋的群体组合以及单体建筑的平剖面形式都对室内气候有不同程度的影响。

有时候，为了使室内气候合乎标准，还需配备适当的设备，进行人工调节。房间内部热湿散发量的多少及其分布状况，在某些建筑中也可能成为决定室内气候的主要因素。比如一些热加工厨房，尽管已采取建筑和设备上的一系列措施，但房间内的温度仍然很高。这一类建筑的内部热湿作用对室内气候将起决定作用。而在一般民用建筑和冷加工房间内，只有人体及生活、生产设备散发为数不多的热量和水分，其室内气候主要取决于室外热湿作用。因此，对这一类建筑主要是防止室外热湿作用对室内气候的不利影响。

10. 设计自然通风应注意的

（1）设计好建筑物的朝向 建筑物应结合当地的地理与气候条件，充分引进主导风。我国南方地区夏季多吹南风或东南风，因此，南方地区的建筑物宜以朝南为迎风面；在以水陆风、山谷风为主导风的地区，其建筑则应取朝向地方风为主。

（2）保持必要的间距

1）要从风向、风速、间距、土地的利用来综合考虑，平衡风速与间距的关系。

2）利用和防范高楼风。近年来，我国高层建筑日益增加，对自然通风有很大的影响。

① 高层建筑具有良好的引导自然风的能力，对其房间通风有利。

② 高层建筑会增大风影区（建筑背后无风区域），对附近房屋的自然通风有影响。

③ 高层建筑会将上空高速风能引向地面，会在迎风面2/3高度以下处引起风涡流，在建筑物两侧形成强风区，设计时也应引起注意。

（3）精心设计平面布置图 从自然通风的角度来考虑，显然错列式要比行列式好。如果由于地理条件的限制而使房间的进风口位置不能正对夏季主导风向，则应采用台阶式平面布置，改变气流方向，引风入室。

（4）开口的设计 自然通风效果的好坏，由风量与风速两个物理量来衡量。风口大，进风量增加，但风速变慢；风口小，进风量减小，但风速增大。因此，开口的大小存在一个优化组合的问题。试验表明，开口宽度为房屋开间宽度的1/3~2/3、开口面积为房间总面积的15%~25%时最好。

此外，开口的相对位置对通风效果也有很大的影响，宜根据房间的使用功能来确定。通常多在相对的两墙位置上开进风口和出风口，且其相对位置以错开为好。

11. 结构的隔热设计原则

（1）次第原则 由于屋顶所受太阳辐射最强烈，其次是西墙和东墙，因此，外围护结构的隔热设计应以屋顶为主，西墙及东墙次之。

（2）降温和隔温原则 夏季室内过热的主要原因来自室外综合温度。因此，隔热设计宜以降低室外综合温度为原则。

1）外表面采用浅色平滑的饰面材料并粉刷，以增加对太阳辐射的反射，减少对太阳辐射的吸收。

2）在屋顶和墙面外侧设置遮阳物，以减少对太阳辐射的吸收，降低室外综合温度。

3）在屋顶和墙面外侧设置隔热材料。

（3）通风原则 在外围护结构（墙与屋顶）内部设置通风层，并令其与室内或室外大气相通，以便利用风力带走空气层内的热量，减少输入室内的热量，做到白天隔热效果好、夜间散热速度快。

（4）转化原则 室内过热的能源来自太阳能的传入，通过在屋顶蓄水或种植植被（如种草等），利用水的蒸发及植物的光合作用将部分太阳能吸收和转化，减少其对室内的传入。

12. 建筑隔热的措施

（1）加隔热材料层 加隔热材料层即在空气间层内铺设反辐射材料，如铝箔等，以减少辐射换热量；或在屋顶外侧加一层隔热性能好的绝热材料（如塑料泡沫混凝土、炉渣等）。试验表明，在平屋顶中加一层80mm厚的塑料泡沫混凝土，则屋顶内表面的最高气温比不加隔热材料层的最低可达19.8℃。

（2）设置风道 设置风道即在屋顶实体材料层上加盖一层悬空隔热板，使板下空气沿通道直接与室外空气连通。由于空气具有较大的热阻，因此，架空层既能部分阻挡太阳辐射进入室内，又能通过风压及热压作用，带走部分热量，起到良好的隔热作用。所以，近年来很多地方都在进行平改坡的设计。

（3）设置屋顶蓄水池 设置屋顶蓄水池即在屋顶建一蓄水池，利用水的比热容大、蒸发时能带走大量热的特性来隔热。如果水源充足，允许用自来水充水，从隔热与散热效果综合考虑，蓄水层深宜取3～5cm；如果用天然雨水蓄水，辅以少量自来水，且为避免水中孳生蚊蝇，则蓄水层深宜在10cm左右，并可在水中养殖浅水鱼或栽培浅水植物。用蓄水池隔热要特别注意屋面防水，否则屋顶长期漏水就会后患无穷。

（4）屋顶植被 屋顶植被即在屋面板上铺土，种草种树。草及树都能进行光合作用，可吸收并转化部分太阳能。此外，土壤也有一定的蓄热能力，且其中保持的水分在蒸发时也能吸收部分太阳能，使进入室内的热量大大减少，因而可以起到很好的隔热作用。

（5）浅白色反光隔热 有专家提出，在低纬度地区的建筑屋面采用浅色或白色屋面材料，以利于反射阳光，起到隔热作用。

13. 外墙结构隔热措施

常见的外墙结构大体上有四种形式，现就其隔热问题分述如下：

（1）烧结普通砖墙 烧结普通砖墙的隔热性能较好，理论计算与实践表明，对于厚24cm的砖墙，只要内外各抹灰2cm，则不论用于西墙还是东墙，均能满足隔热要求。

（2）空心砌块墙 以矿渣、煤渣、粉煤灰等工业废料为主要原料制作的空心砌块，有单、双排孔之分。试验表明，单排孔小砌块一般不能满足隔热要求，不宜用于外墙；双排孔小砌块墙，只要两面各抹灰2cm，便可满足隔热要求。

（3）钢筋混凝土空心大板墙 常采用高、宽、厚分别为300cm、420cm、16cm的钢筋混凝土圆孔（直径为11cm）大板作为建筑外墙面。试验及理论分析表明，这种板材用于西墙则不能满足隔热要求，但如果加光滑外粉刷层或刷白灰水，则可满足隔热要求。

（4）轻型板墙 轻型板墙有单质板及复合板之分。由同一种轻质、高强、多孔材料制成墙板称为单质板，用多种材料（如石棉、水泥、矿棉等）制成的墙板称为复合板。这两种墙板一般均能满足隔热要求，只需用浅色平滑的外粉饰措施即可。

14. 窗口遮阳的主要形式

（1）水平式遮阳 遮阳板面与室内地面呈平行状的遮阳称为水平式遮阳。这种遮阳形式能有效地阻挡阳高度角较大、辐射强度大的阳光从窗口上方射入室内，适于南向或接近南向窗口的遮阳。

（2）垂直式遮阳 遮阳板既与室内地面垂直，也与窗面垂直的遮阳形式称为垂直式遮阳。这种遮阳形式有效地挡住从窗侧面射来的高度角较小的阳光，较适合于北向或东北、西北向的窗口。

（3）综合式遮阳 水平式遮阳与垂直式遮阳的组合称为综合式遮阳。这种遮阳形式能挡住从窗口上方及侧方入射的、高度角变化范围较广的阳光，适合于东南及西南朝向的窗口。

（4）挡板式遮阳 由平行及垂直窗面，并从正面挡住窗口的遮阳形式称为挡板式遮阳。这种遮阳形式的优点是能有效地挡住从窗正面入射的高度角较小的阳光；缺点是对通风及采光有较大的影响，主要适用于东西朝向的窗口。

15. 保温设计的一般原则

（1）充分利用自然条件 使房间保持必要的温度主要有两条途径：一是增加房间的供热量；二是减少房间的热损失。虽然保温设计的主要任务侧重于后者，但在不消耗地球能源、不污染地球环境的情况下，能给房间提供热量、减少热损失则是应该优先考虑的方案。为此必须做到：

1）充分利用太阳能。太阳是人类最巨大的能源，既不会污染环境，又兼有消毒、杀菌、干燥、照明等多项功能，应予以充分利用。一方面，要通过设计房屋时的朝向选取及房屋间距的合理安排，使房间在冬季时节获得尽可能多的日照，使室内温度升高；另一方面，辐射到墙壁及屋顶上的太阳能还会使围护结构温度升高，减少房间的热损失，同时，围护结构白天吸收、蓄存的能量会在夜间缓慢放出，起到向房间缓慢供热保温的作用。

2）防止冷风的不利影响。冷风对保温的不利影响主要有两方面：一是通过门窗、孔隙渗入室内，使房间迅速降温；二是作用于围护结构的外表面，增大对流表面传热系数，增加外表面的散热量。

为此，保温设计中必须尽量不使大面积的围护结构外表面朝向冬季的主导风向，并尽量不使门窗、孔洞出现在迎风面上。严寒地区还可用设置门斗的方法来减轻冷风的影响。同时应注意，在进行保温设计时要保持房间一定的换气量，以免造成较小房间因过于密闭而不利于健康和内部干燥。

3）选择合理的建筑体形及平面形式。应该尽量选择合理的建筑体形及平面形式，以使整个建筑物的外表面积为最小，以降低采暖费用及能源消耗。保温要求尽量减少建筑物的曲折凹凸形状，当有艺术造型上的考虑时，也应尽量处理好二者的关系。

（2）做到经济热阻、最小总热阻

1）经济热阻　既能满足建筑保温要求，又能使相应的建筑及其维护费用最低的结构总热阻被称为经济热阻。它既涉及建筑的构架，又涉及能源的消耗。由于建筑材料及燃料价格含有诸多变数，因此，国内采用经济热阻标准来设计尚有困难，而改用最小传热阻标准。

2）最小总热阻　最小总热阻就是最低的保温要求，是不使室内墙壁结露（即防冷凝）的标准，因为结露既影响卫生，又会加快建筑结构的损坏，增加墙壁对人体的冷辐射，使人易出现血压升高、心跳加快、感觉寒冷、尿量增加，甚至诱发心肌梗等病症。必须注意，最小总热阻是从保温角度要求的最低限度的热阻，只能大，不能小，也就是说，保温设计的目的是保证结构的总热阻要大于等于结构的最小总热阻。

16. 保温层的构造类型

（1）单设保温层　仅起保温作用，不起承重作用的保温层称为单设保温层。其优点是选材灵活性大，板状、纤维状、松散颗粒状等保温材料均可选用；缺点是不能承重。

（2）封闭空气间层保温层　利用封闭空气做保温材料的保温层称为封闭空气间层保温层。其优点是保温材料可以就地取材，不必另行开支；缺点是不能按要求来调节其保温性能。为了提高其保温能力，可在间层表面涂贴铝箔类强反射材料，但应注意对铝箔采取防蚀、防潮措施，其常用方法是在铝箔面上涂塑保护。

（3）保温与承重相结合保温层　具有保温、承重双重功能配保温层称为保温与承重相结合保温层，如空心板、空心砌块等。其优点是构造简单，施工方便，耐久性强。

（4）混合保温层　由实体（保温）层、空气层和承重层混合而成的保温层称为混合保温层。其优点是保温（绝热）性能好；缺点是构造复杂，因而仅在对保温要求较高的房间（如恒温室）中采用。

17. 门窗的保温

试验表明，门窗的热损失（单位时间从单位面积上损失的热量）约为墙体的3倍。门窗的热损失主要有两条途径：一是通过玻璃、门窗框架等的热传递；二是通过户外冷空气经由门窗缝隙的渗透。因此，门窗的保温必须注意做好以下三方面的工作：

（1）提高框架的保温性能　经由门窗框架的热损失大小与框架的热导率有关。由于木材和塑料的热导率较之钢材和铝合金要小得多，因此应尽量选用木材或塑料（塑钢）做框架。如果出于其他方面的考虑，需要使用钢材或铝合金做框架时，则应尽量将它做成空心断面，以提高门窗框架的保温性能。

（2）改善玻璃部分的保温能力　由于单层玻璃的热阻很小，因此，改善玻璃部分的保温能力非常重要，其方法大致有三：

1）增加窗扇层数（如采用两层或三层窗），可通过窗层间空气层提高窗户的保温能力。

2）在玻璃上涂贴对辐射有选择性吸收及穿透的材料层（如二氧化锡等），以保证最大限度地向室内透射阳光，以及尽可能少地向室外辐射热量。

3）在窗的内侧加挂窗帘。试验表明，在窗的内侧加挂铝箔隔热窗帘，窗户的热阻可提高 2.7 倍。

（3）提高气密性，减少冷空气的渗透　提高门窗的气密性，可在门窗缝隙处设置橡皮、毡片等密封条，或在框与墙之间用保温砂浆或泡沫塑料等充填密封。

18. 热桥

围护结构中嵌有钢筋、圈梁等构件，其特点是热阻小，热量易于通过，损失大，在建筑物理中形象地将之称为热桥。如果热桥的两侧分别与室内外空气直接连通，这样的热桥称为贯通式热桥。对待热桥的保温必须看其内表面是否有可能会结露，其主要依据是看热桥内表面的温度是否会低于室内空气的露点温度。

贯通式热桥的保温处理，通常是在内侧加保温层，其宽度 L 视桥宽及结构主体厚度之值而定，一般 L 应取结构主体厚度的 2 倍；非贯通式热桥的保温处理，原则上可分两步进行，首先应尽可能将热桥置于室外一侧，其次是按贯通式热桥的方法来处理。

19. 地板的保温

与墙及屋顶不同，地板是直接与人的脚相接触的建筑部件，可直接与人体进行热传递。实验表明，当人裸体站在地板上时，从脚板直接散失的热量约为从身体各部位散失热量总和的 1/6，从中可见地板保温设计的重要性。另外，地板对人体冷热舒适感觉影响最大的是 3~4mm 厚的表面材料层。因此，地板保温设计时，要尽量选用热导率小的材料作为地板面层。

现在常用的热导率小的材料主要有木地板、塑料地板或楼地面上铺的地毯等。

二、建筑光学知识

1. 光的基本视觉性质

（1）光源　光是一种电磁辐射，任何能发光（产生电磁辐射）的物体均称为光源。

（2）热光源　太阳、白炽灯的发光需要在一定温度下才能进行，这类光源称为热光源。

（3）冷光源　荧光灯等的发光是通过内部气体的放电来实现的，这类光源称为冷光源。

（4）可见光　建筑光学中所讨论的光通常是指可见光，它是一种波长变化范围在400～760nm之间的电磁波谱——光谱。波长不同，其颜色也不相同，从红、橙、黄、绿、青、蓝到紫，波长从760nm、630nm、600nm、570nm、500nm、450nm、430nm到400nm。平常所见到的太阳光实际上是七种颜色光的混合光——白光。

（5）红外光　波长大于760nm的光称为红外光，它有很好的热效应。

（6）紫外光　波长小于400nm的光称为紫外光，它有极强的杀菌消毒能力。

红外光和紫外光均属于不可见光，一般不在建筑光学的讨论范围内。

（7）明视觉与暗视觉　人眼对光的感知反应称为视觉。它主要通过人眼的感光细胞来实现。人的视网膜上分布有两种感光细胞：一种为锥状细胞，主要在明环境中起作用，给人以光明的感觉，称为明视觉，具有分辨物体颜色及巨细的本领；另一种为杆状细胞，主要在暗环境中起作用，给人以模糊、黑暗的感觉，称为暗视觉，它既没有分辨颜色的本领，也没有分辨物体细节的能力，且对外部亮度变化的适应能力较差。

（8）光视效能　试验表明，人眼对不同波长的光的明亮感觉不一样，在辐射功率相等的各单色光（波长单一的光）中，波长为555nm的黄绿光最明亮，且明亮程度向波长短的紫光和波长长的红光方向依次对称递减。眼睛的这一视觉特性称为光视效能。

（9）光效率　光的客观辐射功率转换成人眼感知的主观功率有一个转换效率问题，这一效率称为光谱光效率，简称为光效率，其大小随波长 λ 而变化，用 $V(\lambda)$ 来表示。

（10）眩光　当视野中出现过高的亮度或过大的亮度对比时，会引起视觉上的不适，并造成视觉降低的现象称为眩光。它是评价光环境的一个重要指标。

依据眩光的成因和它对视觉的影响，眩光可分为多种类型：如果产生眩光的光源直接出现在视野中被看到，这样的眩光称为直接眩光，这样的光源称为眩光光源。例如，大面积发光的发光顶棚，当其亮度过大时所产生的眩光就是直接眩光。如果产生眩光的光源不出现在观察物体的方向上，这样的眩光就称为间接眩光。由于它不在观察物体的方向上出现，所以这种眩光对视觉的影响相对小一些。如果眩光是由发光体的镜面反射生成的，这样的眩光称为反射眩光。例如，镜中所看到的太阳光，它生成的眩光就是反射眩光。

如果产生的眩光会使人的视觉功效有所降低，甚至看不清物体，这样的眩光称为失能眩光。如果产生的眩光仅使人眼感到不舒适，这样的眩光称为不舒适眩光。眩光不仅会使视度降低，而且有害于人的生理健康，应尽量避免，通常可通过限制光源亮度、适当改变光源位置、提高环境亮度等措施来实现。

2. 光的辐射通量

众所周知，光的传播过程也就是能量的传递过程，发光体（光源）在发光时要失去能量，而吸收到光的物体就要增加能量。发光体在单位时间内辐射出来的光（包括红外线、可见光和紫外线）的总能量就是光源的辐射通量。有时为了研究光源表面某一个面积元的辐射情况，可以用面积元辐射通量概念。面积元辐射通量就是单位时间内由该光源面积元实际传送出的所有波长的光能量，常用 Φ_e 表示。由此可见，辐射通量是一个辐射度学中的纯客观物理量，它具有功率的量纲，常用单位是 W。例如，在地面上与太阳光垂直的面上每平方米所得的太阳辐［射能］通量是 1320W。

3. 光通量及其与辐射通量的关系

光通量概念起源于辐射通量概念，或者说，光通量概念是在辐射通量概念基础上发展、建立起来的，二者有着紧密的联系及相似点。因此，要能透彻理解光通量的概念，还得先从辐射通量说起。

辐射通量虽然是一个反映光辐射强弱程度的客观物理量，但是，它并不能完整地反映由光能量所引起的人们的主观感觉——视觉的强度（即明亮程度）。因为人眼对于不同波长的光波具有不同的敏感度，不同波长的、数量不相等的辐射通量可能引起相等的视觉强度，而相等的辐射通量的不同波长的光，却不能引起相同的视觉强度。例如，如果一个红色光源和一个绿色光源的辐射通量相同，则绿色光看上去要比红色光光亮些。具体是由于人眼对黄绿光最敏感，对红光和紫光较不敏感，而对红外光和紫外光则无视觉反应。前面学过光视效能的概念，它表示人眼对光的敏感程度随波长变化的关系。因为人眼对波长为 $0.550\mu m$ 的绿色光最敏感，故常把它作为标准，并把这个波长的光视效能 $V(\lambda)$ 定为 1。这样，对于绿色光而言，其辐射通量就等于光通量，其他波长的视见函数都小于 1，于是，光通量也就小于相应的辐射通量。显然，光通量也有功率的量纲，其常用的单位是 lm。lm 和 W 有着一定的对应关系（或称为光功当量），实验测定：当光波长为 5550Å 时，1W 相当于 683lm；当光波长为 6000Å 时，1W 相当于 391lm。由此可见，同样发出 1lm 的光通量，波长为 6000Å 的光所需的辐射通量约为波长为 5550Å 的光的 1.75 倍左右。

综上所述，尽管光通量与辐射通量的量纲相同，但是，辐射通量是一个辐射度学概念，是一个描述光源辐射强弱程度的客观物理量，而光通量是一个光度学概念，是一个属于把辐射通量与人眼的视觉特性联系起来评价的主观物理量。或者可以说，光通量是按光对人眼所激起的明亮感觉程度所估计的辐射通量。总之，光通量与辐射通量是两个不同的光学概念，不能混为一谈。

4. 发光强度

发光强度是描述点光源发光强弱的一个基本度量，以点光源在指定方向上的立体角元内所发出的光通量来度量。发光强度简称为光强，国际单位是 candela（坎德拉），简写为 cd，其他单位有烛光、支光等。发光强度是针对点光源而言的，或者发光体的大小与照射距离相比比较小的场合。这个量表明发光体在空间发射的汇聚能力。可以说，发光强度就是描述光源到底有多亮。

5. 照度

照度是指物体被照亮的程度，光照度是对被照地点而言的，但又与被照射物体无关。1lm 的光，均匀射到 $1m^2$ 的物体上，照度就是 1lx。照度的测量，用照度表（或者称为勒克斯表）。为了保护眼睛、便于生活和工作，不同场所的照度都有规定，照度是以垂直面所接受的光通量为标准，如果倾斜照射，则照度下降。

为了对照度的量有一个感性的认识，下面举一例进行计算。

一只 100W 的白炽灯，其发出的总光通量约为 1200lm，假定该光通量均匀地分布在一半球面上，则距该光源 1m 和 5m 处的光照度值可分别按下列步骤求得：半径为 1m 的半球面积为：$2\pi \times 1^2 = 6.28m^2$，距光源 1m 处的光照度值为：$1200lm/6.28m^2 = 191lx$。同理，半径为 5m 的半球面积为：$2\pi \times 5^2 = 157m^2$，距光源 5m 处的光照度值为：$1200lm/157m^2 = 7.64lx$。

6. 确定照度的原则

应根据工作、生产的特点和作业对视觉的要求确定照度。对于公共建筑，还要根据其用途考虑各种特殊要求，如商场除要求工作面适当的水平照度外，还要有足够的空间亮度，给顾客以明亮感和兴奋感，不同的商品销售区要求不同的照度，以渲染促销重点商品；又如宾馆等建筑，常常运用照明来营造气氛，所使用的照度以及色表，都有特殊要求。确定照度的原则元素如下：

（1）识别对象的大小　识别对象的大小，即作业的精细程度。

（2）对比度　对比度即识别对象的亮度和所在背景亮度的差异，二者亮度之差越小，则对比度越小，就越难看清楚，因此需要更高的照度。

（3）场地的光照效果　不同场地对光照有不同的要求，如商场的照度除看清商品的细部和质地外，还要有激发顾客购买欲望、促进销售的作用，工业生产场所的照度对产品的质量、差错率、工伤事故率有一定影响。

（4）其他因素　其他因素包括视觉的连续性（长时间观看）、识别速度、识别目标处于静止或运动状态、视距大小、视观者的年龄等。

7. 采光设计的一般步骤

（1）收集资料

1）了解客户的采光要求，如生活和工作特点、主要活动范围、工作面位置、工作对象的表面状况等。

2）其他要求，如采暖、通风、造型、泄爆及经济性等。

3）周围环境。房间周围的建筑物、构筑物、山丘、树木的高度，以及它们到房间的距离等均会影响房间的采光、窗户的布置及开启。

（2）确定采光口　采光设计主要体现在采光口上，它对室内光环境的优劣起着决定性的作用：

1）选择采光口的形式。采光口的形式主要有侧窗及天窗之分，宜根据客户要求、房间大小、朝向、周围环境及生产状况等条件综合而定。例如，进深大的车间，其边跨可用侧窗，而中间几跨则可用天窗或人工照明来解决采光问题。

2）确定采光口的位置。侧窗通常置于南北侧墙之上，宜尽量多开。天窗常作为侧窗采光不足的补充。

3）估算采光口的尺寸。采光口的面积（尺寸）主要根据房间的视觉工作分级，按照相应的窗地比来确定。

4）布置采光口。采光口的布置宜根据采光、通风、泄爆、日照、美观、维护方便等要求来考虑。

8. 照明光源的主要类型（按发光形式分）

（1）热辐射光源　任何物体，只要其温度高于绝对零度均会向四周辐射能量，这种现象称为热辐射。当物体的温度高于 1000K 便可发出可见光，温度越高，其可见光在总辐射中所占的比例越大。实验指出，当电流通过金属丝（如钨丝）时，可将金属加热到 2000K 以上，导致金属丝因热而发光，这种由电流流经导电物体，使之在高温下辐射光能的光源称为热辐射光源，包括白炽灯和卤钨灯两种。

（2）气体放电光源　电流流经气体或金属蒸气，使之产生气体放电而发光的光源称为气体放电光源。气体放电有弧光放电和辉光放电两种，放电电压有低气压、高气压和超高气压三种。弧光放电光源包括荧光灯、低压钠灯等低气压气体放电灯，高压汞灯、高压钠灯、金属卤化物灯等高强度气体放电灯，超高压汞灯等超高压气体放电灯，以及碳弧灯、氙灯、某些光谱光源等放电气压跨度较大的气体放电灯；辉光放电光源包括利用负辉区辉光放电的辉光指示光源和利用正柱区辉光放电的霓虹灯，二者均为低气压放电灯，此外还包括某些光谱光源。

（3）电致发光光源　在电场作用下，使固体物质发光的光源称为电致发光光源。它将电能直接转变为光能，包括场致发光光源和发光二极管两种。

三、建筑声学知识

1. 声波、超声波和次声波

声源体发生振动会引起四周空气振荡，这种振荡方式就是声波。声以波的形式传播，因此称为声波。声波借助各种媒介向四面八方传播。在开阔空间的空气中的传播方式像逐渐吹大的肥皂泡，是一种球形的阵面波。声音是指可听声波的特殊情形，如对于人耳的可听声波，当阵面波达到人耳位置的时候，人的听觉器官会有相应的声音感觉。

人对声音的感觉有一定的频率范围，大约每秒钟振动 20～20000 次范围内，即频率范围是 20～20000Hz。在声频范围内，将频率低于 300Hz 的声音称为低频声；300～1000Hz 的声音称为中频声；1000Hz 以上的声音称为高频声。

如果物体振动频率低于 20Hz 或高于 20000Hz，人耳就听不到了，高于 20000Hz 的频率就称为超声波，而低于 20Hz 的频率就称为次声波。所以说，不是所有物体的振动所发出的声音都是人耳能听到的。另外，人要能听到声音也必须有传播声音的介质。

2. 听阈和痛阈

（1）听阈　人耳刚能感觉到其存在的声音的声压称为听阈，听阈对于不同频率的声波是不相同的。人耳对 1000Hz 的声音感觉最灵敏，其听阈声压为 $P_0 = 2 \times 10^{-5}$ Pa（称为基准声压）。

（2）痛阈　使人耳产生疼痛感的上限声压为痛阈，对 1000Hz 的声音为 20Pa。

3. 声压级

从听阈到痛阈，声压的绝对值之比为 $1:10^6$，即相差 100 万倍。因此，用声压的绝对值表示声音的强弱很不方便。加之人耳对声音大小的感觉近似地与声压呈对数关系，所以，通常用其对数值来度量声音，称为声压级，单位为 dB。

4. 声波的物理量

（1）周期与频率 物体完成一次完全振动所需的时间称为周期，用 T 表示，其单位为 s。每秒钟完成的振动次数称为频率，用 f 表示，其单位为 Hz。周期与频率互为倒数，即

$$T = 1/f$$

声波的周期与频率和声振动的周期与频率相同。它们是声波时间周期性的反映——每经过 T 时间，空间中就传播一个完整的声波。

（2）波长 声波在一个周期内所传播的距离称为声音的波长，用 λ 表示，其单位为 m。在波形图上，波长对应的是振动状态完全相同的两个相邻点之间的距离。因此，波长反映了声波的空间周期性——每隔长度 λ 波形就重复一次。

（3）声速 单位时间内，声波在媒质中的传播距离称为声速，用 c（或 u）表示，其单位为 m/s。声速的大小与媒质的物理特性有关：媒质不同，其声速也不相同。一般而言，声波在固体中的传播速度最快，液体中次之，空气中最慢。此外，对于同种媒质，如果温度不同，其声速也不相同。对于空气而言，其声速随温度的增加而增加，在常温（$t = 20℃$）条件下，空气中的声速为常量，其值约为 340m/s。

从声速的概念容易得出，它与频率、波长的关系为

$$c = \lambda/T = f\lambda$$

由上式可以看出，声波波长与频率成反比，频率越高，波长越短。

5. 声波的主要特性

（1）声波的能量 前面已说明，声波是声振动的传播。媒介振动时既有速度，又有形变，因此，振动的传播必伴有能量的传播。换言之，声波具有能量（称为声能），其大小既与声波的频率、波幅（即声源的振幅）有关，又与时间及声波通过的面积有关。

（2）声波的反射及回声与混响

1）声波的反射 声波在传播过程中遇到尺度比其波长大很多的障碍物时，将有部分声波被反射回原媒介，这种现象称为声反射，其规律与光的反射定律相似，称为声波反射定律，主要包括两方面内容：一是入射声波与反射声波分居法线的两侧；二是入射角等于反射角。利用上述规律，通过几何作图法，很容易从已知入射声波的方向，求出反射声波的方向。如果反射面为平面，则反射线的反向延长线必相交，且在与声源对称位置上生成虚声像；如果声波在凹面上反射，则反射波便会相交（会聚）生成"实"声像，使声场的声音因汇聚而加强；如果反射在凸面上进行，则反射声波将呈发散状，声场的声音也会因发散而减弱。

2）回声与混响。回声是一种特殊的反射声。在某些情况下，当传到人耳的入射声与从较远的障碍物反射回来的反射声的时差大于50ms时，便可清楚地听到两种非常相似的声音——原声与反射声，这样的反射声称为回声。回声以外的其他反射声之总和（叠加）称为混响（声），它对音质的好坏有很大的影响。

（3）声波的干涉与声驻波

1）声波的干涉　如果频率和振幅相等的两列声波叠加，其叠加结果可使声场中某些区域质点的振动加强，而某些区域质点的振动削弱，此种现象称为干涉。

2）声驻波　声驻波是由两列波的干涉形成的，它们的振幅和频率相等，且在媒介中沿着一条直线反向传播，有固定的零振幅位置（节点）和最大振幅位置（腹点），而媒介处于稳定振动状态。

6. 产生回声的两个必备条件

回声的产生必须具备两个条件：一是要有足够的时间差，即传到人耳的原声与反射声的时间差必须大于50ms，否则便不可能分清原声与反射声；二是要有足够的声压级差，即某个反射声的声压级必须要比其他反射声的声压级大，否则这个反射声将被其他反射声所湮灭，分辨不出来。

回声有益也有害。有益的是，可以利用回声来测距（因为340m/s的声速可视为已知）；有害的是，回声的存在会严重干扰听觉，影响声音效果及质量。

7. 噪声

噪声的概念有多种，通常将对人们的生活、学习及工作有妨碍的嘈杂声统称为噪声。噪声是一个相对的概念。比如，甲乙交谈，与丙无关，对丙来说，甲乙的交谈声就属于噪声；音乐厅内美妙动听的歌声，对厅内专心致志听音乐的听众来说，是一种美好的享受，但对近旁正在埋头学习的人来说，却有一定的妨碍，因此，歌声这时也就成了噪声。

依据来源的不同，噪声可分为多种形式，室内设计主要涉及有背景噪声、干扰噪声及环境噪声等。

（1）背景噪声　背景噪声是指听者周围的噪声，一般的室内噪声或自室外传入室内的交通噪声均属于背景噪声，它是难以避免的一般噪声。

（2）干扰噪声　干扰噪声是指外界噪声或是由房间围护结构传递来的噪声，其大小与建筑围护结构及施工技术均有一定的关系。为此，国家曾对房屋建筑的不同使用要求提出了不同的评价标准：对于医院病房，其围护结构传入病房的噪声级不得超过35dB；对于营业餐厅，则规定传入其内的噪声级不得高于50dB。

（3）环境噪声　环境噪声是指某种环境中所有噪声的总和。因此，自然界中任何地方存在的噪声均可视为环境噪声。换言之，环境噪声是客观存在的，其区别仅在于强度不同而已。

8. 隔声

一个建筑空间的围蔽结构受到外部声场的作用或直接受到物体撞击而发生振动，

就会向建筑内空间发射声能，于是空间外部的声音通过围蔽结构传到建筑空间中来，这称为传声。传进来的声能总是或多或少地小于外部的声音或撞击的能量，所以说，围蔽结构隔绝了一部分作用于它的声能，这称为隔声。围蔽结构隔绝的如果是外部空间声场的声能，则称为空气声隔绝；如果是使撞击的能量辐射到建筑空间中的声能有所减少，则称为固体声或撞击声隔绝。这与隔振的概念不同，前者最终得到的是到达接受者的空气声，后者最终得到的是接受者感受到的固体振动。但采取隔振措施，减少振动或撞击源对围蔽结构（如楼板）的撞击，可以降低撞击声本身。

9. 用窗帘布（帘幕）来隔声

窗帘布是具有通气性能的纺织品，一般均可视为帘幕材料。从本质上说，绝大部分纺织品均可视为多孔材料，但是，由于纺织品一般较薄，因此，仅靠纺织品本身来吸声，效果不理想。如果将它做成帘幕等形式，在离开墙面或窗洞的一定距离上安装，便形成了类似于多孔材料背后设置空气层的结构，对中高频的声能具有较好的吸声效果。

帘幕的吸声效果除了与帘幕离墙的距离（取 1/4 入射声波长的奇数倍效果较好）有关外，还与帘幕材料的品种和褶裥有关。例如，利用较深的裥（50% ～ 100%）使帘幕的有效厚度增加或使帘幕距墙的距离保持 10cm 以上，就可使其吸声性能有较大的提高。

10. 隔声的质量定律（质量效应）

材料的隔声一般都服从于质量定律。但墙板的单位面积质量越大，隔声效果越好，单位面积质量每增加一倍，隔声量增加 6dB，这一规律通常称为质量定律。同时，质量定律还指出，入射声频率每增加一倍，隔声量也增加 6dB。当墙体的单位面积质量或入射声的频率增加一倍时，隔声量的实际测量结果通常达不到增加 6dB，一般前者为 4 ～ 5dB，后者为 3 ～ 5dB。如果声波是无规入射，则墙的隔声量大致比正入射时的隔声量低 5dB。

11. 采用轻型墙实现空气声隔绝

建筑中，尤其是在高层建筑和框架式建筑中大量采用轻型结构和成形板材，但根据质量定律，一般它们的隔声性能较差，必须通过一定的构造来提高其隔声效果，主要措施有：

1）采用夹层结构，如果能在夹层中填充吸声性能好的轻质吸声材料，则效果更佳。

2）按照不同板材所形成的固有的吻合临界频率进行合理的组合使用，以避免吻合临界频率落在重要声频区（100 ～ 2500Hz）的范围内。例如，25mm 厚纸面石膏板的吻合临界频率为 1250Hz，如果将其分成两层 12mm 厚的板叠合起来，吻合临界频率约为 2600Hz，隔声效果提高了一倍多。

3）轻型板材常常是固定在刚性龙骨上的，其声桥作用明显。如果在板材和龙骨之间垫上弹性垫层，则隔声量会有较大提高。

简单地说，提高轻型墙隔声量的措施就是多层复合、双墙分立、薄板叠合、弹性连接、加填吸声材料、增加结构阻尼等。

12. 门窗的隔声措施

一般门窗结构轻薄，而且存在较多缝隙，因此，门窗的隔声能力往往比墙体低得多，形成隔声的薄弱环节。要提高门窗的隔声，一方面可以采用比较厚重的材料或采用多层结构制作门窗；另一方面，要密封缝隙，减少缝隙透声。

双道门由于其间的空气层而得到较大的附加隔声量，形成门斗。在门斗内的空间表面进行吸声处理，产生更高的隔声效果，称为门闸。

采用双层或多层玻璃，不但能大幅度提高保温效果，而且对提高隔声很有利。双层玻璃间应留有较大的间距（一般不少于50mm）。但应注意，为了减少吻合效应的影响，最好选择厚度不同的两种玻璃，且使厚玻璃朝向声源一侧。为了降低共振的影响，两层玻璃不要平行排列，且应使朝向声源一侧的玻璃倾斜85°左右。同样，如果能在层间设置吸声材料，则隔声效果更佳。

13. 固体声（撞击声）隔绝

固体声是建筑空间围蔽结构（通常是楼板）在外侧被直接撞击而激发的，楼板因受撞击而振动，并通过房屋结构的刚性连接传播，最后振动结构向接收空间辐射声能，形成空气声传给接受者。因此，固体声的隔绝措施主要有三条：

（1）在楼板表面铺设弹性面层　常用的材料是地毯、橡胶板、地漆布、塑料及木质地板等。这通常对中高频固体声有较大的改善，对低频撞击声要差一些。但如果材料的厚度大且柔性好，则对低频固体声的改善也较好。

（2）浮筑楼面　浮筑楼面是在楼板面层和结构层之间设置弹性垫层的做法，它可以减弱面层传向结构层的振动。浮筑楼面的四周和墙的交接处不能做刚性连接，而应以弹性材料填充，整体式浮筑楼面层要有足够的强度和必要的分缝，以防面层裂开。

（3）隔声吊顶　在楼板下做隔声吊顶可以减弱楼板向接收空间辐射的空气声。吊顶必须是封闭的，其隔声效果可以按质量定律估算。隔声效果同样是单位面积质量越大越好；吊顶内铺设吸声材料较好；楼板与吊顶之间采用弹性连接比采用刚性连接要好。

14. 室内音质设计的原则

（1）背景噪声要低　低的背景噪声是保证室内听闻环境的主要条件。噪声过高，什么也听不清，连续的噪声会掩盖室内的音乐和语言，不连续的噪声会破坏室内宁静的气氛。因此，音质设计要求尽量降低噪声干扰，将噪声级控制在允许值（称为允许背景噪声）之下：录音演播室的背景噪声不应高于20dB，影剧院则不应大于35dB。

（2）响度要合适　合适的响度是音质设计的基本要求，只有在听得见的情况下才有可能谈得上音质的其他属性。一般而言，语言和音乐的响度要高于环境噪声才能听得见。试验表明，正常的观众噪声为35dB左右。因此，为了使语言和音乐听起来既不费劲，又不感觉过响而显得吵闹，室内语言或音乐的响度宜控制在60方（phon）或70

方左右。

（3）混响时间要最佳 混响时间是衡量音质状况的重要物理量，它关系到语言的清晰度和音乐的丰满度。混响时间过短，则声音听起来干涩；过长，则声音听起来浑浊不清。对于以演奏音乐为主的厅堂，过短的混响时间将会使声音的丰满度受到影响。也就是说，厅堂的混响时间既不能过长，也不能过短，因而存在一个最佳值，即最佳混响时间，其大小与厅堂体积大小、座位多少、频率特性等因素有关。

（4）声场分布要均匀 应使室内各处听到的声音大小基本相同，其差别不超过6dB。也就是说，要使室内声场分布均匀。这就要求必须消除各种声学缺陷，如回声、颤动回声、声聚焦、长延迟反射声、声影、声失真、室内声共振等。其解决办法主要依靠厅堂平剖面的合理设计，以及吸声材料和吸声结构的合理选择与布置。

（5）音节清晰度要高 语言和音乐均要求声音清晰，否则什么也听不清，自然也就无音质良好可言。语言的清晰程度常用音节清晰度来表示，其定义为正确听到的音节数与发出的全部音节数之比的百分数，即音节清晰度＝正确听到的音节数/发出的全部音节数×100%。只有当音节清晰度达到75%以上时，人们才会感觉到语言的清晰度是良好的。

第七章

装饰材料元素

第一节　建筑装饰材料概述

一、建筑装饰材料的主要性能

（一）建筑装饰材料的装饰性

1. 光泽

光泽是由于反射光的空间分布而决定的对物体表面知觉的属性。当然，光泽的有无除了反射光的空间分布外，还要受到诸如色彩、质地、底色纹样等的影响。通常，把有光泽的表面称为光面。表示一个物体光泽的量是镜面光泽度和对比光泽度两种光泽度指标。另外，要注意色彩对光泽的影响主要是明度和彩度，而与色相无关。

2. 质地

质地是材料表面的粗糙程度。比如布类，丝绸是没有质地的，而粗花呢却有质地；再如纸类，有光泽的印刷纸是没有质地的，而马粪纸却有明显的质地。

3. 底色纹样与花样

底色纹样是材料表面的底色的变化程度。例如，抹灰没有底色纹样，而木纹、地面瓷砖的花纹却有底色纹样。花样是材料所构成的图案。例如，没有图案的单色布就没有花样，而糊墙纸、窗板、砖砌体等却有明显的花饰图案，即花样。

4. 质感

质感是材料的表面组织结构、花纹图案、颜色、光泽、透明性等给人的一种综合感觉，各种材料在人的感官中有软硬、轻重、粗犷、细腻、冷暖等感觉。相同组成的材料，当其表面不同时，可以有不同的质感，如普通玻璃与压花玻璃、镜面花岗石与剁斧石。相同的表面处理形式往往具有相同或类似的质感。但有时也不尽相同，如人造大理石、仿木纹制品，一般均没有天然的花岗石和木材亲切、真实，虽然如此，有时也能达到以假乱真的效果。

5. 光学性

在室内照明设计中，室内照明的气氛与室内材料的选用关系极大。这是因为照明光在传播过程中遇到不同的材料质地时，其入射的光通量将会一部分被吸收，一部分被反射，另一部分被透射。这三部分光通量占总的入射光通量的比例，分别称为反光系数、吸收系数及透光系数，具体包括了定向反射、扩散反射、定向透射、扩散透射等方面。通过了解光线对材料的反射和透射的特性，找到照明方式在空间分布上的规律，并且根据各种装饰材料的光学性质，不同空间的使用要求，选取不同的材料，以获得理想的室内照明环境。

（二）建筑装饰材料的物理性质

1. 体积密度

体积密度是指材料在绝对密实状态下，单位体积的质量。

测定材料的体积密度时，材料的质量可以是在任意含水状态下的，但需说明含水情况。通常所指的体积密度是材料在气干状态下的，称为气干体积密度，简称为体积密度。

2. 密实度与孔隙率

密实度是指材料体积内被固体物质所充实的程度。

孔隙率是指材料中孔隙体积所占整个体积的比例。

3. 亲水性与憎水性

当材料与水接触时，有些材料能被水润湿，有些则不能。前者称为材料具有亲水性，后者称为材料具有憎水性。

4. 吸水性

吸水性的大小以吸水率表示。在多数情况下，吸水率是按质量计算的，但是，多孔材料的吸水率一般用体积吸水率来表示。吸水性大小与材料本身的性质，以及孔隙率的大小、孔隙特征等有关。

5. 吸湿性

材料在潮湿空气中吸收水分的性质称为吸湿性。吸湿性的大小用含水率表示。含水率就是用材料所含水的质量与材料干燥时质量的百分比来表示。含水率与吸水率的区别是：前者是指材料中所含的水分是一般状态下的，而后者所含的水分是饱和状态下的。

6. 耐水性

耐水性是指材料长期在饱和水作用下，保持其原有的功能和抵抗破坏的能力。对于结构材料，耐水性主要指强度变化；对于装饰材料则主要指颜色、光泽、外形等的变化，以及是否起泡、起层（如建筑涂料的耐水性）等。材料的软化系数 $K_P = 0 \sim 1.0$。$K_P \geqslant 0.85$ 的材料称为耐水性材料。

7. 导热性

导热性是指物质传导热量的性能。导热性用热导率（λ）表示。

一般认为，金属材料、无机材料、晶体材料的热导率 λ 分别大于有机材料、非晶体材料；孔隙率越大，热导率越小，细小孔隙、闭口孔隙比粗大孔隙、开口孔隙对降低热导率更为有利，因为减少或降低了对流传热；材料含水，会使热导率急剧增加。通常把 $\lambda < 0.23W/（m \cdot K）$ 的材料称为绝热材料（或保温材料），单位中的 W 是传递

的热量的单位，m 是材料的厚度单位，K 是材料两侧的温度差的单位。

应当指出，即使同一种材料，其热导率也不是常数，它与材料的构造、湿度和温度等因素有关。

8. 耐燃性

材料抵抗燃烧的性质称为耐燃性。耐燃性是影响建筑物防火和耐火等级的重要因素，《建筑内部装修设计防火规范》（GB 50222—1995）给出了常用建筑装饰材料的燃烧等级。材料在燃烧时放出的烟气和毒气对人体的危害极大，远远超过火灾本身。因此，建筑内部装修时应尽量避免使用燃烧时会放出大量浓烟和有毒气体的装饰材料。

9. 耐火性

耐火性是指材料抵抗高热或火的作用并保持其原有性质的能力。金属材料、玻璃等虽属于不燃性材料，但在高温或火的作用下在短时间内就会变形、熔融，因而不属于耐火材料。建筑材料或构件的耐火极限通常用时间来表示，即按规定方法，从材料受到火的作用时间起，直到材料失去支持能力、完整性被破坏或失去隔火作用的时间，以 h 或 min 计。

10. 吸声性

吸声性是指材料在空气中能够吸声的能力。当声波传播到材料的表面时，一部分声波被反射，另一部分穿透材料，其余部分则传递给材料。对于含有大量开口孔隙的多孔材料，传递给材料的声能在材料的孔隙中引起空气分子与孔壁的摩擦和粘滞阻力，使相当一部分的声能转化成热能而被吸收或消耗掉；对于含有大量封闭孔隙的柔性多孔材料（如聚氯乙烯泡沫塑料制品），传递给材料的声能在空气振动的作用下孔壁也产生振动，使声能在振动时因克服内部摩擦而被消耗掉。

11. 隔声性

隔声分为隔空气声和隔固体声。

（1）隔空气声　对于均质材料，隔声量符合"质量定律"，即材料单位面积的质量越大或材料的体积密度越大，隔声效果越好。轻质材料的质量较小，隔声性较密实材料差。

（2）隔固体声　固体声是由于振源撞击固体材料，引起固体材料受迫振动而发声，并向四周辐射声能。固体声在传播过程中，声能的衰减极小。弹性材料如木板、地毯、壁布、橡胶片等，具有较高的隔固体声能力。

（三）建筑装饰材料的化学性质

1）建筑材料的各种性质几乎都与其化学组成或化学结构有关。材料组成或结构的变化很可能造成某些性质的改变，从而影响或丧失工程的使用性能。

2）建筑材料的化学变化，主要是指材料在生产（加工）、施工或使用过程中所产生的化学变化。这些化学变化，可能使材料的内部组成或结构发生显著的改变，并导致其他性质产生不同程度的变化。例如石灰的煅烧、熟化与炭化，水泥的水化与凝结，防水材料的结膜与固化等。这些多是通过材料发生化学变化实现的。在建筑装修工程中，要求材料对这些化学变化有较强的抵抗能力。

3）材料的化学稳定性，是指在工程所处环境条件下，材料的化学组成与结构能够保持稳定的性质。建筑工程在使用环境中可能受到（水、阳光、空气、温度等）各种因素的影响，这些因素的作用会使材料的某些组成或结构产生变化。有些变化会降低工程的使用功能，如金属的腐蚀，涂料、塑料等有机材料的老化等。为保证材料具有良好的化学稳定性，许多材料标准都对其组成与结构进行了限制规定。

（四）建筑装饰材料的力学性质

1. 材料的强度

材料的强度是指材料在外力作用下抵抗破坏的能力。建筑装饰材料的强度有抗压强度、抗拉强度、抗弯强度及抗剪强度等，还有断裂强度、剥离强度、抗冲击强度等。

2. 硬度与耐磨性

硬度是材料抵抗较硬物体压入或刻划的能力。布氏硬度、肖氏硬度、洛氏硬度、韦氏硬度都用钢球压入法测定试样，钢材、木材、混凝土、矿物材料等多采用这些方法；但石材有时也用刻划法（又称为莫氏硬度）测定；莫氏硬度、邵氏硬度通常用压针法测定试样，非金属材料及矿物材料一般用此方法测定。

耐磨性是指材料表面抵抗磨损的能力，耐磨性用磨损率（N）表示。材料的耐磨性与硬度、强度及内部构造有关，材料的硬度越大，则材料的耐磨性越高。

3. 弹性、塑性、脆性与韧性

（1）弹性　材料在外力作用下产生变形，外力取消后变形即行消失，材料能够完全恢复到原来形状的性质称为材料的弹性。这种完全恢复的变形称为弹性变形。

（2）塑性　材料在外力作用下产生变形，在外力取消后，有一部分变形不能恢复，这种性质称为材料的塑性。

（3）脆性　脆性是指材料受力达到一定程度后突然破坏，而破坏时并无明显塑性变形的性质。

（4）韧性　韧性是指材料在冲击、振动荷载的作用下能够吸收较大的能量，同时产生一定的变形而不致破坏的性质。用作桥梁地面、路面及吊车梁等的材料，都要求具有较高的韧性。

（五）建筑装饰材料的耐久性

材料长期抵抗各种内外破坏因素或腐蚀介质的作用，保持其原有性质的能力称为材料的耐久性。材料的耐久性是材料的一项综合性质，一般包括耐磨性、耐擦性、耐水性、耐热性、耐光性、抗渗性、抗老化性、耐溶蚀性、耐沾污性等。

二、建筑装饰材料的选用

（一）建筑装饰材料的选用原则

1. 考虑所装饰建筑的类型和档次

对于住宅地面的选择，纯毛手工地毯，有高雅、豪华的装饰效果，但价格昂贵；

化纤地毯、混纺地毯，其防滑、消声、耐磨、装饰效果较好，但价格较高，适用于一般公共建筑和较高档的家装；木质地板舒适、保温，在卧室、起居室铺设比较合适。

2. 考虑建筑装饰材料对装饰效果的影响

建筑装饰材料的质感、尺度、线型、纹理、色彩等，对装饰效果都将产生一定影响。建筑内部装饰材料的色彩，应力求合理、适宜，使人在生理和心理上都能产生良好的效果。

3. 考虑建筑装饰材料的耐久性

装饰材料对建筑物主体具有保护作用，其耐久性与建筑物的耐久性密切相关。内部装饰材料要经受摩擦、潮湿、洗刷、介质等的作用。

4. 考虑建筑装饰材料的经济性

从经济角度考虑装饰材料的选择，应有一个总体的观念，有时在关键性的问题上可适当增大一些投资，减少使用中的维修费用，不使装饰材料在短期内落后，这是保证总体上经济性的重要措施。

5. 考虑建筑装饰材料的环保性

大量研究表明，除了人类活动的影响外，造成室内污染的两大因素是通风和建筑装饰材料。由于越来越多的家庭与办公场所使用空调设备，导致室内外空气交换量大幅度减少，从而使建筑装饰材料释放的有害物质被大量浓缩，对人体健康产生更大的威胁。常见的有害物质包括甲醛、苯、甲苯、二甲苯、芳羟类化合物及总挥发性有机化合物等，它们普遍存在于室内装饰材料中。胶合板、地板、细木工板、有机涂料、建筑塑料等建筑装饰材料，大多数含有危害性物质。

室内外的高档装饰工程喜欢选用天然石材。据测定，很多建筑装饰材料具有短期的有毒放射性物质，而一些石材却有长期的放射作用，应当引起选材者的高度重视。

（二）居住建筑外饰面材料的选用原则

1. 装饰效果良好

（1）材料的颜色及图案　在考虑外饰面材料时，一定要根据居住建筑自身的性质及所处环境对颜色与图案做出适宜的选择。

（2）材料的光学特性及质感　人们视觉上的质感往往依赖于材料的光学特性，即材料表面反射光及透射光的特性。不同的材料一般有着不同的表面质感，而相同的材料也可能会因为加工或施工方式的不同而形成不同的质感，如普通玻璃与压花玻璃、镜面石材与剁斧石、涂料的喷涂与辊涂等。

（3）材料的形状及尺寸　不同的形状与尺寸，配合不同的颜色及光泽，可以拼贴出各种图案，给建筑带来丰富的装饰效果。总之，尺寸越小，不同颜色面砖之间的图案组合就越自由，既可以拼贴成具有明确形象的画面，也可以不规则地、星星点点地相互交错。

2. 耐久性良好

（1）耐候性　材料表面抵抗阳光、雨水、大气等气候因素的作用，保持其原有颜色及光泽的性质称为耐候性。

（2）耐沾污性　材料表面抵抗污物，保持其原来颜色及光泽的性质称为耐沾污性。

（3）易洁性　材料表面易于清洗洁净的性质称为易洁性。

3. 经济性良好

（1）一次性投资　一次性投资是指用于装修施工的全部费用，由饰面材料的价格成本和施工的操作成本两部分组成。

（2）维护费用　维护费用是指建筑物建成后在使用过程中进行定期或临时维护所需的费用，包括清洗、修补及材料到达使用年限后重新装修等。

（三）天然石材选用原则

（1）材性的多变性　这里讲的材性，不但包括石材的物理力学性能（强度、耐水性、耐久性等），也包括石材的装饰性（色调、光泽、质感等）。同一类岩石，品种不同、产地不同，性能上也往往相差很大，故同一工程部位上应尽量选用同一矿山的同一种岩石。否则，往往会出现色差、花纹变化等意想不到的情况，影响装饰效果，造成难以弥补的遗憾。

（2）材料的适用性　不同的石材具有不同的特点，不同的工程部位和装饰效果应考虑石材的适用性。用于地面的石材，主要考虑其耐磨性，还要兼顾其防滑性；用于室外的饰面石材，主要应考虑其耐风化性和耐腐蚀性；用于室内的饰面石材，主要考虑其光泽、花纹和色调等美观性。

（3）材料的工艺性能　材料的工艺性能包括加工性、开光性、可钻性。加工性指石材的切割、凿琢等加工工艺的难易程度。质脆粗糙、有颗粒交错结构或含有层状、片状构造的石材，都难于满足加工的要求。开光性是指岩石能磨成光滑表面的性质。致密、均匀、粒细的岩石一般都有良好的开光性；疏松多孔、有鳞状构造和含有较多云母的岩石，开光性均不好。可钻性是指石材钻孔的难易程度。

（4）材料的经济性　石材因密度大、质量大，所以应尽量就地取材，以减少运距，降低成本。不要一味追求高档次的石材，要选择能体现装饰风格，与工程投资相适宜的品种。

（四）鉴别陶瓷的简便方法

（1）从专业书籍中介绍的知识判断　一般情况下，建筑装饰上所用的外墙面砖、地砖及锦砖都属于粗炻类；建筑上常用的砖、瓦、陶管及日用缸器均属于粗陶类；釉面内墙砖简称为釉面砖，属于薄型精陶制品；粗、细瓷制品通常有日用餐具、茶具、陈设瓷、电瓷及美术作品等。

另外，许多用瓷土烧制而成的建筑材料，一般也是精陶制品，如仿花岗石墙地砖是一种全玻化、瓷质无釉墙地砖；钒钛饰面板是利用稀土矿物原料研制成功的一种高档墙地饰面板材；玻化墙地砖也称为全瓷玻化砖或玻化砖，是以优质瓷土为原料的饰面材料。

（2）从吸水率来判别　对于各种墙地砖，可在其不施釉的那一面（反面）倒上一些清水，过一会儿观察砖的吸水情况，即可判别。瓷的坯体致密，基本不吸水（吸水率小于1%）；炻的坯体孔隙率很低，吸水率较小（小于10%）；陶的吸水率较大（大于10%）；精陶的吸水率常为10%～12%，最大可达22%，粗陶则更大。

（3）从敲击发声中判别　瓷器敲击时发声清脆；而陶砖敲击时发声粗哑。所以，在现场鉴别时，最好准备多种陶瓷制品，以便于判别。

（五）装饰用木材选用原则

（1）木材的纹理　木材的纹理因树种不同而有差异，其纹理的粗细、分布等均有不同。比如柚木，纹理直顺、细腻，整个截面变化不大；而水曲柳的纹理美观，走向多呈曲线，构成圆形、椭圆形及不规则封闭曲线图形，且整个截面的纹理造型差异较大。木材的纹理及其走向与分布对装饰效果影响较大。如果木墙面的纹理分布均匀、舒展大方，一般用显木纹或半显木纹的涂装工艺，即可使纹理的天然图案得到很好的发挥；如果板面纹理杂乱无章，图案性较差，多用不显木纹的涂装工艺，即以不透明涂料将其遮盖。

（2）木材的颜色　木材颜色有深、浅之别，如红松边材色白微黄，心材黄而微红；黄花松边材色泛淡黄，心材深黄色；白松色白；水曲柳淡褐色；枫木淡黄、微红等。

木材的色彩影响室内装饰的整体效果，同时也会影响涂装工艺的运用。比如白松，一般利用天然的白底，配合白色的底粉，可获得清淡、华贵的装饰效果。而对于深色木材，尽管可用漂白剂处理使其颜色变浅，但无论如何也达不到白底的效果。因此，当室内设计需要清淡的木材装饰时，一般应选用浅色木材；当需要暖色调时，则应选用深色木材。

（六）红木材料判断方法

红木材料优劣的判断惯以木材的大小、曲直、硬度、质量，木色的品相和纹理，木性的坚韧和细密，纤维的粗细，以及是否防腐、防蛀，有无香味等作为标准。下面介绍一些识别方法：

（1）酸枝（老红木）　酸枝（老红木）又称紫榆。酸枝是清代红木家具主要的原料。用酸枝制作的家具，即使几百年后，只要稍加揩漆润泽，依旧焕然若新。酸枝是热带常绿乔木，有深红色和浅红色两种，一般，有"油脂"的质量上乘，结构细密，性坚质重，可沉于水。特别明显之处是在深红色中还常常夹有深褐色或黑色的条纹，纹理既清晰又富有变化。酸枝在北方称为红木，在江浙地区称为老红木，在现代人的观念中，它是真正的红木。

（2）花梨木　花梨木又称为花榈木，至少可分两种，一种是黄花梨，红紫色，有微香，是明式家具最主要的用材之一；另一种则在北方称为老花梨，实则是新花梨的花梨木，这种花梨木在中国台湾称为红木。花梨木是一种高干乔木，高可达30m以上，直径也可达1m左右。这种花梨木木色红紫而肌理细腻，清代不少红木家具实质是这些花梨木制造的。

酸枝与花梨木是传统红木家具的两大主要用材。一般来说，酸枝肌理的变化清而显，花梨木肌理的变化稍文且平。

（3）香红木（新红木） 香红木（新红木）是花梨木的一种，北方称为新红木，色泽比一般花梨木红，但较酸枝浅，质量也不如酸枝，不沉水，纹理粗直，少髓线，木质纯，观感好。

（4）红豆木（红木） 红豆木属于豆科，也称为相思树。古时，红豆木主要生长于中国广西、江苏和中部地区，木材坚重，呈红色，花纹自然美丽。红豆木家具见于清朝雍正年所制家具的有关档案材料。

（5）巴西红木 巴西红木因产于巴西，材色为红色或红紫色而名。巴西红木的品种较多，其中，巴西一号木，深色心材，结构均与花梨木同，且比花梨木略硬，但性燥易裂，尚浮于水；巴西三号木，结构细密，心材为紫色，材重质硬，强度大，能沉于水；三号木与老红木有时相似，但做成家具后，容易变形开裂。

（6）其他品种的红木 近年来，根据产地的不同，有俗称的泰国红木、缅甸红木、老挝红木等各种新名称。泰国红木，其实就是香红木或花梨木；缅甸红木，简称为缅甸红，广东地区称之为缅甸花梨；老挝红木，广东地区称之为老挝花梨。这些品种多以产地命名，尤其是后者，常常树种混杂，质地差别很大，其最明显的特征是色泽呈灰黄和浅灰白色，质地松，质量轻，其中有些已无法与红木相提并论。另外，越南红木主要是香枝木（越南黄花梨）、酸枝木、乌木等。

（七）人造板材选择方法

1. 装饰单板贴面胶合板（俗称花色板、装饰板）的挑选

1）要分清装饰单板是天然木质饰面还是人造薄木饰面。天然木质单板是用名贵的天然木材，用刨切的加工方法制成的单板，花纹图案自然，有一定的变异性；人造薄木板纹理基本通直，图案有一定规则。

2）挑选装饰单板贴面胶合板要重视装饰性，饰面材质要细致均匀、色泽清晰，木纹美观、纹理应按一定规律排列，拼缝与板边要平行。选择的装饰板表面必须光洁，无毛刺、沟痕，无透胶及板面污染现象，表面还需无节子、无裂缝、无树脂囊、树脂道及夹皮。

3）不要选刺激性气味大的板，看清甲醛释放量等级明示，E1级表示甲醛释放量应小于1.5mg/L，E2级则表示甲醛释放量应小于5.0mg/L。

4）装饰单板不宜太薄，表面单板与基材之间、基材内部各层均不应有剥离和分层现象，装饰单板贴面胶合板按其外观质量分为优等品、一等品、合格品三个等级。

2. 细木工板（俗称大芯板、厚芯板）的挑选

1）细木工板通常为五层对称结构，由表板、芯板、板芯经涂胶、组坯、热压而成。板芯拼接分为芯条胶拼、不胶拼及方格板芯三种，产品分为优等品、一等品、合格品三个等级。

2）挑选细木工板一定要注意内芯，芯条材质的好坏及拼接是否密实直接影响细木工板的强度，如果有条件，最好能随机从板中抽一张锯开看看：芯条宽度是否大于其

厚度的 2.5 倍，相邻两排芯条的两端接缝距离是否大于 50mm，芯条长度是否大于 100mm，芯条侧面缝隙是否小于 2mm，端面缝隙是否小于 4mm，更要查看板芯是否有腐朽、潮湿的木条及大空洞，这些直接影响细木工板横向静曲强度的问题，难以从外表识别。

3）由于细木工板是以木材和脲醛树脂胶作为主要原料制成的人造板，产品必然存在一定的甲醛释放，该项指标超过一定的限量，会对人身健康产生一定的影响，因此不要挑选刺鼻味道严重的板材。甲醛释放量不大于 1.5mg/L 的 E1 级板可直接用于室内，不大于 5.0mg/L 的 E2 级板则必须饰面处理后方可用于室内。

3. 胶合板的挑选

1）夹板有正反两面的区别。挑选时，胶合板要木纹清晰，正面光洁平滑，不毛糙，平整无滞手感；胶合板不应有破损、碰伤、硬伤、疤节等疵点。

2）外观上要挑选胶合层不能有鼓泡、分层现象。避免选择表板拼接离缝、叠层和芯板叠离的板材。厚度大于 6mm 的胶合板还要判别翘曲度是否超标，特等板翘曲度不能超过 0.5%，一、二等板不能超过 1%，三等板不能超过 2%。

3）挑选夹板时，应注意挑选不散胶的夹板。如果用手指关节敲击胶合板各部位时，声音发脆，则证明质量良好；若声音发闷，则表示夹板已出现散胶现象。

4）挑选胶合饰面板时，还要注意颜色统一、纹理一致，并且木材色泽与家具涂料颜色相协调。

（八）建筑装饰保温隔热材料选用原则

1）一般原则。常用保温隔热材料的选用应考虑轻质、疏松、多孔、松散颗粒、纤维状材料，而且孔隙之间不相连通。同时，还应结合建筑的使用性质、围护结构的构造、施工工艺、材料来源和经济指标等因素，按材料的热物理指标综合考虑选用。

2）为了正确选择保温隔热材料，除了要考虑材料的热物理性能外，还应了解材料的强度、耐久性、耐火性及侵蚀性等是否满足使用要求。

3）所选的保温隔热材料的热导率要小，不宜大于 0.23W/（m·K）。

4）堆积密度应小于 1000kg/m³，最好控制在低于 600kg/m³。

5）复合使用原则。由于保温隔热材料强度一般都较低，因此除了能单独承重的少数材料外，在围护结构中，常把材料层与承重结构材料层复合使用。另外，由于大多数保温隔热材料都有一定的吸水、吸湿能力，因此在实际应用时，需要在其表层加防水层或隔汽层。

6）保温隔热材料的温度稳定性应高于实际使用温度。

7）无机保温隔热材料与有机保温隔热材料相比，前者不腐烂、不燃烧，若干无机保温隔热材料还有抵抗高温的能力，但质量较大、成本较高；后者受潮时易腐烂，高温下易分解或燃烧，一般温度高于 120℃ 时不宜使用，但堆积密度小，原料来源广泛，成本较低。

第二节 装饰石材

一、花岗石

1. 花岗石的种类

按照所含的矿物种类，花岗石可分为黑云母花岗石、白云母花岗石、二云母花岗石、角闪石花岗石等；按照岩石的结构、构造，可分为细粒花岗石、中粒花岗石、粗粒花岗石、斑状花岗石和片麻状花岗石等。

2. 花岗石的主要特性

花岗石属于酸性结晶深成岩，是火成岩中分布最广的岩石，其主要矿物组成为长石、石英和少量云母，主要化学成分为 SiO_2 和 Al_2O_3，含量分别在 65% 和 12% 以上。花岗石为全晶质结构，有粗粒、中粒、细粒（分别称为伟晶、粗晶和细晶）、斑状等多种构造，一般以细粒构造性质为好，但粗、中粒构造具有良好的装饰色纹，有灰、白、黄、蔷薇色、红、黑等多种颜色。

花岗石的体积密度为 $2000 \sim 2800kg/m^3$，抗压强度为 $120 \sim 300MPa$，莫氏硬度为 $6 \sim 7$，耐磨性好，孔隙率低，吸水率小（0.1% ~0.7%），抗风化性及耐久性好，使用年限为 $75 \sim 200$ 年，高质量的可达千年以上，耐酸但不耐火，所含石英在高温下会发生晶变，体积膨胀而开裂。花岗石主要用于基础、踏步、室内外地面、外墙饰面、艺术雕塑等，属于高档建筑装饰石材。

有些花岗石含有放射性元素，会使人体受到伤害，易得不育症。一般来说，碱性花岗石含有放射性矿物较多。放射性矿物的特征是具有鲜艳的颜色和油脂光泽等。在选购石材时，最好不要选用红色天然的花岗石。不含放射性矿物的花岗石呈灰白色，颜色虽然不很鲜艳，但为了安全起见，最好还是选择它们，或者选购人造花岗石的板材。

3. 花岗石板材分类

（1）按板材用途不同分类

1）剁斧板材。经剁斧加工，表面粗糙，具有规则的条状斧纹，一般用于室外地面、台阶、基座等处。

2）机刨板材。经机械加工，表面平整，有相互平行的机械刨纹，一般用于地面、台阶、基座、踏步、檐口等处。

3）粗磨板材。经过粗磨，表面光滑、无光泽，常用于墙面、柱面、台阶、基座、纪念碑、铭牌等处。

4）磨光板材。经过磨洗加工和抛光，表面光亮，晶体裸露，有的品种同大理石板一样具有鲜明的色彩和绚丽的花纹，多用于室内外墙面、地面、立柱等装饰及旱冰场地面、纪念碑、墓碑、铭牌等。

（2）按表面加工程度分类

1）细面板材（或亚光板材）（YG）。细面板材（或亚光板材）（YG）是一种表面平整、光滑的板材。

2）镜面板材（JM）。镜面板材（JM）是一种表面平整、具有镜面光泽的板材。

3）粗面板材（CM）。粗面板材（CM）是一种表面平整而粗糙、具有较规则加工条纹的机刨板、剁斧板、锤击板、烧毛板等。

4. 花岗石板材的等级

按天然花岗石板材规格尺寸允许偏差、平整度允许极限公差、角度允许极限公差及外观质量，天然花岗石可分为优等品（A）、一等品（B）、合格品（C）3 个等级。

二、大理石

1. 大理石的性质

大理石是石灰岩或白云岩经高温、高压的地质作用重新结晶而成的变质岩，属于副变质岩（指结构、构造及性能优于变质前的变质岩），主要组成矿物为方解石、白云石等，化学成分主要有 $CaCO_3$、$MgCO_3$ 和少量的 SiO_2，一般 $CaCO_3$ 的含量大于 50%。大理石的体积密度为 2600~2800kg/m³，抗压强度为 60~110MPa，吸水率小于 1%（某些品种略大于 1%），莫氏硬度为 3~4，耐用年限为 150 年。纯大理石构造致密，密度大但硬度不大，易于分割、雕琢和磨光。纯大理石为雪白色，当含有 Fe_2O_3、石墨等矿物杂质时，可呈玫瑰红、浅绿、米黄、灰、黑等色调，磨光后，光泽柔润，绚丽多彩。大理石的颜色、光泽与所含成分间的关系密切相关。大理石常用于高级建筑的装饰饰面工程，如栏杆、踏步、台面、墙柱面、装饰雕刻制品等。

大理石的抗风化能力较差。由于大理石的主要成分 $CaCO_3$ 为碱性物质，容易被酸性物质所腐蚀，特别是大理石中有的有色物质很容易在大气中溶出或风化，失去表面的原有装饰效果。因此，多数大理石不宜用于室外装饰。但有些大理石中的主要成分是 SiO_2，或 SiO_2 的比例较大，这种大理石耐酸性腐蚀能力较强，如汉白玉、艾叶青、香蕉黄、丹东绿等，可适用于室外。

一般情况下，在各色大理石中，对于酸性腐蚀，白色的最稳定，绿色的次之，红色、暗红色的最不稳定。

2. 大理石板材的类型和等级

根据所加工板材的基本形状，大理石板材可分为直角四边形的普通型板材（PX）、S 形或弧形等异形板材（HM）。依据《天然大理石建筑板材》（GB/T 19766—2005）建材标准，按规格尺寸偏差、平面度公差、角度公差及外观质量将其划分为优等品（A）、一等品（B）与合格品（C）三个等级，并要求同一批板材的花纹色调应基本一致。

三、其他常用装饰石材

（一）青石板

青石板是水成沉积岩，主要矿物成分为 $CaCO_3$，材质软、易风化，其风化程度及耐久性随岩体埋深情况差异很大。如果青石板处于地壳表层，埋深较浅，风化较严重，则岩石呈片状，易撬裂成片状青石板，可直接应用于建筑；如果岩石埋藏较深，则板块厚，抗压强度（可达210MPa）及耐久性均较理想，可加工成所需的板材，这样的板材按表面处理形式可分为毛面（自然劈裂面）青石板和光面（磨光面）青石板两类。

毛面青石板由人工按自然纹理劈开，表面不经修磨，纹理清晰，再加上本身固有的暗红、灰绿、蓝、紫、黄等不同颜色，搭配混合使用时，可形成色彩丰富、有变化又有一定自然风格的青石板贴面。用于室内墙面可获得天然材料粗犷的质感；用于地面，不但起到防滑的作用，同时有一种硬中带"软"的效果，效果甚佳；光面青石板是一种较为珍贵的饰面材料，可用于柱面、墙面；也可采用不规则的板块，组成有一定构成规律的自然图案，有很独特的装饰风格。近些年，我国许多新的公共建筑中都采用了青石板，如北京动物园爬行动物馆、深圳博物馆都采用青石板贴面，获得了理想的建筑装饰效果。

（二）板岩

板岩是由粘土页岩（一种沉积岩）变质而成的变质岩，其成分为颗粒很细的长石、石英、云母和粘土等。板岩具有片状结构，易于分解成薄片，获得板材。它的解理面与所受的压力方向垂直，而与原沉积层无关。板岩质地坚密、硬度较大，耐水性良好，在水中不易软化；板岩较耐久，寿命可达数十年至上百年。板岩有黑、蓝黑、灰、蓝灰、紫、红及杂色斑点等不同色调，是一种极富装饰性的优良饰面石材。其缺点是自重较大，韧性差，受震时易碎裂，且不易磨光。板岩饰面板在欧美大多用于覆盖斜屋面，以代替其他屋面材料。近些年也常用作非磨光的外墙饰面，常做成面砖形式，厚度为5~8mm，长度为300~600mm，宽度为150~250mm。板岩以水泥砂浆或专用胶粘剂直接粘贴于墙面，是国外很流行的一种饰面材料，国内已有引进，常被用作外墙饰面，也常用于室内局部墙面装饰，通过其特有的色调和质感，营造一种欧美的乡村情调。

（三）文化石的概念及分类

1. 文化石的概念

文化石不是专指哪一种石材，是对一种用石料实施特定的建筑装饰风格的雅称。这种风格一般在酒吧、茶馆、娱乐休闲场所、家居等室内外墙面和地面、吧台立面、门牌，以及园林装饰等处采用，尤其是在室内运用，可起到一种返璞归真、重归大自然的感觉。

2. 文化石的分类

文化石可分为天然文化石和人造艺术石。

（1）天然文化石　天然文化石包括从天然岩体中开采出来的具有特殊的层状片理结构的板岩、砂岩、石英石等，以及鹅卵石、化石等种类。它们具有耐酸、耐寒、吸水率低、不易风化等特点，是一种自然防水、会呼吸的环保石材。

1）板岩。板岩也称为板石，不是以成分划分的，是以石材在自然界中的形态来划分的，泛指具有层叠状的岩石。板岩从外观颜色和质地分为红锈板、粉锈板、彩霞板、鱼鳞板、银棕板、绿晶板、星光板、灰纹板、紫锈板、玉锈板、水锈板等。

2）砂岩。顾名思义，砂岩是以砂聚合而成的一种可以作为建筑材料的石材，其主要成分是 SiO_2、Al_2O_3。砂岩的色彩淡雅，如平板砂岩（淡黄）、绿砂岩（淡灰绿）、波浪砂岩（淡红）、白砂岩（灰白）、脂粉红砂岩（浅粉红）。砂岩分海砂岩和泥砂岩两种。

海砂岩表面砂质粗犷，硬度比泥砂岩大，但较脆，作为工程板材较厚，一般可达 20~25mm，如澳大利亚砂岩和西班牙砂岩。

泥砂岩比较细腻，花纹变化奇特，如同树木的年轮、木材的花纹，是墙地面装饰的适宜品种。

3）石英石系列。石英石系列从受光照后的变化和色泽分为变色石英石、黑岩石英石、红石英石、绿石英石等。其中，变色石英石受不同的光度或角度折射、反射时，表面会随之改变颜色。

4）鹅卵石。鹅卵石表面光洁、圆滑，色泽丰富、素雅，常用直径尺寸：小卵石为 1~3cm；中卵石 3~10cm；大卵石在 10cm 以上。

5）云母石。云母石也称为梦幻石，有金色、银色两种，表面呈凹凸感，在光照下，闪烁辉煌，高贵华丽。

6）化石系列。

象牙石：细白螺结晶化石，白色，性能稳定，不易变色，耐候性强。

米黄石：贝壳结晶为主体的化石，有珍珠米黄、浅米黄。

深米黄：芝麻米黄等色彩，较脆，硬度不高。

（2）人造艺术石　人造艺术石是以无机材料（如耐碱玻璃纤维、低碱水泥和各种改性材料及外加剂等）配制并经过挤压、铸制、烧烤等工艺而成。其表现风格参照天然文化石，粗犷凝重的砂质表面和参差起伏的层状排列，造就其逼真的自然外观和丰富的层理韵律，更能赋予表现对象光与影的变化，营造高品位的室内环境。

人造艺术石有仿蘑菇石、剁斧石、条石、鹅卵石等多个品种，具有质轻、坚韧、耐候性强、防水、防火、安装简单等特点。人造艺术石应无毒、无味、无辐射，符合环保要求。

（四）人造饰面石材的性质及分类

（1）水泥型人造饰面石材　水泥型人造饰面石材是以各种水泥（硅酸盐水泥、白色或彩色硅酸盐水泥、铝酸盐水泥等）为胶凝材料，天然砂为细集料，碎大理石、碎花岗石、工业废渣等为粗集料，经配料、搅拌、成型、加压蒸养、磨光、抛光而制成。这种人造石材成本低，但耐酸腐蚀能力较差，若养护不好，易产生龟裂。该类人造石材中，以铝酸盐水泥作为胶凝材料者性能最为优良。

（2）聚酯型人造饰面石材　聚酯型人造饰面石材多以不饱和聚酯为胶凝材料，配以天然大理石、花岗石、石英砂或氢氧化铝等无机粉状、粒状填料制成。目前，我国多用此法生产人造石材。使用不饱和聚酯，产品光泽好、色浅、颜料省、易于调色。同时，这种树脂粘度低、易于成型、固化快。其成型方法有浇注成型法、压缩成型法和大块荒料成型法。

聚酯型人造石材的主要特点是光泽度高，质地高雅，强度硬度较高，耐水、耐污染，花色可设计性强；缺点是填料级配若不合理，产品易出现翘曲变形。

（3）复合型人造饰面石材 复合型人造饰面石材具备了上述两类的特点，采用无机和有机两类胶凝材料。先用无机胶凝材料（各类水泥或石膏）将填料粘接成型，再将所成的坯体浸渍于有机单体中（苯乙烯、甲基丙烯酸甲酯、醋酸乙烯、丙烯酯等），使其在一定的条件下聚合而成。

（4）烧结型人造饰面石材 烧结型人造饰面石材的制造与陶瓷等烧土制品的生产工艺类似，是将斜长石、石英、辉石、方解石粉和赤铁矿粉及一定的高岭土按比例混合，制备坯料，用半干压法成型，经窑炉1000℃左右的高温焙烧而成，所以能耗大，造价较高，实际应用得较少。

（5）人造汉白玉和仿真汉白玉

1）人造汉白玉是一种以天然白色石料为基本原料（占成品90%以上），采用高分子聚合物（主要是树脂）和相应的消泡剂、紫外线吸收剂等材料，配制成化学料浆，注入模具固化而成的一种复合材料，一定程度上也可认为是一种合成石制品，可因模具的不同制成多种形状的板材、护栏、罗马柱、廊柱、石狮等造型的产品。

2）仿真汉白玉是用河砂、石料、滑石粉、水泥，内加钢筋，也是用模具预铸出所需的形状，再涂以白色涂料或石材漆、真石漆即可。

3）因为人造汉白玉的基本材料就是石材，并使用了强度很大的树脂，所以，除基本物理化学性能与石材相当外，一些性能还高于石材，如抗折强度和抗压强度；放射性内照射指数小于1.0，放射性外照射指数小于1.3，使用范围均不受限制；经600h人工老化仍为优等品，且色差没有变化。而用河砂及一些原料做的仿真汉白玉因使用的增强粘结材料仅仅是水泥和占总量20%以下的胶粘剂，其强度没有使用树脂的高。

第三节 建筑装饰陶瓷

一、陶瓷

（一）陶瓷的概念

建筑装饰陶瓷是指用于建筑装饰工程的陶瓷制品，包括各类的釉面砖、墙地砖、琉璃制品和陶瓷壁画等。其中，应用最为广泛的是釉面砖和墙地砖。

陶瓷可分为陶和瓷两大类。陶的烧结程度较低，有一定的吸水率（大于10%），断面粗糙无光，不透明，敲之声音粗哑，可施釉也可不施釉。瓷的坯体致密，烧结程度很高，基本不吸水（吸水率小于1%），有一定的半透明性，敲击时声音清脆，通常都施釉。介于陶和瓷之间的一类产品，称为炻，也称为半瓷或石胎瓷。炻与陶的区别在于陶的坯体多孔，而炻的坯体孔隙率却很低，吸水率较小（小于10%），其坯体致密，基本达到了烧结程度。炻与瓷的区别主要是，虽然炻的坯体较致密，但仍有一定的吸水率，同时多数坯体带有灰、红等颜色，且不透明，其热稳定性优于瓷，可采用质量较差的粘土烧成，成本较瓷低。

（二）陶瓷的分类

瓷、陶和炻通常各分为精（细）、粗两类。

1. 瓷

粗瓷制品、细瓷制品通常有日用餐具、茶具、陈设瓷、电瓷及美术作品等。

2. 陶

精陶是以可塑性好、杂质少的陶土、高岭土、长石、石英为原料，经素烧（最终温度为1250~1280℃）、釉烧（温度为1050~1150℃）两次烧成。其坯体呈白色或象牙色，多孔，吸水率一般为10%~12%，最大可达22%。精陶按用途不同可分为建筑精陶（釉面砖）、美术精陶和日用精陶。

粗陶的主要原料为含杂质较多的陶土，烧成后带有颜色，建筑上常用的砖、瓦、陶管及日用缸器均属于这一类，其中大部分为一次烧成。

3. 炻

粗炻是炻中均匀性较差、较粗糙的一类。建筑装饰上所用的外墙面砖、地砖、锦砖都属于粗炻类，是用品质较好的粘土和部分瓷土烧制而成，通常带色，烧结程度较高，吸水率较小（4%~8%）。

细炻主要是指日用炻器和陈设品，由陶土和部分瓷土烧制而成，白色或带有颜色。驰名中外的宜兴紫砂陶即是一种不施釉的有色细炻器，是用当地特产紫泥制坯，经能工巧匠精雕细琢，再经熔烧制成成品，是享誉中外的日用器皿。

（三）陶瓷坯体表面的釉

1. 釉的概念

釉是覆盖在陶瓷坯体表面的玻璃质薄层（平均厚度为120~140μm）。它使陶瓷制品表面密实、光亮、不吸水、抗腐蚀、耐风化、易清洗。彩釉和艺术釉还具有多变的装饰作用。制釉的原料有天然原料和化工原料助剂两类。天然原料基本与坯体所使用的原料相同，只是釉料要求其化学成分更纯、杂质更少。天然原料经常采用的是高岭土、长石、石英、石灰石、滑石、含锆矿物、含锂矿物等。除天然原料外，釉的原料还包括一些化工原料作为助剂，如助熔剂、乳浊剂和着色剂等。助剂常采用的化工原料为：作为助熔剂的工业硼砂、硝酸钾、碳酸钙、氧化锌、铅丹、氟硅酸钠等；作为乳浊剂的工业纯氧化钛、氧化锑、氧化锡、氧化锆、氧化铈等；作为着色剂的钴、铜、锰、铁、镍、铬等元素的化合物。

2. 釉的特点

釉是一种玻璃质的材料，具有玻璃的通性：无确定的熔点，只有熔融范围，硬、脆，各向同性好，透明、具有光泽等。而且这些性质随温度的变化规律也与玻璃相似。但釉毕竟不是玻璃，与玻璃有很大差别。首先，釉在熔融软化时必须保持粘稠且不流坠，以满足烧制过程中不从坯体表面流走，特别是在坯体直立的情况下不致形成流坠纹（某些特意要形成流坠纹的艺术釉除外）。其次，在焙烧过程的高温作用下，釉中的一些成分挥发，且与坯体中的某些组成物质发生反应，致使釉的微观结构和化学成分的均匀性都比玻璃差。

二、釉面内墙砖

（一）釉面内墙砖的分类

陶质砖可分为有釉陶质砖和无釉陶质砖两种。其中，以有釉陶质砖，即釉面内墙砖应用最为普遍，过去在习惯上称为瓷片，属于薄形陶质制品（吸水率大于10%，但不大于21%）。釉面内墙砖采用瓷土或耐火粘土低温烧成，坯体呈白色或浅褐色，表面施透明釉、乳浊釉或各种色彩釉及装饰釉。

（1）按形状分类　釉面内墙砖可分为通用砖（正方形、矩形）和配件砖。

（2）按图案和施釉特点分类　按图案和施釉特点，釉面内墙砖可分为白色釉面砖、彩色釉面砖、图案砖、色釉砖等。

（二）釉面内墙砖的性质

釉面内墙砖强度高，表面光亮，防潮、易清洗、耐腐蚀、变形小、抗急冷急热，表面细腻，色彩和图案丰富，风格典雅，极富装饰性。

釉面内墙砖是多孔陶质坯体，在长期与空气接触的过程中，特别是在潮湿的环境中使用，坯体会吸收水分，产生吸湿膨胀现象，但其表面釉层的吸湿膨胀性很小，与坯体结合得又很牢固。所以，当坯体吸湿膨胀时，会使釉面处于张拉应力状态，超过其抗拉强度时，釉面就会开裂，尤其是用于室外时，经长期冻融，会出现表面分层脱落、掉皮现象。故釉面内墙砖只能用于室内，不能用于室外。

（三）釉面内墙砖的技术要求

其技术要求包括尺寸偏差、表面质量、物理性能、化学性能等。其中，物理性能的要求为：吸水率平均值大于10%（单个值不小于9%）；破坏强度和断裂模数、抗热震性、抗釉裂性、耐磨性、抗冲击性、热膨胀系数、湿膨胀、小色差应合格或检验后报告结果。根据边直度、直角度、表面平整度和表面质量，釉面内墙砖分为优等品和合格品两个等级。

三、陶瓷墙地砖

（一）陶瓷墙地砖的概念

陶瓷墙地砖为陶瓷外墙面砖和室内外陶瓷铺地砖的统称。外墙面砖和铺地砖在使用要求上不尽相同，如铺地砖应注重抗冲击性和耐磨性，而外墙面砖除应注重其装饰性能外，更要满足一定的抗冻融性能和耐污染性能。由于目前陶瓷生产原料和工艺的不断改进，这类砖趋于墙地两用，故统称为陶瓷墙地砖。

（二）陶瓷墙地砖的分类及主要性质

根据表面施釉与否分为彩色釉面陶瓷墙地砖、无釉陶瓷墙地砖和无釉陶瓷地砖，其中前两类的技术要求是相同的。墙地砖的品种很多，劈离砖、麻面砖、渗花砖、玻化砖等都是市场上常见的陶瓷墙地砖。陶瓷墙地砖具有强度高、致密坚实、耐磨、吸水率小（<10%）、抗冻、耐污染、易清洗、耐腐蚀、经久耐用等特点。

1. 彩色釉面陶瓷墙地砖

彩色釉面陶瓷墙地砖是指适用于建筑物墙面、地面装饰用的彩色釉面陶瓷面砖，简称彩釉砖。彩色釉面墙地砖的表面有平面浮雕面和立体浮雕面的，有镜面和防滑亚光面的，有纹点和仿大理石、花岗石图案的，也有使用各种装饰釉面的。彩色釉面陶瓷墙地砖色彩瑰丽，丰富多变，具有极强的装饰性和耐久性。彩釉砖广泛应用于各类建筑物的外墙和柱的饰面及地面装饰，一般用于装饰等级要求较高的工程。用于不同部位的墙地砖应考虑其特殊的要求，如用于铺地时应考虑彩色釉面墙地砖的耐磨类别，用于寒冷地区的应选用吸水率尽可能小、抗冻性能好的墙地砖。

2. 无釉陶瓷地砖

无釉陶瓷地砖简称无釉砖，是专用于铺地的耐磨炻质无釉面砖，采用难熔粘土，半干压法成形再经熔烧而成。由于烧制的粘土中含有杂质或人为掺入着色剂，可呈现红、绿、蓝、黄等各种颜色。无釉陶瓷地砖在早期只有红色一种，俗称为缸砖，形状有正方形和六角形两种；现在的品种多种多样，基本分成无光和抛光两种。无釉陶瓷地砖具有质坚、耐磨、硬度大、强度高、耐冲击、耐久、吸水率小等特点。

无釉陶瓷地砖颜色以素色和色斑点为主，表面为平面、浮雕面和防滑面等多种形式，适用于商场、宾馆、饭店、游乐场、会议厅、展览馆的室内外地面。特别是近年来小规格的无釉陶瓷地砖常用于公共建筑的大厅和室外广场的地面铺贴，经不同颜色和图案的组合，形成质朴、大方、高雅的风格，同时兼有分区、引导、指向的作用。

3. 陶瓷锦砖

陶瓷锦砖俗称陶瓷马赛克。陶瓷锦砖采用优质瓷土烧制而成，我国使用的产品一般不上釉。陶瓷锦砖需预先反贴于牛皮纸上（正面与纸相粘），故又俗称纸皮砖。

陶瓷锦砖质地坚实、吸水率极小（小于0.2%）、耐酸、耐碱、耐火、耐磨、不渗水、易清洗、抗急冷急热。陶瓷锦砖色彩鲜艳、色泽稳定，可拼出风景、动物、花草及各种图案。陶瓷锦砖施工方便，施工时反贴于砂浆基层上，将纸皮润湿，在水泥初凝前把纸撕下，经调整、嵌缝，即可得连续美观的饰面。因陶瓷锦砖块小，不易踩碎，故陶瓷锦砖适用于门厅、餐厅、厕所、盥洗室、浴室、化验室等处的地面和墙面的饰面，并可应用于建筑物的外墙饰面，与外墙面砖相比，其具有面层薄、自重轻、造价低、坚固耐用、色泽稳定的特点。

4. 矿渣微晶玻璃

矿渣微晶玻璃是以高炉矿渣为基础，掺入石英砂和适当的晶核剂，熔化成矿渣玻璃。它属于微晶玻璃，又称玻璃陶瓷。矿渣微晶玻璃产品比高碳钢硬，比铝轻，力学性能比普通玻璃高5倍左右，耐磨性不亚于铸石，热稳定性好，电绝缘性能与高频陶瓷接近。

矿渣微晶玻璃的结构、性能与玻璃和陶瓷均不同，集中了二者的特点，具有较低的热膨胀系数，较高的力学性能，显著的耐腐蚀、抗风化能力，良好的抗热震性能，使用温度高，结构均匀致密及坚硬耐磨等。

矿渣微晶玻璃用途很广，在建筑上可用于装饰各种结构材料，如用作墙壁内外饰面、隔墙和柱的饰面、铺砌地坪、内外隔墙和建筑砌块等。矿渣微晶玻璃还可以制成泡沫矿渣微晶玻璃板，作为填充材料和结构材料，宜用于轻质墙构筑物和耐高温构筑物中。还可以在矿渣微晶玻璃上施釉，制成各种颜色多样的饰面材料。

第四节　建筑装饰玻璃

一、玻璃的一般概念

（一）玻璃的主要性质

1. 玻璃的密度

玻璃的密度与其化学组成有关，普通玻璃的密度为$2.5 \sim 2.6 g/cm^3$。玻璃内几乎无孔隙，属于致密材料。

2. 玻璃的光学性质

当光线入射玻璃时，可分为透射、吸收和反射三部分。例如，一般门窗用3mm厚的玻璃，可见光透射比为87%，5mm厚的玻璃的可见光透射比为84%；用于遮光和隔热的热反射玻璃，要求反射比高；用于隔热、防眩作用的吸热玻璃，要求既能吸收大量的红外线辐射能，又保持良好的透光性。

3. 玻璃的热工性质

玻璃是热的不良导体，热导率一般为$0.75 \sim 0.92 W/（m \cdot K）$，大约为铜的1/400。玻璃抵抗温度变化而不破坏的性质称为热稳定性。玻璃抗急热的破坏能力比抗急冷破坏的能力强，这是因为受急热时，玻璃表面受热要膨胀，而其内部要阻碍这种膨胀，于是对玻璃表面产生压应力，而受急冷时玻璃表面产生的是拉应力。

4. 玻璃的力学性质

玻璃的抗压强度高，一般可达$600 \sim 1200 MPa$，而抗拉强度很小，为$40 \sim 80 MPa$。故玻璃在冲击力作用下易破碎，是典型的脆性材料。玻璃在常温下具有弹性，普通玻璃的弹性模量为$60 \sim 70 MPa$。

5. 玻璃的化学稳定性

一般的建筑玻璃具有较高的化学稳定性，在通常情况下，对酸、碱、盐以及化学试剂或气体等具有较强的抗侵蚀能力，能抵抗氢氟酸以外的各种酸类的侵蚀。但是长期遭受侵蚀介质的腐蚀，也能导致变质和破坏，如玻璃的风化、发霉都会导致玻璃外观的破坏和透光能力的降低。

（二）玻璃按化学组成分类

1. 钠玻璃

钠玻璃又名钠钙玻璃，主要由 SiO_2、Na_2O、CaO 组成，其软化点较低，易于熔制；由于杂质含量多，制品多带绿色。与其他品种玻璃相比，钠玻璃的力学性能、热性能、光学性能和化学稳定性等均较差，且性脆，紫外线通过率低，多用于制造普通建筑玻璃和日用玻璃制品，故又称为普通玻璃。它在建筑装饰工程中应用十分普遍。

2. 钾玻璃

钾玻璃是以 K_2O 代替钠玻璃中的部分 Na_2O，并提高 SiO_2 含量制成的。它坚硬且有光泽，故又称为硬玻璃。钾玻璃的其他各种性能也比钠玻璃好，多用于制造化学仪器和用具以及高级玻璃制品等。

3. 铝镁玻璃

铝镁玻璃是在降低钠玻璃中碱金属和碱土金属氧化物含量的基础上，引入并增加 MgO 和 Al_2O_3 的含量而制成。它软化点低，析晶倾向弱，力学、光学性能和化学稳定性都有提高，常用于制造高级建筑玻璃。

4. 铅玻璃

铅玻璃又称为晶质玻璃，具有光泽透明，质软而易加工，对光的折射和反射性能强，化学稳定性高等特性。因为铅玻璃密度大，所以又称为重玻璃，用于制造光学仪器、高级器皿和装饰品等。

5. 硼硅玻璃

硼硅玻璃又称为耐热玻璃，具有较强的力学性能、耐热性、绝缘性和化学稳定性，用于制造高级化学仪器和绝缘材料。由于成分独特，价格比较昂贵。

6. 石英玻璃

石英玻璃由纯 SiO_2 制成，具有较高的力学性能与热性能，优良的光学性能和化学稳定性，并能透过紫外线，可用于制造耐高温仪器、杀菌灯等特殊用途的仪器和设备。

二、特殊功能性平板玻璃

（一）平板玻璃的一般性加工产品

平板玻璃的一般性加工产品有磨光玻璃、毛玻璃、装饰玻璃镜、彩色玻璃、花纹玻璃和光致变色玻璃等。其中，花纹玻璃是将玻璃依设计图案加以雕刻、印刻或局部喷砂等无彩色处理，使表面有各式图案、花样及不同质感，依照加工方法分为压花玻璃、喷花玻璃、刻花玻璃三种。

（二）平板玻璃的特殊加工产品

平板玻璃的特殊加工产品有波形玻璃、异形玻璃、安全玻璃、电磁屏蔽玻璃、中空玻璃、钛化玻璃、吸热玻璃、热反射玻璃、低辐射膜玻璃、泡沫玻璃等。

（三）常用的特殊功能性平板玻璃

1. 波形玻璃

波形玻璃的特点是强度高和刚度大，并且有足够的透光性能。在建筑中采用大型波形玻璃作天窗时，可以大大节约窗扇用料。例如，用大规格波形玻璃做单层窗扇时，可以节约钢窗用的钢材 60% ~ 70%。

波形玻璃的抗弯强度比平板玻璃大 9 倍，抗冲击强度也比平板玻璃大，所以它不仅可做窗玻璃，而且可以用做透明屋面。其透光率为 70% ~ 75%，夹丝波形玻璃的透光率为 53% ~ 57%。

2. 异形玻璃

异形玻璃是国外近年发展起来的一种新型建筑玻璃。它是用硅酸盐玻璃制成的大型长条构件。异形玻璃一般采用压延法、浇注法和辊压法生产。异形玻璃的品种主要有槽形、波形、箱形、肋形、三角形、Z 形和 V 形等品种。异形玻璃有无色的和彩色的，配筋的和不配筋的，表面带花纹的和不带花纹的，夹丝的和不夹丝的。异形玻璃透光、隔热、隔声性能好，安全、机械强度高。

异形玻璃主要用于建筑物外部竖向非承重维护结构、内隔墙、天窗、透光屋面、阳台、月台、走廊等。

3. 安全玻璃

安全玻璃具有力学性能高，抗冲击性、抗热震性强，破碎时碎块无尖利棱角且不会飞溅伤人等优点。特殊的安全玻璃还有抵御枪弹的射击，防止盗贼入室及屏蔽高能射线（如 X 射线），防止火灾蔓延等功能。常用的安全玻璃有钢化玻璃、夹丝玻璃、夹层玻璃、防火玻璃、防紫外线玻璃、防盗玻璃、防弹玻璃和钛化玻璃（见后第 6 条）。根据生产时所用的玻璃原片不同，安全玻璃也可具有一定的装饰效果。

（1）钢化玻璃　钢化玻璃又称为强化玻璃。钢化玻璃的加工可分为物理钢化法和化学钢化法。

1）物理钢化玻璃。物理钢化玻璃又称为淬火钢化玻璃。这种玻璃一旦局部发生破损，便会释放应力，玻璃破碎成无数小块，这些小的碎块没有尖锐棱角，不易伤人。因此，物理钢化玻璃是一种安全玻璃。

2）化学钢化玻璃。化学钢化玻璃强度虽高，但是其破碎后易形成尖锐的碎片，一般不作为安全玻璃使用。

（2）夹丝玻璃　夹丝玻璃也称防碎玻璃或钢丝玻璃，是安全玻璃的一种。夹丝玻璃的性能特点如下：

1）安全性。夹丝玻璃由于钢丝网的骨架作用，不仅提高了玻璃的强度，而且遭受冲击或温度骤变而破坏时，碎片也不会飞散，避免了碎片对人的伤害。

2）防火性。当火焰蔓延，夹丝玻璃受热炸裂时，由于金属丝网的作用，玻璃仍能保持固定，隔绝火焰，故又称为防火玻璃。

我国生产的夹丝玻璃产品可分为夹丝压花玻璃和夹丝磨光玻璃两类。夹丝压花玻璃在一面压有花纹，因而透光却不透视；夹丝磨光玻璃是对其表面进行磨光的夹丝玻璃，可透光透视。夹丝玻璃常用于建筑物的天窗、顶棚顶盖以及易受震动的门窗部位。彩色夹丝玻璃具有良好的装饰功能，可用于阳台、楼梯、电梯间等处。

（3）夹层玻璃　夹层玻璃是在两片或多片玻璃原片之间用 PVB（聚乙烯醇缩丁醛）树脂胶片经过加热、加压粘合而成的平面或曲面的复合玻璃制品。夹层玻璃属于安全玻璃的一种。用于生产夹层玻璃的原片可以是普通平板玻璃、浮法玻璃、钢化玻璃、彩色玻璃、吸热玻璃或热反射玻璃等。夹层玻璃的层数有 2、5、7 层，最多可达 9 层。

夹层玻璃的品种很多，建筑工程中常用的有减薄夹层玻璃、遮阳夹层玻璃、电热夹层玻璃、防弹夹层玻璃、玻璃纤维增强玻璃、报警夹层玻璃、防紫外线夹层玻璃、隔声玻璃等。

（4）防火玻璃

1）防火玻璃的品种。按结构划分，防火玻璃分为复合防火玻璃（FFB）和单片防火玻璃（DFB）。防火玻璃按结构形式又可分为防火夹层玻璃、薄涂型防火玻璃、单片防火玻璃和防火夹丝玻璃。其中，防火夹层玻璃按生产工艺特点又可分为复合型防火玻璃和灌注型防火玻璃。

2）防火玻璃的性能。防火玻璃能阻挡和控制热辐射、烟雾及火焰，防止火灾蔓延。当它暴露在火焰中时，能成为火焰的屏障，经受 1.5h 左右的负载。这种玻璃的特点是能有效地限制玻璃表面的热传递，并且在受热后变为不透明，使居民在着火时看不见火焰或感觉不到温度升高及热浪，以免惊慌失措。

防火玻璃还具有一定的抗热冲击强度，而且在 800℃ 左右仍具有保护作用。具有防火性能的玻璃主要有复合防火玻璃、夹丝玻璃和玻璃空心砖等。

（5）防紫外线玻璃　防紫外线玻璃是指具有能阻止（反射或吸收）紫外线（波长小于 0.3μm 的电磁波）透过功能的玻璃。

（6）防盗玻璃　防盗玻璃通常是用多层高强玻璃和高强有机透明玻璃材料与胶合层材料复合制成。为赋予其预警的性能，胶合层中还可以夹入金属丝网，埋设可见光、红外线、温度、压力等传感器和报警装置，一旦盗贼作案，触动玻璃中的警报装置，甚至触发与之相串联的致伤武器或致晕气体等，便可以及时擒拿盗贼，保护财物不致失盗。

（7）防弹玻璃　防弹玻璃是能够抵御枪弹乃至炮弹射击而不被穿透破坏，最大限度地保护人身安全的玻璃。这种玻璃通常可以按防弹性能要求，如防御武器的种类、弹体的种类、弹体的速度、射击的角度及距离等进行结构设计，最有效地选择增强处理的方法、玻璃的厚度、胶合层材料及其他透明增强材料等。

4. 电磁屏蔽玻璃

电磁屏蔽玻璃是将含金、银、铜、铁、钛、铬、锡、铝等金属或无机或有机化合物盐类，通过物理（真空蒸发、阴极溅射等）或化学（气相沉积、化学热分解、溶胶-凝胶等）的方法，在玻璃表面形成上述金属或金属氧化物膜层，这种膜具有很强的反射电磁波的功能，可以用于电子计算机、电台保密和抗干扰的屏蔽材料。同时，这种涂膜玻璃还具有导电、热反射、热选择吸收及美丽的色彩等性能，成为很有发展前景的安全玻璃、电加热玻璃和装饰玻璃。

5. 中空玻璃

中空玻璃是由两片或多片平板玻璃用边框隔开，中间充以干燥的空气，四周边缘部分用胶结或焊接方法密封而成，其中以胶结方法应用最为普遍。

制作中空玻璃的原片可以是普通玻璃、浮法玻璃、钢化玻璃、夹丝玻璃、着色玻璃和热反射玻璃、低辐射膜玻璃等，厚度通常是 3mm、4mm、5mm、6mm。高性能中空玻璃的外侧玻璃原片应为低辐射玻璃。中空玻璃的中间空气层厚度为 6mm、9mm、12mm 三种尺寸。中空玻璃的颜色有无色、绿色、茶色、蓝色、灰色、金色、棕色等。

中空玻璃的性能特点：

1）光学性能。中空玻璃的光学性能（可见光透过率、太阳能反射率、吸收率）取决于所用的玻璃原片。中空玻璃的可见光透视范围为 10% ~ 80%，光反射率为 25% ~ 80%，总透过率为 25% ~ 50%。

2）热性能。以 6mm 厚的玻璃为原片，玻璃间隔（即空气层厚度）为 6mm 和 9mm 的普通中空玻璃，其传热系数分别为 $3.4W/(m^2 \cdot K)$ 和 $3.1W/(m^2 \cdot K)$，大体相当于 100mm 厚普通混凝土的保温效果。

由双层热反射玻璃或低辐射玻璃制成的高性能中空玻璃，隔热保温性能更好，尤其适用于寒冷地区和需要保温隔热、降低采暖能耗的建筑物。

3）露点。在室内一定的相对湿度下，当玻璃表面达到某一温度时，出现结露，直至结霜（0℃以下），这一结露的温度称为露点。玻璃结露后将严重影响透视和采光，并引起一些其他不良效果。中空玻璃的露点很低，通常情况下不会结露。因此，中空玻璃的传热系数和夹层内空气的干燥度是中空玻璃的重要指标。

4）隔声性能。中空玻璃具有较好的隔声性能，一般可使噪声下降到 30 ~ 40dB，即能将街道汽车噪声降低到学校教室的安静程度。

6. 钛化玻璃

钛化玻璃也称为永不碎裂铁甲箔膜玻璃，是最安全的玻璃。钛化玻璃具有高抗碎性、高防热性及防紫外线等特点。不同的基材玻璃与不同的钛金箔膜，可组合成不同色泽、不同性能、不同规格的钛化玻璃。

钛金箔膜又称为铁甲箔膜，经由特殊的胶粘剂，可与玻璃结合成一体，从而使玻璃变成具有抗冲击、抗贯穿、不破裂成碎片、无碎屑，防高温、防紫外线及防太阳能的最安全玻璃。钛化玻璃常见的颜色有无色透明、茶色、茶色反光、铜色反光等。

7. 吸热玻璃

吸热玻璃是一种能控制阳光中热能透过的玻璃，可以显著地吸收阳光中热作用较强的红外线与近红外线，而又保持良好的透明度。吸热玻璃通常都带有一定的颜色，所以也称为着色吸热玻璃。吸热玻璃有蓝色、茶色、灰色、绿色、古铜色等色泽。

吸热玻璃的性能特点：

1) 吸收太阳的辐射热。吸热玻璃主要是遮蔽辐射热，其颜色和厚度不同，对太阳的辐射热吸收程度也不同。一般来说，吸热玻璃只能通过大约 60% 的太阳辐射热。

2) 吸收太阳的可见光。吸热玻璃比普通玻璃吸收的可见光要多得多。例如，6mm 厚古铜色吸热玻璃吸收太阳的可见光是同样厚度的普通玻璃的 3 倍。这一特点能使透过的阳光变得柔和，能有效地改善室内光线。

3) 吸收太阳的紫外线。吸热玻璃能有效地防止紫外线对室内家具、日用器具、商品、档案资料与书籍等物品造成的褪色和变质。

8. 热反射玻璃

热反射玻璃是由无色透明的平板玻璃镀覆金属膜或金属氧化物膜而制得，又称为镀膜玻璃或阳光控制膜玻璃。生产这种镀膜玻璃的方法有热分解法、喷涂法、浸涂法、金属离子迁移法、真空镀膜、真空磁控溅射法、化学浸渍法等。

热反射玻璃与普通平板玻璃相比，具有如下特点：

1) 具有良好的隔热性能（也称为阳光控制能力）。热反射玻璃对可见光的透过率在 20% ~65% 的范围内。它对阳光中热作用强的红外线和近红外线的反射率可高达 30% 以上，而普通玻璃只有 7% ~8%。3mm 平板玻璃与某种 6mm 热反射玻璃的能量透过比较：3mm 平板玻璃合计透过能量可达 87%，而 6mm 热反射玻璃仅为 33%。

2) 单向透视性。热反射玻璃的镀膜层具有单向透视性。在装有热反射玻璃幕墙的建筑里，白天，人们从室外（光线强烈的一面）向室内（光线较暗弱的一面）看去，看到的是街道上流动着的车辆和行人组成的街景，而看不到室内的人和物，但从室内可以清晰地看到室外的景色；晚间正好相反，室内有灯光照明，就看不到玻璃幕墙外的事物，但从外面看室内，则一清二楚。

9. 低辐射膜玻璃

低辐射膜玻璃是镀膜玻璃的一种，有较高的透过率，可以使 70% 以上的太阳可见光和近红外光透过，有利于自然采光，节省照明费用；镀膜的热辐射性很低，室内被阳光加热的物体所辐射的远红外光很难通过这种玻璃辐射出去，可以保持 90% 的室内热量，因而具有良好的保温效果。此外，低辐射膜玻璃还具有较强的阻止紫外线透射的功能，可以有效地防止室内陈设物品、家具等受紫外线照射而产生老化、褪色等现象。低辐射膜玻璃一般不单独使用，往往与普通平板玻璃、浮法玻璃、钢化玻璃等配合，制成高性能的中空玻璃。

10. 泡沫玻璃

泡沫玻璃是以玻璃碎屑为原料，加少量发气剂，经发泡炉发泡后脱模退火而成的一种多孔轻质玻璃。其孔隙率可达 80% ~90%，气孔多为封闭型，孔径一般为 0.1 ~5.0mm。其特点是导热率低，力学性能较高，表观密度小于 $160kg/m^3$，不透水、不透气，能防火，抗冻性强，隔声性能好，可锯、钉、钻，是良好的绝热材料，可用作墙壁、屋面保温或用于音乐室、播音室的隔声等。

三、装饰玻璃

装饰玻璃的概念是按其装饰的功能来定义的，常用以下几种：

1. 视飘玻璃

视飘玻璃是一种高科技产品，最大的特点是在没有任何外力的情况下，花色图案随观察者视角的改变而发生飘移，即人动，图案也动，且图案线条清晰流畅。视飘玻璃所用色料是无机玻璃色素，膨胀系数与玻璃基片相近，所以图案与基层结合牢固，无裂缝，不脱落。因为它是在500～680℃的高温下，把色素与玻璃基片烧结在一起的，其耐高温、抗严寒及耐风蚀能力强，且永不变色。它还能热弯，可钢化，图案色彩丰富，可以任意组合成各种多彩绚丽的画面。需要注意的是，视飘玻璃要选取切裁率高的优质玻璃原片进行切割。这种新型玻璃装饰材料不仅用于装饰居室及公用建筑，还被广泛用于工艺品、茶具、灯具的设计与制作，采用这种新型玻璃装饰材料装饰居室，可以是整体的，也可以是局部的；还可作为壁画、风景画来装饰空间墙面。

2. 釉面玻璃

釉面玻璃是指在按一定尺寸切裁好的玻璃表面上涂敷一层彩色易熔的釉料，经过烧结、退火或钢化等热处理，使釉层与玻璃牢固结合，制成的具有美丽色彩或图案的玻璃。釉面玻璃一般以平板玻璃为基材，特点是图案精美，不褪色，不掉色，易于清洗，可按用户的要求或艺术设计图案制作。

釉面玻璃具有良好的化学稳定性和装饰性，广泛用于室内饰面层，一般建筑物门厅和楼梯间的饰面层及建筑物外饰面层。

3. 彩色玻璃

彩色玻璃又称为有色玻璃或颜色玻璃，分为透明和不透明两种。彩色玻璃的主要品种有彩色玻璃砖、玻璃贴面砖、彩色乳浊饰面玻璃和本体着色浮法玻璃等。常用的彩色玻璃如下：

（1）透明彩色玻璃　透明彩色玻璃是在玻璃原料中加入一定的金属氧化物使玻璃带有一定色彩。

（2）不透明彩色玻璃　不透明彩色玻璃也称为饰面玻璃，是用4～6mm厚的平板玻璃按照要求的尺寸切割成形，然后经过清洗、喷釉、烘烤、退火而制成。也可用特殊方法制作彩色玻璃砖或选用有机高分子涂料制成具有独特装饰效果的饰面玻璃。

彩色平板玻璃也可以采用在无色玻璃表面上喷涂高分子涂料或粘贴有机膜制得。这种方法在装饰上更具有随意性。彩色平板玻璃的颜色有茶色、海洋蓝色、宝石蓝色、翡翠绿等。彩色玻璃可以拼成各种图案，并有耐腐蚀、抗冲刷、易清洗等特点，主要用于建筑物的内外墙、门窗装饰及对光线有特殊要求的部位。

（3）彩色乳浊饰面玻璃

彩色乳浊平板玻璃正面光滑，背面有沟纹且增厚，有各种各样的颜色。用乳浊饰面玻璃制成的砖和板或护墙板是很好的装饰材料，容易清洗，在湿气和化学侵蚀介质的作用下，不受腐蚀，耐酸、耐碱、不吸水等，具有高度的装饰性能，多用于建筑物的外墙装饰，也可供医院手术室和其他医疗房间装饰使用。

（4）本体着色浮法玻璃

一般装饰玻璃是利用原片玻璃进行深加工而成，本体着色浮法玻璃是直接在浮法平板玻璃原片本体上进行着色处理而生产的彩色玻璃，打破了以往平板玻璃原片一律无色透明的格局。彩色浮法平板玻璃本身是一种理想的建筑装饰材料，一般不需另行深加工就可直接用于建筑装饰工程。

4. 乳花玻璃

乳花玻璃是新近出现的装饰玻璃，外观与喷花玻璃相近。乳花玻璃是在平板玻璃的一面贴上图案，涂以保护层，经化学蚀刻而成。它的花纹柔和、清晰、美丽，富有装饰性。

5. 冰花玻璃

冰花玻璃是一种利用平板玻璃经特殊处理形成具有自然冰花纹理的玻璃。冰花玻璃对通过的光线有漫射作用，如用作门窗玻璃，犹如蒙上一层纱帘，从室外看不清室内的景物，却有着良好的透光性能，具有良好的艺术装饰效果。它具有花纹自然、质感柔和、透光不透、视感舒适的特点。

冰花玻璃可用无色平板玻璃制造，也可用茶色、蓝色、绿色等彩色玻璃制造。其装饰效果优于压花玻璃，给人以典雅清新之感，是一种新型的室内装饰玻璃，可用于宾馆、酒楼、饭店、酒吧间等场所的门窗、隔断、屏风，以及用于家庭装饰。

6. 激光玻璃

激光玻璃是国际上十分流行的一种新型建筑装饰材料。它是以平板玻璃为基材，采用高稳定性的结构材料，经特殊工艺处理，从而构成全息光栅或其他图形的几何光栅。在同一块玻璃上可形成上百种图案，故被称为最美的装饰玻璃。

激光玻璃大体上可分为两类：一类是以普通平板玻璃为基材制成的，主要用于墙面、窗户和顶棚等部位的装饰；另一类是以钢化玻璃为基材制成的，主要用于地面装饰。此外，还有专门用于柱面装饰的曲面激光玻璃，专门用于大面积幕墙的夹层激光玻璃及激光玻璃砖等。激光玻璃的技术性质十分优良。激光钢化玻璃地砖的抗冲击、耐磨、硬度等性能均优于大理石，与花岗石相近。激光玻璃的耐老化寿命是塑料的10倍以上。激光玻璃的反射率可在10%～90%的范围内任意调整，因此，可最大限度地满足用户的要求。

7. 水晶玻璃

水晶玻璃是采用玻璃珠在耐火材料模具中制成的一种装饰材料。玻璃珠是以 SiO_2 和其他添加剂为主要原料，经配料后用火焰烧熔结晶而制成。水晶玻璃的外层是光滑的，并带有各种形式的细丝网状或仿天然石料的不重复的点缀花纹，具有良好的装饰效果，机械强度高，化学稳定性和耐大气腐蚀性较好。水晶玻璃饰面板的反面较粗糙，与水泥粘接性好，便于施工。水晶玻璃饰面板适用于各种建筑物的内墙饰面、地坪面层、建筑物外墙立面或室内制作壁画等。

8. 艺术装饰玻璃

艺术装饰玻璃又称为玻璃大理石，是在优质平板的玻璃表面，涂饰一层化合物溶液，经烘干、修饰等工序，制成与天然大理石相似的玻璃板材。它具有表面光滑如镜，花纹清晰逼真，自重轻，永不变形，安装方便等优点，涂层粘接牢固，耐酸、耐碱、耐水，是玻璃深加工制品中的一枝新秀。其具有同天然大理石一样的装饰效果，价格比天然大理石便宜得多，深受人们的喜爱。艺术装饰玻璃主要用于墙面装饰。

9. 电致变色玻璃

电致变色玻璃用于建筑，可使室内的采光达到自由控制。其玻璃表面镀有一层超薄氧化铬涂层，在该涂层上通过低电压时，氧化铬的氧化状态会发生改变。因此，通过电压控制，即可使玻璃产生由完全透明到深蓝色等多种变化。当室外光照过强时，玻璃的颜色会逐渐变深，一方面可防止室内温度过高，另一方面也有助于减少计算机监视器屏幕等可能对人眼造成的反光。当室外阳光比较微弱时，玻璃则会逐渐变得透明，以增加透光性。

电致变色玻璃的特点是：

1）可见光透过率可以在较大的范围内任意调节，发生多色的连续变化。

2）变色的驱动电源简单，电压低，耗电省。

3）有记忆存储功能。

4）显色-消色速度快，不受环境因素影响。

10. 光致变色玻璃

光致变色玻璃是根据太阳光的强度自动调节透光率的一种调光玻璃。例如，日常生活中常见的变色眼镜，在光线强的时候颜色变深降低透光率，而当光线较弱时又完全恢复透明的状态，达到最大透光率。光致变色玻璃是在玻璃中加入卤化银，或在玻璃与有机夹层中加入钼和钨的感光化合物，即可获得光致变色性。由于生产这种玻璃要耗费大量的银，因而其使用受到一定限制。这种玻璃由于成本太高，无法直接用于建筑玻璃。

光致变色玻璃的着色、退色是可逆的，并经久不疲劳、不劣化。若改变玻璃的组分、添加剂及热处理条件，可以改变光致变色玻璃的颜色、变色和退色速度、平衡度等性能。

光致变色玻璃主要用于要求单向透视，避免眩光和需要自动调节光照强度的建筑物门窗，银行柜台，汽车、火车、船舶的挡风玻璃及人们使用的眼镜等。

第五节 建筑装饰塑料

一、塑料的概念及性质

（一）塑料的概念

塑料是以合成树脂〈高分子聚合物或预聚物〉为主要成分，或加有其他添加剂，能在成型中塑制成一定形状的材料。它与合成橡胶、合成纤维并称为三大合成高分子材料，其中，塑料约占合成高分子材料的 75% 左右。建筑塑料所用的树脂，主要是合成树脂。

（二）常用建筑塑料的性能及用途

常用建筑塑料的性能及用途见表 7-1。

表 7-1　常用建筑塑料的性能及用途

种　类	耐热温度/℃	抗拉强度/MPa	延伸率（%）	耐燃性	特　性	主要用途
酚醛塑料	120	49~56	1.0~1.5	很慢	电绝缘性好，耐水、耐光	胶粘剂、涂料等
有机硅塑料	<250	18~30			耐寒、耐腐蚀、耐水，电绝缘性好	防水材料、高级绝缘材料
不饱和聚酯塑料	120	42~70	<5	自熄	电绝缘性好、耐腐蚀、绝热、透光	制作人造大理石、玻璃钢
聚氯乙烯硬塑料	50~70	35~63	20~40	自熄	电绝缘性好、耐腐蚀、常温强度好	装饰板、门窗、给水排水管道
聚氯乙烯软塑料	65~80	7~25	200~400	缓燃~自熄	电绝缘性好、耐腐蚀	薄板、薄膜管道、壁纸、墙布、地毯
聚乙烯塑料	100	11~13	200~500	易	耐化学腐蚀、电绝缘、耐水	薄板、薄膜管道、电绝缘材料
聚苯乙烯塑料	65~95	35~63	1~3.6	易	耐水、电绝缘性好、透光	装饰透明件及各种灯罩、保温材料
聚甲基丙烯酸甲酯	100~120	40~77	2~10	易	质坚韧有弹性、耐水、透光性极佳	制作有机玻璃、浴缸、盥洗池等
聚丙烯塑料	30~39	30~49	>200	易	质轻、耐腐蚀、不耐磨	化工管道等

二、塑料壁纸

（一）塑料壁纸的概念

塑料壁纸是以纸为基材，以聚氯乙烯塑料为面层，经压延或涂布以及印刷、压花、发泡等工艺而制成的。因为塑料壁纸所用的树脂均为聚氯乙烯，所以也称为聚氯乙烯壁纸。塑料壁纸与传统的壁纸及织物饰面材料相比，具有性能优越、装饰效果好、加工性能良好、施工方便、使用寿命长、易维修保养、适合大规模生产等优点。

（二）塑料壁纸的特点

1）具有一定的伸缩性和耐裂强度。因此允许底层结构有一定的裂缝。

2）装饰效果好。由于塑料壁纸表面可进行印花、压花、发泡等处理，能仿天然石材、木纹及锦缎，可印制适合各种环境的花纹图案，色彩也可任意调配，自然、高雅。

3）性能优越。塑料壁纸根据需要可加工成具有难燃、隔热、吸声、防霉性，且不易结露、不怕水洗、不易受机械损伤的产品。

4）粘贴方便。塑料壁纸的湿纸状态强度仍较好，耐拉耐拽，易于粘贴，可用108胶或乳胶粘贴，且透气性能好，可在尚未完全干燥的墙面粘贴，而不致造成起鼓和剥落，施工简单，陈旧后易于更换。

5）使用寿命长，易维修保养。表面可清洗，对酸碱有较强的抵抗能力。

（三）常用塑料壁纸的品种

（1）纸基塑料壁纸　纸基塑料壁纸又称为普通壁纸，是以 $80g/cm^3$ 的纸作为基材，涂以 $100g/cm^2$ 左右的糊状聚氯乙烯树脂，经印花、压花等工序制成，分为单色压花、印花压花、平光、有光印花等，花色品种多，生产量大，经济便宜，是使用最为广泛的一种壁纸。

（2）发泡壁纸　发泡壁纸又可分低发泡壁纸、发泡压花印花壁纸和高发泡壁纸。与压花壁纸相比，这种发泡壁纸富有弹性的凹凸花纹或图案，色彩多样，立体感更强，浮雕艺术效果及柔光效果良好，并且有吸声作用。但发泡壁纸易粘灰烟尘土，易脏污陈旧，不宜用在烟尘较大的候车室等场所。

（3）特种壁纸　特种壁纸也称为专用壁纸，是指具有特种功能的壁纸。

1）耐水壁纸。耐水壁纸是用玻璃纤维毡作为基材（其他工艺与塑料壁纸相同），配以具有耐水性的胶粘剂，以适应卫生间、浴室等墙面的装饰要求。它能进行洒水清洗，但使用时若接缝处渗水，则水会将胶粘剂溶解，会导致耐水壁纸脱落。

2）防火壁纸。防火壁纸是用 $100 \sim 200g/m^2$ 的石棉纸作为基材，同时面层材料中掺有阻燃剂，使该壁纸具有很好的阻燃防火功能，适用于防火要求很高的建筑室内装饰。另外，防火壁纸燃烧时，也不会放出浓烟或毒气。

3）特殊装饰效果壁纸。特殊装饰效果壁纸的面层采用金属彩砂、丝绸、麻毛棉纤维等制成的特种壁纸，可使墙面产生光泽、散射、珠光等艺术效果，使被装饰的墙面生辉，可用于门厅、柱头、走廊、顶棚等局部装饰。

4）风景壁画型壁纸。风景壁画型壁纸的面层印刷风景名胜、艺术壁画，常由多幅拼接而成，适用于装饰厅堂墙面。

第六节　建筑木材及其装饰制品

一、木材的基本性质

1. 密度

因木材的分子结构基本相同，故不同木材的密度几乎相等，平均为 $1.55g/cm^3$。

2. 体积密度

木材的体积密度因树种不同而不同。在常用木材中,体积密度较大者为一些红木,可达980kg/m³,较小者为泡桐280kg/m³,我国最轻的木材为中国台湾的二色轻木,体积密度只有186kg/m³,最重的木材是广西的蚬木,体积密度高达1128kg/m³。一般以低于400kg/m³者为轻,高于600kg/m³为重。

3. 导热性

木材具有较小的体积密度、较多的孔隙,是一种良好的绝热材料,表现为热导率较小,但木材的纹理不同,即有各向异性,使得方向不同时,热导率也有较大差异,如松木顺纹纤维测得$\lambda = 0.3W/(m \cdot K)$,而垂直纤维$\lambda = 0.17W/(m \cdot K)$。

4. 含水率

木材中所含水的质量与木材干燥后质量的百分比,称为木材的含水率。木材中的水分可分为细胞壁中的吸附水和细胞腔与细胞间隙中的自由水两部分。当木材细胞壁中的吸附水达到饱和,而细胞腔与细胞间隙中无自由水时的含水率,称为纤维饱和点。纤维饱和点因树种而异,一般为25%~35%,平均为30%,它是含水率是否影响强度和胀缩性能的临界点。如果潮湿木材长时间处于一定温度和湿度的空气中,木材便会干燥,达到相对恒定的含水率,这时木材的含水率称为平衡含水率。平衡含水率随空气湿度的增大和温度的降低而增大,反之则降低。

5. 吸湿性

木材具有较强的吸湿性。木材的吸湿性对木材的性能,特别是木材的干缩湿胀影响很大,因此,木材在使用时其含水率应接近于平衡含水率或稍低于平衡含水率。

6. 湿胀与干缩

当木材从潮湿状态干燥至纤维饱和点时,其尺寸并不改变。当干燥至纤维饱和点以下时,细胞壁中的吸附水开始蒸发,木材发生收缩,反之,干燥木材吸湿后,将发生膨胀,直到含水率达到纤维饱和点为止,此后木材含水率继续增大,也不再膨胀。由于木材构造的各向异性,木材不同方向的湿胀干缩变形明显不同。纵向干缩最小,约为0.1%~0.35%;径向干缩较大,约为3%~6%;弦向干缩最大,约为6%~12%。

7. 强度

建筑上通常利用的木材强度主要有抗压强度、抗拉强度、抗弯强度和抗剪强度,并且有顺纹与横纹之分。每一种强度在不同的纹理方向上均不相同,木材的顺纹强度与横纹强度差别很大,木材各种强度之间的关系见表7-2。

常用阔叶树材的顺纹抗压强度为49~56MPa,常用针叶树材的顺纹抗压强度为33~48MPa。

表7-2 木材各种强度大小的关系

抗 压		抗 拉		抗弯	抗弯	
顺纹	横纹	顺纹	横纹		顺纹	横纹
1	1/10~1/3	2~3	1/20~1/3	3/2~2	1/7~1/3	1/2~1

二、人造板材

人造板材是利用木材加工过程中剩下的边皮、碎料、刨花、木屑等废料，进行加工处理而制成的板材。人造板材主要包括胶合板、宝丽板、纤维板、细木工板、刨花板、木丝板和木屑板等几种。人造板材与木材比较，有幅面大、变形小、表面平整光洁、无各向异性等优点。人造板材类品种很多，目前市场上应用最广的品种有胶合板类、中密度纤维板类、刨花板类、细木工板和装饰微薄木贴面板等。

（一）胶合板

胶合板是用椴木、桦木、松木、水曲柳及其他原木，沿年轮旋切成大张薄片，经过干燥、涂胶，按各层纤维互相垂直的方向重叠，在热压机上加工制成的。胶合板的层数为奇数，如3、5、7……15等。

胶合板大大提高了木材的利用率，其主要特点是材质均匀，强度高，幅面大，平整易加工，材质均匀，不翘不裂，干湿变形小，板面具有美丽的花纹，装饰性好。

按单板的树种不同，胶合板可分为阔叶树材胶合板和针叶树材胶合板。按耐水程度的不同，胶合板可分为四类：

Ⅰ类（NQF）——耐气候、耐沸水胶合板，能在室外使用。

Ⅱ类（NS）——耐水胶合板，可在冷水中浸渍，属于室内用胶合板。

Ⅲ类（NC）——耐潮胶合板，能耐短期冷水浸渍，适于室内使用。

Ⅳ类（BNC）——不耐潮胶合板，在室内常态下使用。

（二）纤维板

纤维板是将木材加工下来的树皮、刨花、树枝等废料，经破碎浸泡，研磨成木浆，再加入一定的胶合料，经热压成形、干燥处理而成的人造板材。纤维板按表观密度不同，可分为硬质纤维板、半硬质纤维板和软质纤维板。由于软质纤维板的吸湿变形程度较大，因而在装饰工程中主要使用硬质纤维板和半硬质纤维板。硬质纤维板品种有一面光纤维板和二面光纤维板。

纤维板的特点是材质构造均匀，各向强度一致，抗弯强度高，耐磨，绝热性好，不易胀缩和翘曲变形，不腐朽，无木节、虫眼等缺陷。

表观密度大于 $800kg/m^3$ 的硬质纤维板，强度较高，在建筑中应用最广。它可代替木板使用，主要用作室内壁板、门板、地板、家具等。通常在板表面施以仿木纹涂装处理，可达到以假乱真的效果。半硬质纤维板表观密度为 $400\sim800kg/m^3$，常制成带有一定孔型的盲孔板，板表面常施以白色涂料。这种板兼具吸声和装饰作用，多用作宾馆等室内吊顶材料。软质纤维板表观密度小于 $400kg/m^3$，适合做保温隔热材料。

（三）刨花板

刨花板是利用施加胶料和辅料或未施加胶料和辅料的木材或非木材植物制成的刨花材料（如木材刨花、亚麻屑、甘蔗渣等）压制成的板材。

刨花板具有质量轻、强度低、隔声、保温、耐久、防虫等特点，适用于室内墙面、隔断、顶棚等处的装饰用基面板。其中，热压树脂刨花板表面可粘贴塑料贴面或胶合板作为饰面层，这样既增加了板材的强度，又使板材具有装饰性。

因为刨花板结构比较均匀，加工性能好，可以根据需要加工成大幅面的板材，是制作不同规格、样式的家具较好的原材料。成品刨花板不需要再次干燥，可以直接使用，吸声和隔声性能也很好。但它也有其固有的缺点，因为边缘粗糙、容易吸湿，所以用刨花板制作的家具，其封边工艺就显得特别重要。另外，由于刨花板容积较大，用它制作的家具，相对于其他板材来说也比较重。由于它用胶较少或不用胶，因而较为环保。

刨花板有以下几种分类方法。

（1）根据用途划分　根据用途划分，刨花板可分为 A 类刨花板和 B 类刨花板。

（2）根据结构划分　根据结构划分，刨花板可分为单层结构刨花板、三层结构刨花板，渐变结构刨花板、定向刨花板、华夫刨花板、模压刨花板。

（3）根据制造方法划分　根据制造方法划分，刨花板可分为平压刨花板（这类刨花板按它的结构形式分为单层、三层及渐变三种。根据用途不同，可进行覆面、涂饰等二次加工，也可直接使用）和挤压刨花板（这类刨花板按它的结构形式又可分为实心和管状空心两种，必须覆面加工后才能使用）。

（4）按所使用的原料划分　按所使用的原料划分，刨花板可分为木材刨花板、甘蔗渣刨花板、亚麻屑刨花板、棉秆刨花板、竹材刨花板、水泥刨花板、石膏刨花板等。

（5）根据表面状况划分

1）未饰面刨花板。未饰面刨花板包括砂光刨花板、未砂光刨花板。

2）饰面刨花板。饰面刨花板包括浸渍纸饰面刨花板、装饰层压板饰面刨花板、单板饰面刨花板、表面涂饰刨花板、PVC 饰面刨花板等。

（四）细木工板

细木工板属于特种胶合板的一种。细木工板按结构可分为芯板条不胶拼的细木工板和芯板条胶拼的细木工板两种；按表面加工状态可分为一面砂光细木工板、两面砂光细木工板和不砂光细木工板三种；按所使用的胶合料分为 I 类胶细木工板、Ⅱ 类胶细木工板两种；按面板的材质和加工工艺质量不同，可分为一等、二等、三等三个等级。

细木工板具有质坚、吸声、隔热等特点，其密度为 $0.44 \sim 0.59 g/cm^3$ 时，适用于家具、车厢、船舶和建筑物内装修等；密度为 $0.28 \sim 0.32 g/cm^3$ 时，适用于预制装配式房屋。

（五）装饰微薄木贴面板

装饰微薄木贴面板是采用珍贵树种，通过精密刨切，制得厚度为 $0.2 \sim 0.8mm$ 的微薄木，以胶合板、纤维板、刨花板等为基材，采用先进的胶粘工艺，经热压制成的一种装饰板材。装饰微薄木贴面板是目前装修工程使用最普遍的装饰板材，具有纹理美观、质感自然等优点。较常用的树种有水曲柳、柚木、楠木、枫木、榉木、樟木、花梨木和楸木等，主要用于高级建筑及车、船的内部装修，以及高级家具、电视机壳、乐器等的制作。

三、木地板

1. 条木地板

条木地板是使用最普遍的木质地面，分空铺和实铺两种。

地板有双层和单层两种。双层地板的下层为毛板，一般为斜铺，下涂沥青，面层为硬木条板，硬木条板多选用水曲柳、柞木、枫木、柚木、榆木等硬质木材；单层地板也称为普通条木地板，一般选用松木、杉木等软木树材，直接钉于木龙骨上。

条木拼缝做成企口或错口，直接铺钉在木龙骨上，端头接缝要相互错开。条木地板铺设完工后，应经过一段时间，待木材变形稳定后，再进行刨光、清扫及涂装。条木地板一般采用调合漆，当地板的木色和纹理较美观时，可采用透明的清漆作涂层，使木材的天然纹理清晰可见，以增加室内装饰感。

条木地板自重轻，弹性好，脚感舒适，其导热性小，冬暖夏凉，且易于清洁。

2. 拼花地板

拼花地板是较高级的室内地面装饰材料。拼花地板分双层和单层两种，二者面层均为拼花硬木板层，双层者下层为毛板层。面层拼花板材多选用水曲柳、柞木、核桃木、榆木、槐木、柳桉等质地优良、不易腐朽开裂的硬木树材。一般拼花小木条的尺寸长为 250～300mm，宽为 40～60mm，板厚为 20～25mm，木条一般均带有企口。双层拼花木地板的固定方法是将面层小板条用暗钉钉在毛板上，单层拼花木地板是采用适宜的粘接材料，将硬木面板条直接粘贴于混凝土基层上。

拼花木地板通过小木板条不同方向的组合，可拼出多种图案花纹，常用的有正芦席纹、斜芦席纹、人字纹、清水砖墙纹等。

拼花木地板纹理美观，耐磨性好，且拼花小木板一般均经过远红外线干燥处理，含水率恒定（约为 12%），因而变形稳定，易保持地面平整、光滑而不翘曲变形。

3. 实木复合地板

实木复合地板由木材切刨成薄片，几层或多层纵横交错，组合粘接而成。基层经过防虫防霉处理，基层上加贴多种厚度为 1～5mm 不等的木材单皮，经淋漆涂布作业，均匀地将涂料涂布于表层及上榫口后的成品木地板上。

实木复合地板的优点是基层稳定干燥，不助燃、防虫、不反翘变形，铺装容易，材质性温，脚感舒适、耐磨性好、表面涂布层光洁均匀、保养方便；缺点是表面材质偏软。

4. 强化木地板

强化木地板一般由表面层、装饰层、基材层及平衡层组成。表面层常用高效抗磨的 Al_2O_3 或 SiC 作为保护层，具有耐磨、阻燃、防腐、防静电和抵抗日常化学药品的性能；装饰层具有丰富的木材纹理色泽，给予强化木地板以实木地板的视觉效果；基材层一般是高密度的木质纤维板，确保地板具有一定的刚度、韧性和尺寸稳定性；平衡层具有防止水分及潮湿空气从地下渗入地板、保持地板形状稳定的作用。

强化木地板的优点是用途广泛，花色品种多，质地硬，不易变形，防火、耐磨，维护简单、施工容易；缺点是材料性冷，脚感偏硬。

四、木线条

木线条是选用木质坚硬细腻、耐磨耐腐、不劈裂、切面光滑、加工性能及涂装上色好、钉着力强的木材，经过干燥处理后，用机械或手工加工而成的。

木线条的品种较多，按材质可分为杂木线、泡桐木线、水曲柳木线、樟木线和柚木线等；按功能可分为压边线、柱角线、墙腰线、封边线和镜框线等。

木线条的表面可用清水或混水工艺装饰。木线条的连接既可进行对接拼接，也可弯曲成各种弧线。它可用钉或高强度胶粘剂进行固定。室内采用木线条时，可产生古朴典雅、庄重豪华的效果。

第七节　建筑涂料

一、涂料的概念

涂料由多种不同物质经混合、溶解、分散而组成，其中各组分都有其不同的功能。不同种类的涂料，其具体组成成分有很大的差别，但按照涂料中各种材料在涂料的生产、施工和使用中所起作用的不同，可将这些组成材料分为主要成膜物质、次要成膜物质和辅助成膜物质三个部分。涂料的分类如下：

1. 按建筑物的使用部位分类

按建筑物的使用部位分类，涂料可分为内墙涂料、外墙涂料、地面涂料及屋面涂料。

2. 按主要成膜物质分类

按主要成膜物质分类，涂料可分为有机系涂料、无机系涂料、复合涂料。

（1）有机系涂料　根据其所使用的分散介质不同，有机系涂料可分为溶剂型涂料和水性涂料（包括水溶性涂料、乳液型涂料）。

1）溶剂型涂料有聚氨酯类、环氧树脂类、氯化橡胶和过氯乙烯涂料等种类。

2）以水为溶剂，以树脂材料为基料的则属于有机水性乳液型或水溶液型涂料。

这类涂料的使用最为普遍，例如聚醋酸乙烯乳液、苯丙乳液、乙丙乳液、纯丙乳液和氯偏乳液等。

（2）无机系涂料　无机系涂料主要是无机高分子涂料，包括水溶性硅酸盐系（碱金属硅酸盐）、硅溶胶系和有机硅及无机聚合物系等。

（3）复合涂料　复合涂料主要有两种复合形式，一种是两类涂料在品种上的复合，另一种则是两类涂料的涂层的复合装饰。两类涂料在品种上的复合就是把水性有机树脂与水溶性硅酸盐等配制成混合液或分散液（例如聚乙烯醇水玻璃涂料和苯丙-硅溶胶涂料等），或者是在无机物的表面上使用有机聚合物接枝制成悬浮液。这类复合涂料中的有机聚合物或树脂可以改善无机材料（例如硅溶胶）在成膜后发硬变脆的弊端，同时又避免或减轻了有机材料易老化、不耐污染、耐热性差等问题。两类涂料的涂层的复合装饰是指在建筑物的墙面上先涂覆一层有机涂料的涂层，再涂覆一层无机涂料涂层，利用两层涂膜的收缩不同，使表面一层无机涂料涂层形成随机分布的裂纹纹理，以便得到镶嵌花纹状涂膜的装饰效果。

3. 按涂料的状态分类

按涂料的状态分类，涂料可分为溶剂型涂料、水溶性涂料、乳液型涂料和粉末涂料等。

4. 按涂层分类

按涂层分类，涂料可分为薄涂层涂料、厚质涂层涂料和砂壁状涂层涂料等。

5. 按建筑涂料的特殊性能分类

按建筑涂料的特殊性能分类，涂料可分为防水涂料、防火涂料、防霉涂料和防结露涂料等。

6. 特殊涂料——纳米涂料

纳米涂料是真正的绿色环保产品，已为北京奥运村建筑工程的专用涂料。

二、常用的内墙涂料

常用的内墙涂料有合成树脂乳液内墙涂料、水性内墙涂料、仿壁毯涂料等。内墙涂料也可以用作顶棚涂料。内墙涂料的主要性能要求是色彩丰富、协调，色调柔和，涂膜细腻，耐碱性、耐水性好，不易粉化，透气性好，涂刷方便，重涂性好。

1. 合成树脂乳液内墙涂料（乳胶漆）

合成树脂乳液内墙涂料以合成树脂乳液为主要成膜物质，加入着色颜料、体质颜料、助剂，经混合、研磨而制得的薄质内墙涂料。这类涂料具有下列特点：

1）以水为分散介质，随着水分的蒸发而干燥成膜，无毒。

2）涂膜透气性好，因而可以避免因涂膜内外温度差而起鼓，可以在新建的建筑物水泥砂浆及灰泥墙面上涂刷。用于内墙涂饰，无结露现象。

合成树脂乳液的种类很多，通常以乳胶漆来命名，主要品种有聚醋酸乙烯乳胶漆、丙烯酸乳胶漆、乙-丙乳胶漆、苯-丙乳胶漆、聚氨酯乳胶漆等。

2. 水性涂料

（1）水溶性涂料 水溶性涂料以水溶性树脂为成膜物，以聚乙烯醇及其各种改性物为代表，除此之外还有水溶醇酸树脂、水溶环氧树脂及无机高分子水性树脂等。

（2）水稀释性涂料 水稀释性涂料是指以后乳化乳液为成膜物配制的涂料。将溶剂型树脂溶在有机溶剂中，然后在乳化剂的帮助下靠剧烈的机械搅拌使树脂分散在水中形成乳液，称为后乳化乳液，制成的涂料在施工中可用水来稀释。

（3）水分散性涂料（乳胶涂料） 水分散性涂料（乳胶涂料）主要是指以合成树脂乳液为成膜物配制的涂料。乳液是指在乳化剂存在下，在机械搅拌的过程中，不饱和乙烯基单体在一定温度条件下聚合而成的小粒子团分散在水中组成的分散乳浊液。将水溶性树脂中加入少许乳液配制的涂料不能称为乳胶涂料。严格来讲，水稀释涂料也不能称为乳胶涂料，但习惯上也将其归类为乳胶涂料。

三、常用的外墙涂料

常用的外墙涂料有合成乳液型外墙涂料、合成树脂乳液砂壁状外墙涂料、合成树脂溶剂型外墙涂料、外墙无机建筑涂料和复层建筑涂料等。外墙涂料的主要功能是装饰美化建筑物，使建筑物与周围环境达到完美的和谐，同时还保护建筑物的外墙免受大气及环境的侵蚀，延长其使用寿命。

由于外墙直接与环境中的各种介质相接触，因此要求外墙涂料有更好的保色性、耐水性、耐沾污性和耐候性。而且，建筑物外墙面积大，也要求外墙涂料施工操作简便。

四、推广应用和限制禁止使用涂料

（一）推广应用涂料

1. 内墙涂料

合成树脂乳液内墙涂料，包括丙烯酸共聚乳液系列、乙烯-醋酸乙烯共聚乳液系列内墙涂料。要求产品性能符合《合成树脂乳液内墙涂料》（GB/T 9756—2009）的规定；有害物质限量符合《室内装饰装修材料内墙涂料中有害物质限量》（GB 18582—2008）的要求。

2. 外墙涂料

（1）水性外墙涂料 水性外墙涂料包括丙烯酸共聚乳液（纯丙、苯丙等）系列、有机硅丙烯酸乳液系列、水性氟碳外墙涂料（薄质、复层、砂壁状等）。要求产品性能符合相应的国家标准和行业标准。

（2）溶剂型外墙涂料 溶剂型外墙涂料包括丙烯酸、丙烯酸聚氨酯、有机硅改性丙烯酸树脂和氟碳树脂外墙涂料，产品性能符合《溶剂型外墙涂料》（GB/T 9757—2001）的优等品规定。

（二）限制禁止使用涂料

1. 限制使用涂料

限制使用仿瓷内墙涂料，即以聚乙烯醇为基料，掺入灰钙粉、大白粉、滑石粉等的涂料。

2. 禁止使用涂料

1）聚乙烯醇水玻璃内墙涂料（106 内墙涂料）。

2）聚乙烯醇缩甲醛类内墙涂料（107、803 内墙涂料）。

3）多彩内墙涂料（树脂以硝化纤维素为主，溶剂以二甲苯为主的 O/W 型涂料）。

4）聚乙烯醇缩甲醛类外墙涂料。

5）聚醋酸乙烯乳液类（含 EVA 乳液）外墙涂料。

6）氯乙烯-偏氯乙烯共聚乳液类外墙涂料。

以上所列出的内外墙涂料禁止使用期已从 2001 年 7 月 4 日起执行。这类涂料由于耐擦洗性差，甲醛含量高，因而禁止用于房屋建筑外墙面装饰装修工程。

五、地面涂料

地面涂料的功能是装饰和保护地面，使之与室内墙面及其他装饰相适应，为人们创造优雅的室内环境。

地面涂料一般是直接涂覆在水泥砂浆面层上，根据其装饰部位的特点，应能满足以下主要技术性能要求：

1）耐碱性强，能适应水泥砂浆地面基层的碱性。

2）与水泥砂浆基层有良好的粘结性能。

3）良好的耐水性。为了保持地面清洁，经常需要用水擦洗地面，因此，地面涂料应有良好的耐水性。

4）良好的耐磨性，不易被经常走动的人流所损坏。

5）良好的抗冲击性，能够承受重物的冲击而不开裂、脱落。

6）施工方便，重涂性好。

地面涂料按基层材质的不同可分为木地板涂料、塑料地板涂料和水泥砂浆地面涂料等几大类。

地面涂料按主要成膜物质的化学成分分为过氯乙烯地面涂料、聚氨酯－丙烯酸酯地面涂料、丙烯酸硅树脂地面涂料、环氧树脂厚质地面涂料、聚氨酯地面涂料等。

六、油漆

在装饰工程中，门窗和家具所用涂料也占很大一部分，这部分涂料所用的主要成膜物质以油脂、分散于有机溶剂中的合成树脂或混合树脂为主，人们一般称之为油漆。这类涂料的品种繁多，性能各异，大多由有机溶剂稀释，所以也可称为有机溶剂型涂料。

油漆主要有油脂漆、天然树脂漆、清漆、磁漆和聚酯漆五大类。油脂漆有清油、厚漆、油性调合漆等；天然树脂漆有虫胶清漆、大漆等；清漆有脂胶清漆、酚醛清漆、醇酸清漆、硝基清漆等；磁漆有醇酸、磁漆、酚醛磁漆等。油脂漆和天然树脂漆的介绍如下：

1. 油脂漆

油脂漆是以干性油或半干性油为主要成膜物质的一种涂料。它装饰施涂方便，渗透性好，价格低，气味与毒性小，干固后的涂层柔韧性好。但涂层干燥缓慢，涂层较软，强度差，不耐打磨抛光，耐高温和耐化学性差。常用的有以下几种：

（1）清油　清油是以半干性桐油为主要原料，加热聚合到适当稠度，再加入催干剂而制成的。它干燥较快，漆膜光亮、柔韧、丰满，但漆膜较软。清油一般用于调制油性漆、厚漆、底漆和腻子。

（2）厚漆　厚漆俗称为铅油，是由干性油、着色颜料和体质颜料经研磨而成的厚浆状漆。所用干性油一般要经加热聚合，所以又称为聚合厚漆。使用前必须加稀释剂和催干剂，一般加适量的熟桐油和松香水，调稀至可使用的稠度。通常用作打底或调制腻子。

（3）油性调合漆　油性调合漆是用干性油与颜料研磨后，加入催干剂及溶剂配制而成。这种漆膜附着力好，不易脱落，不起龟裂、粉化，经久耐用，但干燥较慢，漆膜较软，故适用于室外面层涂刷。

2. 天然树脂漆

天然树脂漆是指各种天然树脂加干性植物油经混炼后，再加入催干剂、分散介质、颜料等制成。常用的天然树脂漆有虫胶清漆、大漆等。

（1）虫胶清漆　虫胶清漆又称为泡立水、酒精凡立水，也称为漆片。它是由一种积累在树胶上的寄生昆虫的分泌物，经收集加工溶于酒精中而成。这种漆使用方便，干燥快，漆膜坚硬光亮；缺点是耐水性、耐候性和耐碱性差，日光暴晒会失光，热水浸烫会泛白，一般用于室内涂饰。

（2）大漆　大漆又称为土漆、天然漆、中国漆，有生漆和熟漆之分。它是将从漆树上取得的汁液经部分脱水并过滤而得到的棕黄色黏稠液体。其特点是漆膜坚硬，富有光泽、耐久、耐磨、耐油、耐水、耐腐蚀、绝缘、耐热（250℃），与基底表面结合力强；缺点是黏度高而不易施工（尤其是生漆），漆膜色深，性脆，不耐阳光直射，抗氧化和抗碱性差，生漆有毒，干燥后漆膜粗糙，所以很少直接使用。生漆经加工即成熟漆，或经改性后制成各种精制漆。

第八节　室内软装饰材料

一、装饰纤维织物与制品

（一）装饰纤维织物与制品的分类

纤维装饰织物与制品在室内起着重要的装饰作用和保温、隔热、隔声等作用，其具有色彩鲜艳、图案丰富、质地柔软、富有弹性等特点。如果能合理的选用装饰织物，不仅给人们的生活带来舒适感，更能使建筑室内锦上添花，增加豪华气派感。

装饰纤维织物与制品主要包括地毯、挂毯、墙布、壁纸（其中塑料壁纸见本章第五节）、窗帘、台布、靠垫，以及岩棉、矿渣棉、玻璃棉等制品。近几年来，这些装饰织物在品种、花样、材质及性能等方面都有很大发展，为现代室内装饰提供了良好的材料。

装饰织物用纤维有天然纤维、化学纤维和无机纤维等。这些纤维材料各具特点。

（二）化学纤维

化学纤维是用天然的或合成的高分子化合物作为原料，经过化学和物理方法加工制得的纤维的统称。因其所用高分子化合物来源的不同，可分为人造纤维与合成纤维两类，前者用天然高分子化合物作为原料，后者用合成高分子化合物作为原料。

1. 人造纤维

人造纤维主要有以下几种：

1）粘胶纤维。粘胶纤维主要有人造棉、人造毛、人造丝、富强纤维等。

2）铜氨纤维（铜氨纤维属于纤维素纤维）。

3）醋酯纤维（醋酸纤维素纤维）。

2. 合成纤维

（1）聚酯纤维（涤纶）　聚酯纤维（涤纶）又称为的确良，它强度高、耐磨，其耐磨性能略比锦纶差，却是棉花的2倍，尤其可贵的是在湿润状态同干燥时一样耐磨；弹性好，有优良的抗皱保形性能，是理想的纺织材料；耐热、耐晒、不发霉、不怕虫蛀。但聚酯纤维（涤纶）染色较困难，清洁时，使用清洁剂要小心，以免褪色。

（2）聚酰胺纤维（锦纶）　聚酰胺纤维（锦纶）又称为尼龙，具有强度高、耐磨、耐腐蚀、质轻等优点，可用于制作衣料、缆绳、轮胎帘线、降落伞等。在所有天然纤维和化学纤维中，它的耐磨性最好，比羊毛高20倍，比粘胶纤维高50倍，如果用15%的锦纶和85%的羊毛混纺，其织物的耐磨性能比羊毛织物高3倍多；它不怕虫蛀，不怕腐蚀，吸湿性能低，易于清洗。但其缺点也很明显，如弹性差，易吸尘，易变形，遇火易局部熔融，在干热环境下易产生静电，在与80%的羊毛混合后其性能可获得较为明显的改善。

（3）聚丙烯纤维（丙纶）　聚丙烯纤维（丙纶）具有强力高、质地轻、弹性好、不霉不蛀、易于清洗、耐磨性好等优点，而且原料来源丰富，生产过程也较其他合成纤维简单，生产成本较低。

（4）聚丙烯腈纤维（腈纶）　聚丙烯腈纤维（腈纶）的外观和性能类似羊毛，所以又称为合成羊毛。它蓬松柔软，强度相当于羊毛的2~3倍，质量比羊毛轻，保暖性比羊毛好，而且易洗快干，是天然毛的代用品。腈纶不霉、不蛀，耐酸碱腐蚀，最突出的特点是非常耐晒，这是天然纤维和大多数合成纤维所不能比的。如果把各种纤维放在室外曝晒1年，腈纶的强度只降低20%，棉花则降低90%，其他纤维（如蚕丝、羊毛、锦纶、粘胶）的强度完全丧失。但其耐磨性在合成纤维中是较差的。

（5）聚氯乙烯纤维（氯纶）　聚氯乙烯纤维（氯纶）的突出优点是难燃、保暖、耐晒、耐磨、耐蚀和耐蛀，弹性也很好，可以制造各种针织品、毛毯、帐篷等，特别是由于它保暖性好，易保持静电，因此用它做成的针织内衣对风湿性关节炎有一定疗效。但由于染色性差，热收缩大，限制了它的应用。改善的办法是与其他纤维品种

（如维氯纶）共聚或与其他纤维（如粘胶纤维）进行乳液混合纺丝。

（6）聚氨基甲酸酯纤维（氨纶）　聚氨基甲酸酯纤维（氨纶）是一种弹性纤维，学名为聚氨酯纤维。它具有高度弹性，能够拉长 6~7 倍，但随张力的消失能迅速恢复到初始状态。弹性纤维分为两类：一类为聚酯链类；一为聚醚链类。聚酯类弹性纤维抗氧化、抗油性较强；聚醚类弹性纤维防霉性、抗洗涤剂性较好。

（三）织物壁纸

织物壁纸有纸基织物壁纸和麻草壁纸两种。

（1）纸基织物壁纸　纸基织物壁纸是由棉、毛、麻、丝等天然纤维及化纤制成的各种色泽、花色的粗细纱或织物再与纸基层粘合而成。这种壁纸是用各色纺线的排列来达到艺术装饰效果，有的品种为绒面，可以排成各种花纹；有的带有荧光；有的线中编进金、银丝，使壁面呈现金光点点；还可制成浮雕图案，别具一格。

纸基织物纸的特点是色彩柔和幽雅，质朴、自然，墙面立体感强，吸声效果好，耐日晒，不褪色，无毒无害，无静电，不反光，而且又具有调湿性和透气性。

（2）麻草壁纸　麻草壁纸是以纸为基底，以编织的麻草为面层，经复合加工制成的墙面装饰材料。麻草壁纸具有吸声、阻燃、散潮气、不吸尘、不变形等特点，并且具有古朴、自然、粗犷的大自然之美，给人以置身原野之中、回归自然的感觉。

（四）棉纺装饰墙布

棉纺装饰墙布是用纯棉平布经过处理、印花、涂以耐磨树脂制作而成，其特点是墙布强度大、静电小、变形小、无光、无味、无毒、吸声、花型色泽美观大方，可用于宾馆、饭店及其他公共建筑和较高级的民用建筑中的室内墙面装饰，适合于水泥砂浆墙面、混凝土墙面、石膏板、胶合板、纤维板、石棉水泥板等墙面基层的粘贴。棉纺装饰墙布还常用作窗帘，夏季采用这种薄型的淡色窗帘，无论是自然下垂，还是双开平拉成半弧形式，均会给室内创造出清新和舒适的氛围。

（五）高级墙面装饰织物

高级墙面装饰织物是指丝绒、锦缎、呢料等织物。这些织物由于纤维材料、织造方法及处理工艺的不同，所产生的质感和装饰效果也不相同，均能给人以美的感受。

（1）丝绒　丝绒色彩华丽，质感厚实温暖，格调高雅，适用于高级建筑室内的窗帘、软隔断，可营造富贵、豪华的氛围。

（2）锦缎　锦缎也称为织锦缎，是我国的一种传统丝织装饰品，其面上织有绚丽多彩、古雅精致的各种图案，加上丝织品本身的质感与丝光效果，使其显得高雅华贵、富丽堂皇，具有很好的装饰作用，常用于高档室内墙面的裱糊，但因其价格高、柔软易变形、施工难度大、不能擦洗、不耐光、易留下水渍痕迹、易发霉，所以在应用上受到一定的限制。

（3）呢类　粗毛呢料或仿毛化纤织物和麻类织物，质感粗实厚重，具有温暖感，吸声性能好，还能从质地上、纹理上显示出古朴、厚实等特色，适用于高级宾馆等公共建筑的厅堂柱面的裱糊装饰。

（六）地毯

地毯可分为纯毛地毯、混纺地毯、化纤地毯和塑料地毯等。

（1）纯毛地毯　纯毛地毯即羊毛地毯，是以粗绵羊毛为主要原料而制成。纯毛地毯质地厚实，经久耐用，装饰效果极好，为高档铺地装饰材料。

（2）混纺地毯　混纺地毯是以羊毛纤维与合成纤维混纺后编织而成的地毯。如果在羊毛纤维中加入20％左右的尼龙纤维，可使耐磨性提高5倍，装饰性能不次于纯毛地毯，并且价格较便宜。

（3）化纤地毯　化纤地毯也称为成纤维地毯，是用簇绒法或机织法将合成纤维制成面层，再与麻布底层缝合而成。常用的合成纤维材料有丙纶、腈纶、涤纶等。化纤地毯的外观和触感酷似纯毛地毯，耐磨而富有弹性，为目前用量最大的中、低档地毯品种。

（4）塑料地毯　塑料地毯是以聚氯乙烯树脂为基料，加入填料、增塑剂等多种辅助材料和添加剂，然后经混炼、塑化，并在地毯模具中成型而制成的一种新型地毯。它质地柔软，色彩鲜艳，自熄不燃，污染后可水洗，经久耐用，为宾馆、商场等一般公共建筑和住宅地面经常使用的一种装饰材料。

二、皮革

（一）皮革的作用

皮革具有柔软、吸声和保暖的特点，常用于室内的墙面和吸声门，如健身室、演播厅等场所；还可利用其外观独特的质地、纹理和色泽，作为会议室、宾馆或酒店总台背景的立面墙，以及咖啡厅、酒吧台等立面装饰的软包。然而，皮革的表面容易被划伤，对基底材料的湿度、硬度和平整度要求比较高，尤其是天然皮革。因此，皮革与基材之间常常利用其他软质材料，如纤维棉、海绵等进行缓冲和隔潮。

（二）皮革的类型

皮革可分为天然皮革、人造革与合成革。

1. 天然皮革

天然皮革是采用天然动物皮，如牛皮、羊皮、猪皮、骆驼皮和马皮等作为原料，并经过一系列的化学处理和机械加工制成。其质地柔软、结实耐磨，具有良好的吸湿、透气、保暖、保形和吸声减噪等性能。但由于天然皮革耐湿性差，长期遇水或在潮湿的空气中会影响其性能和外观质量，因此，要经常保持干燥和进行维护。

常用天然皮革的性能与外观特征见表7-3。

表7-3　常用天然皮革的性能与外观特征

名　称	性　能	外观特征
牛皮革	坚硬耐磨，韧性和弹性较好	黄牛皮革面紧密，细腻光洁，毛孔呈圆形；水牛皮革面粗糙，凸凹不平，毛孔呈圆形，且粗大

（续）

名　称	性　能	外观特征
羊皮革	轻薄柔软，弹性、吸湿性、透气性好，但强度不如牛皮革、猪皮革	革面如水波纹，毛孔呈扁圆形，并以鱼鳞状或锯齿状排列，有光面和绒面
猪皮革	质地较柔软，但不如羊皮革，弹性一般，耐磨性、吸湿性好，但易形变	革面皱缩，毛孔粗大，三孔一组，呈三角形排列
马皮革	质地较松弛，不如黄牛皮革紧密丰满，耐磨性较好	革面毛孔呈椭圆形，比黄牛皮革面毛孔稍大，排列有规律

2. 人造革

人造革是以聚氯乙烯树脂为主料，加入适量的增塑剂、填充剂、稳定剂等助剂，调配成糊状后，涂刷在针织或机织物底布上，经过红外线照射加热，使其紧贴于织物，然后压上天然皮纹而形成的仿皮纹皮革。人造革具有不易燃、耐酸碱、防水、耐油、耐晒等优点。但遇热软化，遇冷发硬，质地过于平滑，光泽较亮，浮于表面，影响视觉效果，使用寿命为 1~2 年，其耐磨性、韧性、弹性也不如天然皮革。

人造革软包饰面具有质地柔软、消声减震、保温性能好等特点。

人造革的种类，按其基底材料的不同可分为棉布基聚氯乙烯人造革和化纤基人造革；按其表面特征可分为光面革、花纹革、套色印花革等；按其塑料层结构的不同，可分为单面人造革、双面人造革、泡沫人造革和透气人造革等。人造革的新型品种是以无纺布为基材的微孔聚氨酯薄膜贴层合成革，具有质轻、透气、弹性好等特点，其防虫、耐水、防腐和防霉变等性能优于动物皮革。用人造革包覆进行凹凸立体处理的现代建筑室内局部造型饰面、墙裙、保温门、吧台或服务台立面、背景墙等，可发挥人造革耐水、可刷洗及外观典雅精美等优点，但应重视其色彩、质感和表面图案效果，使其与装修空间的整体风格相协调。

3. 合成革

从广义上讲，合成革也是一种人造革，它是将聚氨酯浸涂在由合成纤维，如尼龙、涤纶、丙纶等做成的无纺底布上，经过凝固、抽出、装饰等一系列的工艺而制成。它具有良好的耐磨性、机械强度和弹性，耐皱折，在低温下仍能保持柔软性；透气性和透湿性比人造革好，比天然革差；不易虫蛀，不易发霉，不易形变，尺寸稳定，价格低廉。其耐温和耐化学性能较差，而且散发有毒气味，影响室内环境质量。

第九节　金属装饰装修材料

一、不锈钢

（一）不锈钢的概念

不锈钢是指在钢中加入以铬元素（含量≥12%）为主加元素的合金钢，铬含量越高，钢的抗腐蚀性越好。除铬外，不锈钢中还含有镍（Ni）、锰（Mn）、钛（Ti）、硅（Si）等元素，这些元素都能影响不锈钢的强度、塑性、韧性和耐腐性。

（二）不锈钢的分类

不锈钢按其组织形态特征分为五类，共 55 个牌号。在装饰工程中常用的不锈钢的类别和牌号见表 7-4。

表 7-4　不锈钢的类别和牌号

类　别	牌　号	备　注
奥氏体型	$1Cr_{17}Ni_8$	不锈钢的钢号前的数字表示平均含碳量的千分之几，合金元素仍以百分数表示。当含碳量 ≤0.03% 及 ≤0.08% 者，在钢号前分别冠以"00"或"0"，如 $0Cr_{13}$ 钢的平均含碳量 ≤0.08%，铬 ≈13%；$00Cr_{18}Ni_{10}$ 钢的平均含碳量约 0.03%，铬 ≈18%，镍 ≈10%
	$1Cr_{18}Ni_9$	
铁素体型	$1Cr_{17}$	
	$1Cr_{17}Mn$	
	$00Cr_{17}Mn$	

（三）不锈钢的性能

不锈钢膨胀系数大，约为碳钢的 1.3~1.5 倍，但热导率只有碳钢的 1/3，不锈钢韧性及延展性均较好，常温下也可加工。一般，奥氏体组织的不锈钢不具有磁性。不锈钢另一显著特性是表面光泽性。不锈钢经表面精饰加工后，可以获得镜面般光亮平滑的效果，光反射比可达 90% 以上，具有良好的装饰性，是极富现代气息的装饰材料。

（四）常用的不锈钢装饰制品

1. 不锈钢板材

不锈钢制品中应用最多的为板材，一般均为薄材，厚度多小于 2.0mm，宽度在 0.5~1m，长度在 1~2m。

装饰不锈钢板材可按反光率分为镜面板、亚光板和浮雕板三种。镜面板的反射率可达 95% 以上；亚光板的反射率可达 50% 以下，给人一种柔和、温馨的感觉；浮雕板的表面不仅具有金属光泽，还富有立体感的浮雕花纹，给室内增添一种富丽堂皇的效果。

不锈钢板表面经化学浸渍处理，可制成蓝、红、黄、绿等各种彩色不锈钢板，还可利用真空镀膜技术在其表面喷镀一层钛金属膜，形成闪亮的钛金板。

还有一种不锈钢包覆钢板（管），是在普通钢板的表面包覆不锈钢而成。其优点是可节省价格昂贵的不锈钢，且加工性能优于纯不锈钢，使用效果与不锈钢相似。

2. 不锈钢管材

不锈钢装饰制品除板材外，还有管材、型材（如各种弯头规格的不锈钢楼梯扶手等）。它轻巧、精致、线条流畅，展示了优美的空间造型。不锈钢装饰管材按截面可分为等径圆管和变径花形管；按壁厚可分为薄壁管（小于 2mm）和厚壁管（大于 4mm）；按其表面光泽度可分为抛光管、亚光管和浮雕管。

不锈钢自动门、转门、拉手、五金与晶莹剔透的玻璃相结合，使建筑装饰达到了尽善尽美的境地。不锈钢龙骨是近十几年才大量应用的，其刚度高于铝合金龙骨，因而具有更强的抗风压能力和安全性，因而主要用于高层建筑的玻璃幕墙中。

3. 彩色不锈钢板

彩色不锈钢板是在不锈钢板上进行着色处理，使其成为蓝、灰、紫、红、绿、金黄、橙等各种绚丽色彩的不锈钢板。色泽可随光照角度改变而产生变幻的色调；彩色面层能在 200℃ 温度下或弯曲 180° 时无变化，色层不剥离，色彩经久不退；耐腐蚀性能超过一般不锈钢，耐磨和耐刻划性能相当于箔层镀金的性能。

除板材外，还有方管、圆管、槽形、角形等彩色不锈钢型材。彩色不锈钢板适用于高级建筑物的电梯轿厢板、车厢板、厅堂墙板、顶棚、建筑装饰、招牌等。

二、彩色涂层钢板

（一）彩色涂层钢板的概念

为了提高普通钢板的防腐蚀性能和表面装饰性能，钢板的涂层一般分为有机涂层、无机涂层和复合涂层三类，有机涂料可以配制成不同的色彩和花纹，故其钢板通常称为彩色涂层钢板。

彩色涂层钢板的原板通常为热轧钢板和镀锌钢板，最常用的有机涂层为聚氯乙烯、丙烯酸树脂、环氧树脂、醇酸树脂等。涂层与钢板的结合采用薄膜层压法和涂料涂覆法两种。

（二）彩色涂层钢板的分类

根据结构不同，彩色涂层钢板大致可分为以下几种。

（1）涂装钢板 涂装钢板是用镀锌钢板作为基底，在其正面背面都进行涂装，以保证其耐腐蚀性能。正面第一层为底漆，通常为环氧底漆，因为它与金属的附着力强，背面也涂有环氧树脂或丙烯酸树脂；第二层（面层）过去用醇酸树脂，现在一般用聚酯类涂料或丙烯酸树脂涂料。

（2）PVC 钢板 PVC 钢板有两种类型，一种是用涂布糊状 PVC 的方法生产的，称为涂布 PVC 钢板；另一种是将已成型和印花或压花 PVC 膜贴在钢板上，称为贴膜 PVC 钢板。

PVC 层是热塑性的，表面可以热加工，如压花可使表面质感丰富，而且它还具有柔性，可以进行弯曲等二次加工，其耐腐蚀性能也比较好。

PVC 表面层的缺点是容易老化。为改善这一缺点，现已生产出一种在 PVC 表面再复合丙烯酸树脂的新型复合型 PVC 钢板。

（3）隔热涂装钢板 隔热涂装钢板是在彩色涂层钢板的背面贴上 15～17mm 厚的聚苯乙烯泡沫塑料或硬质聚氨酯泡沫塑料，可用来提高涂层钢板的隔热隔声性能。

（4）高耐久性涂层钢板 根据氟塑料和丙烯酸树脂耐老化性能好的特点，将高耐久性涂层钢板用在钢板表面涂层上，能使钢板耐久性、耐蚀性能提高。

三、铝和铝合金

（一）铝和铝合金的特性

1. 铝

铝属于有色金属中的轻金属，外观呈银白色。铝的密度为 $2.7g/m^3$，熔点为 660℃。铝的导电性和导热性均很好。铝的化学性质很活泼，与氧的亲和力很强，在空气中易生成一层氧化铝薄膜，可起到保护作用，具有一定的耐腐蚀性。但氧化铝薄膜的厚度仅为 $0.1\mu m$ 左右，因而与卤素元素（氯、溴、碘）、碱、强酸接触时，会发生化学反应而受到腐蚀。另外，铝的电极电位较低，如与电极电位高的金属接触并且有电解质存在时（如水汽等），会形成微电池，产生电化学腐蚀，所以使用铝制品时要避免与电极电位高的金属接触。

铝具有良好的可塑性（伸长率可达50%），可加工成管材、板材、薄壁空腹型材，还可压延成极薄的铝箔，并具有极高的光、热反射比（87%～97%）。但铝的强度和硬度较低，为提高铝的实用价值，常加入合金元素。结构及装修工程中常使用的是铝合金。

2. 铝合金

为了提高纯铝的强度和硬度等，在铝中添加镁、锰、铜、硅、锌等合金元素形成铝合金。

铝合金既保持了铝质轻和塑性、延性好的特性，同时，机械性能明显提高（屈服强度可达210～500MPa，抗拉强度可达380～550MPa），因而大大提高了其使用价值。它不仅可用于建筑装修，还可用于结构方面。

铝合金的主要缺点是弹性模量小（约为钢的1/3）、热膨胀系数大、耐热性低、焊接需采用惰性气体保护等焊接新技术。

（二）常用的装饰用铝合金制品

1. 铝合金门窗

铝合金门窗是由经表面处理的铝合金型材，经过下料、打孔、铣槽、攻丝、制窗等加工工艺而制成的门窗框件，再与玻璃、连接件、密封件、五金配件等组合装配而成。

2. 铝合金装饰板

铝合金装饰板属于现代较为流行的建筑装饰材料，具有质量轻、不燃烧、耐久性好、施工方便、装饰效果好等优点，适用于公共建筑室内、外墙面和柱面的装饰。当前的产品规格有开放式、封闭式、波浪式、重叠式和藻井式、内圆式、龟板式块状吊顶板；颜色有本色、金黄色、古铜色、茶色等；表面处理方式有烤漆和阳极氧化等形式。

近年来，在装饰工程中用得较多的铝合金板材有以下几种：

（1）铝合金花纹板及浅花纹板

1）铝合金花纹板。铝合金花纹板是采用防锈铝合金坯料，用特殊的花纹轧辊轧制而成的，它花纹美观大方、凸筋高度适中、不易磨损、防滑性好、防腐蚀性能强、便于冲洗，通过表面处理可以得到不同的颜色。花纹板板材平整，裁剪尺寸精确，便于安装，可广泛应用于现代建筑的墙面装饰及楼梯、踏板等处。

2）铝合金浅花纹板。铝合金浅花纹板是优良的建筑装饰材料之一，花纹精巧别致，色泽美观大方。同普通铝合金相比，其刚度高出20%，抗污垢、抗划伤、抗擦伤能力均有所提高，是我国特有的建筑装饰产品。

（2）铝合金压型板　铝合金压型板质量轻、外形美、耐腐蚀、经久耐用、安装容易、施工快速，经表面处理可得到各种优美的色彩，是现代建筑广泛应用的一种新型建筑装饰材料，主要用作墙面和屋面。

（3）铝合金穿孔板　铝合金穿孔板是用各种铝合金平板经机械穿孔而成，孔型根据需要有圆孔、方孔、长圆孔、长方孔、三角孔、大小组合孔等。这是近年来开发的一种降低噪声并兼有装饰效果的新产品。

铝合金穿孔板材质量轻、耐高温、耐高压、耐腐蚀、防火、防潮、防震、化学稳定性好、造型美观、色泽优雅、立体感强，可用于宾馆、饭店、剧场、影院、播音室等公共建筑和高级民用建筑中以改善音质条件，也可用于各类车间厂房、机房、人防地下室等作为降噪材料。铝合金穿孔板的工程降噪效果可达 4～8dB。

3. 铝合金花格网

铝合金花格网是由铝合金挤压型材拉制及表面处理等而成的花格网。该花格网有银白、古铜、金黄、黑等颜色，并且外形美观、质量轻、机械强度大、式样规格多、不积污、不生锈、耐酸碱腐蚀性好，可用于公寓大厦平窗、凸窗、花架、屋内外设置、球场防护网、栏杆、遮阳、护沟和学校等围墙安全防护、防盗设施和装饰。

4. 铝箔

铝箔是用纯铝或铝合金加工成 6.3～200μm 的薄片制品，具有良好的防潮、绝热性能。铝箔作为多功能保温隔热材料和防潮材料广泛用于建筑工程中，也是现代建筑重要的建筑装饰材料之一，常用的有铝箔牛皮纸、铝箔泡沫塑料板、铝箔波形板等。

四、铜及铜合金

铜是我国历史上使用较早、用途较广的一种有色金属。在现代建筑中，铜仍是一种高级装饰材料，用于高级宾馆、商厦装饰，可使建筑物显得光彩耀目、富丽堂皇。

1. 铜的装饰特性与应用

铜属于有色重金属，密度为 $8.92g/cm^3$。纯铜由于表面氧化生成的氧化铜薄膜呈紫红色，故常称为紫铜。在现代建筑装饰中，铜仍是一种集古朴和华贵于一身的高级装饰材料，可用于宾馆、饭店、机关等建筑中的楼梯扶手、栏杆、防滑条等。

2. 铜合金的特性与应用

纯铜由于强度不高，不宜制作结构材料，由于纯铜的价格贵，工程中更广泛使用的是铜合金（即在铜中掺入锌、锡等元素形成的铜合金）。铜合金既保持了铜的良好塑性和高抗腐蚀性，又改善了纯铜的强度、硬度等机械性能。常用的铜合金有黄铜（铜锌合金）、青铜（铜锡合金）等。

3. 铜合金装饰制品

铜合金经挤压可形成不同横断面形状的型材，有空心型材和实心型材。铜合金型材具有与铝合金型材类似的优点，可用于门窗的制作。以铜合金型材作为骨架，以吸热玻璃、热反射玻璃、中空玻璃等为立面形成的玻璃幕墙，一改传统外墙的单一面貌，可使建筑物生辉。

参 考 文 献

[1] 劳动和社会保障部教材办公室和上海市职业培训指导中心. 室内装饰设计（中级）[M].
    北京：中国劳动社会保障出版社，2005.
[2] 吴天篪. 家庭装饰艺术 [M]. 长沙：湖南大学出版社，2012.
[3] 朱达黄. 居住空间设计 [M]. 上海：上海人民美术出版社，2010.
[4] 辛艺峰. 现代商场室内设计 [M]. 北京：中国建筑工业出版社，2011.
[5] 郭立群. 商业空间设计 [M]. 武汉：华中科技大学出版社，2008.
[6] 霍光，彭晓丹. 餐饮建筑室内设计 [M]. 北京：中国建筑工业出版社，2011.
[7] 商子庄. 读图时代—中式茶楼设计元素指南 [M]. 北京：化学工业出版社，2008.
[8] 李文华. 室内照明设计 [M]. 北京：中国水利水电出版社，2007.
[9] 沈百禄. 室内装饰设计1000问 [M]. 北京：机械工业出版社，2012.
[10] 黄刚. 平面构成 [M]. 杭州：中国美术学院出版社，1991.
[11] 毛溪. 立体构成 [M]. 上海：上海人民美术出版社，2007.
[12] 钟蜀珩. 色彩构成 [M]. 杭州：中国美术学院出版社，1994.
[13] 肖亚兰. 设计色彩 [M]. 北京：化学工业出版社，2010.
[14] 廖耀发. 建筑物理 [M]. 武汉：武汉大学出版社，2003.